11—016职业技能鉴定指导书

职业标准·试题库

锅炉运行值班员

（第二版）

电力行业职业技能鉴定指导中心 编

电力工程　锅炉运行与检修专业

U0643146

中国电力出版社

CHINA ELECTRIC POWER PRESS

内 容 提 要

本《指导书》是按照劳动和社会保障部制定国家职业标准的要求编写的，其内容主要由职业概况、职业培训、职业技能鉴定和鉴定试题库四部分组成，分别对技术等级、工作环境和职业能力特征进行了定性描述；对培训期限、教师、场地设备及培训计划大纲进行了指导性规定。本《指导书》自 1999 年出版后，对行业内职业技能培训和鉴定工作起到了积极的作用，本书在原《指导书》的基础上进行了修编，补充了内容，修正了错误。

试题库是根据《中华人民共和国国家职业标准》和针对本职业（工种）的工作特点，选编了具有典型性、代表性的理论知识（含技能笔试）试题和技能操作试题，还编制有试卷样例和组卷方案。

《指导书》是职业技能培训和技能鉴定考核命题的依据，可供劳动人事管理人员、职业技能培训及考评人员使用，亦可供电力（水电）类职业技术学校和企业职业学习参考。

图书在版编目（CIP）数据

锅炉运行值班员 / 电力行业职业技能鉴定指导中心编. —2 版.
北京：中国电力出版社，2008.11（2023.1重印）
（职业技能鉴定指导书. 职业标准试题库）
ISBN 978-7-5083-7768-1

Ⅰ. 锅… Ⅱ. 电… Ⅲ. 锅炉运行–职业技能鉴定–习题
Ⅳ. TK227–44

中国版本图书馆 CIP 数据核字（2008）第 126174 号

中国电力出版社出版、发行
（北京市东城区北京站西街 19 号　100005　http://www.cepp.sgcc.com.cn）
三河市航远印刷有限公司印刷
各地新华书店经售

*

2001 年 6 月第一版
2008 年 11 月第二版　　2023 年 1 月北京第二十七次印刷
850 毫米×1168 毫米　32 开本　15.75 印张　403 千字
印数 111001—112000 册　定价 48.00 元

电力职业技能鉴定题库建设工作委员会

主　任　徐玉华

副主任　方国元　　王新新　　史瑞家　　杨俊平

　　　　　陈乃灼　　江炳思　　李治明　　李燕明

　　　　　程加新

办公室　石宝胜　　徐纯毅

委　员（按姓氏笔划为序）

　　　　　马建军　　马振华　　马海福　　王　玉

　　　　　王中奥　　王向阳　　王应永　　丘佛田

　　　　　李　杰　　李生权　　李宝英　　刘树林

　　　　　吕光全　　许佐龙　　朱兴林　　陈国宏

　　　　　季　安　　吴剑鸣　　杨　威　　杨文林

　　　　　杨好忠　　杨耀福　　张　平　　张龙钦

　　　　　张彩芳　　金昌榕　　南昌毅　　倪　春

　　　　　高　琦　　高应云　　奚　珣　　徐　林

　　　　　谌家良　　章国顺　　董双武　　焦银凯

　　　　　景　敏　　路俊海　　熊国强

第一版编审人员

编写人员　李兆吉　姚建中　宋庆会

审定人员　张清波　谢长松　杨庆利

　　　　　韩舒宸　刘孝奎　张丽冰

　　　　　朱贵新

第二版编审人员

编写人员（修订人员）

　　　　　魏朝林　贺淑昶　吴　兵　程玉杰

审定人员　束文亮　李小敏　王惠明

说 明

为适应开展电力职业技能培训和实施技能鉴定工作的需要，按照劳动和社会保障部关于制定国家职业标准，加强职业培训教材建设和技能鉴定试题库建设的要求，电力行业职业技能鉴定指导中心统一组织编写了电力职业技能鉴定指导书（以下简称《指导书》）。

《指导书》以电力行业特有工种目录各自成册，于 1999 年陆续出版发行。

《指导书》的出版是一项系统工程，对行业内开展技能培训和鉴定工作起到了积极作用。由于当时历史条件和编写力量所限，《指导书》中的内容已不能适应目前培训和鉴定工作的新要求，因此，电力行业职业技能鉴定指导中心决定对《指导书》进行全面修编，在各网省电力（电网）公司、发电集团和水电工程单位的大力支持下，补充内容，修正错误，使之体现时代特色和要求。

《指导书》主要由职业概况、职业技能培训、职业技能鉴定和鉴定试题库四部分内容构成。其中职业概况包括职业名称、职业定义、职业道德、文化程度、职业等级、职业环境条件、职业能力特征等内容；职业技能培训包括对不同等级的培训期限要求，对培训指导教师的经历、任职条件、资格要求，对培训场地设备条件的要求和培训计划大纲、培训重点、难点以及对学习单元的设计等；职业技能鉴定的依据是《中华人民共和国国家职业标准》，其具体内容不再在本书中重复；鉴定试题库是根据《中华人民共和国国家职业标准》所规定的范围和内容，以实际技能操作为主线，按照选择题、判断题、简答题、计算题、绘图题和论述题六种题型进行选题，并以难易程度组合排列，同时汇集了大量电力生产建设过程中具有普遍代表性和典型性的实际操作试题，构成了各工种的技能鉴定试题库。试题库的深度、广度涵盖了本职业技能鉴定的全部内容。题库之后还附有试卷样例和组卷方案，为实施鉴定命题提供依据。

《指导书》力图实现以下几项功能：劳动人事管理人员可根据《指导书》进行职业介绍，就业咨询服务；培训教学人员可按照《指导书》中的培训大纲组织教学；学员和职工可根据《指导书》要求，制订自学计划，确立发展目标，走自学成才之路。《指导书》对加强职工队伍培养，提高队伍素质，保证职业技能鉴定质量将起到重要作用。

本次修编的《指导书》仍会有不足之处，敬请各使用单位和有关人员及时提出宝贵意见。

电力行业职业技能鉴定指导中心

2008 年 6 月

目　录

1 ▼ 职业概况

1.1 职业名称

锅炉运行值班员（11—016）。

1.2 职业定义

操作、监视、控制锅炉本体设备及附属设备运行的人员。

1.3 职业道德

热爱本职工作，刻苦钻研技术，遵守劳动纪律，爱护工具、设备，安全文明生产，诚实团结协作，严守职责，尊师爱徒。

1.4 文化程度

中等职业技术学校毕业（结业）。

1.5 职业等级

本职业按照国家资格的规定设为初级（五级）、中级（四级）、高级（三级）、技师（二级）、高级技师（一级）五个技术等级。

1.6 职业环境条件

室内作业。部分季节现场就地操作和巡视检查时高温作业，现场就地操作和巡视检查时有一定噪声和灰尘。

1.7 职业能力特征

本职业应具有领会、理解和应用技术文件的能力；用手摸、耳听、眼看、鼻嗅分析判断锅炉运行异常情况，及时、正确处理故障的能力；具有用精练语言进行联系、交流工作的能力；能准确而有目的地运用数字进行运算的能力和识绘图能力。

2 职业技能培训

2.1 培训期限

2.1.1 初级工：累计不少于 480 标准学时。

2.1.2 中级工：在取得初级职业资格的基础上累计不少于 400 标准学时。

2.1.3 高级工：在取得中级职业资格的基础上累计不少于 400 标准学时。

2.1.4 技师：在取得高级职业资格的基础上累计不少于 480 标准学时。

2.1.5 高级技师：在取得技师职业资格的基础上累计不少于 320 标准学时。

2.2 培训教师资格

应具备锅炉设备及运行专业理论知识、运行操作技能和一定的培训教学经验。

2.2.1 培训初、中级锅炉运行值班员的教师应取得本职业高级以上职业资格证书或具有锅炉运行中级专业技术职称。

2.2.2 培训高级锅炉运行值班员的教师应取得本职业技师及以上职业资格证书或具有锅炉运行高级专业技术职称。

2.2.3 培训锅炉运行技师和高级技师的教师应取得本职业高级技师职业资格证书或具有锅炉运行高级专业技术职称。

2.3 培训场地设备

2.3.1 具备本职业（工种）基础知识培训的教室和教学设备。

2.3.2 具有基本技能训练的实习场所及实际操作训练设备。

2.3.3 虚拟仿真机、模拟机、仿真机。

2.3.4 本厂（站）生产现场实际设备。

2.4 培训项目

2.4.1 培训目的：通过培训达到《职业技能鉴定规范》对本职业的知识和技能要求。

2.4.2 培训方式：以自学和脱产相结合的方式，进行基础知识讲课和技能训练。

2.4.3 培训重点：

（1）锅炉启动准备：

1）空气压缩机系统启停操作、运行监视检查和事故处理；

2）锅炉给水系统充水、冲洗、冲压操作；

3）锅炉强制泵充水系统的冲洗和充水操作；

4）锅炉上水、水压试验及合格标准；

5）强制泵启动操作程序及注意事项；

6）炉底蒸汽推动系统操作及注意事项；

7）空气加热器投入操作。

（2）锅炉启动前的传动试验：

1）锅炉烟风系统、汽水系统电（气）动阀门和挡板全开、全关和闭锁试验；

2）锅炉辅机连锁保护试验；

3）机、电、炉大连锁保护试验。

（3）锅炉启动：

1）烟风系统启停操作；

2）锅炉点火升压操作；

3）锅炉安全阀调整操作；

4）锅炉滑参数和正常参数启动；

5）汽轮机调速系统静态试验；

6）汽轮机冲转、定速、并网、调速系统动态试验；

7）汽轮机冷态启动带负荷暖机；

8）厂用电由启动变倒由机组变带负荷操作及注意事项；

9）锅炉给水由单冲量倒三冲量调节；

10）制粉系统投入、运行调整和停用操作。

（4）锅炉正常运行调整。

（5）锅炉停用操作。

（6）事故分析、判断和处理。

2.5　培训大纲

本职业技能培训大纲，以模块组合（MES）—模块（MU）—学习单元（LE）的结构模式进行编写，其学习目标及学习内容见表1，职业技能模块及学习单元对照选择表见表2，学习单元名称表见表3。

表1　　　　　　　　锅炉运行值班员培训大纲模块

模块序号及名称	单元序号及名称	学习目标	学习内容	学习方式	参考学时
MU1 发电厂运行人员职业道德	LE1 锅炉运行人员职业道德	通过本单元学习之后，掌握发电厂运行人员职业道德行为规范，并能自觉遵守厂规厂纪和社会公德，不断提高自身修养	1. 热爱祖国，热爱本职工作 2. 刻苦学习、钻研技术 3. 遵守纪律，安全文明 4. 爱护设备、工具 5. 团结协作 6. 严守岗位职责，尊师爱徒	讲课	2
MU2 锅炉及附属设备	LE2 烟风系统	通过本单元学习之后，掌握锅炉烟风系统的组成和转动机械连锁及跳闸保护试验操作	1. 烟风系统的组成 2. 烟风系统的流程 3. 转动机械连锁及跳闸保护	讲课	4
	LE3 汽水系统	通过本单元学习之后，掌握锅炉汽水系统组成和运行操作	1. 锅炉不同上水方式，给水管道以及减温系统的充压 2. 过热蒸汽系统组成和流程 3. 再热蒸汽系统流程 4. 蒸汽吹灰系统 5. 前置预热器系统 6. 炉底蒸汽推动系统 7. 强制泵充水系统 8. 高低压旁路系统 9. 连续和定期排污以及疏放水系统 10. 汽水品质控制标准	结合模型挂图或现场设备系统讲课	20

模块序号及名称	单元序号及名称	学习目标	学习内容	学习方式	参考学时
MU2 锅炉及附属设备	LE4 制粉系统	通过本单元学习之后，掌握不同型式制粉系统的运行操作	1. 中间储仓式钢球磨煤机制粉系统 2. 中速磨煤机直吹式制粉系统 3. 双进双出钢球磨煤机半直吹式制粉系统	结合本厂实际讲课	6
	LE5 除尘除灰系统	通过本单元学习之后，掌握锅炉启动、运行、停止等不同运行方式时对除尘、除灰系统的要求	1. 除灰系统的流程 2. 除尘系统的流程 3. 锅炉启动、正常运行和停止时对除尘除灰系统的要求	结合本厂实际讲课	4
	LE6 空压机系统	通过本单元学习之后，掌握空压机运行、巡视检查、操作及事故处理	1. 空压机系统组成 2. 空压机运行中巡视检查内容 3. 空压机启停操作和故障处理	讲课	8
MU3 锅炉冷态启动	LE7 锅炉启动准备	通过本单元学习之后，掌握锅炉启动前应投入的系统	1. 循环水系统应投入 2. 冷却水系统应投入 3. 压缩空气系统应投入 4. 锅炉充水、给水系统流程，以及充水、冲洗、充压和疏放水系统 5. 厂用电和热控系统的电源等	结合本厂实际讲课	2
	LE8 锅炉启动前的检查	通过本单元学习之后，能够进行锅炉启动前各系统检查和操作	1. 转动机械启动前的检查 2. 烟风系统的检查 3. 汽水系统的检查 4. 锅炉点火燃油系统的检查 5. 制粉系统启动前的检查： 1）制粉系统润滑油系统的检查 2）制粉系统安全防护装置检查	结合本厂实际设备、系统规程讲课	20

模块序号及名称	单元序号及名称	学习目标	学习内容	学习方式	参考学时
MU3 锅炉冷态启动	LE9 锅炉辅机连锁试验	通过本单元学习之后，能进行辅机静（动）态连锁试验	1. 辅机连锁静态试验 2. 辅机连锁动态试验 3. 电（气）动阀门全开全关和闭锁试验	通过现场实际操作学习	4
	LE10 锅炉水压试验	通过本单元学习之后，能进行锅炉水压试验操作	1. 锅炉工作压力试验和超压试验 2. 锅炉水压试验程序 3. 水压试验合格标准	现场与讲课结合	4
	LE11 锅炉点火	通过本单元学习之后，能进行燃油系统充油、油循环、吹扫锅炉点火等操作	1. 燃油系统充油和油循环 2. 燃油加热器的投入和停运 3. 锅炉点火 4. 燃油系统的蒸汽吹扫	实际工作中学习	8
	LE12 锅炉升压和升温	通过本单元学习之后，能进行锅炉滑参数启动和正常参数启动	1. 滑参数启动 2. 正常参数启动 3. 安全阀调整试验 4. 汽轮机冲转、定速、并网 5. 锅炉升负荷以及制粉系统启动和停运	利用模拟机或实际工作训练	16
MU4 锅炉热态启动	LE13 发电机组跳闸后锅炉热态启动	通过本单元学习之后，能迅速进行锅炉发电机组跳闸后吹扫、点火、升压、冲转、并网直至带满负荷的运行操作和调整	1. 炉膛吹扫条件和吹扫程序 2. 锅炉点火升压 3. 汽轮机冲转、定速、并网 4. 锅炉升负荷和制粉系统启、停操作	模拟机或实际工作训练	8

模块序号及名称	单元序号及名称	学习目标	学习内容	学习方式	参考学时
MU5 锅炉运行调节	**LE14** 汽包水位的调节	通过本单元学习之后，能掌握汽包水位手动/自动调节操作，维持汽包水位在正常范围内（制造厂规定值范围内）	1. 汽包水位高/低保护 2. 汽包水位调节自动/手动切换 3. 单冲量调节与三冲量调节切换操作	模拟机或实际工作训练	8
	LE15 炉膛负压调节	通过本单元学习之后，能进行炉膛负压（正压）的调节操作，维持炉膛负压（正压）在制造厂规定值范围内，保证燃烧稳定	1. 炉膛负压（正压）高/低保护 2. 负压（正压）手动/自动切换 3. 不同型式（离心式和轴流式）风机操作调节方法	模拟机或实际工作训练	16
	LE16 过热、再热汽温调节	通过本单元学习之后，能进行锅炉启动、运行、停止过程中的汽温调节操作，维持过热蒸汽温度在不同工况下，满足汽轮机的要求	1. 过热汽温手动/自动调节 2. 过热蒸汽温度手动/自动方式切换 3. 过热器一、二级减温器投停操作和注意事项 4. 再热汽温的调节（摆动燃烧器、烟气再循环风机、再热器喷水减温）	模拟机或实际工作训练	16
	LE17 锅炉负荷调节	通过本单元学习之后，能进行锅炉负荷调整操作，控制锅炉负荷，满足汽轮发电机组负荷要求	1. 锅炉升降负荷时，引风、送风、给粉操作顺序 2. 合理调整锅炉一、二次风配比，维持炉膛出口最佳烟氧量 3. 根据原煤挥发分，合理调整粗粉分离器挡板开度，维持最佳煤粉细度（R_{90}，R_{200}） 4. 调整炉膛火焰中心，有效防止炉膛内结焦（渣）	模拟机或实际工作训练	16

模块序号及名称	单元序号及名称	学习目标	学习内容	学习方式	参考学时
MU6 锅炉正常停运	**LE18** 锅炉正常参数停运	通过本单元学习之后，能进行正常参数停运操作	1. 发电机降负荷速率 2. 锅炉汽温汽压的调整，维持正常参数 3. 锅炉蒸汽系统与母管解列操作 4. 锅炉停炉冷却操作	模拟机或实际工作学习	8
	LE19 锅炉滑参数停运	通过本单元学习之后，能进行机组滑参数停运操作	1. 发电机组降负荷速率 2. 锅炉降压降温速度及汽温、汽压调整 3. 锅炉给水三冲量调节到单冲量调节 4. 厂用电由机组变到启动变 5. 锅炉停炉的冷却 6. 锅炉设备停用保养	模拟机或实际工作训练并讲课	8
MU7 锅炉故障停炉	**LE20** 锅炉紧急停炉	通过本单元学习之后，能掌握锅炉紧急停炉操作，将锅炉安全的停止运行	1. 锅炉紧急停炉条件 2. 锅炉紧急停炉操作	讲课和操作	8
	LE21 锅炉申请停炉	通过本单元学习之后，能正确掌握锅炉申请停炉操作	1. 锅炉申请停炉条件 2. 锅炉申请停炉操作	讲课和操作	4
MU8 转动机械设备故障	**LE22** 转动机械设备故障分析和处理	通过本单元学习之后，能进行引风机、送风机、一次风机故障原因分析和处理操作	1. 引风机、送风机、一次风机两台运行，其中一台故障停运时的故障现象、原因分析和处理 2. 引风机、送风机、一次风机两台运行时同时故障，或其中两台只有一台运行时，故障停运现象、原因分析和处理	结合实际设备讲课和演习	8

模块序号及名称	单元序号及名称	学习目标	学习内容	学习方式	参考学时
MU9 制粉系统故障	**LE23** 制粉系统故障停运分析和处理	通过本单元学习之后，能够进行制粉系统故障分析和处理操作	1. 制粉系统紧急停运 2. 制粉系统停运 3. 磨煤机紧急停运 4. 制粉系统自燃和爆炸 5. 煤粉仓自燃和爆炸 6. 排粉机掉闸 7. 磨煤机掉闸 8. 给煤机掉闸 9. 磨煤机断煤 10. 磨煤机堵煤 11. 粗粉分离器堵煤 12. 旋风分离器堵煤 13. 煤粉仓棚粉	模拟机或现场设备学习、演习	20
MU10 锅炉承压部件泄漏故障	**LE24** 锅炉承压部件泄漏故障原因、分析和处理	通过本单元学习之后，能够进行锅炉承压部件泄漏原因、分析和处理操作	1. 水冷壁、过热器、再热器、省煤器管泄漏现象、原因和处理 2. 给水管道爆破泄漏现象、原因和处理 3. 蒸汽、给水管道水冲击原因、分析、判断和处理	模拟机演习和讲课	8
MU11 锅炉燃烧系统故障	**LE25** 锅炉燃烧系统故障原因、分析、判断和处理	通过本单元学习之后，能够进行燃烧系统故障分析和处理操作	1. 锅炉灭火原因、分析和处理 2. 锅炉尾部再燃烧原因、分析和处理 3. 过热蒸汽温度过高和过低故障分析和处理	模拟机演习和讲课	8
MU12 锅炉安全附件(设备)故障	**LE26** 锅炉安全附件(设备)故障分析和处理	通过本单元学习之后，能够进行安全附件(设备)分析和处理操作	1. 强迫循环泵故障分析和处理 2. 汽包水位计故障分析和处理 3. 汽包水位极高、极低故障分析和处理 4. 汽水共腾故障分析和处理 5. 给水流量中断故障分析和处理	模拟机演习和讲课	8

模块序号及名称	单元序号及名称	学习目标	学习内容	学习方式	参考学时
MU13 机组甩负荷	LE27 机组甩负荷故障分析和处理	通过本单元学习之后，能够进行机组甩负荷故障分析和处理操作	1. 电网甩负荷故障分析和处理 2. 汽轮机故障分析和处理 3. 发电机故障分析和处理 4. 厂用电中断故障分析和处理 5. 控制系统和仪表电源中断故障分析和处理	模拟机演习和讲课	20
MU14 发电厂经济指标分析	LE28 发电厂经济指标分析	通过本单元学习之后，能够掌握发电厂经济指标分析和计算，改进运行操作，提高发电厂经济性	1. 发电厂主要经济指标 2. 锅炉运行小指标 3. 发电煤耗偏差分析	讲课	16
MU15 发电厂可靠性管理	LE29 发电厂可靠性管理	通过本单元学习之后，能够掌握发电厂主、辅设备可靠性管理，制定安全技术措施，降低非计划停运，提高发电设备可靠性	1. 发电厂可靠性管理一般知识 2. 主、辅机可靠性管理统计内容 3. 发电厂设备异常情况分析	讲课	16
MU16 汽轮机及附属设备	LE30 汽轮机主汽及抽汽系统	通过本单元学习之后，掌握汽轮机启动、运行、停运等工况对润滑油油压、油温，尾部加热，全周和部分进汽，调速系统定期试验和有关保护的要求	1. 汽轮机全周进汽和部分进汽运行方式 2. 汽轮机高、低压旁路系统 3. 汽轮机尾部加热系统 4. 汽轮机润滑油系统 5. 汽轮机调速系统及有关保护装置	结合模型挂图和现场设备讲课	20

模块序号及名称	单元序号及名称	学习目标	学习内容	学习方式	参考学时
MU16 汽轮机及附属设备	LE31 汽轮机真空系统	通过本单元学习之后，掌握汽轮机启动、正常运行对凝汽器真空要求和对发电厂经济性的影响	1. 汽轮机真空系统及有关保护装置 2. 汽轮机转动正常运行对真空的要求 3. 汽轮机正常运行时，真空变化对发电厂经济性的影响	结合现场设备、系统讲课	8
	LE32 汽轮机给水回热和循环水、冷却水系统	通过本单元学习之后，掌握锅炉对汽轮机循环水、冷却水、给水回热系统运行方式和要求	1. 锅炉给水系统的组成 2. 除氧器、高压加热器运行工况对锅炉运行的影响 3. 液压给水泵锅炉给水三冲量调节操作以及单冲量和三冲量相互切换操作 4. 循环水系统 5. 冷却水系统	结合现场设备、系统讲课	8
MU17 发电机及其厂用电系统	LE33 发电机主变压器一次线系统	通过本单元学习之后，掌握发电机、汽轮机、锅炉大连锁系统对锅炉安全运行的要求	1. 发电机一次主接线系统 2. 发电机、汽轮机、锅炉大连锁系统 3. 发电机主要跳闸保护	讲课	8
	LE34 厂用电系统	通过本单元学习之后，熟悉锅炉辅助电动机厂用电系统布置、电压等级以及各段负荷分配；掌握锅炉转动机械启动、运行操作注意事项	1. 厂用电机组变压器系统 2. 厂用电启动变压器系统 3. 厂用电动机启停次数规定（热焓累计）	讲课	8

模块序号及名称	单元序号及名称	学习目标	学习内容	学习方式	参考学时
MU18 电力生产规程、标准和计算机应用	**LE35** 锅炉专业规程、标准	通过本单元学习之后，熟练掌握电力行业标准中与锅炉运行有关的内容，能结合本岗位实际认真贯彻执行	1. 电业安全工作规程 2. 电力生产事故调查规程 3. DL 435—1991 火电厂煤粉锅炉燃烧室防爆规程 4. DL/T 612—1996 电力工业锅炉压力容器监察规程 5. SD 118—1984 125MW 机组锅炉运行规程 6. DL/T 610—1996 200MW 锅炉运行导则 7. DL/T 611—1996 300MW 锅炉运行导则 8. GB 10184—1988 电站锅炉性能试验规程 9. DL 467—1992 磨煤机试验规程 10. DL 469—1992 电站锅炉风机现场试验规程 11. SD 223—1987 火力发电厂停（备）用热力设备防锈蚀导则 12. DL/T 561—1995 火力发电厂水汽化学监督导则 13. GB 12145—1989 火力发电机组及蒸汽动力设备水汽质量标准 14. DL 438—1991 火力发电厂金属技术监督规程 15. DL 470—1992 电站锅炉过热器、再热器试验导则 16. DL 440—1991 在役电站锅炉汽包的检验、评定及处理规程 17. DL 441—1991 火力发电厂高温高压蒸汽管道蠕变监督导则 18. SD 340—1989 火力发电厂锅炉、压力容器焊接工艺评定规程	讲课自学	32

模块序号及名称	单元序号及名称	学习目标	学习内容	学习方式	参考学时
MU18 电力生产规程、标准和计算机应用	LE36 汽轮机和电气专业标准	通过本单元学习之后，熟练掌握电力行业标准中与汽轮机和电气运行有关的内容，能够结合本岗位实际认真贯彻执行	1. DL/T 608—1996 200MW 级汽轮机运行导则 2. DL/T 610—1996 300MW 级汽轮机运行导则 3. 火力发电厂高压加热器运行维护导则 4. GB 8117—1987 电站汽轮机热力性能验收试验规程 5. DL 441—1991 电业安全工作规程（发电厂和变电站电气部分） 6. 发电厂厂用电动机运行规程 7. DL 572—1995 电力变压器运行规程 8. DL/T 596—1996 电力设备预防试验规程 9. 六氟化硫电气设备气体监督细则 10. GB/T 574—1995 有载分接开关运行维修导则	讲课自学	8
	LE37 计算机应用	通过本单元学习之后，掌握计算机基本知识和监控系统的基本功能，能够进行微机操作	1. 计算机基本知识 2. 基本操作及技能 3. 微机管理 4. 利用微机进行监视、控制与调整 5. 一般故障处理	结合实际讲课训练	40

表 2

职业技能模块及学习单元对照选择表

模块	MU1	MU2	MU3	MU4	MU5	MU6	MU7	MU8	MU9	MU10	MU11	MU12	MU13	MU14	MU15	MU16	MU17	MU18
内容	发电厂运行人员职业道德	锅炉及附属设备	锅炉冷态启动	锅炉热态启动	锅炉运行调节	锅炉正常停运	锅炉故障停炉	转动机械设备故障	制粉系统故障	锅炉承压部件泄漏故障	锅炉燃烧系统故障	锅炉安全附件(设备)故障	机组甩负荷	发电厂经济指标分析	发电厂可靠性管理	汽轮机及附属设备	发电机及其厂用电系统	电力生产规程、标准和计算机应用
参考学时	2	42	54	8	56	16	12	8	20	8	8	8	20	16	16	36	16	80
适用等级	初级 中级 高级 技师 高技	初级 中级	初级 中级 高级	中级 高级	中级 高级	中级 高级	高级 技师	初级 中级 高级	中级 高级	中级 高级	中级 高级	高级 技师	高级 技师	技师 高技	技师 高技	技师 高技	技师 高技	中级 高技 高技
学习单元 LE 序号选择 — 初级	1	2、3、5、7、6	7、8、11					22										
学习单元 LE 序号选择 — 中级		2、3、4	7、8、9、10、11、12	13	14、15、16、17	18、19		22	23	24	25							35、37
学习单元 LE 序号选择 — 高级		9、10、11、12	9、10、11、12	13	14、15、16、17	18、19	20、21	22	23	24	25	26	27					35
学习单元 LE 序号选择 — 技师							20、21					26	27	28	29	30、31、32	33	36
学习单元 LE 序号选择 — 高级技师														28	29	30、31、32	34	36

15

表3　　　　　　　　　　　　学习单元名称表

单元序号	单元名称	单元序号	单元名称
LE1	锅炉运行人员职业道德	LE20	锅炉紧急停炉
LE2	烟风系统	LE21	锅炉申请停炉
LE3	汽水系统	LE22	转动机械设备故障分析和处理
LE4	制粉系统	LE23	制粉系统故障停运分析和处理
LE5	除尘除灰系统	LE24	锅炉承压部件泄露故障原因、分析和处理
LE6	空压机系统	LE25	锅炉燃烧系统故障原因、分析、判断和处理
LE7	锅炉启动准备	LE26	锅炉安全附件(设备)故障分析和处理
LE8	锅炉启动前的检查	LE27	机组甩负荷故障分析和处理
LE9	锅炉辅机连锁试验	LE28	发电厂经济指标分析
LE10	锅炉水压试验	LE29	发电厂可靠性管理
LE11	锅炉点火	LE30	汽轮机主汽及抽汽系统
LE12	锅炉升压和升温	LE31	汽轮机真空系统
LE13	发电机组跳闸后锅炉热态启动	LE32	汽轮机给水回热和循环水、冷却水系统
LE14	汽包水位调节	LE33	发电机主变压器一次线系统
LE15	炉膛负压调节	LE34	厂用电系统
LE16	过热、再热汽温调节	LE35	锅炉专业规程、标准
LE17	锅炉负荷调节	LE36	汽轮机和电气专业标准
LE18	锅炉正常参数停运	LE37	计算机应用
LE19	锅炉滑参数停运		

3 职业技能鉴定

3.1 鉴定要求

鉴定内容和考核双向细目表按照本职业（工种）《中华人民共和国职业技能鉴定规范·电力行业》执行。

3.2 考评人员

考评人员是在规定的工种（职业）、等级和类别范围内，依据国家职业技能鉴定规范和国家职业技能鉴定试题库电力行业分库试题，对职业技能鉴定对象进行考核、评审工作的人员。

考评人员分考评员和高级考评员。考评员可承担初、中、高级技能等级鉴定；高级考评员可承担初、中、高级技能等级和技师、高级技师资格考评。其任职条件是：

3.2.1 考评员必须具有高级工、技师或者中级专业技术职务以上的资格，具有 15 年以上本工种专业工龄；高级考评员必须具有高级技师或者高级专业技术职务的资格，取得考评员资格并具有 1 年以上实际考评工作经历。

3.2.2 掌握必要的职业技能鉴定理论、技术和方法，熟悉职业技能鉴定的有关法律、法规和政策，有从事职业技术培训、考核的经历。

3.2.3 具有良好的职业道德，秉公办事，自觉遵守职业技能鉴定考评人员守则和有关规章制度。

PSI

鉴定试题库

4

4.1 理论知识（含技能笔试）试题

4.1.1 选择题

下列每题都有 4 个答案，其中只有一个正确答案，将正确答案填在括号内。

La5A1001 火力发电厂生产过程的三大主要设备有锅炉、汽轮机（**B**）。
（A）主变压器；（B）发电机；（C）励磁变压器；（D）厂用变压器。

La5A1002 火力发电厂的生产过程是将燃料的（**A**）转变为电能。
（A）化学能；（B）热能；（C）机械能；（D）动能。

La5A2003 在工程热力学中，基本状态参数为压力、温度、（**D**）。
（A）内能；（B）焓；（C）熵；（D）比体积。

La5A2004 物质的温度升高或降低（**A**）℃所吸收或放出的热量称为该物质的热容量。
（A）1；（B）2；（C）5；（D）10。

La5A3005 流体在管道内的流动阻力分为（**B**）两种。

（A）流量孔板阻力、水力阻力；（B）沿程阻力、局部阻力；（C）摩擦阻力、弯头阻力；（D）阀门阻力、三通阻力。

La5A3006 单位时间内通过导体（**A**）的电量称为电流强度。

（A）横截面；（B）纵截面；（C）表面积；（D）长度。

La5A3007 流体运动的两种重要参数是（**B**）。

（A）压力、温度；（B）压力、速度；（C）比体积、密度；（D）比体积、速度。

La5A4008 在流速较小，管径较大或流体黏滞性较大的情况下（**A**）状态的流动。

（A）才发生层流；（B）不会发生层流；（C）不发生紊流；（D）才发生紊流。

La5A5009 热力学第（**B**）定律是能量转换与能量守衡在热力上的应用。

（A）零；（B）一；（C）二；（D）三。

La4A1010 热力学第（**B**）定律是表述热力过程方向与条件的定律。即在热力循环中，工质从热源吸收的热量不可能全部转变为功，其中一部分不可避免地要传递给冷源而造成一定的损失。

（A）一；（B）二；（C）零；（D）三。

La4A1011 稳定运动的流体，因其具有（**A**），故其具有位势能、压强势能和动能。

（A）质量 m（kg）、压力 p（Pa）、运动速度 w（m/s）、位置相

对高度 Z（m）；（B）质量 m（kg）、运动速度 w（m/s）；（C）运动速度 w（m/s）、相对高度 Z；（D）质量 m（kg）、相对高度 Z。

La4A2012 皮托管装置是测量管道中流体的（C）。

（A）压力；（B）阻力；（C）流速；（D）流量。

La4A2013 在串联电路中，每个电阻上流过的电流（A）。

（A）相同；（B）靠前的电阻电流大；（C）靠后的电阻电流大；（D）靠后的电阻电流小。

La4A3014 电流通过导体时，产生热量的大小与电流强度的（A）、导体电阻大小及通过电流的时间成正比。

（A）平方；（B）立方；（C）4 次方；（D）5 次方。

La4A3015 在锅炉三冲量给水自动调节系统中，（A）是主信号。

（A）汽包水位；（B）给水流量；（C）蒸汽流量；（D）给水压力。

La4A4016 在锅炉过热蒸汽温度调节系统中，被调量是（A）。

（A）过热器出口温度；（B）减温水量；（C）减温水调节阀开度；（D）给水压力。

La4A5017 在蒸汽动力设备循环系统中，广泛采用（B）。

（A）卡诺循环；（B）朗肯循环；（C）回热循环；（D）强迫循环。

La3A1018 20g 钢的导汽管允许温度为（A）℃。

（A）＜450；（B）=500；（C）＞450；（D）＜540。

La3A2019 壁温小于等于 580℃的过热器管的用钢为（**C**）。

（A）20g 钢；（B）15CrMo；（C）12CrMoV；（D）22g 钢。

La3A2020 在金属外壳上接入可靠的地线，能使机壳与大地保持（**B**），人体触及后不会发生触电事故，可保证人身安全。

（A）高电位；（B）等电位（零电位）；（C）低电位；（D）安全电压。

La3A3021 为改变三相异步电动机的转子转向，可以通过调换电源任意两相的接线，即改变三相的（**B**）。

（A）相位；（B）相序；（C）相位角；（D）相量。

La2A1022 每千克标准煤发热量为（**C**）kJ。

（A）20934；（B）25120.8；（C）29307.6；（D）12560.4。

La2A2023 造成火力发电厂效率低的主要原因是（**B**）。

（A）锅炉效率低；（B）汽轮机排汽热损失；（C）发电机热损失；（D）汽轮机机械损失。

La1A1024 煤按（**A**）进行分类，可分为无烟煤、烟煤、贫煤和褐煤。

（A）挥发分；（B）硫分；（C）灰分；（D）发热量。

La1A5025 当煤粉/空气混合物浓度达到（**A**）kg/m³ 时，将形成爆炸性的混合物。

（A）0.05；（B）0.1；（C）0.3；（D）0.6。

Lb5A1026 电接点水位计是根据锅炉水与蒸汽（**A**）的差别而设计的，它克服了汽包压力变化对水位的影响，可在锅炉启停及变参数运行时使用。

（A）电导率；（B）密度；（C）热容量；（D）电阻。

Lb5A1027　锅炉本体由锅和（C）两部分组成。

（A）省煤器；（B）空气预热器；（C）炉子；（D）过热器。

Lb5A1028　锅炉按燃用燃料的品种可分为燃油锅炉、燃气锅炉和（A）。

（A）燃煤锅炉；（B）燃无烟煤锅炉；（C）燃贫煤锅炉；（D）燃烟煤锅炉。

Lb5A1029　目前我国火力发电厂主要采用超高压、超临界和（A）压力锅炉。

（A）亚临界；（B）中压；（C）低压；（D）超超临界。

Lb5A1030　火力发电厂主要采用自然循环锅炉、强迫循环锅炉、复合循环锅炉和（A）四种。

（A）直流锅炉；（B）固态排渣锅炉；（C）液态排渣锅炉；（D）层燃锅炉。

Lb5A1031　火力发电厂排出的烟气会造成大气的污染，其主要污染物是（A）。

（A）二氧化硫；（B）粉尘；（C）氮氧化物；（D）微量重金属。

Lb5A2032　锅炉使用的风机有（A）。

（A）送风机、引风机、一次风机、排粉机、密封风机；（B）点火增压风机；（C）引风机、送风机；（D）轴流风机、离心风机。

Lb5A2033 表示风机特性的基本参数有（**A**）。

（A）流量、压力、功率、效率、转速；（B）流量、压力；（C）轴功率、电压、功率因数；（D）温度、比体积。

Lb5A2034 （**A**）是风机产生压力、传递能量的主要构件。

（A）叶轮；（B）轮毂；（C）前盘；（D）后盘。

Lb5A2035 风机在工作过程中,不可避免地会发生流体的（**D**）现象，以及风机本身传动部分产生的摩擦损失。

（A）摩擦；（B）撞击；（C）泄漏；（D）摩擦、撞击、泄漏。

Lb5A2036 风机的全压是指风机出口和入口全压（**B**）。

（A）之和；（B）之差；（C）乘积；（D）之商。

Lb5A2037 FT（t_3）代表灰的（**A**）。

（A）熔化温度；（B）变形温度；（C）软化温度；（D）炉内火焰燃烧温度。

Lb5A3038 离心式风机导流器的作用是（**B**）。

（A）径向进入叶轮；（B）轴向进入叶轮；（C）轴向与径向同时进入叶轮；（D）切向进入叶轮。

Lb5A3039 挥发分含量对燃料燃烧特性影响很大，挥发分含量高，则容易燃烧。（**B**）的挥发分含量高，故容易着火燃烧。

（A）无烟煤；（B）烟煤；（C）贫煤；（D）石子煤。

Lb5A3040 （**C**）元素是煤的组成成分中发热量最高的元素。

（A）碳；（B）硫；（C）氢；（D）氧。

Lb5A3041 干燥无灰基挥发分 $V_{daf}<10\%$ 的煤是（**A**）。
（A）无烟煤；（B）烟煤；（C）褐煤；（D）贫煤。

Lb5A3042 锅炉煤灰的熔点主要与灰的（**A**）有关。
（A）组成成分；（B）物理形态；（C）硬度；（D）可磨性。

Lb5A3043 低氧燃烧时，产生的（**C**）较少。
（A）硫；（B）二氧化硫；（C）三氧化硫；（D）二氧化碳。

Lb5A3044 低温腐蚀是（**B**）腐蚀。
（A）碱性；（B）酸性；（C）中性；（D）氧。

Lb5A3045 低速磨煤机的转速为（**B**）r/min。
（A）10～20；（B）16～25；（C）20～35；（D）25～30。

Lb5A4046 中速磨煤机的转速为（**C**）r/min。
（A）30～50；（B）50～200；（C）50～300；（D）25～120。

Lb5A4047 煤粉着火准备阶段的主要特征为（**B**）。
（A）放出热量；（B）析出挥发分；（C）燃烧化学反应速度快；（D）不受外界条件影响。

Lb5A4048 容克式空气预热器漏风量最大的一项是（**D**）。
（A）轴向漏风；（B）冷端径向漏风；（C）周向漏风；（D）热端径向漏风。

Lb5A5049 当炉内空气量不足时，煤的燃烧火焰是（**B**）。
（A）白色；（B）暗红色；（C）橙色；（D）红色。

Lb5A5050 煤粉在燃烧过程中，（C）所用的时间最长。

（A）着火前准备阶段；（B）燃烧阶段；（C）燃尽阶段；（D）着火阶段。

Lb4A1051 凝固点是反映燃料油（A）的指标。

（A）失去流动性；（B）杂质多少；（C）发热量高低；（D）挥发性。

Lb4A1052 油的黏度随温度升高而（B）。

（A）不变；（B）降低；（C）升高；（D）凝固。

Lb4A1053 油中带水过多会造成（A）。

（A）着火不稳定；（B）火焰暗红稳定；（C）火焰白橙光亮；（D）红色。

Lb4A1054 制粉系统给煤机断煤，瞬间容易造成（A）。

（A）汽压、汽温升高；（B）汽压、汽温降低；（C）无任何影响；（D）汽包水位急剧升高。

Lb4A1055 停炉后为了防止煤粉仓自燃，应（B）。

（A）打开煤粉仓挡板通风；（B）关闭所有挡板和吸潮管；（C）打开吸潮管阀门，保持粉仓负压；（D）投入蒸汽消防。

Lb4A1056 防止制粉系统爆炸的主要措施有（A）。

（A）解决系统积粉，维持正常气粉混合物温度、流速，消除火源；（B）认真监视，细心调整；（C）防止运行中断煤；（D）投入蒸汽灭火装置。

Lb4A2057 防止输粉机运行中跑粉的措施是（A）。

（A）有关分配挡板使用正确，勤量粉位；（B）加强电气设备检查；（C）经常堵漏；（D）机组满负荷运行。

Lb4A2058 影响煤粉着火的主要因素是煤中（**A**）的含量。
（A）挥发分；（B）含碳量；（C）灰分；（D）氧。

Lb4A2059 煤粉磨制过细可使（**A**）。
（A）磨煤机电耗增加；（B）磨煤机电耗减少；（C）q_4 增加；（D）排烟温度下降。

Lb4A2060 锅炉水循环的循环倍率越大，水循环（**B**）。
（A）越危险；（B）越可靠；（C）无影响；（D）阻力增大。

Lb4A2061 高参数、大容量机组对蒸汽品质要求（**A**）。
（A）高；（B）低；（C）不变；（D）放宽。

Lb4A2062 要获得洁净的蒸汽，必须降低锅炉水的（**C**）。
（A）排污量；（B）加药量；（C）含盐量；（D）水位。

Lb4A3063 对流过热器在负荷增加时，其温度（**C**）。
（A）下降；（B）不变；（C）升高；（D）骤变。

Lb4A3064 空气预热器是利用锅炉尾部烟气热量来加热锅炉燃烧所用的（**B**）。
（A）给水；（B）空气；（C）燃料；（D）燃油。

Lb4A3065 锅炉各项损失中，损失最大的是（**C**）。
（A）散热损失；（B）化学未完全燃烧损失；（C）排烟热损失；（D）机械未完全燃烧损失。

Lb4A3066 随着锅炉容量的增大，散热损失相对（**B**）。

（A）增大；（B）减少；（C）不变；（D）骤变。

Lb4A3067 随着锅炉压力的逐渐提高，其循环倍率（C）。

（A）固定不变；（B）逐渐增大；（C）逐渐减少；（D）突然增大。

Lb4A3068 锅炉负荷低于某一限度，长时间运行时，对水循环（A）。

（A）不安全；（B）仍安全；（C）没影响；（D）不一定。

Lb4A3069 自然循环锅炉水冷壁引出管中进入汽包的工质是（C）。

（A）饱和蒸汽；（B）饱和水；（C）汽水混合物；（D）过热蒸汽。

Lb4A3070 当锅炉水含盐量达到临界含盐量时，蒸汽的湿度将（C）。

（A）减少；（B）不变；（C）急剧增大；（D）逐渐增大。

Lb4A3071 在允许范围内，尽可能保持高的蒸汽温度和蒸汽压力，可使（C）。

（A）锅炉热效率下降；（B）锅炉热效率提高；（C）循环热效率提高；（D）汽轮机效率提高。

Lb4A4072 中间再热机组的主蒸汽系统一般采用（B）。

（A）母管制系统；（B）单元制系统；（C）切换母管制系统；（D）高低压旁路系统。

Lb4A4073 （A）和厂用电率两大技术经济指标是评定发电厂运行经济性和技术水平的依据。

（A）供电标准煤耗率；（B）发电标准煤耗率；（C）热耗；（D）锅炉效率。

Lb4A5074　火力发电厂的汽水损失分为（D）两部分。

（A）自用蒸汽和热力设备泄漏；（B）机组停用放汽和疏放水；（C）经常性和暂时性的汽水损失；（D）内部损失和外部损失。

Lb4A5075　锅炉水冷壁管内结垢后可造成（D）。

（A）传热增强，管壁温度升高；（B）传热减弱，管壁温度降低；（C）传热增强，管壁温度降低；（D）传热减弱，管壁温度升高。

Lb4A5076　受热面定期吹灰的目的是（A）。

（A）减少热阻；（B）降低受热面的壁温差；（C）降低工质的温度；（D）降低烟气温度。

Lb3A1077　燃煤中的水分增加，将使对流过热器的吸热量（A）。

（A）增加；（B）减少；（C）不变；（D）按对数关系减少。

Lb3A1078　在一般负荷范围内，当炉膛出口过量空气系数过大时，会造成（C）。

（A）q_3 损失降低，q_4 损失增大；（B）q_3、q_4 损失降低；（C）q_3 损失降低，q_2 损失增大；（D）q_4 损失可能增大。

Lb3A1079　当过量空气系数不变时，负荷变化，锅炉效率也随之变化；在经济负荷以下时，锅炉负荷增加，效率（C）。

（A）不变；（B）降低；（C）升高；（D）按对数关系降低。

Lb3A1080 锅炉送风量越大,烟气量越多,烟气流速越大,再热器的吸热量(**B**)。

(A)越小;(B)越大;(C)不变;(D)按对数关系减小。

Lb3A1081 加强水冷壁吹灰时,将使过热蒸汽温度(**A**)。

(A)降低;(B)升高;(C)不变;(D)按对数关系升高。

Lb3A2082 对于整个锅炉机组而言,最佳煤粉细度是指(**C**)。

(A)磨煤机电耗最小时的细度;(B)制粉系统出力最大时的细度;(C)锅炉净效率最高时的煤粉细度;(D)总制粉单耗最小时的煤粉细度。

Lb3A2083 当汽压降低时,由于饱和温度降低,使部分水蒸发,将引起锅炉水体积(**A**)。

(A)膨胀;(B)收缩;(C)不变;(D)突变。

Lb3A2084 影响汽包水位变化的主要因素是(**B**)。

(A)锅炉负荷;(B)锅炉负荷、燃烧工况、给水压力;(C)锅炉负荷、汽包压力;(D)汽包水容积。

Lb3A2085 在锅炉蒸发量不变的情况下,给水温度降低时,过热蒸汽温度升高,其原因是(**B**)。

(A)过热热增加;(B)燃料量增加;(C)加热热增加;(D)加热热减少。

Lb3A2086 水冷壁受热面无论是积灰、结渣或积垢,都会使炉膛出口烟温(**B**)。

(A)不变;(B)增高;(C)降低;(D)突然降低。

Lb3A3087 锅炉在升压速度一定时，升压的后阶段与前阶段相比，汽包产生的机械应力是（**B**）。

（A）前阶段大；（B）后阶段小；（C）前后阶段相等；（D）后阶段大。

Lb3A3088 在外界负荷不变的情况下，燃烧减弱时，汽包水位（**C**）。

（A）上升；（B）下降；（C）先下降后上升；（D）先上升后下降。

Lb3A3089 在锅炉热效率试验中，（**A**）项工作都应在试验前的稳定阶段内完成。

（A）受热面吹灰、锅炉排污；（B）试验数据的确定；（C）试验用仪器安装；（D）试验用仪器校验。

Lb3A3090 受热面酸洗后进行钝化处理的目的是（**A**）。

（A）在金属表面形成一层较密的磁性氧化铁保护膜；（B）使金属表面光滑；（C）在金属表面生成一层防磨保护层；（D）冲洗净金属表面的残余铁屑。

Lb3A3091 在任何情况下，锅炉受压元件的计算壁温不应低于（**D**）℃。

（A）100；（B）150；（C）200；（D）250。

Lb3A3092 锅炉漏风处离炉膛越近，对排烟温度的影响（**A**）。

（A）越大；（B）越小；（C）不确定；（D）没有影响。

Lb3A3093 在介质温度和压力为（**A**）时，年运行小时在1500h 以上的高温承压部件属于高温金属监督范围。

（A）450℃/5.88MPa；（B）500℃/6.4MPa；（C）535℃/10MPa；（D）540℃/17.4MPa。

Lb3A4094 根据钢中石墨化的发展程度,通常将石墨化分为（C）。

（A）二级；（B）三级；（C）四级；（D）五级。

Lb3A4095 在管道上不允许有任何位移的地方,应装（A）。

（A）固定支架；（B）滚动支架；（C）导向支架；（D）弹簧支架。

Lb3A5096 蠕变恒速阶段的蠕变速度不应大于（C）%/h。

（A）$1×10^{-7}$；（B）$1×10^{-6}$；（C）$1×10^{-5}$；（D）$1×10^{-4}$。

Lb3A5097 （D）不是热能工程上常见的基本状态参数。

（A）p；（B）v；（C）t；（D）W。

Lb3A5098 当合金钢过热器管和碳钢过热器管外径分别涨粗（A）,表面有纵向氧化微裂纹,管壁明显减薄或严重石墨化时,应及时更换。

（A）$\geqslant2.5\%$,$\geqslant3.5\%$；（B）$\geqslant2.5\%$,$\geqslant2.5\%$；（C）$\geqslant3.5\%$,$\geqslant3.5\%$；（D）$\geqslant3.5\%$,$\geqslant2.5\%$。

Lb3A5099 当主汽管道运行至 20 万 h 前,实测蠕变相对变形量达到 0.75% 或蠕变速度大于 $0.75×10^{-7}$mm/（mm·h）时,应进行（A）。

（A）试验鉴定；（B）更换；（C）继续运行至 20 万 h；（D）监视运行。

Lb2A1100 工作介质温度在 540～600℃的阀门，属于（**B**）。

（A）普通阀门；（B）高温阀门；（C）超高温阀门；（D）低温阀门。

Lb2A2101 对管道的膨胀进行补偿，是为了（**B**）。

（A）更好地疏放水；（B）减少管道的热应力；（C）产生塑性变形；（D）产生蠕变。

Lb2A3102 在锅炉水循环回路中，当出现循环倒流时，将引起（**C**）。

（A）爆管；（B）循环流速加快；（C）水循环不良；（D）循环流速降低。

Lb2A3103 管子的磨损与烟气速度的（**C**）成正比。

（A）二次方；（B）四次方；（C）三次方；（D）一次方。

Lb2A3104 在当火焰中心位置上移时，炉内（**A**）。

（A）辐射吸热量减少，过热汽温升高；（B）辐射吸热量增加，过热汽温降低；（C）对流吸热量增加，过热汽温降低；（D）对流吸热量减少，过热汽温降低。

Lb2A3105 锅炉受热面上干松灰的聚积程度，主要取决于（**A**）。

（A）烟气速度；（B）飞灰量；（C）飞灰粒度；（D）受热面结构。

Lb2A4106 提高蒸汽初温度主要受到（**C**）。

（A）锅炉传热温差的限制；（B）热力循环的限制；（C）金属高温性能的限制；（D）水循环限制。

Lb2A5107　在协调控制系统运行方式中，最为完善、功能最强的是（B）。

（A）机炉独立控制方式；（B）协调控制方式；（C）汽轮机跟随锅炉控制方式；（D）锅炉跟随汽轮机控制方式。

Lb1A1108　采用直流式喷燃器，四角布置，切圆燃烧的锅炉，不太适于燃用（D）。

（A）烟煤；（B）贫煤；（C）褐煤；（D）无烟煤。

Lb1A1109　（B）不是造成锅炉部件寿命损耗的主要因素。

（A）疲劳；（B）机械损伤；（C）蠕变；（D）磨损。

Lb1A2110　（B）过程不是热能工程上常见的基本热力过程。

（A）定容；（B）定焓；（C）定压；（D）定温。

Lb1A2111　再热蒸汽不宜用喷水减温器来调节汽温的主要是（A）。

（A）相对减少汽轮机高压缸做功比例，使机组效率下降；（B）再热蒸汽焓增量大于过热蒸汽，使锅炉效率下降；（C）再热蒸汽焓增量小于过热蒸汽，使锅炉效率下降；（D）再热蒸汽易带水。

Lb1A3112　锅炉散热损失大小与（C）有关。

（A）排烟温度与原煤热值大小；（B）给水温度和再热蒸汽进口温度；（C）蒸发量和锅炉本体管道保温及环境温度；（D）锅炉配风方式及炉膛火焰中心高低。

Lb1A3113　锅炉受热面工质侧的腐蚀，由于锅炉汽水品质问题，（D）不是受热面内部腐蚀。

（A）垢下腐蚀；（B）低温腐蚀；（C）氧腐蚀；（D）应力腐蚀。

Lb1A3114　省煤器磨损最为严重的管排是（B）。

（A）第一排；（B）第二排；（C）第三排；（D）最后一排。

Lb1A3115　在锅炉对流受热面中，（A）磨损最严重。

（A）省煤器；（B）再热器；（C）过热器；（D）空气预热器。

Lb1A3116　炉内过量空气系数过大时（A）。

（A）q_2 增大；（B）q_4 增大；（C）q_2、q_3 增大；（D）q_2、q_3、q_4 增大。

Lb1A3117　炉内过量空气系数过小时（C）。

（A）q_3 增大；（B）q_4 增大；（C）q_3、q_4 增大；（D）q_2、q_3、q_4 增大。

Lb1A3118　把高级语言翻译成计算机语言的程序是（B）。

（A）操作系统；（B）编译程序；（C）汇编程序；（D）编辑程序。

Lb1A3119　冷态下，一次风管一次风量最大时，各一次风管最大风量相对偏差（相对平均值的偏差）值不大于（C）%。

（A）±2；（B）±3；（C）±5；（D）±10。

Lb1A3120　物料分离器是循环流化床锅炉中非常重要的一个设备，其分离效率决定（B）。

（A）锅炉热效率、降低炉膛温度；（B）锅炉热效率、流化效果和减轻对流受热面磨损；（C）减小飞灰可燃物含量，降低炉膛出口温度；（D）降低炉膛温度，减小燃烧产物对大气的污染。

Lb1A4121　离心式风机产生的压头大小与（C）有关。
（A）风机进风方式；（B）风机的集流器大小；（C）转速、叶轮直径和流体密度；（D）集流器导向叶片。

Lb1A4122　影响锅炉效率的主要因素是（D）。
（A）主汽温度、再热汽温；（B）主汽压力、再热汽压；（C）主汽流量、给水流量；（D）烟气氧量、排烟温度、飞灰及炉渣可燃物。

Lb1A4123　锅炉漏风试验的目的主要是（D）。
（A）检查锅炉燃烧室及风门挡板的严密性；（B）检查锅炉尾部风烟系统的严密性；（C）检查锅炉本体、制粉系统各风门挡板的严密性；（D）检查锅炉本体、制粉系统的严密性。

Lb1A4124　当炉膛火焰中心位置降低时，炉内（B）。
（A）辐射吸热量减少，过热汽温升高；（B）辐射吸热量增加，过热汽温降低；（C）辐射吸热量减少，过热汽温降低；（D）辐射吸热量与对流吸热量均不会发生变化。

Lb1A5125　燃烧器出口一、二次风速大小调整的主要依据是（D）。
（A）一次风速主要取决于输送煤粉的要求，二次风速取决于炉内氧量；（B）一次风速取决于挥发分完全燃烧对氧的需要，二次风速取决于碳完全燃烧时对氧的需要；（C）一次风速主要取决于炉内风粉混合的需要，二次风速依据炉内氧量的需要；（D）一次风速决定于煤粉的着火条件需要，二次风速取决于煤粉气流的混合扰动及燃尽的需要。

Lb1A5126 在煤粉炉中,对燃烧器负荷分配调整的原则主要是（**C**）。

（A）前后墙布置的燃烧器,应保持燃烧器负荷基本相等;四角布置的燃烧器,应单层四台同时调整;（B）前后墙布置的燃烧器,可单台逐步调整;四角布置的燃烧器应对角两台同时调整;（C）前后墙布置的燃烧器,一般保持中间负荷相对较大,两侧负荷相对较低;四角布置的燃烧器,一般应对角两台同时调整或单层四台同时调整;（D）前后墙布置的燃烧器,保持中间负荷相对较小,两侧负荷相对较大;四角布置的燃烧器,应对角两台同时调整或单台进行调整。

Lc5A1127 滑参数停机的主要目的是（**D**）。

（A）利用锅炉余热发电;（B）均匀降低参数增加机组寿命;（C）防止汽轮机超速;（D）降低汽轮机缸体温度。

Lc5A2128 电动机容易发热和起火的部位是（**D**）。

（A）定子绕组;（B）转子绕组;（C）铁芯;（D）定子绕组、转子绕组和铁芯。

Lc5A2129 电动机过负荷是由于（**A**）造成的。严重过负荷时会使绕组发热,甚至烧毁电动机和引起附近可燃物质燃烧。

（A）负载过大,电压过低或被带动的机械卡住;（B）负载过大;（C）电压过低;（D）机械卡住。

Lc5A3130 电动机启动时间过长或在短时间内连续多次启动,会使电动机绕组产生很大热量。温度（**A**）造成电动机损坏。

（A）急剧上升;（B）急剧下降;（C）缓慢上升;（D）缓慢下降。

Lc5A3131 由铅锑或锡合金制成的熔断器，电阻率较大而（A）。

（A）熔点较低；（B）熔点较高；（C）熔点极高；（D）熔点极低。

Lc5A41132 熔断器有各种规格，每种规格都有（A）电流。当发生过载或短路而使电路中的电流超过额定值后，串联在电路中的熔断器便熔断，从而切断电源与负载的通路，起到保险作用。

（A）额定；（B）实际；（C）运行；（D）启动。

Lc5A5133 电气设备的额定值是制造厂家按照（A）原则全面考虑而得出的参数，它是电气设备的正常运行参数。

（A）安全、经济、寿命长；（B）安全；（C）维修；（D）寿命长。

Lc4A1134 短路状态是指电路里任何地方不同电位的两点由于绝缘损坏等原因直接接通，最严重的短路状态是靠近（B）。

（A）负载处；（B）电源处；（C）电路元件；（D）线路末端。

Lc4A2135 异步电动机旋转磁场的转速 n、极对数 p，电源频率 f，三者之间的关系是（A）。

（A）$n=60f/p$；（B）$n=pf/60$；（C）$n=60pf$；（D）$n=60p/f$。

Lc4A2136 三相异步电动机的额定电压是指（A）。

（A）线电压；（B）相电压；（C）电压的瞬时值；（D）电压的有效值。

Lc4A3137 所有高温管道、容器等设备上都应有保温层，当室内温度在 25℃时，保温层表面的温度一般不超过（**B**）℃。

（A）40；（B）50；（C）60；（D）30。

Lc4A3138 触电人心脏跳动停止时，应采用（**B**）方法进行抢救。

（A）人工呼吸；（B）胸外心脏按压；（C）打强心针；（D）摇臂压胸。

Lc4A4139 在结焦严重或有大块焦渣掉落可能时，应（**A**）。

（A）停炉除焦；（B）在锅炉运行过程中除焦；（C）由厂总工程师决定；（D）由运行值长决定。

Lc4A5140 所有升降口、大小孔洞、楼梯和平台，必须装设不低于（**B**）mm 的高栏杆和不低于 **100mm** 高的护板。

（A）1200；（B）1050；（C）1000；（D）1100。

Lc3A1141 工作票不准任意涂改，涂改后上面应由（**A**）签字或盖章，否则工作票无效。

（A）签发人或工作许可人；（B）总工程师；（C）安全处长；（D）生技处长。

Lc3A1142 在下列气体燃料中，发热量最高的是（**B**）。

（A）天然气；（B）液化石油气；（C）高炉煤气；（D）发生炉煤气。

Lc3A2143 工作如不能按计划期限完成，必须由（**B**）办理延期手续。

（A）车间主任；（B）工作负责人；（C）工作许可人；

（D）工作票签发人。

Lc3A3144 一般燃料油的低位发热量为（**A**）kJ/kg。

（A）40000；（B）30000；（C）55000；（D）25000。

Lc3A3145 工作票延期手续，只能办理（**A**），如需再延期，应重新签发工作票，并注明原因。

（A）一次；（B）二次；（C）三次；（D）四次。

Lc3A4146 工作票签发人（**C**）工作负责人。

（A）可以兼任；（B）经总工批准，可以兼任；（C）不得兼任；（D）经车间主任批准可以兼任。

Lc2A2147 为防止吹扫油管路时，发生油污染蒸汽的事故，在清扫蒸汽管上必须装设（**C**）。

（A）调整门；（B）截止阀；（C）止回阀；（D）快关门。

Lc2A3148 给水溶氧长期不合格将造成受热面腐蚀，其破坏形式特征为（**C**）。

（A）大面积均匀腐蚀；（B）片状腐蚀；（C）点状腐蚀；（D）局部腐蚀。

Lc2A4149 在煤成分基准分析中，空气干燥基的成分符号为（**B**）。

（A）ar；（B）ad；（C）d；（D）daf。

Lc2A5150 通过人体的电流达到（**B**）A时，就会导致人死亡。

（A）0.01；（B）0.1；（C）0.5；（D）1.0。

Lc1A2151 电力生产中，死亡人数达（**D**）人及以上者，为特大人身事故。

（A）3；（B）5；（C）7；（D）10。

Lc1A3152 在汽包水位的三冲量调节系统中，用于防止由于虚假水位引起调节器误动作的前馈信号是（**C**）。

（A）汽包水位；（B）给水流量；（C）主蒸汽流量；（D）主蒸汽压力。

Lc1A3153 新安装和改造后的回转式空气预热器，其试转运行时间应不少于（**D**）h。

（A）4；（B）8；（C）24；（D）48。

Lc1A3154 纯机械弹簧式安全阀采用液压装置进行校验调整，一般在（**C**）额定压力下进行。

（A）50%～60%；（B）60%～70%；（C）75%～80%；（D）80%～90%。

Lc1A3155 锅炉进行吹管和化学清洗的目的是（**C**）。

（A）把过热器、再热器受热面内壁的铁锈、灰垢、油污等杂物进行清除以免对汽轮机运行产生危害；（B）把省煤器、水冷壁、汽包、连接管及各联箱内壁的铁锈、灰垢、油污等杂物进行清除以免对锅炉运行产生危害；（C）把汽水系统受热面内壁的铁锈、灰垢、油污等杂物彻底清除；（D）对受热面外壁的灰垢、杂物进行清除，以利传热。

Lc1A4156 锅炉汽包水位高、低保护，应采用独立测量的（**C**）逻辑判断方式。

（A）一取一；（B）二取一；（C）三取二；（D）四取三。

Lc1A4157 额定蒸发量为（C）t/h 及以上的锅炉应配有"锅炉安全监控系统"（FSSS）。

（A）220；（B）400；（C）670；（D）1025。

Lc1A5158 在役锅炉的炉膛安全监视保护装置的动态试验间隔时间不得超过（C）年。

（A）1；（B）2；（C）3；（D）4。

Lc1A5159 从 2004 年 1 月 1 日起通过审批新投产的燃煤锅炉，当燃煤 $10\% \leqslant V_{daf} \leqslant 20\%$ 时，氮氧化物的最高允许排放浓度为（A）mg/m^3。

（A）650；（B）500；（C）450；（D）400。

Lc1A5160 （C）MW 及以上等级机组的锅炉应装设锅炉灭火保护装置。

（A）10；（B）50；（C）120；（D）200。

Ld2A1161 在锅炉设计时，对流受热面中传热面积最大的是（D）。

（A）过热器；（B）再热器；（C）省煤器；（D）空气预热器。

Ld1A4162 在锅炉进行水压试验时，水温按照制造厂规定值控制，一般在（C）℃。

（A）15～50；（B）15～70；（C）21～70；（D）21～90。

Jd5A1163 工作许可人，应对下列事项负责：（1）检修设备与运行设备已隔断；（2）安全措施已完善和正确执行；（3）对工作负责人正确说明（C）的设备。

（A）有介质；（B）已放空；（C）有压力、高温和爆炸危险；（D）已具备施工条件。

Jd5A1164 单位质量气体，通过风机所获得的能量，用风机的（C）来表示。

（A）轴功率；（B）出口风压；（C）全压；（D）出口温升。

Jd5A2165 燃煤中，灰分熔点越高，（A）。

（A）越不容易结焦；（B）越容易结焦；（C）越容易灭火；（D）越容易着火。

Jd5A2166 在设计发供电煤耗率时，计算用的热量为（B）。

（A）煤的高位发热量；（B）煤的低位发热量；（C）发电热耗量；（D）煤的发热量。

Jd5A2167 在外界负荷不变时，如强化燃烧，汽包水位将（C）。

（A）上升；（B）下降；（C）先上升后下降；（D）先下降后上升。

Jd5A3168 汽包锅炉点火初期是一个非常不稳定的运行阶段，为确保安全，应（A）。

（A）投入锅炉所有保护；（B）加强监视调整；（C）加强联系制度；（D）加强监护制度。

Jd5A3169 凝汽式汽轮机组的综合经济指标是（A）。

（A）热耗率；（B）汽耗率；（C）热效率；（D）厂用电率。

Jd5A3170 煤粉品质的主要指标是指煤粉细度、均匀性和（C）。

（A）挥发分；（B）发热量；（C）水分；（D）灰分。

Jd5A3171 锅炉"MFT"动作后,连锁跳闸(**D**)。

(A)送风机;(B)引风机;(C)空气预热器;(D)一次风机。

Jd5A4172 随着锅炉额定蒸发量的增大,排污率(**D**)。

(A)增大;(B)减少;(C)相对不变;(D)与蒸发量无关。

Jd5A5173 机组正常启动过程中,最先启动的设备是(**C**)。

(A)引风机;(B)送风机;(C)空气预热器;(D)一次风机。

Jd4A1174 为保证吹灰效果,锅炉吹灰的程序是(**A**)。

(A)由炉膛依次向后进行;(B)自锅炉尾部向前进行;(C)吹灰时由运行人员自己决定;(D)由值长决定。

Jd4A1175 在外界负荷不变的情况下,汽压的稳定主要取决于(**B**)。

(A)炉膛容积热强度的大小;(B)炉内燃烧工况的稳定;(C)锅炉的储热能力;(D)水冷壁受热后热负荷大小。

Jd4A2176 国产200MW机组再热器允许最小流量为额定流量的(**A**)%。

(A)14;(B)9;(C)5;(D)20。

Jd4A2177 超高压大型自然循环锅炉推荐的循环倍率是(**B**)。

(A)小于5;(B)5~10;(C)小于10;(D)15以上。

Jd4A2178 采用蒸汽吹灰时，蒸汽压力不可过高或过低，一般应保持在（A）MPa。

（A）1.5～2；（B）3.0～4；（C）5～6；（D）6～7。

Jd4A3179 在锅炉热效率试验中，入炉煤的取样应在（A）。

（A）原煤斗出口；（B）原煤斗入口；（C）煤粉仓入口；（D）入炉一次风管道上。

Jd4A3180 中间再热锅炉在锅炉启动过程中，保护再热器的手段有（A）。

（A）控制烟气温度或正确使用一、二级旁路；（B）加强疏水；（C）轮流切换四角油枪，使再热器受热均匀；（D）调节摆动燃烧器和烟风机挡板。

Jd4A3181 就地水位计指示的水位高度，比汽包的实际水位高度（B）。

（A）要高；（B）要低；（C）相等；（D）稳定。

Jd4A3182 事故停炉是指（A）。

（A）因锅炉设备故障，无法维持运行或威胁设备和人身安全时的停炉；（B）设备故障可以维持短时运行，经申请停炉；（C）计划的检修停炉；（D）节日检修停炉。

Jd4A4183 停炉时间（B）天内，将煤粉仓内的粉位尽量降低，以防煤粉自燃引起爆炸。

（A）1；（B）3；（C）5；（D）6。

Jd4A5184 超高压锅炉定参数停炉熄火时，主汽压力不得低于（B）MPa。

（A）8；（B）10；（C）12；（D）16。

Jd3A1185 炉膛负压和烟道负压剧烈变化，排烟温度不正常升高，烟气中含氧量下降，热风温度、省煤器出口温度等不正常升高，此现象表明发生（**A**）。

（A）烟道再燃烧；（B）送风机挡板摆动；（C）锅炉灭火；（D）引风机挡板摆动。

Jd3A1186 安全门的总排汽量应（**A**）。

（A）大于锅炉额定蒸发量；（B）小于锅炉额定蒸发量；（C）等于锅炉额定蒸发量；（D）接近锅炉额定蒸发量。

Jd3A3187 在中间储仓式（负压）制粉系统中，制粉系统的漏风（**C**）。

（A）影响磨煤机的干燥出力；（B）对锅炉效率无影响；（C）影响锅炉排烟温度；（D）对锅炉燃烧无影响。

Jd3A4188 管式空气预热器低温腐蚀和堵管较严重的部位经常发生在（**C**）。

（A）整个低温段；（B）整个高温段；（C）靠送风机出口部分；（D）低温段流速低的部位。

Jd3A5189 一般来讲，回转式空气预热器漏风量比管式空气预热器漏风量（**A**）。

（A）要大；（B）要小；（C）基本相同；（D）比管式二级布置要小，比一级布置大。

Jd2A1190 停炉时间超过（**A**）天，需要将原煤仓中的煤烧空，以防止托煤。

（A）7；（B）15；（C）30；（D）40。

Jd2A2191 炉膛容积热强度的单位是（B）。

（A）kJ/m^3；（B）$kJ/(m^3 \cdot h)$；（C）$kJ/(m^2 \cdot h)$；（D）kJ/m^2。

Jd2A2192 常用于大型储油罐和大型变压器的灭火器是（D）。

（A）泡沫灭火器；（B）二氧化碳灭火器；（C）干粉灭火器；（D）1211灭火器。

Jd2A2193 循环流化床锅炉采用物料分离器分离烟气中的物料，其尾部受热面磨损量（A）煤粉炉。

（A）远大于；（B）远小于；（C）略小于；（D）基本相等。

Jd2A2194 过热器前受热面长时间不吹灰或水冷壁结焦会造成（A）。

（A）过热汽温偏高；（B）过热汽温偏低；（C）水冷壁吸热量增加；（D）锅炉热负荷增加。

Jd2A3195 PN＞9.8MPa的阀门属于（C）。

（A）低压阀门；（B）中压阀门；（C）高压阀门；（D）超高压阀门。

Jd2A3196 煤粉炉停炉后应保持30％以上的额定风量，并通风（A）min进行炉膛吹扫。

（A）5；（B）10；（C）15；（D）20。

Jd2A4197 炉膛负压增大，瞬间负压到最大，一、二次风压不正常降低，水位瞬时下降，气压、气温下降，说明此时发生（C）。

（A）烟道面燃烧；（B）吸、送风机入口挡板摆动；（C）锅炉灭火；（D）炉膛掉焦。

Jd2A5198 水冷壁、省煤器、再热器或联箱发生泄漏时，应（**B**）。

（A）紧急停炉；（B）申请停炉；（C）维持运行；（D）节日停炉。

Jd1A2199 进行锅炉水压试验时，在试验压力下应保持（**B**）min。

（A）3；（B）5；（C）8；（D）10。

Jd1A2200 锅炉由于失去全部引、送风机而紧急停炉时，应关闭烟气再循环挡板后，进行完全自然通风（**C**）min。

（A）5；（B）10；（C）15；（D）20。

Jd1A4201 当需要接受中央调度指令参加电网调频时，机组应采用（**B**）控制方式。

（A）机随炉控制方式；（B）协调控制方式；（C）炉随机控制方式；（D）炉、机手动控制方式。

Jd1A4202 水压试验合格标准为：达到试验压力后，关闭上水门，停止给水泵后，5min 内压降应不大于（**B**）MPa。

（A）0.25；（B）0.5；（C）0.8；（D）1.0。

Je5A1203 当炉膛发出强烈的响声，燃烧不稳，炉膛呈正压，气温、汽压下降，汽包水位低，给水流量不正常地大于蒸汽流量，烟温降低时，表明发生了（**B**）。

（A）省煤器管损坏；（B）水冷壁损坏；（C）过热器管损坏；（D）再热器管损坏。

Je5A1204 锅炉所有水位计损坏时，应（**A**）。

（A）紧急停炉；（B）申请停炉；（C）继续运行；（D）通

知检修。

Je5A1205 高压及其以上的汽包锅炉熄火后，汽包压力降至（**B**）MPa 时，迅速放尽锅水。

（A）0.3～0.5；（B）0.5～0.8；（C）0.9～1；（D）0.11～0.12。

Je5A1206 锅炉停备用湿保养方法有（**C**）种。

（A）2；（B）3；（C）4；（D）5。

Je5A1207 锅炉停备用干保养方法有（**D**）种。

（A）4；（B）5；（C）7；（D）10。

Je5A1208 直流锅炉在省煤器水温降至（**B**）℃时，应迅速放尽锅内存水。

（A）120；（B）180；（C）100；（D）300。

Je5A1209 中速磨煤机直吹式制粉系统磨制 V_{daf} 为 **12%～40%** 的原煤时，分离器出口的温度为（**B**）℃。

（A）100～50；（B）120～170；（C）200～100；（D）150～100。

Je5A2210 中速磨煤机干燥剂对原煤的干燥是（**A**）。

（A）逆向流动的；（B）顺向流动的；（C）水平流动的；（D）垂直流动的。

Je5A2211 E 型磨煤机碾磨件包括上、下磨环和钢球，配合型线均为圆弧，钢球在上下磨环间自由滚动，不断地改变自身的旋转轴线，其配合型线始终保持不变，磨损较均匀，对磨煤机出力影响（**A**）。

（A）较小；（B）较大；（C）一般；（D）随运行小时变化。

Je5A2212 　RP 型磨煤机的磨辊为圆锥形，碾磨面较宽磨辊磨损极不均匀，磨损后期辊套型线极度失真，沿磨辊母线有效破碎长度变小，磨辊与磨盘间隙变小，对煤层失去碾磨能力，磨辊调整是有限度的，所以在运行中无法通过调整磨辊与磨盘间的相对角度和间隙来减轻磨损的（**B**）。

（A）均匀程度；（B）不均匀程度；（C）金属耗损量；（D）增加使用寿命。

Je5A2213 　MPS 型磨煤机的磨辊形如轮船，直径大，但碾磨面窄，辊轮与磨盘间是接触的，辊轮与磨盘护瓦均为圆弧形，再加上辊轮的支点处有圆柱销使辊轮可以左右摆动，辊轮与磨盘间的倾角可在 12°～15° 之间变化，辊轮磨损面可以改变，因此辊轮磨损比较（**B**）。

（A）不均匀；（B）均匀；（C）小；（D）大。

Je5A2214 　在检修或运行中，如有油漏到保温层上，应将（**A**）。

（A）保温层更换；（B）保温层擦干净；（C）管表面上油，再用保温层遮盖；（D）管表面上油用石棉层遮盖。

Je5A2215 　当锅炉发生烟道二次燃烧事故时，应（**A**）。

（A）立即停炉；（B）申请停炉；（C）保持机组运行；（D）向上级汇报。

Je5A2216 　风机 8h 分部试运及热态运行时，滑动/滚动轴承温度应小于（**A**）。

（A）70℃/80℃；（B）60℃/80℃；（C）65℃/85℃；（D）60℃/85℃。

Je5A2217 　当（**D**）时，需人为干预停机。

（A）汽轮机超速；（B）润滑油压极低；（C）真空极低；（D）蒸汽参数异常，达到极限值。

Je5A2218 当给水泵含盐不变时，如需降低蒸汽含盐量，只有增加（**D**）。

（A）溶解系数；（B）锅炉水含盐量；（C）携带系数；（D）排污率。

Je5A2219 在汽包锅炉运行中，当发生（**C**）时，锅炉应紧急停运。

（A）再热器爆管；（B）过热器爆管；（C）所有水位计损坏；（D）省煤器泄漏。

Je5A3220 机组启动过程中，应先恢复（**C**）系统运行。

（A）给水泵；（B）凝结水；（C）闭式冷却水；（D）烟风。

Je5A3221 检修后的锅炉（额定汽压大于 **5.88MPa**），允许在升火过程中热紧法兰、人孔、手孔等处的螺丝。但热紧时，锅炉汽压不准超过（**A**）**MPa**。

（A）0.49；（B）0.6；（C）1.0；（D）1.5。

Je5A3222 工作许可人应对检修工作负责人正确说明（**B**）。

（A）设备名称；（B）哪些设备有压力温度和爆炸危险等；（C）设备参数；（D）设备作用。

Je5A3223 在锅炉运行中，（**B**）带压对承压部件进行焊接、检修、紧螺丝等工作。

（A）可以；（B）不准；（C）经领导批准可以；（D）可随意。

Je5A3224 锅炉吹灰前，应将燃烧室负压（**B**）并保持燃烧稳定。

（A）降低；（B）适当提高；（C）维持；（D）必须减小。

Je5A3225 运行中的瓦斯管道可用（**A**）检查管道是否泄漏。

（A）仪器或皂水；（B）火焰；（C）人的鼻子闻；（D）动物试验。

Je5A3226 瓦斯管道内部的凝结水发生冻结时，应用（**B**）溶化。

（A）用火把烤；（B）蒸汽或热水；（C）喷枪烤；（D）电加热。

Je5A3227 流体流动时引起能量损失的主要原因是（**D**）。

（A）流体的压缩性；（B）流体的膨胀性；（C）流体的不可压缩性；（D）流体的黏滞性。

Je5A3228 随着运行小时增加，引风机振动逐渐增大的主要原因是（**D**）。

（A）轴承磨损；（B）进风不正常；（C）出风不正常；（D）风机叶轮磨损。

Je5A3229 离心泵基本特性曲线中最主要的是（**A**）曲线。

（A）$Q—H$，流量—扬程；（B）$Q—P$，流量—功率；（C）$Q—\eta$，流量—效率；（D）$Q—\Delta h$，流量—允许汽蚀量。

Je5A3230 锅炉发生水位事故，运行人员未能采取正确及时的措施予以处理时，将会造成（**A**）。

（A）设备严重损坏；（B）机组停运；（C）机组停运、甚至事故扩大；（D）人员伤亡。

Je5A3231 采用中间再热器可以提高电厂的（**B**）。

（A）出力；（B）热经济性；（C）煤耗；（D）热耗。

Je5A4232 锅炉的超压水压试验一般每隔（**D**）年进行一次。

（A）3；（B）4；（C）5；（D）6～8。

Je5A4233 工作温度为（**D**）℃的中压碳钢，运行 **15 万 h**，应进行石墨化检验。

（A）200；（B）300；（C）400；（D）450。

Je5A4234 当机组突然甩负荷时，汽包水位变化趋势是（**B**）。

（A）下降；（B）先下降后上升；（C）上升；（D）先上升后下降。

Je5A4235 机组正常运行中，在汽包水位、给水流量、凝结水量均不变情况下，除氧器水位异常下降，原因是（**C**）。

（A）锅炉后部件泄漏；（B）给水泵再循环阀强开；（C）高压加热器事故疏水阀动作；（D）除氧器水位调节阀故障关闭。

Je5A4236 凝汽式汽轮机组热力特性曲线与（**C**）有很大关系。

（A）机组型式；（B）机组参数；（C）机组调节型式；（D）机组进汽方式。

Je5A5237 锅炉正常停炉一般是指（**A**）。

（A）计划检修停炉；（B）非计划检修停炉；（C）因事故停炉；（D）节日检修。

Je5A5238　滑停过程中主汽温度下降速度不大于**(B)**℃/min。

（A）1；（B）1.5；（C）2；（D）3.5。

Je5A5239　**（C）**开启省煤器再循环门。

（A）停炉前；（B）熄火后；（C）锅炉停止上水后；（D）锅炉正常运行时。

Je5A5240　当锅炉主汽压力降到（C）MPa 时，开启空气门。

（A）0.5；（B）1；（C）0.2；（D）3.5。

Je5A5241　汽轮发电机真空严密性试验应在（C）进行。

（A）机组启动过程中；（B）机组在额定负荷时；（C）机组在 80%额定负荷时；（D）机组在 60%额定负荷以上。

Je4A1242　停炉过程中，煤油混烧时，当排烟温度降至（C）℃时，应逐个停止电除尘电场运行。

（A）200；（B）120；（C）100；（D）80。

Je4A1243　给水流量不正常地大于蒸汽流量，蒸汽导电度增大，过热蒸汽温度下降，说明**（A）**。

（A）汽包满水；（B）省煤器损坏；（C）给水管爆破；（D）水冷壁损坏。

Je4A1244　当出现锅炉烟道有泄漏响声，省煤器后排烟温降低，两侧烟温、风温偏差大，给水流量不正常地大于蒸汽流量，炉膛负压减少现象时，说明**（B）**。

（A）水冷壁损坏；（B）省煤器管损坏；（C）过热器管损坏；（D）再热器管损坏。

Je4A1245　锅炉给水、锅炉水或蒸汽品质超出标准，经多方调整无法恢复正常时，应（**B**）。

（A）紧急停炉；（B）申请停炉；（C）化学处理；（D）继续运行。

Je4A1246　锅炉大小修后的转动机械须进行不少于（**C**）试运行，以验证可靠性。

（A）2h；（B）8h；（C）30min；（D）21h。

Je4A1247　正常停炉（**B**）**h** 后，启动引风机通风冷却。

（A）4～6；（B）18；（C）24；（D）168。

Je4A1248　直流锅炉控制工作安全门的整定值为工作压力的（**A**）倍。

（A）1.08/1.10；（B）1.05/1.08；（C）1.25/1.5；（D）1.02/1.05。

Je4A2249　再热器和启动分离器安全阀整定值是工作压力的（**A**）倍。

（A）1.10；（B）1.25；（C）1.50；（D）1.05。

Je4A2250　机组启动初期，主蒸汽压力主要由（**A**）调节。

（A）汽轮机旁路系统；（B）锅炉燃烧；（C）锅炉和汽轮机共同；（D）发电机负荷。

Je4A2251　锅炉运行中，汽包的虚假水位是由（**C**）引起的。

（A）变工况下，无法测量准确；（B）变工况下，炉内汽水体积膨胀；（C）变工况下，锅内汽水因汽包压力瞬时突升或突降而引起膨胀和收缩；（D）事故放水阀忘关闭。

Je4A2252　机组降出力至低于锅炉燃烧稳定的最低负荷

过程中，停止燃烧器时应（A）。

（A）先投油枪助燃，再停止燃烧器；（B）先停止燃烧器再投油枪；（C）无先后顺序要求；（D）由运行人员自行决定。

Je4A2253 直流锅炉的中间点温度一般不是定值，而随（B）而改变。

（A）机组负荷的改变；（B）给水流量的变化；（C）燃烧火焰中心位置的变化；（D）主蒸汽压力的变化。

Je4A2254 串联排污门的操作方法是（C）。

（A）先开二次门，后开一次门，关时相反；（B）根据操作是否方便，自己确定；（C）先开一次门，后开二次门，关时相反；（D）由运行人员根据负荷大小决定。

Je4A2255 湿式除尘器管理不善引起烟气带水的后果是（A）。

（A）后部烟道腐蚀，吹风机或引风机振动；（B）环境污染、浪费厂用电；（C）加大引风机负荷；（D）降低锅炉出力。

Je4A2256 锅炉进行 1.25 倍的水压试验时，（B）。

（A）就地云母水位计亦应参加水压试验；（B）就地云母水位计不应参加水压试验；（C）就地云母水位计是否参加试验无明确规定；（D）电视水位计参加水压试验。

Je4A2257 高压锅炉的控制安全阀和工作安全阀的整定值为额定压力的（A）倍。

（A）1.05/1.08；（B）1.02/1.05；（C）1.10/1.10；（D）1.25/1.5。

Je4A2258 锅炉校正安全门的顺序是（B）。

（A）以动作压力为序，先低后高；（B）以动作压力为序，先高后低；（C）先易后难；（D）先难后易。

Je4A2259 随着锅炉参数的提高，过热部分的吸热量比例
（**B**）。

（A）不变；（B）增加；（C）减少；（D）按对数关系减少。

Je4A2260 全年设备运行小时数，是指发电厂全年生产的
电量与发电厂总装机容量全部机组运行持续时间之比，它表示
（**A**）。

（A）发电设备的利用程度；（B）负荷曲线充满度；（C）平
均负荷率；（D）平均负荷系数。

Je4A3261 炉管爆破，经加强给水，仍不能维持汽包水位
时，应（**A**）。

（A）紧急停炉；（B）申请停炉；（C）加强给水；（D）正
常停炉。

Je4A3262 保证离心式水膜除尘器正常工作的关键是
（**B**）。

（A）烟气流量不能过大；（B）稳定流动和有一定厚度的水
膜；（C）烟气流速不能过大；（D）降低烟气的流速。

Je4A3263 火力发电厂辅助机械耗电量最大的是（**A**）。
（A）给水泵；（B）送风机；（C）循环水泵；（D）磨煤机。

Je4A3264 油品的危险等级是根据（**A**）来划分的，闪点
在 45℃以下为易燃品，45℃以上为可燃品，易燃品防火要求高。
（A）闪点；（B）凝固点；（C）燃点；（D）着火点。

Je4A3265 简单机械雾化油嘴由（**B**）部分组成。

（A）两；（B）三；（C）四；（D）五。

Je4A3266 清仓的煤粉和制粉系统的排气排到不运行（包括热备用）的或者点火的锅炉内，应（D）。

（A）如为减少环境污染，则可以进行；（B）如为提高锅炉的经济性，则可以进行；（C）如为减少环境污染，并提高锅炉经济性，则可以进行；（D）应严格禁止。

Je4A3267 下列四种泵中，压力最高的是（C）。

（A）循环水泵；（B）凝结水泵；（C）齿轮泵；（D）螺杆泵。

Je4A3268 下列四种泵中，相对流量最大的是（B）。

（A）离心泵；（B）轴流泵；（C）齿轮泵；（D）螺杆泵。

Je4A3275 锅炉运行过程中，如机组负荷变化，应调节（A）的流量。

（A）给水泵；（B）凝结水泵；（C）循环水泵；（D）冷却水泵。

Je4A3269 如发现运行中的水泵振动超过允许值，应（C）。

（A）检查振动表是否准确；（B）仔细分析原因；（C）立即停泵检查；（D）继续运行。

Je4A3270 离心泵运行中，如发现表计指示异常，应（A）。

（A）立即对照其他相关表计指示，如显示正常，应分析是不是表计问题，再到就地查找原因；（B）立即停泵；（C）如未超限，则不用管；（D）请示领导。

Je4A3271 泵在运行中，如发现电流指示下降，并有不正常摆动，供水压力、流量下降，管道振动，泵窜动现象，则因为（C）。

（A）不上水；（B）出水量不足；（C）水泵发生汽化；（D）入口滤网堵塞。

Je4A3272 在监盘时，如看到风机在电流过大或摆动幅度大的情况下跳闸，则（C）。

（A）可以强行启动一次；（B）可以在就地监视下启动；（C）不应再强行启动；（D）请求领导决定。

Je4A4273 汽轮机低润滑油压保护应在（A）条件下投入。

（A）盘车前；（B）满负荷后；（C）冲转前；（D）满速后（定速）。

Je4A4274 给水泵流量极低的保护作用是（B）。

（A）防止给水中断；（B）防止泵过热损坏；（C）防止泵过负荷；（D）防止泵超压。

Je4A4275 高压加热器运行中，水位过高会造成（D）。

（A）进出口温差增大；（B）端差增大；（C）疏水温度升高；（D）疏水温度降低。

Je4A5276 水泵的机械损失，即为（D）机械摩擦以及叶轮圆盘与流体摩擦所消耗的功率。

（A）轴承；（B）联轴器；（C）皮带轮；（D）轴承、联轴节、皮带轮。

Je4A5277 离心泵的能量损失可分为（D）。

（A）机械损失、水力损失；（B）水力损失、流动损失；（C）容积损失、压力损失；（D）水力损失、机械损失、容积损失。

Je4A5278 在机组负荷、煤质、燃烧室内压力不变的情况下，烟道阻力增大将使（**A**）。

（A）锅炉净效率下降；（B）锅炉净效率不变；（C）锅炉净效率提高；（D）风机效率升高。

Je3A1279 在燃烧室内工作需要加强照明时，可由电工安设（**C**）V 电压的临时固定电灯，电灯及电缆须绝缘良好，并安装牢固，放在碰不着人的高处。

（A）24；（B）36；（C）110 或 220；（D）12。

Je3A1280 在燃烧室内禁止带电移动（**D**）V 电压临时电灯。

（A）24；（B）26；（C）12；（D）110 或 220。

Je3A1281 停炉过程中的降压速度每分钟不超过（**A**）MPa。
（A）0.05；（B）0.1；（C）0.15；（D）0.2。

Je3A1282 氢冷发电机充氢合格后，应保持氢纯度在（**C**）。
（A）95%以下；（B）95%以上；（C）98%；（D）98%以上。

Je3A1283 当锅炉蒸发量低于（**A**）%额定值时，必须控制过热器入口烟气温度不超过管道允许温度，尽量避免用喷水减温，以防止喷水不能全部蒸发而积存在过热器中。

（A）10；（B）12；（C）15；（D）30。

Je3A2284 工作人员进入汽包前，应检查汽包内温度，一般不超过（**A**）℃，并有良好的通风时方可允许进入。

（A）40；（B）50；（C）60；（D）55。

Je3A2285 汽包内禁止放置电压超过（**B**）V 的电动机。

（A）12；（B）24；（C）36；（D）110。

Je3A2286 锅炉间负荷经济分配除了考虑（**B**）外，还必须注意到锅炉运行的最低负荷值。

（A）机组容量大小；（B）煤耗微增率相等的原则；（C）机组运行小时数；（D）机组参数的高低。

Je4A2287 平均负荷系数表示发电厂年/月负荷曲线形状特征，又说明发电厂在运行时间内负荷的（**A**），它的大小等于平均负荷与最大负荷的比值。

（A）均匀程度；（B）不均匀程度；（C）变化趋势；（D）变化率。

Je4A2288 火力发电厂发电成本最大的一项是（**A**）。

（A）燃料费用；（B）工资；（C）大小修费用；（D）设备折旧费用。

Je3A2289 发电机组的联合控制方式：机跟炉运行方式、炉跟机运行方式、手动调节方式由运行人员根据（**B**）选择。

（A）随意；（B）机炉设备故障情况；（C）领导决定；（D）电网调度要求。

Je3A2290 电力系统装机容量等于工作容量、事故备用容量、检修容量（**A**）。

（A）之和；（B）之差；（C）之比；（D）乘积。

Je3A3291 吹灰器的最佳投运间隔是在运行了一段时间后，根据灰渣清扫效果、灰渣积聚速度、受热面冲蚀情况、（**A**）情况以及对锅炉烟温、汽温的影响等因素确定的。

（A）吹扫压力；（B）吹扫温度；（C）吹扫时间；（D）吹

扫顺序。

Je3A5292 锅炉点火器正常投入后，在油燃烧器投入（**B**）s 不能点燃时，应立即切断燃油。

（A）1；（B）10；（C）5；（D）30。

Je2A2293 通常固态排渣锅炉燃用烟煤时，炉膛出口氧量宜控制在（**B**）。

（A）2%～3%；（B）3%～5%；（C）5%～6%；（D）7%～8%。

Je2A2294 采用中间储仓式制粉系统时，为防止粉仓煤粉结块和自燃，任一给粉机不宜长期停用，并且同层给粉机转数偏差值不应超过（**D**）%。

（A）1；（B）2；（C）4；（D）10。

Je2A2295 锅炉在正常运行时，在采用定速给水泵进水过程中，给水调节阀开度一般保持在（**B**）为宜。

（A）70%～80%；（B）40%～70%；（C）50%～100%；（D）80%～90%。

Je2A2296 锅炉采用调速给水泵调节时，给水泵运行中，最高转速应低于额定转速（**A**）%，并保持给水调节阀全开，以降低给水泵耗电量。

（A）10；（B）15；（C）20；（D）30。

Je2A3297 转动机械采用强制润滑时，油箱油位在（**C**）以上。

（A）1/3；（B）1/4；（C）1/2；（D）1/5。

Je2A3298 中间储仓式制粉系统，为保持给粉机均匀给粉，粉仓的粉位一般不低于（**A**）m。

（A）3；（B）2；（C）4；（D）5。

Je2A3299 安全阀的总排汽量，必须大于锅炉最大连续蒸发量，并且在锅炉和过热器上所有安全阀开启后，汽包内蒸汽压力不得超过设计压力的（**C**）倍。

（A）1.02；（B）1.05；（C）1.10；（D）1.25。

Je2A3300 安全阀回座压差一般应为开始启动压力的4%～7%，最大不得超过开始启动压力的（**A**）%。

（A）10；（B）15；（C）20；（D）25。

Je2A3301 循环流化床锅炉物料循环倍率是指（**B**）。

（A）物料分离器出来返送回炉膛的物料量与进入炉膛内的燃料量之比；（B）物料分离器出来返送回炉膛的物料量与进入炉膛内的燃料量及脱硫剂石灰石量之比；（C）物料分离器出来量与进入物料分离器量之比；（D）物料分离器出来返送回炉膛的物料量与进入炉膛内的燃料量产生的烟气量之比。

Je2A4302 当锅炉上所有安全阀均开启时，锅炉的超压幅度，在任何情况下，均不得大于锅炉设计压力的（**B**）%。

（A）5；（B）6；（C）2；（D）3。

Je2A4303 采用蒸汽作为吹扫介质时，应防止携水，一般希望有（**B**）℃的过热度。

（A）50；（B）100～150；（C）80；（D）90。

Je2A5304 吹灰器最佳吹扫压力应在锅炉投运后，根据（**A**）最后确定。

（A）实际效果；（B）设计值；（C）实际灰渣特性；（D）实际煤种。

Je2A5305 锅炉在正常运行过程中，在吹灰器投入前，应将吹灰系统中的（A）排净，保证是过热蒸汽后，方可投入。

（A）凝结水；（B）汽水混合物；（C）空气；（D）过热蒸汽。

Je1A4306 直流锅炉启动时，在水温为（B）℃时要进行热态水清洗。

（A）150～260；（B）260～290；（C）290～320；（D）320～350。

Je1A5307 锅炉负荷调节与汽包蒸汽带水量的关系是（A）。

（A）蒸汽带水量是随锅炉负荷增加而增加的；（B）蒸汽带水量是随锅炉负荷增加而降低的；（C）蒸汽带水量只与汽包水位有关；（D）蒸汽带水量与锅炉负荷无关。

Je1A5308 锅炉负荷调节对锅炉效率的影响是（C）。

（A）当锅炉负荷达到经济负荷以上时，锅炉效率最高；（B）当锅炉负荷在经济负荷以下时，锅炉效率最高；（C）当锅炉负荷在经济负荷范围内时，锅炉效率最高；（D）当锅炉负荷在经济负荷至额定负荷范围内时，锅炉效率最高。

Jf5A1309 应尽可能避免靠近和长时间地停留在（C）。

（A）汽轮机处；（B）发电机处；（C）可能受到烫伤的地方；（D）变压器处。

Jf5A2310 行灯电压不得超过（C）V。

（A）12；（B）24；（C）36；（D）110。

Jf5A2311　在炉膛除焦时，工作人员必须穿着（**A**）的工作服、工作鞋，戴防烫伤的手套和必要的安全用具。
（A）防烫伤；（B）防静电；（C）尼龙、化纤、混纺衣料制作；（D）防水。

Jf5A3312　带电的电气设备以及发电机、电动机等应使用（**A**）灭火器。
（A）干式灭火器、二氧化碳灭火器或1211灭火器；（B）水；（C）泡沫；（D）干砂。

Jf5A3313　对于浮顶罐应使用（**A**）灭火器。
（A）泡沫；（B）干砂；（C）二氧化碳灭火器；（D）干式灭火器。

Jf5A3314　两日以上的工作票，应在批准期限（**D**）办理延期手续。
（A）后一天；（B）前两天；（C）后2h；（D）前一天。

Jf5A4315　泡沫灭火器扑救（**A**）火灾效果最好。
（A）油类；（B）化学药品；（C）可燃气体；（D）电气设备。

Jf5A5316　下列（**B**）灭火器只适用于扑救 **600V** 以下的带电设备火灾。
（A）泡沫灭火器；（B）二氧化碳灭火器；（C）干粉灭火器；（D）1211灭火器。

Jf4A1317　发现有人触电时，首先应立即（**A**）。
（A）切断电源；（B）将触电者拉开，使之脱离电源；

（C）与医疗部门联系；（D）进行人口呼吸急救。

Jf4A1318 电流通过人体途径不同，通过人体心脏的电流大小也不同，（**B**）方式的电流途径，对人体伤害较为严重。

（A）从手到手；（B）从左手到脚；（C）从右手到脚；（D）从脚到脚。

Jf4A2319 浓酸一旦溅入眼睛或皮肤上，首先应采用（**D**）。

（A）0.5%的碳酸氢钠溶液清洗；（B）2%稀碱液中和；（C）1%蜡酸清洗；（D）清水冲洗。

Jf4A3320 工作人员接到违反《电业安全工作规程》的上级命令，应（**B**）。

（A）照命令执行；（B）拒绝执行；（C）根据严重程度决定是否执行；（D）越级汇报得到答复后，才决定是否执行。

Jf4A3321 劳动保护就是为保护劳动者在生产劳动过程中的（**B**）而进行的管理。

（A）安全和生产；（B）安全和健康；（C）安全经济；（D）安全培训。

Jf4A3322 填写热力工作票时，不得（**B**）。

（A）用钢笔或圆珠笔填写，字迹清楚，无涂改；（B）用铅笔填写；（C）用钢笔填写，字迹清楚，无涂改；（D）用圆珠笔填写，字迹清楚，无涂改。

Jf4A4323 工作任务不能按批准完工期限完成时，工作负责人一般在批准完工期限（**A**）向工作许可人申明理由，办理延期手续。

（A）前 2h；（B）后 2h；（C）前一天；（D）后一天。

Jf4A5324 如工作中需要变更工作负责人，应经（**B**）同意并通知工作许可人，在工作票上办理工作负责人变更手续。

（A）检修后工程师；（B）工作票签发人；（C）总工程师；（D）检修班长。

Jf3A1325 在主、辅设备等发生故障被迫紧急停止运行时，如需立即恢复检修和排除工作，可不填热力检修工作票，但必须经（**B**）同意。

（A）总工程师；（B）值长；（C）车间主任；（D）安全工程师。

Jf3A2326 运行班长必须在得到值长许可，并做好安全措施之后，才可允许（**A**）进行工作。

（A）检修人员；（B）签发人；（C）工作许可人；（D）技术人员。

Jf3A2327 工作票签发人、工作负责人、（**A**）应负工作的安全责任。

（A）工作许可人；（B）车间主任；（C）负责工程师；（D）技术人员。

Jf3A3328 值班人员如发现检修人员严重违反《电业安全工作规程》或工作票内所填写的安全措施，应（**A**）。

（A）制止检修人员工作，并将工作票收回；（B）批评教育；（C）汇报厂长；（D）汇报安全监察部门。

Jf3A3329 由于运行方式变动，部分检修的设备将加入运行时，应重新签发工作票，（**A**）。

（A）并重新进行许可工作的审查程序；（B）即可进行工作；（C）通知安全监察部门，即可继续工作；（D）并经总工程师批准，即可继续工作。

Jf3A4330 动火工作票级别一般分为（**B**）级。

（A）一；（B）二；（C）三；（D）四。

Jf3A4331 燃烧室及烟道内的温度在（**D**）℃以上时，不准入内进行检修及清扫工作。

（A）30；（B）40；（C）50；（D）60。

Jf3A5332 在特别潮湿或周围均属金属导体的地方工作时，如汽包、抽汽器、加热器、蒸发器、除氧器以及其他金属容器或水箱等内部，行灯的电压不准超过（**A**）V。

（A）24；（B）12；（C）36；（D）110。

Jf2A2333 煤粉仓内，必须使用（**A**）V 电压的行灯，橡皮线或灯头绝缘应良好，行灯不准埋入残留在煤粉仓内死角处的积粉内。

（A）12；（B）24；（C）36；（D）110。

Jf1A2334 检修工作未能按期完成，由工作负责人可以办理延期的工作票是（**B**）工作票。

（A）一级动火；（B）热力机械；（C）二级动火；（D）电气两种。

Jf1A3335 在梯子上工作时，梯子与地面的倾斜度为（**C**）左右。

（A）30°；（B）45°；（C）60°；（D）75°。

Je1A3336 蒸汽流量不正常地小于给水流量，炉膛负压变正，过热器压力降低，说明（**D**）。

（A）再热器损坏；（B）省煤器损坏；（C）水冷壁损坏；（D）过热器损坏。

Jf1A5337 安全阀整定压力大于 **7.0MPa** 时，其校验起座压力与整定压力允许相对偏差为整定压力的（B）%。

（A）±0.5；（B）±1；（C）±1.5；（D）±2。

Jf1A5338 受压元件及其焊缝缺陷焊补后，应进行 **100%** 的（A）试验。

（A）无损探伤；（B）金相检验；（C）硬度检验；（D）残余应力测定。

4.1.2 判断题

判断下列描述是否正确。正确在括号内打"√"，错误在括号内打"×"。

La5B1001 单位体积流体的质量称为流体的密度，用符号 ρ 表示，kg/m^3。（√）

La5B1002 绝对压力是工质的真实压力，即 $p = p_g + p_a$。（√）

La5B2003 绝对压力是用压力表实际测得的压力。（×）

La5B2004 表示工质状态特性的物理量叫状态参数。（√）

La5B2005 两个物体的质量不同，比热容相同，则热容量相等。（×）

La5B3006 热平衡是指系统内部各部分之间及系统与外界没有温差，也会发生传热。（×）

La5B3007 由于工质的膨胀对外所做的功，称为压缩功。（×）

La5B3008 物质的温度越高，其热量也越大。（×）

La5B4009 流体与壁面间温差越大，换热面积越大，对流换热阻越大，换热量也应越大。（×）

La4B1010 静止流体中任意一点的静压力不论来自哪个方向均不相等。（×）

La4B2011 流体内一点的静压力的大小与作用面上的方位有关。（×）

La4B2012 当气体的压力升高，温度降低时，其体积增大。（×）

La4B3013 观察流体运动的两个重要参数是压力和流速。（√）

La4B3014 流体的压缩性是指流体在压力（压强）作用下，体积增大的性质。（×）

La4B3015 蒸汽初压力和初温度不变时，提高排汽压力可以提高朗肯循环的热效率。（×）

La4B3016 容器中的水在定压下被加热，当水和蒸汽平衡共有时，此时蒸汽为过热蒸汽。（×）

La4B4017 过热器逆流布置时，由于传热平均温差大，传热效果好，因而可以增加受热面。（×）

La3B1018 锅炉受热面外表面积灰或结渣，会使管内介质与烟气热交换时传热量减弱，因为灰渣导热系数增大。（×）

La3B2019 热量的传递发生过程总是由物体的低温部分传向高温部分。（×）

La3B4020 管子外壁加装肋片，将使热阻增加，传热量减少。（×）

La2B1021 金属材料在负荷作用下，能够改变形状而不破坏，在取消负荷后又能把改变的形状保持下来的性能称为塑性。（√）

La2B1022 热量不可能自动地从低温物体传递给高温物体。（√）

La2B2023 蒸汽初温度越高，循环热效率也越高。（√）

La2B2024 电阻温度计是根据其电阻值随温度变化而变化这一原理测量温度的。（√）

La2B2025 在一定温度下，导体的电阻与导体的长度成正比，与导体截面积成反比，与导体的材料无关。（×）

La2B3026 金属在一定温度和应力作用下，逐渐产生弹性变形的现象，就是蠕变。（×）

La2B3027 钢材抵抗外力破坏作用的能力，称为金属的疲劳强度。（×）

La1B1028 物体的吸收系数 a 与辐射系数 c 不变时，其辐射热量 E 与物体本身温度 t 的四次方成正比。（×）

La1B2029 有一精度为 1.0 级的压力表，其量程为 $-0.1 \sim$ 1.6MPa，则其允许误差为 $[1.6-(-0.1)] \times 1\% = 1.7 \times 1\% =$

0.017MPa。（√）

La1B2030 有一测温仪表，精度等级为 0.5 级，测量范围为 400～600℃，该表的允许基本误差为 (600–400)×0.5%=200×0.5%=±1℃。（√）

La1B3031 在选择使用压力表时，为使压力表能安全可靠地工作，压力表的量程应选得比被测压力高 1/3。（√）

Lb5B1032 导热系数在数值上等于沿着导热方向每米长度上温差 1℃时，每小时通过壁面传递的热量。（√）

Lb5B1033 炉内火焰辐射能量与其绝对温度的平方成正比。（×）

Lb5B1034 回转式空气预热器低温受热面一般采用耐腐蚀性能良好的考登钢，也可以采用普通钢板代替。（×）

Lb5B1035 在火力发电厂中，锅炉是生产蒸汽的设备，锅炉的容量叫最大连续蒸发量，它的单位是 t/h。（√）

Lb5B1036 锅炉蒸汽参数指锅炉汽包出口处饱和蒸汽的压力和温度。（×）

Lb5B2037 油的闪点越高，着火的危险性越大。（×）

Lb5B2038 燃油黏度与温度无关。（×）

Lb5B2039 烧油和烧煤粉在燃料量相同时，所需的风量也相同。（×）

Lb5B2040 燃油的黏度通常使用动力黏度、运动黏度、恩氏黏度三种方法表示。（√）

Lb5B2041 二氧化硫与水蒸气结合后，不会构成对锅炉受热面的腐蚀。（×）

Lb5B2042 燃料油的低位发热量与煤的低位发热量近似相等。（×）

Lb5B2043 煤质工业分析是煤质分析中水分、挥发分、灰分、固定碳等测定项目的总称。（√）

Lb5B3044 煤质元素分析是煤质中碳、氢、氧、氮、硫等测定项目的总称。（√）

Lb5B3045 常用的燃煤基准有收到基、空气干燥基、干燥基和干燥无灰基四种。（√）

Lb5B3046 煤的收到基工业分析：$C_{ar} + H_{ar} + N_{ar} + S_{ar} + O_{ar} + A_{ar} + M_{ar} = 100$。（×）

Lb5B3047 碳是煤中发热量最高的物质。（×）

Lb5B3048 氢是煤中发热量最高的物质。（√）

Lb5B3049 煤的可燃成分是灰分、水分、氮、氧。（×）

Lb5B3050 煤的不可燃成分是碳、氢、硫。（×）

Lb5B3051 煤的灰熔点低，不容易引起水冷壁过热器受热面结渣（焦）。（×）

Lb5B3052 无烟煤的特点是挥发分含量高，容易燃烧，但不易结焦。（×）

Lb5B3053 火力发电厂用煤的煤质特性，包括煤特性和灰特性两部分。（√）

Lb5B4054 煤的哈氏可磨性系数 HGI 数值越大，该煤就越容易磨。（√）

Lb5B4055 在煤粉燃烧过程的三个阶段中，燃烧阶段将占绝大部分时间。（×）

Lb5B5056 尾部受热面的低温腐蚀是由于 SO_2 氧化成 SO_3，而 SO_3 又与烟气中的蒸汽结合，形成酸蒸汽。（√）

Lb5B5057 在灰分的熔融特性中，"FT"表示灰分的软化温度。（×）

Lb5B5058 焦炭由固定碳和灰分组成。（√）

Lb5B5059 过热蒸汽的过热度越低，说明蒸汽越接近饱和状态。（√）

Lb5B5060 蒸汽压力越低，蒸汽越容易带水。（×）

Lb5B5061 既吸收烟气的对流传热，又吸收炉内高温烟气及管间烟气辐射传热的过热器，称为半辐射式过热器。（√）

Lb5B5062 影响高压锅炉水冷壁管外壁腐蚀的主要因素是飞灰速度。（×）

Lb4B1063 使一次风速略高于二次风速,有利于空气与煤粉充分混合。(×)

Lb4B1064 锅炉漏风可以减小送风机电耗。(×)

Lb4B1065 锅炉炉膛容积一定时,增加炉膛宽度将有利于燃烧。(×)

Lb4B1066 锅炉强化燃烧时,水位先暂时下降,然后又上升。(×)

Lb4B1067 灰的导热系数较大,在对流过热器上发生积灰,将大大影响受热面传热。(×)

Lb4B2068 锅炉燃烧设备的惯性大,当负荷变化时,恢复汽压的速度较快。(×)

Lb4B2069 锅炉对流过热器的汽温特性是:负荷增加时,蒸汽温度降低。(×)

Lb4B2070 影响蒸汽压力变化速度的主要因素是:负荷变化速度、锅炉储热能力、燃烧设备的惯性及锅炉的容量等。(√)

Lb4B2071 锅炉受热面结渣时,受热面内工质吸热减少,以致烟温降低。(×)

Lb4B2072 由于灰的导热系数小,因此积灰将使受热面热交换能力增加。(×)

Lb4B2073 锅炉在不稳定运行过程中,各参数随时间的变化特性称为锅炉静态特性。(×)

Lb4B2074 烟气流过对流受热面时的速度越高,受热面磨损越严重,传热越弱。(×)

Lb4B3075 锅炉压力越高,升高单位压力时相应的饱和温度上升幅度越大。(×)

Lb4B3076 汽包内外壁温差与壁厚成正比,与导热系数成正比。(×)

Lb4B3077 锅炉燃烧器管理系统的主要功能是防止锅炉灭火爆炸。(√)

Lb4B3078 锅炉燃烧调整试验的目的是:掌握锅炉运行的

技术经济特性，确保锅炉燃烧系统的最佳运行方式，从而保证锅炉机组安全经济运行。（√）

Lb4B3079 由于煤的不完全燃烧而产生的还原性气体，会使锅炉受热面结焦加剧。（√）

Lb4B3080 锅炉总有效利用热包括：过热蒸汽吸热量、再热蒸汽吸热量、饱和蒸汽吸热量、排污水的吸热量。（√）

Lb4B3081 降低锅炉含盐量的方法主要有：① 提高给水品质；② 增加排污量；③ 分段蒸发。（√）

Lb4B3082 汽包是加热、蒸发、过热三个阶段的接合点，又是三个阶段的分界点。（√）

Lb4B3083 锅炉给水、锅炉水及蒸汽品质超过标准，经多方努力调整仍无法恢复正常时，应申请停炉。（√）

Lb4B3084 炉膛结焦后，炉膛温度升高，有利于减小化学未完全燃烧损失和机械未完全燃烧损失，所以锅炉效率一定提高。（×）

Lb4B4085 锅炉给水温度降低、燃煤量增加，将使发电煤耗提高。（√）

Lb4B4086 负压锅炉在排烟过量空气系数不变的情况下，炉膛漏风与烟道漏风对锅炉效率的影响相同。（×）

Lb4B5087 当 α_{yx}＝常数时，炉膛漏风与烟道漏风对排烟热损失的影响相同，但对化学和机械热损失影响不同，故对锅炉效率的影响不同。（√）

Lb4B5088 当过热器受热面本身结渣、严重积灰或管内结垢时，蒸汽温度将降低。（√）

Lb4B5089 采用喷水来调节再热蒸汽温度是不经济的。（√）

Lb4B5090 再热器汽温调节都采用汽—汽热交换器。（×）

Lb4B5091 过热蒸汽比热容大于再热蒸汽比热容，等量的蒸汽获相同的热量，再热蒸汽温度变化较过热蒸汽温度变化要大。（√）

Lb4B5092 水冷壁吹灰时，过热蒸汽温度将上升。（×）

Lb3B1093 水冷壁的传热过程是：烟气对管外壁辐射，管外壁向管内壁传导，管内壁与汽水混合物之间进行传导。（×）

Lb3B1094 辐射式过热器的出口蒸汽温度是随着锅炉负荷的增加而升高。（×）

Lb3B1095 当汽包压力突然下降时，饱和温度降低，使汽水混合物体积膨胀，水位很快上升，形成虚假水位。（√）

Lb3B1096 烟道内发生再燃烧时，应彻底通风，排除烟道中沉积的可燃物，然后点火。（×）

Lb3B1097 锅炉灭火保护一般取炉膛火焰监视信号和炉膛正、负压信号两种。（√）

Lb3B1098 影响过热汽温变化的因素主要有：锅炉负荷燃烧工况、风量变化、汽压变化、给水温度、减温水量等。（√）

Lb3B1099 锅炉受热面高温腐蚀一般有两种类型，即硫酸型高温腐蚀和钒腐蚀。（√）

Lb3B4100 锅炉蒸发设备的任务是吸收燃料燃烧放出的热量，将水加热成过热蒸汽。（×）

Lb3B4101 为了保证锅炉水循环的安全可靠，循环倍率的数值不应太大。（×）

Lb3B5102 蒸汽中的盐分主要来源于锅炉排污水。（×）

Lb2B1103 自然循环回路中，工质的运行压头（循环动力）与循环回路高度有关，与下降管中水的平均密度有关，与上升管中汽水混合物平均密度有关。（√）

Lb2B1104 煤粉气流着火的热源主要来自炉内高温烟气的直接混入。（√）

Lb2B1105 煤粉着火前的准备阶段包括水分蒸发、挥发分析出和焦炭形成三过程。（√）

Lb2B2106 煤粉密度在 $0.3\sim0.6kg/m^3$ 的空气混合物是危险浓度，大于或小于该浓度爆炸的可能性都会减小。（√）

Lb2B2107 在输送煤粉的气体中，氧的比例成分越大，爆

炸的可能性越大，如氧的成分含量降低到 15%～16%以下，则不会发生爆炸。（√）

Lb2B3108　锅炉的输出热量主要有：烟气带走的热量，飞灰、灰渣带走的热量，锅炉本体散热损失的热量，化学未完全燃烧损失的热量。（×）

Lb2B3109　锅炉水冷壁吸收炉膛高温火焰的辐射热，使水变为过热蒸汽。（×）

Lb2B3110　再热蒸汽的特性是：密度较小、放热系数较低、比热容较小。（√）

Lb1B1111　分级控制系统一般分为三级：① 最高一级是综合命令级；② 中间一级是功能控制级；③ 最低一级是执行级。（√）

Lb1B2112　火力发电厂热力过程自动化一般由下列部分组成：① 热工检测；② 自动调节；③ 程序控制；④ 自动保护；⑤ 控制计算。（√）

Lb1B2113　自动调节系统的品质指标有稳定性、准确性和快速性等。（√）

Lb1B2114　火力发电厂自动控制系统按照总体结构可分为以下三种类型：分散控制系统、集中控制系统及分级控制系统。（√）

Lb1B2115　单元机组的自动控制方式一般有锅炉跟踪控制、汽轮机跟踪控制、机炉协调控制三种。（√）

Lb1B2116　DEH（数字电流调节）系统的电子部分由一台计算机和一套模拟控制器组成。（√）

Lb1B2117　DEH（数字电流调节）系统有自动程度控制（ATC）或数据通道控制、远方控制、运行人员控制三种运行方式。（√）

Lb1B3118　锅炉在不同的稳定工况下，参数之间的变化关系称为锅炉的动态特性。（×）

Lb1B3119　采用非沸腾式省煤器，目的是提高下降管欠

焰。（√）

Lb1B3120　锅炉在升压时，循环回路中的介质运行压头会下降，循环速度也相应地降低。（√）

Lb1B3121　灰中酸性成分增加，会使灰熔点升高。（√）

Lb1B3122　燃烧器四角布置的锅炉，当每层火焰的燃烧器火焰监测中，四支火焰监测器中有 3/4 灭火，即判断为"全炉膛灭火"。（√）

Lb1B3123　术语"MFT"的含义为"总燃料跳闸"。（√）

Lb1B3124　在"锅炉跟踪方式"下，汽轮机控制功率（开环），锅炉自动控制汽压。（√）

Lb1B3125　"锅炉安全监控系统"（FSSS）包括"炉膛安全系统"（FSS）和"燃烧器控制系统"（BCS）两个部分。（√）

Lb1B3126　同种煤质外水越高，则所测得的收到基低位发热量越高。（√）

Lc5B1127　人体电阻值受多种因素影响而变化，但影响较大的情况是电极与皮肤接触的面积。（×）

Lc5B2128　一切防火措施都是为了破坏已经产生的燃烧条件。（×）

Lc5B3129　一切灭火措施都是为了不使燃烧条件形成。（×）

Lc5B3130　静电只有在带电体绝缘时才会产生。（√）

Lc5B4131　室内着火时，应立即打开门窗以降低室内温度进行灭火。（×）

Lc4B1132　可燃物的爆炸极限越大，发生爆炸的机会越多。（√）

Lc4B2133　闪点越高的油发生火灾的危险性越大。（×）

Lc4B3134　电流直接经过人体或不经过人体的触电伤害叫电击。（×）

Lc3B2135　常用灭火器是由筒体、器头、喷嘴等部分组成。

（√）

Lc3B3136　防火重点部位的动火作业分为两种：一级动火和二级动火。（√）

Lc3B4137　人体触电的基本方式有单相触电和两相触电两种方式。（×）

Lc2B3138　安全色规定为红、兰、黄、绿四种颜色，其中黄色是禁止和必须遵守的规定。（×）

Lc1B3139　一般安全用具有安全带、安全帽、安全照明灯具、防毒面具、护目眼镜、标示牌等。（√）

Lc1B3140　电力生产的安全方针是"安全第一、预防为主"。（√）

Lc1B5141　灭火的基本方法有隔离法、窒息、冷却、抑制法。（√）

Lc1B5142　消防工作的方针是以"预防为主、防消结合"。（√）

Lc1B5143　二氧化碳灭火器的作用是冷却燃烧物和冲淡燃烧层空气中的氧，从而使燃烧停止。（√）

Jd5B1144　检修后的离心泵在启动前可用手或其他工具盘动转子，以确认转动灵活，动静部分无卡涩或摩擦现象。（√）

Jd5B1145　转动机械或电动机大修后，应先确认转动方向正确后，才可连接靠背轮，以防止发生反转或损坏设备的情况。（√）

Jd5B2146　停止离心泵前应将入口阀逐渐关小，直至全关。（×）

Jd5B2147　离心泵启动时不必将泵壳内充满水。（×）

Jd5B2148　注入式离心泵启动前不必将泵内和井口管内空气排尽。（×）

Jd5B3149　从转动机械连锁关系分析，当排粉机跳闸时，给煤机、磨煤机不应跳闸。（×）

Jd5B3150　当燃煤的水分越低，挥发分越高时，要求的空

气预热器出口风温越高。（×）

Jd5B3151　直吹式制粉系统应装设防爆门。（×）

Jd5B3152　直吹式制粉系统一般不装防爆门，管道部件的承压能力按 0.343MPa 设计。（√）

Jd5B4153　RP、MPS、E 型磨煤机沿高度方向可分为四部分：① 传动装置；② 碾磨部件；③ 干燥分离空间以及分离器；④ 煤粉分配装置。（√）

Jd5B5154　中速磨煤机存在的主要问题是：对原煤带进的三块——铁块、木块、石块敏感，运行中容易引起磨煤机振动，石子煤排放量大等故障。（√）

Jd4B1155　当转动轴承温度过高时，应首先检查油位、油质和轴承冷却水是否正常。（√）

Jd4B1156　为防止磨煤机烧瓦，启动前应确认大瓦滴油正常，并将低油压保护投入。（√）

Jd4B2157　制粉系统干燥出力的大小，主要取决于干燥通风量和干燥风温度。（√）

Jd4B2158　钢球磨煤机的出力随着钢球装载量成正比例增加。（×）

Jd4B2159　在磨制相同煤种时，E 形磨煤机的有效碾磨金属量最小，其碾磨寿命最短，MPS 磨煤机居中，RP 磨煤机寿命最长。（×）

Jd4B2160　W 火焰炉主要燃用挥发分低于 12%～14% 的劣质煤及无烟煤。（√）

Jd4B3161　吸潮管是利用制粉系统的负压把潮气吸出，减少煤粉在煤粉仓和输粉机内受潮结块的可能性，增加爆炸的危险。（×）

Jd4B3162　低速磨煤机转速为 15～25r/min，中速磨煤机转速为 60～300r/min，高速磨煤机转速为 500～1500r/min。（√）

Jd4B3163　给煤机的类型有圆盘式、皮带式、刮板式、电磁振动式、带电子称重装置和微处理控制器的测重给煤机。（√）

Jd4B3164 制粉系统干燥出力是指在单位时间内，将煤由原煤水分干燥到固有水分的原煤量，单位以 t/h 表示。（√）

Jd4B4165 钢球磨煤机和排粉机电流减小，系统负压增大，说明磨煤机中存煤量减少。（√）

Jd4B5166 磨煤机出口负压减小，排粉机电流减小，粗粉分离器出口负压增大，说明粗粉分离器有堵塞现象。（√）

Jd3B1167 再循环风在制粉系统中起干燥作用。（×）

Jd3B2168 再循环风在制粉系统中，主要是调整磨煤机出口温度，增加磨煤机通风量提高通风出力，降低制粉电耗。（√）

Jd3B2169 筒形球磨煤机内堵煤时，入口负压变正，出口温度下降，压差增大，滚筒入口向外冒煤粉，筒体声音沉闷。（√）

Jd3B3170 粗粉分离器堵煤时，磨煤机出口负压小，分离器后负压大，回粉管锁气器不动作，煤粉细度变粗，排粉机电流减小。（√）

Jd3B3171 细粉分离器堵塞时，排粉机电流增大，排粉机入口负压增大，细粉分离器下锁气器不动作，三次风带粉量增加，锅炉汽压、汽温降低。（×）

Jd3B5172 处理筒体煤多的方法是：减少给煤或停止给煤机，增加通风量，严重时停止磨煤机或打开人孔盖板清除堵煤。（√）

Jd2B1173 粗粉分离器堵塞的处理方法有：疏通回粉管，检查锁气器或停止制粉系统，清除分离器内部杂物。（√）

Jd2B2174 发生细粉分离器堵塞时，应立即关小排粉机入口挡板，停止制粉系统运行，检查细粉分离器锁气器或木屑分离器，疏通下粉管，正常后重新启动磨煤机和给煤机运行。（√）

Jd2B3175 给煤机运行中发生堵塞、卡涩时，应将给煤机停止，并做好防止误启动措施后，方可处理。（√）

Jd1B1176 锅炉安全阀的总排汽能力应等于最大连续蒸

发量。（×）

Jd1B2177 回转式空气预热器水清洗后，只要进行自然风干即可。（×）

Jd1B2178 连排扩容器运行中应保持一定的水位。（√）

Jd1B2179 中速磨煤机电流减小，排粉机电流增大，系统负压减小，说明磨煤机内煤量减少或断煤。（√）

Jd1B3180 锅炉的定排工作是指：将水冷壁下联箱及集中下降管底部的排污门依次打开，使积聚在锅炉底部的水渣和沉淀物排出，以提高炉水品质。（×）

Jd1B4181 按介质流动方向，定期排污门为电动门在前，手动门在后。（×）

Jd1B5182 吹灰的作用是清除受热面的积灰、积渣，保持受热面洁净。（√）

Je5B1183 在用反平衡法计算锅炉效率时，由于汽温、汽压等汽水参数不参与计算，所以这些参数对锅炉用反平衡法计算出的效率无影响。（√）

Je5B1184 不同压力的排污管、疏水管和放水管不应放入同一母管中。（√）

Je5B1185 当锅炉燃烧不稳定或有炉烟向外喷出时，严禁炉膛打焦。（√）

Je5B1186 锅炉吹灰前应适当降低燃烧室负压，并保持燃烧稳定。（×）

Je5B1187 冲洗汽包水位计时，应站在水位计的侧面，打开阀门时，应缓慢小心。（√）

Je5B1188 省煤器损坏的主要现象是省煤器烟道内有泄漏声，排烟温度降低，两侧烟温、风温偏差大，给水流量不正常地大于蒸汽流量，炉膛负压减小。（√）

Je5B1189 烟道再燃烧的主要现象是：炉膛负压和烟道负压失常，排烟温度升高，烟气中氧量下降，热风温度、省煤器出口水温等介质温度升高。（√）

Je5B1190　水冷壁损坏现象有：炉膛发生强烈响声，燃烧不稳，炉膛风压变正，汽压下降，汽包水位低，给水流量不正常地大于蒸汽流量，烟温降低等。（√）

Je5B1191　锅炉缺水的现象为各水位计指示低，给水流量小于蒸汽流量。（√）

Je5B1192　汽包锅炉电视水位计不是直观水位计。（×）

Je5B1193　锅炉定期排污前，应适当保持低水位，且不可两点同时排放，以防低水位事故。（×）

Je5B1194　锅炉热效率计算有正平衡和反平衡两种。（√）

Je5B2195　锅炉各项损失中，散热损失最大。（×）

Je5B2196　影响排烟热损失的主要因素是排烟温度和排烟量。（√）

Je5B2197　发电锅炉热损失最大的一项是机械未完全燃烧热损失。（×）

Je5B2198　对同一台锅炉而言，负荷高时，散热损失较小；负荷低时，散热损失较大。（√）

Je5B2199　改变火焰中心的位置，可以改变炉内辐射吸热量和进入过热器的烟气温度，因此可以调节过热汽温和再热汽温。（√）

Je5B2200　停炉前，应对给水电动门和减温水电动门作可靠性试验。（×）

Je5B2201　锅炉水位高/低保护的整定值一般有水位高/低报警，水位极高/极低紧急停炉。（√）

Je5B2202　直流锅炉过热器汽温的调节以喷水减温为主。（×）

Je5B2203　对于大多数锅炉来说，均可采用烟气再循环方式调节再热蒸汽温度。（√）

Je5B3204　采用变压运行的机组比采用定压运行机组的运行经济性要高。（×）

Je5B3205　锅炉过热器采用分级控制，即将整个过热器分

成若干级，每级设置一个减温装置，分别控制各级过热器的汽温，以维持主汽温度为给定值。（√）

Je5B3206 采用双路给水系统的锅炉，只要保持水位稳定，不必考虑两侧给水流量是否一致。（×）

Je5B3207 过热汽温调节一般以烟气侧调节作为粗调，蒸汽侧以喷水减温作为细调。（√）

Je5B3208 再热汽温的控制，一般以烟气侧控制方式为主，喷水减温只作为事故喷水或辅助调温手段。（√）

Je5B3209 再热器汽温调节方法有：① 采用烟气挡板；② 烟气再循环；③ 改变燃烧器倾角；④ 喷水减温。（√）

Je5B3210 大容量发电锅炉辅机电源为 6kV 的有引风机、送风机、一次风机、磨煤机；电源 380V 的辅机有回转式空气预热器、给煤机、火焰扫描风机、磨煤机油泵、空气压缩机等。（√）

Je5B3211 再热器汽温调节的常用方法有摆动式燃烧器、烟气再循环、分隔烟道挡板调节和喷水减温器（一般作为事故处理时用）四种。（√）

Je5B3212 因故锅炉停止上水后，应开启省煤器再循环阀；锅炉连续供水时，应关闭省煤器再循环阀。（√）

Je5B3213 锅炉启动过程中，在升压后阶段，汽包上下壁和内外壁温度差已大为减小，因此后阶段的升压速度应比规定的升压速度快。（×）

Je5B3214 停炉前，应全面吹灰一次。（√）

Je5B3215 停炉前，应确认事故放水门和向空排汽门处于良好备用状态。（√）

Je5B3216 停炉后 30min，应开启过热器疏水门，以冷却过热器。（×）

Je5B3217 主汽门关闭后，开启过热器出口联箱疏水门、对空排汽门 30～50min，以冷却过热器。（√）

Je5B4218 当负荷降至零时，应停止所有燃料。（×）

Je5B4219 待发电机解列，汽轮机自动主汽门关闭后，应关闭各燃油喷嘴，清扫燃油喷嘴中的积油。锅炉停炉后，禁止将燃料送入已灭火的锅炉。（√）

Je5B4220 在停炉降温过程中，应注意饱和温度下降速度不小于 1℃/min。（×）

Je5B4221 锅炉停炉前，应进行一次全面放水。（×）

Je5B5222 停炉后，应停止加药泵的运行，关闭连续排污门、加药门和取样门，对各下联箱进行一次排污。（√）

Je5B5223 当停炉不超过三天时，应将煤粉仓内煤粉烧尽。（×）

Je4B1224 为防止空气预热器金属温度太低，而引起腐蚀和积灰，在点火初期应将送风机入口暖风器解列，热风再循环挡板关闭，以降低空气预热器入口风温。（×）

Je4B1225 空气预热器一般可分为管式和回转式两种，回转式空气预热器又分为二分仓和三分仓两种。（√）

Je4B1226 当回转式空气预热器的入口烟气温度降至120℃以下时，可停止回转空气预热器的运行。（√）

Je4B1227 当出现炉膛负压摆动大，瞬间负压到最大，一、二次风压不正常地降低，水位瞬时下降，汽温下降情况时，可判断发生炉内爆管。（×）

Je4B1228 锅炉严重满水时，汽温迅速下降，蒸汽管道会发生水冲击。（√）

Je4B1229 锅炉停止运行有两种方法：一种是定参数停炉，另一种是滑参数停炉。（√）

Je4B1230 影响锅炉受热面积灰的因素主要是烟气流速、飞灰颗粒度、管束的结构特性、烟气流向和管子的布置方向。（√）

Je4B1231 在锅炉启动中，发生汽包壁温差超标时，应加快升温升压速度，使之减少温差。（×）

Je4B2232 锅炉初点火时，采用对称投入油枪、定期倒换

或多油枪少油量等方法是使炉膛热负荷比较均匀的有效措施。（√）

Je4B2233　随着锅炉内部压力的升高，汽包壁将受到越来越大的机械应力。（√）

Je4B2234　锅炉安全门的回座压差，一般为起座压力的4%～7%，最大不得超过起座压力的10%。（√）

Je4B2235　锅炉满水的主要现象是：水位计指示过高，水位高信号报警，给水流量不正常地大于蒸汽流量，蒸汽导电度增大，过热蒸汽温度下降。（√）

Je4B2236　过热器损坏的主要现象是：过热器处有响声，过热器侧烟气温度下降，蒸汽流量不正常地小于给水流量，过热器压力下降，严重泄漏时炉膛负压变正等。（√）

Je4B2237　锅炉发生严重缺水时，错误的上水会引起水冷壁及汽包产生较大的热应力，甚至导致水冷壁爆管。（√）

Je4B2238　炉膛内发生爆燃必须满足以下三个条件：①炉膛或烟道中有一定的可燃物和助燃空气存积；②存积的燃料和空气混合物符合爆燃比例；③具有足够的点火能源或温度。（√）

Je4B2239　FCB（快速切除负荷保护）的种类可分为5%FCB保护（甩负荷只带厂用电运行）、0%FCB保护（甩负荷停机不停炉）。（√）

Je4B2240　单元机组汽轮机保安系统的功能取决于汽轮机结构、类型、参数等。（√）

Je4B3241　汽轮机故障跳闸时，会连锁发电机解列，也会连锁锅炉跳闸。（√）

Je4B3242　若发电机运行正常，电力系统发生故障使主变压器断路器跳闸，也会引起FCB保护动作。如FCB保护动作成功，机组带厂用电运行，则锅炉维持低负荷运行；如果FCB保护动作不成功，MFT保护动作，则停炉。（√）

Je4B3243　计算机监控系统的输入/输出信号通常分为模

拟量、开关量、数字量（脉动量）。（√）

Je4B3244 计算机监控系统输入/输出信号的模拟量是随时间连续变化的，可用数值来表明其特性。用数值大小作定量描述的物理量，如压力、温度、流量、水位、负荷等都是模拟量。（√）

Je4B3245 停炉大修时必须清扫煤粉仓，只有在停炉时间不超过三天，才允许煤粉仓内存有剩余煤粉。（√）

Je4B3246 发现主汽、主给水管路或其他大直径高压管道严重泄漏时，应紧急停炉。（√）

Je4B3247 锅炉严重缺水时，应立即上水，并尽快恢复正常水位。（×）

Je4B3248 锅炉灭火后，应停止向炉内供给一切燃料，维持总风量在 25%～40%的额定风量，通风 5min，然后重新点火。（√）

Je4B3249 给水流量不正常地大于蒸汽流量时，汽包水位上升。（√）

Je4B3250 主再热汽安全门起座后不回座，经多方采取措施仍不能回座时，应申请停炉。（√）

Je4B3251 所有的引、送风机或回转式空气预热器发生故障停止运行时，应申请停炉。（×）

Je4B3252 机组启动过程中，锅炉在升压的后阶段，汽包上下壁和内外壁温差已大为减少，因此，后阶段升压速度应比规定的升压速度快。（×）

Je4B3253 在风粉系统连锁回路中，连锁开关在投入位置时可不按顺序启动设备。（×）

Je4B3254 当两台引风机或唯一运行的一台引风机跳闸时，应联跳两台送风机或唯一的一台送风机。（√）

Je4B4255 任一台磨煤机跳闸时，应联跳对应的给煤机。（√）

Je4B4256 锅炉排污前应开启定排母管放水门将积水放

净，防止腐蚀。（×）

Je4B4257　制粉系统给煤机断煤，瞬间容易造成汽压、汽温降低。（×）

Je4B4258　W 形火焰燃烧方式对燃用低挥发分煤是有效的。（√）

Je4B4259　在采用 W 形火焰燃烧方式时，炉内过程中的第三个阶段为辐射传热阶段。（√）

Je4B4260　为避免水冷壁局部超温爆管，直流锅炉在启动过程中切除启动分离器时，可以通过均匀增加制粉系统出力调整燃烧。（×）

Je4B4261　为避免水冷壁局部超温爆管，直流锅炉在启动过程中切除启动分离器时，可以通过增加油枪出力进行燃烧调整，给水流量不低于额定值 30%，高温过热器后烟温比正常运行工况低 30～50℃。（√）

Je4B4262　可燃性气体爆炸极限范围分上限和下限。（√）

Je4B5263　RB 功能是指锅炉自动减负荷功能。（√）

Je4B5264　锅炉减负荷的规定值，称为 RB 目标值。（√）

Je3B1265　在锅炉运行中，应经常检查锅炉承压部件有无泄漏现象。（√）

Je3B1266　吹灰器有缺陷，锅炉燃烧不稳定或有炉烟与炉灰从炉内喷出时，仍可以吹灰。（×）

Je3B1267　在锅炉运行中，可以修理排污一次门。（×）

Je3B1268　在排污系统检修时，可以进行排污。（×）

Je3B2269　在同一排污系统内，如有其他锅炉正在检修，排污前应查明检修的锅炉确已和排污系统隔断。（√）

Je3B2270　在结焦严重或有大块焦渣可能掉落时，应停炉除焦。（√）

Je3B2271　在清理煤粉仓时，可以将煤粉排入热备用或正在点火的锅炉内。（×）

Je3B2272　锅炉大小修后，必须经过分段验收、分部试运

行，整体传动试验合格后方能启动。（√）

Je3B2273 锅炉大小修后的总验收工作应由司炉主持进行。（×）

Je3B2274 主要设备大修后的总验收和整体试运行，由总工程师主持，指定有关人员参加。主要设备小修后的整体试运行，一般由车间检修和运行负责人主持，对大容量单元制机组，则由总工程师或其他指定人员主持。（√）

Je3B2275 分部试运行（包括分部试验），应由检修或运行负责人主持，有关检修人员和运行人员参加。（√）

Je3B2276 重要工序的分段验收项目及技术监督的验收项目应填写分段验收记录。其内容应有检修项目、技术记录、质量评价以及检修人员、验收人员的签名。（√）

Je3B3277 锅炉超压试验一般6～8年一次，或两次大修。（√）

Je3B3278 锅炉水压试验升压速度一般不大于 0.2～0.3MPa/min。（√）

Je3B3279 漏风试验的目的是要检查燃烧室、制粉系统、风烟系统的严密性。（√）

Je3B3280 锅炉漏风试验一般分正压法和负压法。（√）

Je3B3281 锅炉超压试验在升压至工作压力后，应检查正常后继续升压至试验压力，并保持5min，然后关闭进水门后降压至工作压力时，记录 5min 的压力下降值，然后在保持工作压力下进行检查。（√）

Je3B3282 在大修后、锅炉启动前，由于连锁保护装置在检修中已经调好，故运行人员可不再进行调整。（×）

Je3B3283 新安装的锅炉，在酸洗前应进行碱洗。（√）

Je3B3284 锅炉进行酸洗时，对材质为奥氏体钢的管箱，不能采用盐酸清洗。（√）

Je3B4285 采用 HCl 清洗时，氯离子对奥氏体将产生晶间腐蚀。（√）

Je3B4286　回转式空气预热器大小修的试转运行时间不少于 1h。(×)

Je3B4287　大修后，为检验转动机械安装或检修质量是否符合标准要求，应进行试运行考核。(√)

Je3B5288　锅炉检修后的总验收分为冷态验收和热态验收。(√)

Je2B1289　锅炉检修后投入运行时，应带负荷试运行 24h 进行热态验收。(√)

Je2B1290　高压汽包锅炉水冷壁管内结垢达 $300\sim400mg/m^2$ 时，应进行酸洗。(√)

Je2B1291　安全门是锅炉的重要保护设备，必须在热态下进行调试，才能保证其动作准确可靠。(√)

Je2B1292　再热器安全门的动作压力为 1.06 倍工作压力。(×)

Je2B2293　直流锅炉的过热器出口控制安全阀动作压力应为 1.05 倍工作压力，工作安全门动作压力为 1.08 倍工作压力。(×)

Je2B2294　冷炉上水时，一般水温高于汽包壁温，因而汽包下半部壁温高于上半部壁温；当点火初期燃烧很弱时，汽包下半部壁温很快低于上半部壁温。(√)

Je2B2295　当汽包上半部壁温低于下半部壁温时，上半部金属受轴向压应力。(×)

Je2B2296　自然循环锅炉点火初期，应加强水冷壁下联箱放水，其目的是促进水循环，使受热面受热均匀，以减少汽包壁温差。(√)

Je2B3297　燃煤锅炉点火前应进行彻底通风，其通风时间应大于 5min，通风量应大于额定值 30%。(√)

Je2B3298　锅炉冷态上水时间夏季为 1~2h，冬季为 2~3h。(×)

Je2B3299　锅炉上水水质应为除过氧的除盐水。(√)

Je2B3300　锅炉启动时，当汽压升至 0.2MPa 时，应关闭所有空气门；汽压升至 0.3MPa 时，应冲洗汽包水位计。（√）

Je2B3301　母管制锅炉为防止并列后汽压急剧下降，启动并列时对汽压的要求为：中压锅炉低于母管 0.05～0.1MPa，高压锅炉一般低于母管 0.2～0.3MPa。（√）

Je2B3302　锅炉停止运行，一般分为正常停炉和事故停炉两种。（√）

Je2B3303　事故停炉是指无论由于锅炉设备本身还是外部原因发生事故，都必须停止运行操作。（√）

Je2B3304　停炉时间在三天以内时，应将煤粉仓的粉位尽量降低，以防煤粉自燃而引起爆炸。（√）

Je2B4305　高压直流锅炉水冷壁管内结垢达 200～300mg/m^2 时，应进行酸洗。（√）

Je2B4306　停炉后 10h 内，应严密关闭所有的锅炉人孔门、看火孔、打焦孔、检查孔，以防锅炉急剧冷却。（×）

Je2B5307　省煤器管损坏停炉后，严禁打开省煤器再循环门，以免锅炉水经省煤器损坏处漏掉。（√）

Je2B5308　燃料在炉内燃烧时，实际空气量应大于理论空气量。（√）

Je1B1309　锅炉受热面烟气侧腐蚀主要分为水冷壁管的硫腐蚀、过热气管的高温硫腐蚀和空气预热器的低温硫腐蚀三种。（√）

Je1B1310　在锅炉的升炉过程中，如蒸汽和给水孔板流量表计无故障，则其示值准确。（×）

Je1B1311　双水内冷发电机的效率比空冷或氢冷发电机的效率低。（√）

Je1B1312　进入加热器的蒸汽温度与加热器的出水温度之差称为"端差"。（×）

Je1B1313　汽轮机的机械效率表示了汽轮机的机械损失程度。汽轮机的机械效率一般为 90%。（×）

Je1B1314 汽轮机热态启动时，由于汽缸、转子的温度场是均匀的，所以启动时间短，热应力小。（√）

Je1B1315 机组热态启动时，调节级出口的蒸汽温度与金属温度之间出现一定程度的负温差是允许的。（√）

Je1B1316 汽轮机超速试验应连续进行两次，两次的转速差不超过 30r/min。（×）

Je1B1317 汽轮机的甩负荷试验，一般按甩额定负荷的 1/2、3/4 和全部负荷三个等级进行。（√）

Je1B1318 火力发电厂防止大气污染的主要措施是安装脱硫装置。（×）

Je1B1319 发电机定子单项接地故障的主要危害是电弧烧伤定子铁芯。（√）

Je1B1320 发电机三项电流之差不得超过额定电流的 10%。（√）

Je1B2321 锅炉总燃料跳闸，经过 5min 炉膛吹扫后，在主燃料尚未点火前，炉膛压力高或低至制造厂的规定限值，则分别跳闸送、引风机。（√）

Je1B2322 过热器出口压力不小于 13.5MPa 的锅炉，汽包水位计以差压式（带压力补偿）水位计为准。（√）

Je1B3323 垢下腐蚀多发生在水冷壁向火侧的内壁。（√）

Je1B5324 锅炉运行时，当不能保证两种类型汽包水位计正常运行时，必须停炉。（√）

Je1B5325 炉膛吹灰器吹灰顺序应按照烟气介质的流动方向进行。（√）

Je1B5326 定排工作在高负荷时间段进行，以保证排污效果。（×）

Je1B5327 机械携带量的多少取决于携带水滴的多少及锅水含盐浓度的大小。（√）

Jf5B1328 所有高温管道、容器等设备上都应有保温。环境温度 20℃时，保温层表面温度一般不超过 45℃。（×）

Jf5B3329　遇电气设备着火时，应立即将有关设备的电源切断，然后进行扑救。（√）

Jf5B3330　1211灭火器使用时，不能颠倒，也不能横卧。（√）

Jf5B3331　触电者未脱离电源前，救护人员不准直接用手触及伤员。（√）

Jf5B3332　触电伤员呼吸和心跳均停止时，应立即按心肺复苏法正确进行就地抢救。（√）

Jf5B4333　紧急救护法有：触电急救、创伤急救（止血、骨折急救、颅脑伤、烧伤急救、冻伤急救）。（√）

Jf5B4334　触电者死亡的五个特征（1. 心跳、呼吸停止；2. 瞳孔放大；3. 尸斑；4. 尸僵；5. 血管硬化），只要有一个未出现，则应该坚持抢救。（√）

Jf4B1335　交流电10mA和直流电10mA以上为人体安全电流。（×）

Jf4B1336　规范的安全电压是36V、24V、12V。（√）

Jf4B2337　汽、水、烟、风系统和公用排污、疏水系统检修时，只要将应关闭的截止门、闸板、挡板关严即可进行。（×）

Jf4B2338　对氢气、瓦斯、天然气及油系统等易燃易爆或可能引起人员中毒的系统进行检修时，只要将应关闭的截止门、闸板、挡板关严，即可进行检修。（×）

Jf4B3339　锅炉运行中无论吹灰与否，随时可以打开检查孔观察燃烧情况。（×）

Jf4B4340　对待事故要坚持四不放过的原则，即事故原因不清不放过，事故责任者和应受教育者未受到教育不放过；没有采取防范措施不放过；事故责任者未受到处理不放过。（√）

Jf3B1341　生产厂房内外的电缆，在进入控制室电缆夹层、控制柜、开关柜等处的电缆孔洞时，允许暂时不封闭。（×）

Jf3B2342　应尽可能避免靠近和长时间地停留在可能受到烫伤的地方，例如汽、水、燃油管道的法兰盘、阀门，煤粉系

统和锅炉烟道的人孔门、检查孔、防爆门、安全阀、除氧器、热交换器、汽包水位计等处。（√）

Jf3B3343　对氢气、瓦斯、天然气及油系统等易燃、易爆或可能引起人员中毒的系统进行检修时，凡属于电动截止门的，应将电动截止门的电源切断，热机控制设备执行元件的操作电源也应被可靠地切断。（√）

Jf3B3344　对汽、水、烟、风系统和公用排污、疏水系统进行检修时，必须将应关闭的截止门、闸板、挡板关严加锁，挂警告牌。如截止门不严，必须采取关严前一道截门，并加锁，挂警告牌或采取车间主任批准的其他安全措施。（√）

Jf3B4345　如在检修期间需将栏杆拆除，必须装设临时遮栏，并在检修结束时将栏杆立即装回，原有高度为 1000mm 的栏杆可不做改动。（√）

Jf3B5346　生产厂房内外的电缆，在进入控制室电缆夹层、控制柜、开关柜等处的电缆孔洞时，必须用防火材料严密封闭。（√）

Jf2B2347　在金属容器（如汽包、凝汽器、槽箱等）内工作时，必须使用 24V 以下的电气工具，否则需使用Ⅱ类（结构符号一致）工具，装设额定动作电流不大于 12mA、动作时间不大于 0.1s 的漏电保护器，且应设专人在外不间断地监护。漏电保护器、电源连接器和控制箱等应放在容器外面。（√）

Jf2B3348　热力设备检修需要断开电源时，应在已拉开的开关、刀闸和检修设备控制开关的操作把手上悬挂"禁止合闸，有人工作！"警告牌即可，不需要取下操作保险。（×）

Jf2B4349　氢气、瓦斯、天然气及油系统等易燃、易爆或可能引起人员中毒的系统检修，必须关闭有关截止门后，立即在法兰上加装堵板，并保证严密不漏。（√）

Jf2B4350　发电机组计划停运状态是指机组处于检修状态，分大修、小修两类。（×）

Jf1B1351　发电机组非计划停运状态是指机组处于不可用

而又不是计划停运的状态,根据停运的紧急程度分为三类。(×)

Jf1B2352 发电机组备用状态是指机组处于可用状态,但不在运行状态,应是全出力备用,不是降出力备用。(×)

Jf1B3353 电力生产人身伤亡事故是指职工从事与电力生产有关工作过程中发生的人身伤亡(含生产性急性中毒造成的伤亡)。(√)

Jf1B3354 发电机组运行状态是指机组处于在电气上连接到电力系统的工作状态,应是全出力运行,不是(计划或非计划)降低出力运行。(×)

Jf1B3355 根据发电机组停运的紧迫程度,非计划停运分为第一类、第二类、第三类、第四类、第五类。(√)

Jf1B4356 发电机组第一类非计划停运是指机组急需立即停运的。(√)

Jf1B5357 发电机组第五类非计划停运是指机组计划停运时间因人为超过原定计划工期的延长停运。(√)

4.1.3 简答题

La5C1001　流动阻力分为几类？阻力是如何形成的？

答：实际液体在管道中流动时的阻力可分为沿程阻力和局部阻力两种类型。

（1）沿程阻力：由于液体在管内运行，液体层间以及液体与壁面间的摩擦力而造成的阻力。

（2）局部阻力：它是液体流动时，因局部障碍（如阀门、弯头、扩散管等）引起液流显著变形以及液体质点间的相互碰撞而产生的阻力。

La5C1002　什么叫层流、紊流？用什么来区分液体的流动状态？

答：（1）层流是指液体流动过程中，各质点的流线互不混杂，互不干扰的流动状态。

（2）紊流是指液体运动过程中，各质点的流线互相混杂，互相干扰的流动状态。液体的流动状态是用雷诺数 Re 来判别区分的。当 $Re \leqslant 2300$ 时，流动为层流；当 $Re > 2300$ 时，流动为紊流。

La5C1003　简述锅炉过热器及热力管道的传热过程。

答：锅炉过热器受热过程：高温烟气（对流换热和辐射换热）$\longrightarrow$ 外壁（导热）$\longrightarrow$ 内壁（对流换热）$\longrightarrow$ 过热蒸汽。

热力管道：工质（对流换热）$\longrightarrow$ 内壁（导热）$\longrightarrow$ 外壁（导热）$\longrightarrow$ 绝热层（对流与辐射）$\longrightarrow$ 大气。

La5C2004　何谓对流换热，影响对流换热的因素有哪些？

答：对流换热是指流体各部分之间发生相对位移时所引起的热量传递过程。影响对流换热的因素有：对流换热系数 α、

换热面积 F、热物质与冷物质的温差 t_1-t_2。

La5C2005　什么是超温和过热，两者之间有什么关系？

答：超温或过热就是在运行中，金属的温度超过金属允许的额定温度。

两者之间的关系：超温与过热在概念上是相同的。不同的是，超温指运行中出于种种原因，使金属的管壁温度超过所允许的温度，而过热是因为超温致使管子爆管。

La5C3006　什么是离心式风机的特性曲线？离心式风机实际 $Q—p$ 性能曲线在转速不变时，其变化情况如何？

答：离心式风机的特性曲线包括：风量 Q—风压 p，风量 Q—功率 p，风量 Q—效率 η 等常见关系曲线。

在转速不变时，由 $Q—p$ 曲线可以分析得到：风机的风量减小时全风压增高，风量增大时全风压降低。

La5C3007　何谓汽温特性？

答：过热器和再热器出口蒸汽温度与锅炉负荷之间的关系称为汽温特性。

La5C3008　为什么采用供热循环能提高电厂的经济性？

答：（1）从汽轮机中抽出少量蒸汽加热给水，绝大部分进入凝汽器，仍将造成大量的热损失。

（2）把汽轮机排汽不引入或少引入凝汽器，而供给其他工业、农业、生活等热用户加以利用，这样就会大大减少排汽在凝汽器中的热损失，提高电厂的热效率。

La5C3009　简述保温隔热的目的。

答：（1）减少热损失。

（2）保证流体温度。

（3）保证设备正常运行。

（4）减少环境热污染。

（5）保证工作人员的安全。

La5C3010　凝汽式发电厂在生产过程中都存在哪些损失，分别用哪些效率表示？

答：凝汽式发电厂生产过程中存在的热损失有：

（1）锅炉设备中的热损失。表示锅炉设备中的热损失程度或表示锅炉完善程度，用锅炉效率表示，符号为η_{gl}。

（2）管道热损失。用管道效率表示，符号为η_{gd}。

（3）汽轮机中的热损失。汽轮机各项热损失用汽轮机相对效率η_{ni}表示。

（4）汽轮机的机械损失。用汽轮机的机械效率表示，符号为η_j。

（5）发电机的损失。用发电机效率η_d表示。

（6）蒸汽在凝汽器的放热损失。此项损失与理想热力循环的形式及初参数、终参数有关，用理想循环热效率η_t表示。

La4C2011　尾部受热面积灰的形态有几种？最常出现的部位有哪些？

答：尾部受热面积灰的形态有干松灰和低温黏结灰两种。

（1）干松灰常在对流受热面、省煤器和空气预热器上出现。

（2）低温黏结灰常在空气预热器冷端出现。

La4C3012　为什么机组采用给水回热能提高电厂的经济性？

答：（1）利用了在汽轮机中部分做过功的蒸汽来加热给水，使给水温度提高，减少由于较大温差传热带来的热损失；

（2）因为抽出了在汽轮机内做过功的蒸汽来加热给水，使得进入凝汽器的排汽量减少，从而减少了工质排向凝汽器中的热量损失。

La4C3013　简述螺旋管圈水冷壁的主要优点。

答：螺旋管圈水冷壁的主要优点如下：

（1）能根据需要得到足够的质量流速，保证水冷壁的安全运行。

（2）管间吸热偏差小。

（3）由于吸热偏差小，水冷壁进口可以不设置改善流量分配的节流圈，降低了阻力损失。

（4）适应于变压运行的要求。

La4C3014　蒸汽溶盐具有哪些特点？

答：蒸汽溶盐具有以下特点：

（1）饱和蒸汽和过热蒸汽均可溶解盐类。

（2）蒸汽溶解盐能力随压力升高而增大。

（3）蒸汽对不同盐类的溶解是具有选择性的，与盐类性质有关。

La3C2015　影响对流换热系数的因素有哪些？

答：（1）流动的起因。

（2）流体的流动状态。

（3）流体有无相变。

（4）流体的热物理性质。

（5）换热面的几何因素。

La3C2016　简述对保温隔热材料的要求。

答：（1）热导率小。

（2）温度稳定性好。

（3）有一定的机械强度。

（4）吸水、吸潮性小。

La2C1017　大容量锅炉汽包的结构有何特点？

答：（1）汽包直径内壁设有夹层。

（2）循环倍率小。

（3）旋风分离器沿汽包长度方向均匀分布，使分离出来的蒸汽流量在汽空间分布较均匀，避免了局部蒸汽流速较高的现象。同时，相邻的两只旋风分离器作交叉反向旋转布置，以互相抵消水的旋转作用，消除分离器下部出水的旋转动能，稳定汽包水位。

（4）在汽包的顶部和蒸汽引出管间沿汽包长度方向布置有集汽孔板。

（5）在旋风分离器上部布置了波形板分离器，它能聚集和除去蒸汽中带有的微细水滴。

La1C2018　复合循环锅炉有哪些特点？

答：（1）需要有能长时间在高温高压下运行的循环泵。

（2）锅炉汽水系统的压降小，与直流锅炉相比，能节省给水泵的能量消耗。

（3）锅炉运行时的最低负荷几乎没有限制，而一般直流锅炉的最低负荷往往限制在额定负荷的 20%～30%内，同时，由于在低负荷时，复合循环锅炉没有旁路系统的热损失，故减少了机组热效率的降低。

（4）炉膛水冷壁内工质流动可靠，很少产生故障，因此，在各种负荷下，水冷壁烧坏爆管的可能性很小。

（5）旁路系统简单化，使机组启动时的热损失较小。

Lb5C1019　影响锅炉受热面传热的因素及增加传热的方法有哪些？

答：影响锅炉受热面传热的因素为传热系数 K、传热面积 A 和冷热流体的传热平均温差 Δt。

增强传热的方法有：

（1）提高传热平均温差 Δt；

（2）在一定的金属耗量下，增加传热面积 A；

（3）提高传热系数 K。

Lb5C1020　提高朗肯循环热效率的途径有哪些？

答：（1）提高过热器出口蒸汽压力与蒸汽温度。

（2）降低排汽压力（亦即工质膨胀终止时的压力）。

（3）采用中间再热、给水回热和供热循环等。

Lb5C1021　简述中速磨煤机的工作原理。

答：（1）原煤由落煤管进入两个碾磨部件的表面之间，在压紧力的作用下，受到挤压和碾磨而被粉碎成煤粉。

（2）由于碾磨部件的旋转，磨成的煤粉被抛至风环处。

（3）热风以一定速度通过风环进入干燥空间，对煤粉进行干燥，并将其带入碾磨区上部的粗粉分离器中，经分离，不符合燃烧要求的粗粉返回碾磨区重磨；合格的煤粉经粗粉分离器由干燥剂带出磨外，引至一次风管。

（4）来煤夹带的杂物（石块、黄铁矿金属块、木材等）被抛至风环处后，因由下而上的热风不足以阻止它们下落，故经风环落至杂物箱（石子煤箱）。

Lb5C1022　什么是直吹式制粉系统，有哪几种类型？

答：磨煤机磨出的煤粉，不经中间停留，而被直接吹送到炉膛去燃烧的制粉系统，称直吹式制粉系统。分类如下：

（1）按配用磨煤机类型分为配中速磨煤机制粉系统或高速磨煤机制粉系统（风扇磨或锤击磨）。

（2）根据排粉机安装位置不同可分为正压系统与负压系统两类。

Lb5C1023　煤粉细度如何表示？

答：煤粉细度的表示方法为：煤粉经专用筛子筛分后，余留在筛子上面的煤粉量占筛分前煤粉总量的百分比，以 R_x 表示，即

$$R_x=a/(a+b)\times100\%$$

式中　x——筛孔边长；

　　　a——筛子上面余留粉量；

　　　b——通过筛子的粉量。

Lb5C1024　什么是经济细度？确定经济细度的方法是什么？

答：锅炉运行中，应综合考虑确定煤粉细度，把机械未完全燃烧热损失 q_4、磨煤电耗及金属磨耗 q_{p+m} 都核算成统一的经济指标，它们之和为最小时所对应的煤粉细度，称经济细度。

经济细度可通过试验绘制的曲线来确定。

Lb5C1025　简述润滑油（脂）的作用。

答：（1）润滑油（脂）可以减少转动机械与轴瓦（轴承）动静之间的摩擦，降低摩擦阻力。

（2）保护轴和轴承不发生擦伤及破裂，从而延长轴和轴承的使用寿命。

（3）冷却轴承。

Lb5C1026　螺旋输粉机（绞龙）的作用是什么？

答：螺旋输粉机用于中间储仓式制粉系统。它上部与细粉分离器落粉管相接，下部有接到煤粉仓的管子。带动输粉机螺杆旋转的电动机，可以正、反方向旋转。因此，可使相邻机组制粉系统之间以及本机组制粉系统之间的煤粉输送，提高运行的可靠性与经济性。

Lb5C2027　排粉机的作用是什么?

答:(1)排粉机是制粉系统中气粉混合物的动力来源,靠它克服流动过程中的阻力,完成煤粉的气力输送。

(2)在直吹式制粉系统、中间储仓式乏气送粉系统中,排粉机还起一次风机作用,靠它产生的压头将煤粉气流吹送到炉膛。

Lb5C2028　简述密封风机的作用。

答:在正压状态运行的磨煤机,不严密处有可能往外冒粉,污染周围环境,甚至可能通过转动部分的间隙漏粉,加剧动静部位及轴承的磨损,并使润滑油脂劣化。为此,这些部位均应采取密封措施,即送入压力较磨煤机内干燥剂压力高的空气,阻止煤粉气流的逸出。

Lb5C2029　温差一定时,通过平壁的导热量与哪些因素有关?

答:温差一定时,通过平壁的导热量与以下因素有关:
(1)壁厚;
(2)导热系数;
(3)导热面积A。

Lb5C2030　在细粉分离器下粉管上装设筛网的目的是什么?为什么筛网要串联两只?

答:装设筛网的目的是:叶轮式给煤机易被煤粉中的木片、棉丝等杂物卡住,为预防这种情况发生,在细粉分离器下粉管上装有两只筛网,预先清除煤粉中的杂物。煤粉可通过筛网,杂物不能通过。筛网需定期拉出来清理所收集的杂物。

串联两只的原因为:当拉出上层筛网时,下层筛网(备用筛网)还处在工作状态,保证在清理杂物过程中,其他杂物不会被带到粉仓中去。

Lb5C2031 简述转速变化对钢球磨煤机运行的影响。

答：当钢球磨煤机的筒体转速发生变化时，筒中钢球和煤的运转特性也发生变化。

（1）当筒体转速很低时，随着筒体转动，钢球被带到一定高度，在筒体内形成向筒下的下部倾斜的状态。当钢球堆的倾角等于和大于钢球的自然倾角时，球就沿斜面滑下，这样对煤的碾磨很差，且不易把煤粉从钢球堆中分离出来。

（2）当筒体转速超过一定值后，钢球受到的离心力很大，这时钢球和煤均附在筒壁上一起转动，这时的磨煤作用仍然很小。

Lb5C2032 对锅炉钢管的材料性能有哪些要求？

答：（1）足够的持久强度、蠕变极限和持久断裂塑性。

（2）良好的组织稳定性。

（3）高的抗氧化性。

（4）钢管具有良好的热加工工艺性，特别是可焊性。

Lb5C2033 什么是钢的屈服强度、极限强度和持久强度？

答：在拉伸试验中，当试样应力超过弹性极限后，继续增加拉力达到某一数值时，拉力不增加或开始有所降低，而试样仍然能继续变形，这种现象称为"屈服"。

（1）钢开始产生屈服时的应力称为屈服强度。

（2）钢能承受最大载荷（即断裂载荷）时的应力，称为极限强度。

（3）钢在高温长期应力作用下，抵抗断裂的能力，称为持久强度。

Lb5C2034 制粉系统中为什么要装锁气器，哪些位置需装锁气器？

答：制粉系统中，锁气器的作用是只允许煤粉通过，而阻止气流的流通。

锁气器安装在细粉分离器的落粉管上、粗粉分离器的回粉管上以及给煤机到磨煤机的落煤管上。

Lb5C2035　装设防爆门的目的是什么？制粉系统哪些部位需装设防爆门？

答：装设防爆门的目的是：制粉系统一旦发生爆炸，防爆门首先破裂，气体由防爆门排往大气，使系统泄压，防止损坏设备，保障人身安全。

制粉系统需要装设防爆门的部位有：

（1）磨煤机进出口管道上；

（2）粗粉分离器、细粉分离器本体及其出口管道上；

（3）煤粉仓上；

（4）排粉机入口管道上。

Lb5C2036　制粉系统中吸潮管的作用是什么？

答：在中间储仓式制粉系统中，由螺旋输粉机、煤粉仓引至细粉分离器入口的管子，称为吸潮管。

其作用是：

（1）借细粉分离器入口的负压，抽吸螺旋输粉机、煤粉仓中的水蒸气，防止煤粉受潮结块，发生堵塞或"棚住"现象。

（2）使输粉机及煤粉仓中保持一定负压，防止由不严密处往外喷粉。

Lb5C2037　中间储仓式制粉系统中再循环风门的作用是什么？

答：中间储仓式制粉系统中由排粉机出口至磨煤机入口的管子称为再循环管，其上的挡板称为再循环风门，通过该管可引一部分乏气返回磨煤机。

其作用是：

（1）乏气温度较低，可用来调节制粉系统干燥剂温度。

（2）一定量乏气通入，使干燥剂的风量增大，可以提高磨煤机的出力。

Lb5C3038 轴流式风机有何特点？

答：（1）在同样流量下，轴流式风机体积可以大大缩小，因而它占地面积小。

（2）轴流式风机叶轮上的叶片可以做成能够转动的，在调节风量时，借助转动机械将叶片的安装角改变一下，即可达到调节风量的目的。

（3）风机效率高。轴流风机调节叶片转动后，调节后的风量可以在新的工况最佳区工作。

（4）轴流风机高效工况区比离心风机工况区宽广，故其工作范围比较宽。

（5）轴流式风机结构比较简单，质量轻，故能节约金属及加工时间。

Lb4C3039 如何选择并联运行的离心风机？

答：选择并联工作的设备时应考虑：

（1）最好选择两台特性曲线完全相同的风机设备并联。

（2）每台风机流量的选择应以并联工作后工作点的总流量为依据。

（3）每台风机配套电动机容量应以每台风机单独运行时的工作点所需的功率来选择，以便发挥单台风机工作时最大流量的可能性。

Lb4C3040 确定煤粉细度的主要因素有哪些？

答：（1）煤的燃烧性能。挥发分高，灰分少时，煤粉可以粗一些。

（2）燃烧方式。与炉膛负荷和炉膛大小有关，炉膛容积热负荷低，火焰行程长时，煤粉可以粗。

（3）煤粉的均匀性。

Lb4C3041　锅炉结焦有哪些危害？

答：锅炉结焦的危害主要有：

（1）引起汽温偏高；

（2）破坏水循环；

（3）增大了排烟损失；

（4）使锅炉出力降低。

Lb4C3042　什么是蠕变，它对钢的性能有哪些影响？

答：金属在高温和应力作用下逐渐产生塑性变形的现象叫蠕变。

对钢的性能影响为：蠕变使得钢的强度、弹性、塑性、硬度、冲击韧性下降。

Lb4C3043　什么是离心式风机的工作点？

答：风机在其连接的管路系统中输送流量时，所产生的全风压恰好等于该管路系统输送相同流量气体时所消耗的总压头，并处于平衡状态的，管路特性曲线 $Q—p$ 曲线的交点就是风机的工作点。

Lb4C3044　简述过热器、再热器支持结构的作用？

答：支持结构的作用为：

（1）能支撑过热器和再热器的重量。

（2）保证蛇形管圈平面的平整并能保持平行连接的各蛇形管之间的横向节距与纵向节距。

（3）保持管屏间的相对位置并增加屏的刚性，防止运行中管屏的摆动，减少热偏差。

（4）使蒸汽管道按一定方向膨胀，保证锅炉安全运行。

Lb4C4045 超温和过热对锅炉钢管的寿命有什么影响？

答：超温分短期和长期超温两种。无论是哪一种超温和过热，都会使锅炉钢管的寿命缩短。

Lb4C5046 根据调节原理简述离心式风机的调节方法。

答：调节的方法有以下两种类型。

（1）通过改变管路阻力特性曲线来改变风机工作点；

（2）通过改变风机特性曲线来改变风机工作点。

Lb3C3047 锅炉运行中，为什么要经常进行吹灰、排污？

答：因为烟灰和水垢的导热系数比金属小得多。如果受热面管外积灰或管内结水垢，不但影响传热的正常运行，浪费燃料，而且还会使金属壁温升高，以致过热烧坏，危及锅炉设备安全运行。

Lb3C4048 锅炉钢管长期过热爆管破口有什么特征？

答：（1）破口并不太大；

（2）破口的断裂面粗糙、不平整，破口边缘是钝边，并不锋利；

（3）破口附近有众多的平行于破口的轴向裂纹；

（4）破口外表面会有一层较厚的氧化皮，这些氧化皮较脆，易剥落。

Lb3C4049 简述电力生产事故调查"四不放过"原则。

答：（1）事故原因不清楚不放过；

（2）事故责任者和应受教育者没有受到教育不放过；

（3）没有采取防范措施不放过；

（4）事故责任者没有受到处罚不放过。

Lb3C5050 什么是煤的可磨性系数？

答：煤的可磨性系数是指在风干状态下，将同一质量的标准煤和试验煤由相同的粒度磨碎到相同的细度时，所消耗的能量比。

Lb3C5051 煤粉的主要物理特性有哪些？

答：煤粉的主要物理特性有以下几方面。

（1）颗粒特性：煤粉由尺寸不同、形状不规则的颗粒组成。

（2）煤粉的密度：煤粉密度较小，新磨制的煤粉堆积密度较小，储存一定时间后堆积密度将会变大。

（3）煤粉具有流动性：煤粉颗粒很细，单位质量的煤粉具有较大的表面积，表面可吸附大量空气，从而使其具有流动性。

Lb2C1052 简述在炉内引起煤粉爆燃的条件。

答：（1）炉膛灭火，未及时切断供粉，炉内积粉较多，第二次再点火时可能引起爆炸。

（2）锅炉运行中个别燃烧器灭火，例如直吹式制粉系统双进双出磨煤机单侧给煤机断煤，两侧燃烧器煤粉浓度不均匀，储仓式制粉系统个别给粉机故障。

（3）输粉管道积粉、爆燃。

（4）操作不当，使邻近正在运行的磨煤机煤粉泄漏到停用的燃烧器一次风管道内，并与热风混合，引起爆燃。

（5）由于磨煤机停用或磨煤机故障停用时，吹扫不干净，煤粉堆积（缺氧），再次启动磨煤机时，燃烧器射流不稳定，发生爆燃。

Lb2C1053 什么是煤粉的均匀性指数？

答：均匀性指数是表征煤粉颗粒均匀程度的指标，也称煤粉颗粒特性系数。

Lb2C1054 什么是煤的自然堆积角？

答：煤以某一方式堆积成锥体，在给定的条件下，只能增长到一定程度，若继续从锥顶缓慢加入煤时，煤粒便从上面滑下来，锥体的高度基本不再增加，此时所形成的角锥表面与基础面的夹角具有一定的数值，这一夹角称为自然堆积角。

Lb2C2055　风机发生喘振后会有什么问题？如何防止风机喘振？

答：当风机发生喘振后，流量发生正负剧烈波动，气流发生猛烈的撞击，使风机本身发生强烈震动，风机工作的噪声也将加剧。

防止方法为：应选择 $Q—p$ 特性曲线没有峰值的风机或者采取合适的调节方式，避免风机工作点落入喘振区。

Lb2C2056　W 形火焰燃烧方式的炉内过程分为几个阶段？

答：W 形火焰燃烧方式的炉内过程分为三个阶段。

（1）起始阶段：燃料在低扰动状态下着火和初燃，空气以低速、少量引入，以免影响着火。

（2）燃烧阶段：燃料和二次风、三次风强烈混合，急剧燃烧。

（3）辐射传热阶段：燃烧生成物进入上部炉膛，除继续以低扰动状态使燃烧趋于完全外，还对受热面进行辐射热交换。

Lb1C2057　简述汽包采用环形夹套结构的优点。

答：（1）汽包内的环形夹套把锅水、省煤器来水与汽包内壁分隔开，其内壁均与汽水混合物接触，从而使汽包上、下壁面温度均匀减少温差。

（2）可缩短启、停时间。

Lb1C3058　汽压变化对其他运行参数有何影响？

答:（1）汽压变化对汽温的影响：一般当汽压升高时，过热蒸汽温度也要升高。这是由于当汽压升高时，饱和温度随之升高，则从水变为蒸汽需要消耗更多的热量，在燃料不变的情况下，锅炉的蒸发量要瞬间减少，即过热器所通过的蒸汽量减少，相对蒸汽的吸热量增大，导致过热蒸汽温度升高。

（2）汽压变化对水位的影响：当汽压降低时，由于饱和温度的降低使部分锅炉水蒸发，引起锅炉水体积膨胀，水位上升。反之，当汽压升高时，由于饱和温度的升高，使锅炉水的部分蒸汽凝结，引起锅炉水体积收缩，水位下降。如果汽压变化是由负荷引起的，则上述的水位变化是暂时现象，接着就要向相反的方向变化。

Lb1C3059　如何调整汽包锅炉主蒸汽汽温的变化？

答: 目前汽包锅炉过热汽温调整一般以喷水减温为主，大容量锅炉通常设置两级以上的减温器。

（1）一般用一级喷水减温器对汽温进行粗调，其喷水量的多少取决于减温器前汽温的高低，应能保证屏式过热器管壁温度不超过允许值。

（2）二级减温器用来对汽温进行细调，以保证过热蒸汽温度的稳定。

Lb1C3060　如何维持运行中的水位稳定？

答:（1）大容量锅炉都采用较可靠的给水自动来调节锅炉的给水量，同时还可以切换为远方手动操作。当采用手动操作时，应尽可能保持给水稳定均匀，以防止水位发生过大波动。

（2）监视水位时，必须注意给水流量和蒸汽流量的平衡关系，及给水压力和调整门开度的变化。

（3）在排污、切换给水泵、安全门动作、燃烧工况变化时，应加强水位的监视。

Lb1C4061 简答蜗壳旋流燃烧器的调节方法。

答：运行中对二次风舌形挡板的调节是以燃煤挥发分的变化和锅炉负荷的高低作为主要依据。

（1）对于挥发分较高的煤，由于容易着火，则应适当开大舌形挡板。

（2）如炉膛温度较高，燃料着火条件较好，燃烧也比较稳定，则可将舌形挡板适当开大些。

（3）在低负荷时，为便于燃料的着火和燃烧，应关小舌形挡板。

Lb1C5062 什么是煤的堆积密度，它的测量原理是什么？

答：在规定条件下，单位体积煤的质量称为煤的堆积密度（单位为 t/m^3）。

它的测量原理是：煤试样从一定高度自由落到一个已知体积的容器中，然后称好质量，依据质量和体积计算出堆积密度。

Lb1C5063 风量如何与燃料量配合？

答：风量过大或过小都会给锅炉的安全经济运行带来不良影响。

（1）锅炉的送风量是经过送风机进口挡板（或者是调整动叶开度）进行调节的。

（2）经调节后的送风机送出风量，经过一、二次风的配合调节才能更好地满足燃烧的需要，一、二次风的风量分配应根据它们所起的作用进行调节。

（3）一次风应满足进入炉膛风粉混合物挥发分燃烧及固体焦炭质点的氧化需要。

（4）二次风量不仅要满足燃烧的需要，而且应补充一次风末段空气量的不足，更重要的是二次风能与刚刚进入炉膛的可燃物混合，这就需要较高的二次风速，以便在高温火焰中起到搅拌混合的作用，混合越好，燃烧得越快、越完全。

Lb1C5064　锅炉负荷如何调配？

答：锅炉负荷调配有按比例调配、按机组效率调配和按燃料消耗微增率相等的原则调配等方法。

锅炉调配负荷时,先让燃料消耗微增率最小的锅炉带负荷,直至燃料消耗微增率（Δb）增大到等于另一台锅炉的最小Δb时。如总负荷继续增加，则应按燃料消耗微增率相等的原则，由其他炉分担总负荷的增加部分，直到额定蒸发量。

锅炉负荷调配除了考虑上述方法外，还必须注意到锅炉稳定的最低值，为保证锅炉运行的可靠性，变动工况下负荷的调配，应使锅炉不低于最低负荷值下的工作。

Lc5C3065　简述五种重大事故。

答：（1）人身伤亡事故；

（2）全厂停电事故；

（3）主要设备损坏事故；

（4）火灾事故；

（5）严重误操作事故。

Lc5C3066　简述煤粉爆炸应具备的基本条件。

答：（1）有煤粉积存；

（2）有一定助燃空气，且助燃空气与煤粉量的比例要位于爆炸极限内；

（3）要有足够的点火能量。

Lc5C3067　什么叫水锤？水锤的危害有哪些？如何防止？

答：水锤：在压力管路中，由于液体流速的急剧变化，从而造成管中液体的压力显著、反复、迅速的变化，对管道有一种"锤击"的特征，称为水锤。

危害主要有：

水锤有正水锤和负水锤。

正水锤时，管道中的压力升高，可以超过管中正常压力的几十倍至几百倍，以致使壁衬产生很大的应力，而压力的反复变化将引起管道和设备的振动，管道的应力交递变化，将造成管道、管件和设备的损坏。

负水锤时，管道中的压力降低，也会引起管道和设备的振动。应力交递变化，对设备有不利的影响。同时负水锤时，如压力降得过低，可能使管中产生不利的真空，在外界大气压力的作用下，会将管道挤扁。

防止措施：为了防止水锤现象的出现，可采取增加阀门启闭时间，尽量缩短管道的长度，以及管道上装设安全阀门或空气室，以限制压力突然升高的数值或压力降得太低的数值。

Lc5C3068　简述运行人员的三熟三能。

答：三熟：

（1）熟悉设备、系统和基本原理；

（2）熟悉操作和事故处理；

（3）熟悉本岗位的规程制度。

三能：

（1）能分析运行状况；

（2）能及时发现故障和排除故障；

（3）能掌握一般的维修技能。

Lc5C4069　简述编制反事故措施计划的依据。

答：（1）上级颁发的反事故技术措施、事故通报、有关安全生产的指示和编制反事故措施计划的重点。

（2）本厂事故、障碍报告。

（3）设备缺陷记录。

（4）安全大检查的总结和整改措施资料。

（5）安全情况分析和运行分析总结资料。

（6）设计、制造单位的改进建议和同类型机组的事故教训。

（7）各种试验报告及其他有关反事故技术资料等。

Lc5C5070 锅炉受热面有几种腐蚀，如何防止受热面的高、低温腐蚀？

答：（1）锅炉受热面的腐蚀有承压部件内部的垢下腐蚀和管子外部的高温及低温腐蚀三种。

（2）高温腐蚀的防止：

1）提高金属的抗腐蚀能力。

2）组织好燃烧，在炉内创造良好的燃烧条件，保证燃料迅速着火，及时燃尽，特别是防止一次风冲刷壁面；使未燃尽的煤粉尽可能不在结渣面上停留；合理配风，防止壁面附近出现还原气体等。

（3）防止低温腐蚀的方法有：

1）提高预热器入口空气温度；

2）采用燃烧时的高温低氧方式；

3）采用耐腐蚀的玻璃、陶瓷等材料制成的空气预热器；

4）把空气预热器的"冷端"的第一个流程与其他流程分开。

Lc4C1071 锅炉钢管短期过热爆管破口有什么特征？

答：与长期过热爆管破口相比较，短期过热爆管破口的宏观形貌特征是：

（1）爆破口张开很大，呈喇叭状；

（2）破口边缘锋利，减薄较多，破口断面较为平滑，呈撕裂状，破口附近管子胀粗较大；

（3）水冷壁管的短期过热爆管破口内壁由于爆管时管内汽水混合物的冲刷，显得十分光洁；

（4）管子外壁一般呈蓝黑色，破口附近没有众多的平行于破口的轴向裂纹。

Lc3C1072　离心式风机主要由哪些部件组成？

答：离心式风机主要由叶轮、机壳、导流器、集流器、进气箱以及扩散器等组成。

Lc2C1073　简述泵和风机的主要性能参数。

答：泵和风机的主要性能参数有流量、能头（泵称为扬程）或压头（风机称为全压或风压）、功率、效率、转速，泵还有表示汽蚀性能的参数，即汽蚀余量或吸上真空度。

Lc1C2074　采用大容量发电机组具有哪些优点？

答：（1）降低发电机组造价，节省投资；

（2）降低发电厂运行费用，提高经济效益；

（3）加快电力建设速度，适应经济增长的负荷要求；

（4）可减少装数，便于管理。

Jd5C3075　运行过程中怎样判断钢球磨煤机内煤量的多少？

答：（1）磨煤机出入口压差增大，说明存煤量大；反之，存煤量少。

（2）磨煤机出口气粉混合物温度下降，说明煤量多；温度上升，说明煤量减少。

（3）电动机电流升高，说明煤量多（但满煤时除外）；电流减小，说明煤量少。

（4）根据磨煤机发生的音响，判断煤量的多少。声音小、沉闷，说明磨煤机内煤量多；声音大，并有明显的金属撞击声，则说明煤量少。

Jd5C3076　锅炉停炉分哪几种类型，其操作要点是什么？

答：根据锅炉停炉前所处的状态以及停炉后的处理，锅炉停炉可分为如下几种类型。

（1）正常停炉。按照计划，锅炉停炉后要处于较长时间的备用，或进行大修、小修等。这种停炉需按照降压曲线，进行减负荷、降压，停炉后进行均匀缓慢的冷却，防止产生热应力。

（2）热备用锅炉。按照调度计划，锅炉停止运行一段时间后，还需启动继续运行。这种情况锅炉停下后，要设法减小热量散失，尽可能保持一定的汽压，以缩短再次启动时的时间。

（3）紧急停炉。运行中锅炉发生重大事故，危及人身及设备安全，需要立即停止锅炉运行。

Jd5C4077 对运行锅炉进行监视与调节的任务是什么？

答：为保证锅炉运行的经济性与安全性，运行中应对锅炉进行严格的监视与必要的调节。

对锅炉进行监视的主要内容为：主蒸汽压力、温度，再热蒸汽压力、温度，汽包水位，各受热面管壁温度，特别是过热器与再热器的壁温，炉膛压力等。

锅炉运行调节的主要任务是：

（1）使锅炉蒸发量随时适应外界负荷的需要。

（2）根据负荷需要均衡给水。对于汽包锅炉，要维持正常的汽包水位±50mm。

（3）保证蒸汽压力、温度在正常范围内。对于变压运行机组，则应按照负荷变化的需要，适时地改变蒸汽压力。

（4）保证合格的蒸汽品质。

（5）合理地调节燃烧，设法减小各项热损失，以提高锅炉的热效率。

（6）合理调度、调节各辅助机械的运行，努力降低厂用电量的消耗。

Jd5C5078 什么是仪表活动分析，仪表活动分析有何作用？

答：根据仪表的指示数据及其变化趋势，分析锅炉工作状况是否正常的工作，称为仪表活动分析。

（1）通过仪表活动分析，发现仪表不正常指示，就可引导值班人员去检查与之有关的其他仪表指示是否正常，相互对比，分析、判断出是机组运行状态不正常，或是仪表本身指示不正常。

（2）仪表活动分析在运行中可起到消除事故隐患的作用。因为事故发生时，从各种仪表的异常反映可分析判断事故的部位及性质，这就为正确和及时处理事故创造了条件。

Jd4C1079 制粉系统启动前应进行哪方面的检查和准备工作？

答：（1）设备检查。设备周围应无积存的粉尘、杂物；各处无积粉自燃现象；所有挡板、锁气器、检查门、人孔等应动作灵活，均能全开及关闭严密；防爆门严密并符合有关要求，粉位测量装置已提升到适当高度；灭火装置处于备用状态。

（2）转动机械检查。所有转动机械处于随时可以启动状态；润滑油系统油质良好，温度符合要求，油量合适，冷却水畅通。转动机械在检修后均进行过分部试运转。

（3）原煤仓中备用足够的原煤。

（4）电气设备、热工仪表及自动装置均具备启动条件。如果检修后启动，还需做下列试验：拉合闸试验、事故按钮试验、连锁装置试验等。

Jd4C2080 操作阀门应注意哪些？

答：操作时应注意以下几点：

（1）敲打手轮或用长扳手操作过猛都容易造成手轮损坏。

（2）阀门存在冒、滴、漏现象。

（3）关闭阀门不应过急，以免损伤密封面。

（4）操作用力过猛，容易使螺纹损伤；缺乏润滑，会使门杆升降机构失灵。

Jd4C3081　锅炉负荷变化时，汽包水位变化的原因是什么？

答：锅炉负荷变化引起汽包水位变化，有两方面的原因：

（1）给水量与蒸发量平衡关系破坏；

（2）负荷变化必然引起压力变化，而使工质比体积变化。

Jd3C3082　自然循环锅炉汽包正常水位值选取的目的是什么？

答：锅炉汽包正常水位值选取目的为：

（1）保证高水位时汽包具有足够的蒸汽空间，避免蒸汽带水，保证蒸汽品质；

（2）保证低水位时距下降管入口亦有充足的高度，避免下降管带汽，保证水循环的安全性。

Jd1C1083　简述锅炉用煤的常用分析基准。

答：常用的分析基准有：收到基、空气干燥基、干燥基、干燥无灰基。

收到基：是以进入锅炉设备的煤样为基准得到的煤质分析数据。

空气干燥基：是以自然风干的煤样（除去煤样外表水分）为基准得到的煤质分析数据。

干燥基：是以干燥状态的煤样（除去煤样内、外水分）为基准得到的煤质分析数据。

干燥无灰基：是以扣除全部水分和灰分的煤样为基准得到的煤质分析数据。

Je5C1084　在什么情况下容易出现虚假水位？调节时应注意什么？

答：发生以下情况，易出现虚假水位。

（1）在负荷突然变化时，负荷变化速度越快，虚假水位越明显；

（2）如遇汽轮机甩负荷；

（3）运行中燃烧突然增强或减弱，引起汽泡产量突然增多或减少，使水位瞬时升高或下降；

（4）安全阀起座时，由于压力突然下降，水位瞬时明显升高；

（5）锅炉灭火时，由于燃烧突然停止，锅炉水中汽泡产量迅速减少，水位也将瞬时下降。

在运行中，出现水位明显变化时，应分析变化的原因和变化趋势，判明是虚假水位或是汽包水位有真实变化，及时而又妥当地进行调节。处理不当，可能会引起缺水或满水事故。

Je5C1085　水位计汽水连通管发生堵塞，或汽水门漏泄，对水位计的指示有何影响？

答：（1）水位计的汽连通管堵塞时，由于蒸汽进不到水位计内，原有的蒸汽凝结，使水位计的上部空间形成局部真空，水位指示将很快上升。

（2）水连通管发生堵塞时，由于水位计中的水不能回流到汽包内，水位计上部蒸汽凝结的水，在水位计中逐渐积聚，从而使水位指示缓慢上升。

（3）汽水连通管同时堵塞，水位计将失去指示水位的作用，水位停滞不动，此种情况很危险。

（4）水位计的水连通门或放水门发生漏泄时，由于一部分水由此漏掉，水位计指示的水位将偏低。

（5）如果汽连通门发生漏泄，一部分蒸汽漏掉后，使水位计蒸汽侧的压力略有降低，水位计指示的水位将偏高。

Je5C1086　运行过程中为何不宜大开、大关减温水门，更不宜将减温水门关死？

答：（1）大幅度调节减温水，会出现调节过量，即原来汽温偏高时，由于猛烈增减温水，调节后跟着会出现汽温偏低；接着又猛烈关减温水门后，汽温又会偏高。结果，使汽温反复波动，控制不稳。

（2）会使减温器本身，特别是厚壁部件（水室、喷头）出现交变温差应力，以致使金属疲劳，出现本身或焊口裂纹而造成事故。

汽温偏低时，要关小减温水门，但不宜轻易地将减温水门关死。

（1）减温水门关死后，减温水管内的水不流动，温度逐渐降低，当再次启用减温水时，低温水首先进入减温器内，使减温器承受较大的温差应力。

（2）若连续使用上述方法，会使减温器端部、水室或喷头产生裂纹，影响安全运行。

Je5C1087　简述离心式风机启动前的准备工作。

答：风机在启动前，应做以下准备工作。

（1）关闭进风调节挡板；

（2）检查轴承润滑油是否完好；

（3）检查冷却水管的供水情况；

（4）检查联轴器是否完好；

（5）检查电气线路及仪表是否正确。

Je5C2088　中间储仓式制粉系统启动后对锅炉工况有何影响？

答：（1）中间储仓式制粉系统启动后，漏风量增大，进入炉膛的冷风及低温风增多，使炉膛温度水平下降，除影响稳定燃烧外，炉内辐射传热量将下降。

（2）由于低温空气进入量增加，除使烟气量增大外，火焰中心位置有可能上移，这将使对流传热量增加，对蒸汽温度的影响，视过热器汽温特性而异：如为辐射特性，则汽温下降；

如为对流特性，则汽温将升高。

（3）由于相应提高了后部烟道的烟气温度，故通过空气预热器的空气量也相应减小，一般排烟温度将有所升高。

Je5C2089　磨煤机停止运行时，为什么必须抽净余粉？

答：停止制粉系统时，当给煤机停止给煤后，要求磨煤机、排粉机再运行一段时间方可相继停运，以便抽净磨煤机内余粉。因为：

（1）磨煤机停止后，如果还残余有煤粉，就会慢慢氧化升温，最后会引起自燃爆炸。

（2）磨煤机停止后，还有煤粉存在，下次启动磨煤机，是带负荷启动，本来电动机启动电流就较大，这样会使启动电流更大，特别对于中速磨煤机会更明显些。

Je5C2090　简述监视直吹式制粉系统中的排粉机电流值的意义。

答：排粉机的电流值在一定程度上可反映磨煤机的出力情况。

（1）电流波动过大，表示磨煤机给煤量过多，此时应调整给煤量，至电流指示稳定为止。

（2）排粉机电流明显下降，表示磨煤机堵煤，应减小给煤量或暂时停止给煤机，直到电流恢复正常后再增大给煤量或启动给煤机。

（3）排粉机电流上升，表示磨煤机给煤不足，应增大给煤机给煤量。

Je5C2091　磨煤机运行时，如原煤水分升高，应注意什么？

答：原煤水分升高，会使煤的输送困难，磨煤机出力下降，出口气粉混合物温度降低。此时应注意以下几方面：

（1）经常检查磨煤机出、入口管壁温度变化情况。

（2）经常检查给煤机落煤有无积煤、堵煤现象。

（3）加强磨煤机出入口压差及温度的监视，以判断是否有断煤或堵煤的情况。

（4）制粉系统停止后，应打开磨煤机进口检查孔，如发现管壁有积煤，应予以铲除。

Je5C2092　运行中煤粉仓为什么需要定期降粉？

答：运行中为保证给粉机正常工作，煤粉仓应保持一定的粉位。因为：

（1）粉位太低，给粉机有可能出现煤粉自流，或一次风经给粉机冲入煤粉仓中，影响给粉机的正常工作。

（2）煤粉仓长期处于高粉位情况下，有些部位的煤粉不流动，特别是贴壁或角隅处的煤粉，可能出现煤粉"搭桥"和结块，易引起煤粉自燃，影响正常下粉和安全。

Je5C2093　如何防止锅炉结焦？

答：为防止结焦可采取以下措施：

（1）在运行上要合理调整燃烧，使炉内火焰分布均匀，火焰中心保持适当位置；

（2）保证适当的过剩空气量，防止缺氧燃烧；

（3）发现积灰和结焦时应及时清除；

（4）避免超出力运行；

（5）提高检修质量，保证燃烧器安装正确；

（6）锅炉严密性好，并及时针对锅炉设备不合理的地方进行改进。

Je5C2094　低负荷时混合式减温器为何不宜多使用减温水？

答：锅炉在低负荷运行调节汽温时，是不宜多使用减温水的，更不宜大幅度地开或关减温水门。因为：

（1）在低负荷时，流经减温器及过热器的蒸汽流速很低，如果这时使用较大的减温水量，水滴雾化不好，蒸发不完全，局部过热器管可能出现水塞。

（2）没有蒸发的水滴，不可能均匀地分配到各过热器管中去，各平行管中的工质流量不均，导致热偏差加剧。

Je5C2095　蒸汽压力波动有何影响？

答：蒸汽压力是锅炉安全、经济运行的重要指标之一，一般要求压力与额定值的偏差不得超过±（0.05～0.1）MPa。

（1）蒸汽压力超过规定值，会威胁人身及设备安全，影响机组寿命。

（2）蒸汽压力过高会导致安全阀动作，不仅造成大量排汽损失，还会引起水位波动及影响蒸汽品质，安全阀频繁动作，还影响其严密性。

（3）蒸汽压力低于规定值，降低了蒸汽在汽轮机内的做功能力，使机组热效率下降。

（4）蒸汽压力频繁波动，使机组承压部件的金属经常处于交变应力作用下，有可能使承压部件产生疲劳破坏。

Je5C2096　引起蒸汽压力变化的基本原因是什么？

答：（1）外部扰动。外部负荷变化引起的蒸汽压力变化称外部扰动，简称"外扰"。当外界负荷增大时，机组用汽量增多，而锅炉尚未来得及调整到适应新的工况，锅炉蒸发量将小于外界对蒸汽的需要量，物料平衡关系被打破，蒸汽压力下降。

（2）内部扰动。由于锅炉本身工况变化而引起的蒸汽压力变化称内部扰动，简称"内扰"。运行中外界对蒸汽的需要量并未变化，而由于锅炉燃烧工况变动（如燃烧不稳或燃料量、风量改变）以及锅炉内工况（如传热情况）的变动，使蒸发区产汽量发生变化，锅炉蒸发量与蒸汽需要量之间的物料平衡关系破坏，从而使蒸汽压力发生变化。

Je5C2097　如何判断蒸汽压力变化的原因是属于内扰或外扰？

答：可通过流量的变化关系，来判断引起蒸汽压力变化的原因是内扰或外扰。

（1）当蒸汽压力与蒸汽流量变化方向相反时，蒸汽压力变化的原因是外扰。

（2）当蒸汽压力与蒸汽流量变化方向相同时，蒸汽压力变化的原因是内扰。

Je5C2098　影响蒸汽压力变化速度的因素有哪些？

答：影响蒸汽压力变化速度的因素有：

（1）锅炉负荷变化速度。负荷变化的速度越快，蒸汽压力变化的速度也越快。为了限制蒸汽压力的变化速度，运行中必须限制负荷的变化速度。

（2）锅炉的蓄热能力。蓄热能力是指锅炉在蒸汽压力变化时，由于饱和温度变化，相应的锅炉内工质、受热面金属、炉墙等温度变化所能吸收或放出的热量。

（3）燃烧设备惯性。燃烧设备惯性是指从燃料量开始变化，到炉内建立起新的热负荷以适应外界负荷变化所需的时间。

Je5C2099　什么叫并汽（并炉），对并汽参数有何要求？

答：母管制系统锅炉启动时，将压力和温度均符合规定的蒸汽送入母管的过程，称并汽或并炉。并汽时对参数的要求是：

（1）锅炉压力应略低于母管压力，若锅炉压力高于母管，并炉后立即有大量蒸汽流入母管，将使启动锅炉压力突然降低，造成饱和蒸汽带水；若锅炉压力低于母管压力太多，并炉后母管中的蒸汽将反灌进入锅炉，使系统压力下降，而启动锅炉压力突然升高，这对热力系统及锅炉的安全性、经济性都是不利的。

（2）锅炉出口汽温应比母管汽温低些，目的是避免并炉后燃烧加强，而使汽温超过额定值。但锅炉出口汽温也不能太低，否则，在并炉后会引起系统温度下降，严重时启动锅炉还可能发生蒸汽带水现象。

（3）并炉前，启动锅炉汽包水位应维持较低，以免在并炉时发生蒸汽带水现象。

Je5C3100　锅炉停止供汽后，为何需要开启过热器疏水门排汽？

答：为保护过热器，在锅炉停止向外供汽后，应将过热器出口联箱疏水门开启放汽，使蒸汽流过过热器对其冷却，避免过热器超温。其原因为：

（1）锅炉停止向外供汽后，过热器内工质停止流动，此时炉内温度还较高，对过热器进行加热，有可能使过热器超温损坏。

（2）炉墙也会释放出热量，对过热器进行加热，有可能使过热器超温损坏。

Je5C3101　简述四角布置的直流燃烧器的调节方法。

答：四角布置的直流燃烧器的结构布置特性差异较大，一般可采用下述方法进行调整。

（1）改变一、二次风的百分比。

（2）改变各角燃烧器的风量分配。如：可改变上下两层燃烧器的风量、风速或改变各二次风的风量及风速，在一般情况下减少下二次风风量、增大上二次风风量可使火焰中心下移，反之使火焰中心升高。

（3）对具有可调节的二次风挡板的直流燃烧器，可用改变风速挡板位置的方法来调节风速。

Je5C3102　简述磨煤通风量与干燥通风量的作用，两者如

何协调?

答: 磨煤通风量作用: 是以一定的流速将磨出的煤粉输送出去;

磨煤干燥通风量作用: 是以其具有的热量将原煤干燥。

协调这两个风量的基本原则是: 首先, 满足磨煤通风量的需要, 以保证煤粉细度及磨煤机出力; 其次, 为保证干燥任务的完成, 可通过调节干燥剂温度来实现。

Je5C3103　决定中速磨直吹式制粉系统风量大小时应考虑哪些因素?

答: 决定中速磨直吹式制粉系统风量大小时应考虑:

(1) 根据煤种、燃烧器类型确定一次风量(即干燥剂量), 用调节入口风温的方式满足干燥通风干燥能力的需要。

(2) 考虑合理的风粉比, 并能维持磨煤机风环处的合理气流速度, 以维持一定的出力及细度。

Je5C3104　什么是磨煤机出力与干燥出力?

答: (1) 磨煤机出力是指单位时间内, 在保证一定煤粉细度条件下, 磨煤机所能磨制的原煤量。

(2) 干燥出力是指单位时间内, 磨煤系统能将多少原煤由最初的水分干燥到煤粉水分时所需的干燥剂量。

Je5C3105　影响钢球筒式磨煤机出力的因素有哪些?

答: 主要因素有:

(1) 护甲形状及磨损速度;

(2) 钢球装载量及钢球尺寸;

(3) 载煤量;

(4) 通风量;

(5) 煤质变化;

(6) 制粉系统漏风。

Je5C3106　简述中间储仓式制粉系统的启动过程。

答：（1）首先将制粉系统有关挡板风门调至制粉位置。

（2）启动排粉机，待正常运转后，先调节（开大）出口挡板，然后开大入口挡板及磨煤机入口热风门，尽量关闭冷风门，对磨煤机进行暖磨。

（3）启动磨煤机的润滑油系统，调整好各轴承的油量，保持正常油压、油温。

（4）当磨煤机出口风温达到规定要求时，启动磨煤机，调节磨煤机入口负压及排粉机出口风压规定值。

（5）启动给煤机。调节给煤量，给煤正常后，逐渐开大排粉机入口挡板及磨煤机入口热风门、混合风门，调整好磨煤机入口负压及出入口压差，监视磨煤机出口气粉混合物温度符合要求。

（6）制粉系统运行后，检查各锁气器动作是否正常，筛网上有无积粉或杂物。下粉管挡板位置应正确。煤粉进入煤粉仓之后，应开启吸潮阀。

Je5C3107　热备用锅炉为何要求维持高水位？

答：热备用锅炉停炉时要求维持汽包高水位，因为：

（1）锅炉燃烧的减弱或停止，锅水中汽泡量减少，汽包水位会明显下降。

（2）在热备用期间，锅炉汽压是逐渐降低的。

（3）维持汽包高水位，还可减小锅炉汽压下降过程中汽包上下壁温差的数值。

Je5C4108　燃油锅炉熄火后，应采取哪些安全措施？

答：燃油锅炉停炉时应采取防止可能出现的炉膛爆炸及尾部烟道再燃烧的安全措施，主要有：

（1）停炉时最后停用的油枪，不得再用蒸汽进行吹扫，以防将油枪内的存油吹到虽然已经灭火，但温度还很高的炉膛内引起爆燃。

（2）停炉后燃烧室应连续维持通风，以尽可能抽尽炉内残存的可燃物质。引风机停止后，关闭燃烧器风门、烟道挡板及其他有关风门挡板，使锅炉安全处于密闭状态，防止空气漏入为复燃提供氧气。

（3）灭火后应设专人监视烟道各段温度，特别是空气预热器进、出口烟温。

（4）装有回转式空气预热器的燃油锅炉，停炉后预热器应继续运行。

（5）停炉期间，发现烟温有不正常升高，或尾部烟道有着火现象时，应立即投入烟道灭火装置灭火，同时要严禁在这时启动风机，以免助长火势。

Je5C4109　锅炉上水时，对水温及上水时间有何要求？

答：锅炉冷态启动时，各部位的金属温度与环境温度一样。一般规定：

（1）冷炉上水时，进入汽包的水温不得高于 90℃。水位达到汽包正常水位−100mm 处所需时间，中压锅炉夏季不少于 1h，冬季不少于 2h；高压以上锅炉，夏季不少于 2h，冬季不少于 4h。如果锅炉金属温度较低，而水温又较高时，应适当延长上水时间。

（2）未经完全冷却的自然循环锅炉，进入汽包的水温与汽包壁温的差值，不得大于 40℃。当水温与锅炉金属温差的差值在 20℃（正值）以内时，上水速度可以不受上述限制，只需注意不要因上水引起管道水冲击即可。

Je5C4110　制粉系统漏风对锅炉有何危害，哪些部分易出现漏风？

答：漏入制粉系统的冷风，是要进入炉膛的，结果使炉内温度水平下降，辐射传热量降低，对流传热比例增大，同时还使燃烧的稳定性变差。由于冷风通过制粉系统进入炉内，在总风量不变的情况下，经过空气预热器的空气量将减小，结果会使排烟温度升高，锅炉热效率将下降。

易出现漏风的部位是：磨煤机入口和出口，旋风分离器至煤粉仓和螺旋输粉机的管段，给煤机、防爆门、检查孔等处，均应加强监视检查。

Je5C4111　什么是启动流量，启动流量的大小对启动过程有何影响？

答：直流锅炉、低循环倍率锅炉和复合循环锅炉启动时，为保证蒸发受热面良好冷却所必须建立的给水流量称为启动流量。

启动流量的大小，对启动过程的安全性、经济性均有直接影响。

（1）启动流量越大，流经受热面的工质流速较高，这除了保证有良好的冷却效果外，对水动力的稳定性和防止出现汽水分层流动都有好处。

（2）启动流量过大，将使启动时的容量增大。

（3）启动流量过小，将使受热面的冷却和水动力的稳定性难以保证。

Je5C4112　简述直流锅炉过热蒸汽温度的调节方法。

答：通过合理的燃料与给水比例，控制包墙过热器出口温度作为基本调节，喷水减温作为辅助调节。要求：

（1）运行中应控制中间点温度处于正常范围，尽量减少一、二级减温水的投用量；

（2）用减温水调节过热蒸汽温度时，以一级喷水减温为主，二级喷水减温为辅。

Je5C5113　简述锅炉启动前应进行哪些系统的检查？

答：（1）汽水系统检查。

（2）锅炉本体检查。

（3）除灰除尘系统检查。

（4）转动机械检查。

（5）制粉系统检查。

（6）燃油系统及点火系统检查。

Je5C5114　简述乏气送粉制粉系统粗粉分离器堵塞经常出现的现象。

答：粗粉分离器堵塞出现的现象有以下几点：

（1）磨煤机的出入口压差减小，向外跑风；

（2）粗粉分离器出口负压增大；

（3）回粉管温度降低，锁气器不动作或动作不正常；

（4）堵塞严重时排粉机电流下降，煤粉变粗。

Je5C5115　自然循环锅炉停炉消压后为何还需要上水、放水？

答：停炉消压后，炉温逐渐降低，水循环基本停止，水冷壁内的水基本处于不流动状态，导致水冷壁会因各处温度不一样，使收缩不均而出现温差应力。为消除这一现象，停炉消压后应上水、放水，促使水冷壁内的水流动，以均衡水冷壁各部位的温度，防止出现温差应力。同时，通过上水、放水吸收炉墙释放的热量，可加快锅炉冷却速度，使水冷壁得到保护。

Je5C5116　在手控调节给水量时，给水量为何不宜猛增或猛减？

答：手动调节给水量的准确性较差，故要求均匀缓慢调节，而不宜猛增或猛减地大幅度调节。主要因为：

（1）大幅度调节给水量时，可能会引起汽包水位的反复波动。

（2）给水量变动过大，将会引起省煤器管壁温度反复变化，使管壁金属产生交变应力，时间长久之后，会导致省煤器焊口漏水。

Je4C2117　简述运行中使用改变风量调节蒸汽温度的缺点。

答：（1）使烟气量增大，排烟热损失增加，锅炉热效率下降；

（2）增加送、引风机的电能消耗；

（3）烟气量增大，烟气流速升高，使锅炉对流受热面的飞灰磨损加剧；

（4）过量空气系数大时，会使烟气露点升高，增大空气预热器低温腐蚀的可能。

Je4C2118　蒸汽压力变化速度过快对机组有何影响？

答：蒸汽压力变化速度过快，会对机组带来诸多不利影响，主要的有：

（1）使水循环恶化。蒸汽压力突然下降时，水在下降管中可能发生汽化。蒸汽压力突然升高时，由于饱和温度升高，上升管中产汽量减少，会引起水循环瞬时停滞。蒸汽压力变化速度越快，蒸汽压力变化幅度越大，这种现象越明显。

（2）容易出现虚假水位。由于蒸汽压力的升高或降低会引起锅炉水体积的收缩或膨胀，而使汽包水位出现下降或升高，均属虚假水位。蒸汽压力变化速度越快，虚假水位的影响越明显。

（3）给运行人员调整增加难度，如果调节不当或发生误判断，容易诱发缺水或满水事故。

Je4C2119　炉前油系统为什么要装电磁速断阀？

答：电磁速断阀的功能是快速关闭，迅速切断燃油供应。

装设的原因为：

（1）运行中需要紧急停炉时，控制手动电磁速断阀按钮，就能快速关闭，停止燃油供应；

（2）锅炉一旦发生灭火时，灭火保护装置可自动将电磁速断阀关闭，避免灭火后不能立即切断燃油供应，而发生炉膛爆炸事故。

Je4C3120　简述自然循环式锅炉升压初始阶段加强排污的意义。

答：（1）在升压初始阶段，锅炉水循环尚未正常建立，各受热面的热膨胀可能不一致，加强排污，使炉水流动，水循环及早建立，可减小汽包上下壁温差。

（2）由于蒸发量很小，锅炉不需上水，省煤器中的水处于不流动状态，加强排污，使省煤器的冷却效果差得以缓解。

（3）可放掉沉积物及溶盐，保证锅炉水品质。

Je4C3121　中速磨煤机内部着火的现象有哪些，如何处理？

答：中速磨煤机内部着火的典型表现为：

（1）磨煤机出口温度突然异常地升高；

（2）磨煤机机壳周围有较明显的热辐射感；

（3）排出的石子煤正在燃烧，可见炽热的焦炭。

磨煤机内部着火的处理对策一般为：

（1）发现着火迹象，应立即减小通风量，适当加大给煤量。如这样处理后温度明显下降，可适当减小磨煤出力，维持较小风量，确认火已熄灭，再恢复正常运行工况。

（2）若上述处理无效，应停止该制粉系统，关闭一次风进口挡板及出口隔绝挡板，断绝空气来源，以将火源熄灭。然后小心开启磨煤机检查门及石子煤门，喷入灭火剂。确认已熄灭，清理内部后，方可重新启动。

Je4C3122　锅炉启动前应进行哪些试验？

答：（1）锅炉风压试验。检查炉膛、烟道、冷热风道及制粉系统的严密性，消除漏风点。

（2）锅炉水压试验。锅炉检修后应进行锅炉工作压力水压试验，以检查承压元部件的严密性。

（3）连锁试验。所有连锁装置均需进行动作试验，以保证生产过程稳定，防止误操作，能迅速排除故障。

（4）电（气）动阀、调节阀试验。进行各电（气）动阀、调节阀的全开和全关试验，闭锁试验，观察指示灯的亮、灭是否正确；电（气）动阀、调节阀的实际开度与表盘指示开度是否一致；限位开关（终点开关）是否起作用；全关时是否有漏流量存在。

（5）转动机械运行。电动机绝缘试验合格，调节阀漏流量一般不超过额定流量5%。全部转动机械试运行合格。

（6）冷炉空气动力场试验。如果燃烧设备进行过检修或改造，应根据需要进行冷炉空气动力场试验。

Je4C3123　锅炉停用时间较长时，为什么必须把原煤仓和煤粉仓的原煤和煤粉用完？

答：主要原因为：

（1）为了防止在停用期间，由于原煤和煤粉的氧化升温而可能引起自燃爆炸。

（2）原煤、煤粉用完，为原煤仓、煤粉仓的检修以及为下粉管、给煤机、一次风机混合器等设备的检修，创造良好的工作条件。

Je4C3124　锅炉结渣有经济性哪些危害？

答：结渣对锅炉运行的经济性与安全性均带来不利影响，

主要表现在以下一些方面：

（1）锅炉热效率下降。

1）受热面结渣后，使传热恶化，排烟温度升高，锅炉热效率下降；

2）燃烧器出口结渣，造成气流偏斜，燃烧恶化，有可能使机械未安全燃烧热损失、化学未完全燃烧热损失增大；

3）使锅炉通风阻力增大，厂用电量上升。

（2）影响锅炉出力。

1）水冷壁结渣后，会使蒸发量下降；

2）炉膛出口烟温升高，蒸汽出口温度升高，管壁温度升高，以及通风阻力的增大，有可能成为限制出力的因素。

Je4C3125　燃烧调节的主要任务是什么？

答：（1）在保证蒸汽品质及维持必要的蒸汽参数的前提下，满足外界负荷变化对蒸汽的需要量。

（2）合理地控制风、粉比例，使燃料能稳定地着火和良好地燃烧，减小各项不完全燃烧热损失，提高锅炉热效率。

（3）维持适当的火焰中心位置，火焰在炉内充满程度应好，防止燃烧器烧坏、炉膛结渣以及过热器管壁超温。

Je4C4126　运行过程中如何调节给粉量？

答：锅炉负荷变化时，必须及时调节相应的给煤量。以保证给煤量与负荷的平衡，其调节方式与负荷变化幅度的大小、制粉系统类型等有关。

（1）具有中间储仓式制粉系统的锅炉，当负荷变化幅度不大时，可通过改变给粉机的转速来调节燃料量。当负荷变化幅度较大时，应通过改变给粉机投、停台数来改变进入炉膛的燃料量。

（2）具有直吹式制粉系统的锅炉，当负荷变化不大时，可通过调节运行的制粉系统出力来调节燃料量。若负荷增加，要求制粉出力增大时，先增大磨煤机的进风量，利用磨煤机内的存粉作为增负荷时缓冲调节，然后增加给煤量，同时相应开大二次风量；反之，减小给煤量和二次风量。当负荷变化较大时，应考虑燃烧的稳定及合理的风、粉比例，通过启、停制粉系统来调节燃料量。

Je4C4127　锅炉结渣对安全性有哪些危害？

答：（1）结渣后，过热器处烟温及汽温均升高，严重时会引起管壁超温。

（2）结渣往往是不均匀的，会使过热器热偏差增大，对自然循环锅炉的水循环安全性以及强制循环锅炉的水冷壁热偏差带来不利影响。

（3）炉膛上部结渣块掉落时，可能砸坏冷灰斗水冷壁管，造成炉膛灭火或堵塞排渣口，使锅炉被迫停止运行。

（4）除渣操作时间长时，炉膛漏入冷风太多，会使燃烧不稳定甚至灭火。

Je4C4128　制粉系统为何在启动、停止或断煤时易发生爆炸？

答：煤粉爆炸的基本条件是合适的煤粉浓度、较高的温度或火源以及有空气扰动等。

（1）制粉系统在启动与停止过程中，由于磨煤机出口温度不易控制，易因超温而使煤粉爆炸。

（2）运行过程中因断煤而处理不及时，使磨煤机出口温度过高而引起爆炸。

（3）在启动或停止过程中，磨煤机内煤量较少，研磨部件金属直接发生撞击和摩擦，易产生火星而引起煤粉爆炸。

（4）制粉系统中，如果有积粉自燃，启动时由于气流扰动，也可能引起煤粉爆炸。

Je4C5129 如何调节煤粉细度？

答：煤粉细度可通过改变通风量、粗粉分离器挡板来调节。

（1）减小通风量，可使煤粉变细，反之，煤粉将变粗。当增大通风量时，应适当关小粗粉分离器折向挡板，以防煤粉过粗。

（2）开大粗粉分离器折向挡板，或提高粗粉分离器出口套筒高度，可使煤粉变粗，反之则变细。

Je4C5130 锅炉运行过程中风量是如何调节的？

答：运行过程中，当外界负荷变化时，需要调节燃料量来改变蒸发量，首先要调节风量而后调节燃料量，以满足燃料燃烧对空气的需要量。

（1）锅炉升负荷时，当负荷增加时，应先增大引风量，再增大送风量，最后增大燃料量，维持最佳过量空气系数，以保持良好的燃烧和较高的热效率。

（2）锅炉降负荷时，先减小燃料量，然后减小送风量，最后减小引风量，维持最佳过量空气系数，以保持良好的燃烧和较高的热效率。

Je4C5131 升压过程中如何判断锅炉各部分膨胀是否正常，出现膨胀不均匀的原因是什么？

答：升压过程中，锅炉各部分温度也相应升高，受热面管、联箱、汽包都要膨胀伸长。在升压过程中，通过监视各处膨胀指示器的指示，根据不同压力下相应的壁温，即可判断膨胀值是否正常，膨胀方向是否正常。

升压过程中出现膨胀不均的主要原因是：

（1）升压过程投入燃烧器数目少，炉内各部分温度不均匀，使水冷壁的受热不均，各水冷壁管的水循环不一致。

（2）某些管子或联箱在通过护板时膨胀受阻，或导架、支吊架及其他杂物阻碍，使膨胀不足。

Je3C2132　暖管的目的是什么？暖管速度过快有何危害？

答：暖管的目的是通过缓慢加热使管道及附件（阀门、法兰）均匀升温，防止出现较大温差应力，并使管道内的疏水顺利排出，防止出现水击现象。

暖管速度过快的危害：

（1）暖管时升温速度过快，会使管道与附件有较大的温差，从而产生较大的附加应力。

（2）暖管时升温速度过快，可能使管道中疏水来不及排出，引起严重水击，从而危及管道、管道附件以及支吊架的安全。

Je3C2133　锅炉负荷变化时，应如何调节燃料量、送风量、引风量？

答：锅炉负荷变化时，燃料量、送风量、引风量都需进行调节，调节顺序的原则是：

在调节过程中，不能造成燃料燃烧缺氧而引起不安全燃烧。

调节过程中，不应引起炉膛烟气侧压力由负变正，造成不严密处向外喷火或冒烟，影响安全与锅炉房的卫生。

Je3C3134　煤粉水分过高、过低有何不良影响？如何控制？

答：煤粉水分过高、过低的影响有：

（1）煤粉水分过高时，使煤粉在炉内的点火困难。

（2）由于煤粉水分过高影响煤粉的流动性，会使供粉量的均匀性变差，在煤粉仓中还会出现结块、"搭桥"现象，影响正常供粉。

（3）煤粉水分过低时，产生煤粉自流的可能性增大；对于挥发分高的煤，引起自燃爆炸的可能性也增大。

通过控制磨煤机出口气粉混合物温度，可以实现对煤粉水分的控制。温度高，水分低；温度低，水分高。

Je2C3135　简述热一次风机直吹式制粉系统的启动程序。

答：启动程序如下：

（1）启动密封风机，调整风压至规定值。

（2）启动润滑油泵，调整好各轴承油量及油压。

（3）启动一次风机，开启进口热风挡板进行暖磨，使磨后温度上升至规定数值。

（4）启动磨煤机，开启一次风门。

（5）制粉系统运行稳定后投入自动。

Je2C3136　简述中间储仓式制粉系统的停止顺序。

答：（1）逐渐降低磨煤机入口温度，并相应地减小给煤量，然后停止给煤机。

（2）磨煤机继续运行一段时间后，待系统煤粉抽净后，停止磨煤机。

（3）停止排粉机。对于乏气送粉系统，排粉机要供一次风，磨煤机停止后，排粉机应倒换热风或冷、热混合风继续运行。对于热风送粉系统，在磨煤机停止后，即可停止排粉机。

（4）磨煤机停止后，停止油泵，关闭冷却水。

Je2C3137　简述直吹式制粉系统的停止顺序。

答：（1）停止给煤机，吹扫磨煤机及输粉管内余粉，并维持磨煤机温度不超过规定值。

（2）磨煤机内煤粉吹扫干净后，停止磨煤机。

（3）再次吹扫一定时间后，停止一次风机。

（4）磨煤机出口的隔绝挡板应随一次风机的停止而自动关闭或手工关闭。

（5）关闭磨煤机密封风门。

（6）停止润滑油泵。

Je2C4138　控制炉膛负压的意义是什么？

答：控制炉膛负压的意义：

（1）炉膛负压太大，使漏风量增大，造成引风机电耗、不完全燃料热损失、排烟热损失均增大，甚至使燃烧不稳或灭火。

（2）炉膛负压小甚至变为正压时，火焰及飞灰通过炉膛不严密处冒出，恶化工作环境，甚至危及人身及设备安全。

Je2C4139　在锅炉启动过程中，应如何保护过热器？

答：在启动过程中，尽管烟气温度不高，但管壁有可能超温。采取保护措施有：

（1）保护过热器管壁不超温，在流量小于额定值10%时，必须控制炉膛出口烟气温度不超过管壁允许温度。手段是限制燃烧或调整炉内火焰中心位置。

（2）随着压力的升高，蒸汽流量增大，过热器冷却条件有所改善，这时可用限制锅炉过热器出口汽温的办法保护过热器，要求锅炉过热器出口汽温比额定温度低一些。手段是控制燃烧率及排汽量，也可调整炉内火焰中心位置或改变过量空气系数。

Je2C4140　升压过程中为何不宜用减温水来控制汽温？

答：不宜用减温水控制汽温的原因为：

（1）升压过程中，蒸汽流量较小，流速较低，减温水喷入后，可能会引起过热器蛇形管之间的蒸汽量和减温水量分配不均匀，造成热偏差。

（2）减温水用量过大时，有可能不会全部蒸发，积存于个别蛇形管内形成"水塞"，使管子过热，造成不良后果。

Je1C1141　简述自然循环锅炉的特点。

答：（1）最大的特点是有一个汽包，锅炉蒸发受热面通常就是由许多管子组成的水冷壁。

（2）汽包是省煤器、过热器和蒸发受热面的分隔容器，给水的预热、蒸发和蒸汽过热等各个受热面有明显的分界。

（3）汽包中装有汽水分离装置，从水冷壁进入汽包的汽水混合物既在汽包中的汽空间，又在汽水分离器中进行分离，可减少饱和蒸汽带水。

（4）锅炉的水容积及其相应的蓄热能力较大，因此，当负荷变化时，汽包水位和蒸汽压力的变化较慢，对机组调节的要求可以低一些。但由于水容量大，加上汽包壁较厚，因此在锅炉受热或冷却时都不容易均匀，使锅炉的启、停速度受到限制。

（5）水冷壁管子出口的含汽率相对较低，可以允许稍大的锅炉水含盐量，而且可以排污，因而对给水品质的要求可以低些。

（6）汽包锅炉的金属消耗量较大，成本较高。

Je1C1142　给粉机为什么必须在低转速下启动？

答：要求给粉机在低转速下启动的主要原因是：

（1）在高转速下启动给粉机，需要较大的转动力，这将使电动机的启动电流增大很多，还有可能使保险销子折断，相当于燃烧器的迅速投入。

（2）高转速下启动给粉机，会使锅炉燃煤量突然增大，引起较大的燃烧扰动，对燃烧的稳定性不利，还会引起蒸汽参数较大的波动。

Je1C1143　磨煤机为什么不能长时间空转？

答：不能长时间空转的原因是：

（1）磨煤机空转时，研磨部件金属直接发生撞击和摩擦，使金属磨损量增大。

（2）钢球与钢球、钢球与钢甲发生撞击时，钢球可能碎裂。

（3）金属直接发生撞击与摩擦，容易发生火星，有可能成为煤粉爆炸的火源。

Je1C2144 简述单元机组负荷控制系统的主要任务。

答：（1）根据机炉运行状态及控制要求，选择控制方式和适当的外部负荷指令。

（2）对外部负荷指令进行处理，使之与机炉的动态特性及负荷变化能力相适应，并对机炉发出负荷指令。

Je1C3145 工作压力水压试验的合格标准。

答：（1）停止上水后（在给水门不漏的条件下）5min 压力下降值：主蒸汽系统不大于 0.50MPa，再热蒸汽系统不大于 0.25MPa。

（2）承压部件无漏水及湿润现象。

（3）承压部件无残余变形。

Je1C4146 锅炉低负荷运行时应注意什么？

答：（1）低负荷时应尽可能燃用挥发分较高的煤。当燃煤挥发分较低、燃烧不稳时，应投入油枪或其他助燃手段，以防止可能出现灭火。

（2）低负荷时应尽量保持燃烧器负荷均匀，燃烧器数量也不宜太少。

（3）增减负荷的速度应缓慢，并及时调整风量。注意维持一次风压的稳定，一次风速不宜过大。必要时可采用燃烧器的投、停用操作投入油枪或其他助燃手段，以防止调整风量时灭火。

（4）启、停制粉系统时，对燃烧的稳定性有较大影响，各岗位应密切配合，并谨慎、缓慢地操作，防止大量空气漏入炉内。

（5）燃油炉在低负荷运行时，由于难以保证油的燃烧质量，应注意防止未燃尽油滴在烟道尾部造成复燃。

（6）低负荷运行时，应尽量少用减温水（对混合式减温器），但也不宜将减温门关死。

（7）低负荷运行时，排烟温度低，低温腐蚀的可能性增大。为此，应投入暖风器或热风再循环。

Je1C5147　简述风机运行中的注意事项。

答：（1）运行中应注意轴承润滑、冷却情况及温度的高低。

（2）不允许长时间超电流运行。

（3）注意运行中的震动、噪声及敲击声音。

（4）发生强烈震动和噪声，振幅超过允许值时，应立即停机检查。

Jf5C1148　锅炉水位事故有哪几种？

答：锅炉水位事故有缺水、满水、汽水共腾与泡沫共腾4种。

当水位小（大）于允许的正常水位（Ⅱ值）时，为轻微缺（满）水；当水位小（大）于允许的极限水位（Ⅲ值）时，则为严重缺（满）水。

汽水共腾是指当蒸发量瞬时增大，使汽包水位急剧变化或水位上升超过极限水位时，由于大量锅炉水被带入蒸汽空间，使机械携带大幅度增加的现象。

泡沫共腾是指当锅炉水中含有油脂、悬浮物或锅炉水含盐浓度过高时，蒸汽泡表面含有杂质而不易撕破，在汽包水面上产生大量泡沫，使汽包水位急剧升高并强烈波动的现象。泡沫共腾时饱和蒸汽带水量增大，蒸汽品质将恶化。

Jf5C1149　转动机械在运行中发生什么情况时，应立即停止运行？

答：转动机械在运行中发生下列情况之一时，应立即停止运行：

（1）发生人身事故，无法脱险时。

（2）发生强烈振动，危及设备安全运行时。

（3）轴承冒烟或温度急剧升高超过规定值时。

（4）电动机转子和静子严重摩擦或电动机冒烟起火时。

（5）转动机械的转子与外壳发生严重摩擦撞击时。

（6）发生火灾或被水淹时。

Jf5C1150　简答创伤急救原则。

答：创伤急救原则上是先抢救，后固定搬运，并注意采取措施，防止伤情加重或污染，需要送医院救治的，应立即做好保护伤员措施后送医院救治。

Jf5C1151　简答常见的创伤急救种类。

答：（1）止血；

（2）骨折急救；

（3）颅脑外伤；

（4）烧伤急救；

（5）冻伤急救；

（6）动物咬伤急救；

（7）溺水急救；

（8）高温中暑急救；

（9）有害气体中毒急救。

Jf5C2152　工作许可人应对哪些事项负责。

答：（1）检修设备与运行设备确已隔断。

（2）安全措施确已完善和正确地执行。

（3）对工作负责人正确说明哪些设备有压力、高温和爆炸危险等。

Jf5C3153　在什么情况下，应重新签发工作票，并重新进行许可工作的审查程序？

答：（1）部分检修的设备将加入运行。

（2）值班人员发现检修人员严重违反安全工作规程或工作票内所填写的安全措施时，应制止检修人员工作，并将工作票收回。

（3）必须改变检修与运行设备的隔断方式或改变工作条件时。

Jf5C5154 简述热力设备检修执行安全措施的要求。

答：（1）热力检修需要断开电源时，应在拉开的开关、刀闸和检修设备控制开关的操作把手上悬挂"禁止合闸，有人工作!"的警告牌，并取下操作保险。

（2）热力设备、系统检修需加堵板时，应按下列要求执行。

1）氢气、瓦斯及油系统等易燃易爆或可能引起人员中毒的系统的检修，必须关严有关阀门后，立即在法兰上加装堵板并保证严密不漏。

2）汽水、烟风系统，公用排污、疏水系统检修，必须将应关闭的阀门、闸门、挡板关严加锁，挂警告牌。

Jf4C1155 锅炉发生严重缺水时为什么不允许盲目补水？

答：锅炉发生严重缺水时必须紧急停炉，而不允许往锅炉内补水。因为：

（1）当锅炉发生严重缺水时，汽包水位究竟低到什么程度是不知道的，可能汽包内已完全无水，或水冷壁已部分烧干、过热。在这种情况下，如果强行往锅炉内补水，由于温差过大，会产生巨大的热应力，而使设备损坏。

（2）水遇到灼热的金属表面，瞬间会蒸发大量蒸汽，使汽压突然升高，甚至造成爆管或更严重的爆炸事故。

Jf4C1156 在何种情况下应进行锅炉超压试验？

答：（1）新装和迁移的锅炉投运时。

（2）停用一年以上的锅炉恢复运行时。

（3）锅炉改造，受压元件经重大修理或更换后，如水汽壁更换管数在 50%以上，过热器、再热器、省煤器等部件成组更换，汽包进行了重大修理时。

（4）锅炉严重超压达 1.25 倍工作压力及以上时。

（5）锅炉严重缺水后，受热面大面积变形时。

（6）根据运行情况，对设备安全可靠性有怀疑时。

Jf4C2157　简述在役锅炉超压试验的条件。

答：（1）具备锅炉工作压力下的水压试验条件。

（2）需要重点检查的薄弱部位，保温已拆除。

（3）解列不参加水压试验的部件，并采取了避免安全阀开启的措施。

（4）用两块压力表，压力表精度等级不低于 1.5 级。

Jf4C2158　简述工作票的执行程序。

答：（1）签发工作票；

（2）接收工作票；

（3）布置和执行安全措施；

（4）工作许可；

（5）开始工作；

（6）工作监护；

（7）工作延期；

（8）检修设备试运；

（9）工作终结。

Jf4C3159　燃用低挥发分煤时为防止灭火应注意哪些方面？

答：燃煤挥发分降低，着火温度升高，使着火困难，燃烧稳定性变差，严重时会造成灭火，运行过程中应注意以下几个方面：

（1）锅炉不应在太低负荷下运行，以免因炉温下降，使燃料着火更困难。

（2）适当提高煤粉细度，使其易于着火并迅速完全燃烧，对维持炉内温度有利。

（3）适当降低一次风风速，并适当减小过量空气系数，防止着火点远离喷口而出现脱火。

（4）燃烧器均匀投入，各燃烧器负荷也应力求均匀，使炉内维持良好的空气动力场和温度场。

（5）必要时可投入油枪或采取其他助燃手段来稳定燃烧。

（6）在负荷变化需进行燃煤量、引风量、送风量调节以及投、停燃烧器时，应均匀缓慢、谨慎地进行操作。

（7）必要时应改造燃烧器，如加装预燃室或改用稳燃性能好的燃烧器。

Jf4C3160　固态排煤粉炉渣井中的灰渣为何需要连续浇灭？

答：（1）由炉膛落下来的灰渣，温度还较高，含有未燃尽的炭。如这些灰渣不及时用水浇灭，将堆积在一起烧结成大块，再清除时会带来困难。

（2）灰渣井内若堆积大量高温灰渣，待排灰时才用水浇灭，会使水大量蒸发，瞬间进入炉膛的水蒸气太多，使炉温下降，炉膛负压变正，燃烧不稳，严重时（特别是在负荷较低或煤质较差时）可能造成锅炉灭火。有时在浇水之初引起氢爆，造成人身及设备事故。

Jf4C4161　锅炉除焦时锅炉运行值班员应做好哪些安全措施？

答：（1）除焦工作开始前应得到锅炉运行值班员同意。

（2）除焦时，锅炉运行值班员应保持燃烧稳定，并适当提高燃烧室负压。

（3）在锅炉运行值班员操作处应有明显的"正在除焦"的

标志。

（4）当燃烧不稳定或有炉烟向外喷出时，禁止打焦。

（5）在结焦严重或有大块焦掉落时，应停炉除焦。

Jf4C4162　锅炉在吹灰过程中，遇到什么情况应停止吹灰或禁止吹灰？

答：（1）锅炉吹灰器有缺陷；

（2）锅炉燃烧不稳定；

（3）炉烟与炉灰从炉内向炉外喷出。

Jf4C5163　简述瓦斯管道检漏方法及安全注意事项。

答：（1）瓦斯管道（或天然气）的泄漏情况，应当用仪器或肥皂水检查，禁止用火焰检查。

（2）瓦斯管道内部的凝结水发生冻结时，应用蒸汽或热水溶化，禁止用火把烤。

（3）禁止用捻缝和打卡子的方法，消除瓦斯管道的不严密处。

Jf3C2164　简述四角布置的直流燃烧器的调节方法。

答：由于四角布置的直流燃烧器的结构布置特性差异较大，一般可采用下述方法进行调整：

（1）改变一、二次风的百分比。

（2）改变各角燃烧器的风量分配。如：可改变上下两层燃烧器的风量、风速或改变各二次风的风量及风速，在一般情况下减少下二次风量、增大上二次风量可使火焰中心下移，反之使火焰中心升高。

（3）对具有可调节的二次风挡板的直流燃烧器，可用改变风速挡板位置来调节风速。

Jf3C2165　分析飞灰可燃物含量增大的原因？

答：其原因主要有：

（1）煤粉着火距离太远，一次风速偏高导致煤粉着火推迟，火焰中心上移，煤粉在炉内停留时间减少，降低了煤粉的燃尽程度，燃烧不完全的结果，也使飞灰可燃物含量增大。

（2）一、二次风配比不当，二次风不能及时、充足送入并与煤粉良好混合，造成局部缺氧或过量空气量不足，也会导致燃烧不完全，使飞灰可燃物含量增大。

（3）炉膛火焰中心偏斜，火焰中心的偏移造成煤粉气流贴墙，从而影响煤粉的燃尽。

Jf2C3166　燃烧调整时主要依据哪些参数及现象进行？

答：主要依据以下参数及现象：

（1）入炉煤的低位发热量。

（2）接带负荷的多少。

（3）炉内火焰的光亮度（白色火焰），并且火焰中心不偏斜。

（4）炉底温度应保证其流渣畅通，无浮灰、堆灰、白渣、黄渣和析铁。

（5）高温省煤器入口处的氧量为 5%～6%。

（6）飞灰可燃物应在 2%～3% 之间。

（7）烟囱排出的烟气应为浅灰色。

（8）渣面是否清洁、光亮，粒化后的渣为棕黑色半透明玻璃状 3～6mm 细粒，且粒化水面无异常渣出现。

Jf2C3167　氧量的准确性对燃烧调整有哪些影响？

答：氧量的准确性对燃烧调整的影响主要表现在对送入炉内风量大小的影响。

（1）当风量大时，其氧量指示增大可分下列情况：

1）煤粉充分燃烧，火焰是光亮炫目的强光，表示过剩空气较多。

2）熔渣段中的火焰温度低，流渣不畅，火焰是麦黄色的。

此时，烟囱排出的烟色是浅白色，表示过剩空气太多。

（2）风量不足时，其氧量指示值降低，火焰呈暗黄色，火焰末端发暗，且烟囱或炉膛有黑烟和黄烟出现，表示空气不足或局部缺氧，应适当增加炉内的送风量。

Jf2C3168　飞灰可燃物大的原因是什么？飞灰可燃物大对锅炉经济运行的影响体现在哪些方面？

答：飞灰可燃物大的原因有：

（1）炉膛卫燃带面积减小，炉膛温度偏低。

（2）质不稳定。

（3）煤粉灰分增大。

（4）煤粉挥发分偏低。

（5）热风温度偏低。

飞灰可燃物大对锅炉经济运行的影响体现在：锅炉飞灰可燃物超标，不仅会增加燃煤消耗量，降低锅炉热效率，而且对锅炉的安全运行构成严重威胁，易带来过热器结焦和烟道二次燃烧、低温腐蚀和磨损等问题，使锅炉运行的安全性和经济性受到影响。

Jf1C3169　通常如何进行降低飞灰可燃物的调整？

答：（1）提高空气预热器出口热风温度。

（2）加强燃烧器的维护工作。

（3）加强运行控制调整，及时掌握入炉煤种的变化，根据煤质分析报告，相应调整好制粉系统的运行，保证经济煤粉细度。

（4）经常观察煤粉的着火情况，控制煤粉的着火距离，根据煤粉着火、回火情况及时调整一次风门的开度。

（5）在高低负荷工况下，应调整好炉内燃烧，保证一次风、二次风的配比，炉膛火焰不偏斜，确保煤粉、空气的良好混合。

（6）保持炉内较高的温度，使煤粉在炉内充分、完全燃烧。

Jf1C4170 遇到何种情况，应采用紧急停炉按钮手动停炉？

答：（1）MFT 应该动作而拒动时。

（2）给水、蒸汽管道发生破裂，不能维持正常运行或威胁人身设备安全时。

（3）水冷壁管、省煤器管爆破，无法维持汽包正常水位时。

（4）主控室所有汽包水位表计损坏，无法监视汽包水位时。

（5）过热器、再热器管爆破，无法维持正常汽温汽压时。

（6）发生烟道再燃烧时。

（7）当蒸汽系统压力严重超标，危机设备安全时。

Jf1C5171 发生何种情况，应请示值长要求停止锅炉机组运行？

答：（1）炉内承压部件因各种原因泄漏时。

（2）过热器或再热器管壁温度超过各自的金属所允许的最高温度，且经多方调整也不能恢复正常时。

（3）锅炉给水、炉水、蒸汽品质严重低于标准，经调整无法恢复正常时。

（4）锅炉严重结焦，难以维持正常运行时。

（5）两台空气预热器故障，无法恢复正常运行时。

（6）炉水循环泵失去低压冷却水源且无法恢复正常时。

（7）两台电除尘故障无法恢复正常运行时。

（8）各种承压汽水管道及法兰连接处渗漏且无法隔离时。

Jf1C5172 简述锅炉启动注意事项。

答：（1）监视汽包水位，使水位波动范围控制在正常水位的±50mm 范围内。

（2）监视炉水泵的运行情况。

（3）在升压过程中要随时观察炉水的含硅量，及时调节连排门的开度和升压速度。

（4）升压期间，要经常检查各受热元件的膨胀情况及吊杆支吊状况。

（5）在启动期间，严格监视过热器和再热器炉外壁温小于报警值。

（6）省煤器再循环阀在锅炉建立连续给水前一直开启。

（7）监视空气预热器的出口温度，以防二次燃烧。

（8）注意各自动调节装置的运行情况，当发生故障或调节不良时，应手动控制。

Jf1C5173　影响四角喷燃器一次风煤粉气流偏斜的因素有哪些？

答：（1）临角气流的横向推力。

（2）假想切圆直径。

（3）燃烧器结构特性。

（4）炉膛截面尺寸。

Jf1C5174　影响煤粉气流着火的因素有哪些？

答：（1）燃料的性质，主要是燃料中挥发分含量的多少。

（2）炉内散热条件。

（3）煤粉气流的出温，出温高着火有利。

（4）一次风量与风速。

（5）燃烧器结构特性。

（6）炉内空气动力场。

（7）锅炉运行负荷。

4.1.4 计算题

La5D3001 已知一个电阻 44Ω，使用时通过的电流是 5A，试求电阻两端的电压。

解：已知 $R=44\ \Omega$，$I=5A$

$$U=IR=5\times44=220\text{（V）}$$

答：电阻两端的电压为 220V。

La4D2002 电阻 R1 和 R2 串联，当 R_1 和 R_2 具有以下数值时：① $R_1=R_2=1\ \Omega$；② $R_1=3\ \Omega$，$R_2=6\ \Omega$。求串联的等效电阻。

解：（1）$R=R_1+R_2=1+1=2\text{（}\Omega\text{）}$

（2）$R=R_1+R_2=3+6=9\text{（}\Omega\text{）}$

答：方式① $R=2\ \Omega$；方式② $R=9\ \Omega$。

La4D4003 两个电阻 R1 和 R2 并联连接，当 R_1 和 R_2 具有以下数值时：① $R_1=R_2=2\ \Omega$；② $R_1=2\ \Omega$，$R_2=0\ \Omega$。求并联的等效电阻。

解：（1）$R=\dfrac{R_1R_2}{R_1+R_2}=\dfrac{2\times2}{2+2}=1\text{（}\Omega\text{）}$

（2）$R=\dfrac{R_1R_2}{R_1+R_2}=\dfrac{2\times0}{2+2}=0$

答：方式①的等效电阻为 $1\ \Omega$，方式②的等效电阻为 0。

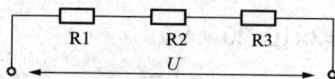

图 D-1

La4D4004 如图 D-1 所示电路中电阻串联,试求各电阻上的电压 U_1、U_2、U_3 和总电压 U。(写出表达式)。

解:$U=U_1+U_2+U_3$

$U_1=IR_1$　$U2=IR_2$　$U_3=IR_3$

$R=R_1+R_2+R_3$

$U=IR_1+IR_2+IR_3=I(R_1+R_2+R_3)=IR$

La4D5005 已知电源电动势为 24V,内阻为 2 Ω,求外电阻为 2 Ω 时电源的输出功率。

解:已知 E=24V,内阻 r=2 Ω,外阻 R_1=2 Ω,$R=r+R_1=$ 2+2=4 Ω

$$I = \frac{E}{R} = \frac{24}{4} = 6 \text{(A)}$$

$$P=I^2R_1=6^2\times2=72 \text{(W)}$$

答:输出功率为 72W。

La3D3006 如图 D-2 所示,已知 R_1=10 Ω,I_1=2A,I=3A,求 I_2 和 R_2。

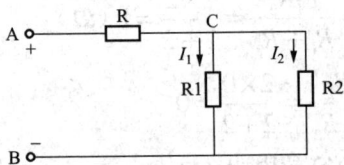

图 D-2

解:$U_{BC}=I_1R_1=2\times10=20 \text{(V)}$

$$I_2+I_1=I$$

$$I_2=I-I_1=3-2=1 \text{(A)}　R_2 = \frac{U_{BC}}{I_2} = \frac{20}{1} = 20 \text{(Ω)}$$

答：$I_2=1\text{A}$，$R_2=20\,\Omega$。

La3D3007 一只电炉其电阻为 44 Ω，电源电压为 220V，求 30min 产生的热量。

解：已知 $U=220\text{V}$，$R=44\,\Omega$，$t=30\text{min}=1800\text{s}$

$$Q = IUt = \frac{U}{R}Ut = \frac{U^2}{R}t = \frac{220^2}{44}\times 1800 = 1980\,(\text{kJ})$$

答：30min 内产生热量为 1980kJ。

La3D4008 一锅炉炉墙采用水泥珍珠岩制件，壁厚 $\delta=120\text{mm}$，已知内壁温度 $t_1=450℃$，外壁温度 $t_2=45℃$，水泥珍珠岩的导热系数 $\lambda=0.094\text{W/}（\text{m}^2\cdot\text{K}）$。试求每平方米炉墙每小时的散热量。

解：$q = \lambda\dfrac{\Delta t}{\delta} = 0.094\times\dfrac{450-45}{120\times 10^{-3}} = 317.25\,（\text{W}/\text{m}^2）$

每平方米炉墙每小时的散热量 $= q\times 3600 = 317.25\times 3600 = 1142.1\,[(\text{kJ}/\text{m}^2\cdot\text{h})]$

答：每平方米炉墙每小时的散热量为 1142.1kJ/（$\text{m}^2\cdot\text{h}$）。

La2D1009 已知某种燃煤，1kg 该煤燃烧所需生成的理论干烟气容积 V_{gy}^0 为 $6.0655\text{m}^3/\text{kg}$（标准状态下），锅炉的过量空气系数 $\alpha=1.15$，试求 1kg 该煤燃烧所生成的实际干烟气容积 V_{gy}。

解：实际干烟气容积

$$V_{gy} = V_{gy}^0 + (\alpha-1)V^0 = 6.0655 + (1.15-1)\times 6.19$$
$$= 6.994\,（\text{m}^3/\text{kg}）（标准状态下）$$

答：1kg 该煤燃烧所生成的实际干烟气容积为 $6.994\text{m}^3/\text{kg}$（标准状态下）。

La1D1010 某台锅炉燃用低位发热量 $Q_{net,ar}=23160kJ/kg$，最大连续蒸发量时每小时耗煤量 $B=124t/h$，$A_{ar}=21.76\%$，$q_4=0.7\%$，试计算每小时生成渣量多少 t。

解： 每小时生成灰渣量

$$N_z = B\left(\frac{A_{ar}}{100} + \frac{q_4}{100}\frac{Q_{net,ar}}{33913}\right)a_{lz}$$

$$= 124 \times \left(\frac{21.76}{100} + \frac{0.7}{100} \times \frac{23160}{33913}\right) \times 0.1 = 2.757 \ (t/h)$$

式中　a_{lz}——灰渣份额；

33913——固定碳的发热量。

答： 该锅炉最大连续蒸发量时每小时生成渣量 2.757t。

La1D2011 温度为 10℃ 的水在管道中流动，管道直径 $d=200mm$，流量 $Q=100m^3/h$，10℃ 水的运动黏度为 $1.306\times10^{-6}m^2/s$，求水的流动状态是层流还是紊流？

解： 管道中平均流速 $v = \dfrac{Q}{\dfrac{\pi d^2}{4}} = 4 \times \dfrac{100}{3600 \times 3.14 \times 0.2^2}$

$= 0.885 \ (m/s)$

$$Re = \frac{vd}{r} = \frac{0.885 \times 0.2}{1.306 \times 10^{-6}} = 135528$$

因为　$135528 > 2300$，所以此流动为紊流。

答： 水的流动状态是紊流。

La1D3012 已知一个锅炉燃用的燃料中的折算硫分为 0.35%，折算灰分为 15%，飞灰系数取 0.85，正常负荷下的水蒸气露点为 65℃，试求锅炉燃用此燃料时烟气中的酸露点。

解： 已知 $T_{sl}=65℃$，$S_{ar,zs}=0.35\%$，$A_{ar,zs}=15\%$

$$t_1 = t_{sl} + \frac{125\sqrt[3]{S_{ar,zs}}}{1.05\alpha_{fh}A_{ar,zs}} = 65 + \frac{125\times\sqrt[3]{0.35}}{1.05\times0.85\times15} = 71.6 \text{（℃）}$$

答：锅炉燃用此燃料时烟气中的酸露点 71.6℃。

La1D3013 有一减缩喷管，喷管进口处过热蒸汽压力为 3.0MPa，温度为 400℃，若蒸汽流经喷管后膨胀到 0.1MPa，试求蒸汽流出时的速度为多少。（进口蒸汽比焓 h_1=3228kJ/kg，出口蒸汽比 h_2=3060kJ/kg）

解：根据喷口出口流速计算公式，即

$$v = \sqrt{\frac{2g}{A}(\Delta h)} = \sqrt{2\times9.806\times102\times(3228-3060)}$$
$$= 44.73\sqrt{168} = 579.72 \text{（m/s）}$$

式中　g——重力加速度；

A——功的热当量，取 $\frac{1}{102}$ $\left[\text{kJ/(kg·m)}\right]$。

答：蒸汽流出时的速度为 579.72m/s。

Lb5D1014 试计算 760mmHg 为多少 Pa。

解：$p=\rho gh=13.6\times10^3\times9.8\times760=101308$ （Pa）

答：760mmHg 为 101308Pa。

Lb5D2015 试计算标准煤低位发热量 7000kcal/kg，为多少 kJ/kg。

解：标准煤低位发热量=7000×4.1868=29307.6 （kJ/kg）

答：标准煤低位发热量 29307.6kJ/kg。

Lb5D2016 某螺旋输粉机公称直径为 ϕ150mm，螺旋带距为 150mm，螺旋机转速为 190r/min，煤粉堆积密度为 0.7t/m³，

充满系数为 0.3，求螺旋机出力。

解：已知 $D=0.15\text{m}$，$\rho=0.7\text{t/m}^3$，$\phi=0.3$，$S=0.15\text{m}$，$n=190\text{r/min}$

$$B=60\rho\phi Sn\frac{\pi d^2}{4}=60\times0.7\times0.3\times0.15\times190\times\frac{\pi\times0.15^2}{4}$$
$$=6.35（\text{t/h}）$$

答：螺旋机出力为 6.35t/h。

Lb5D3017 试计算 1kWh 等于多少 kJ。

解：1kWh=1×3600=3600（kJ）

答：1kWh 等于 3600kJ。

Lb5D3018 某锅炉汽包和水冷壁充满水容积为 143m³，省煤器容积为 45m³，过热器容积为 209m³，再热器容积为 110m³，计算锅炉本体水压试验用水量。

解：锅炉本体水压试验用水量=汽包和水冷壁水容积+省煤器水容积+过热器水容积=143+45+209=397（m³）

（因再热器不能与锅炉本体一起进行水压试验，不应计算在内）

答：锅炉本体水压试验用水量为 397m³。

Lb5D3019 有一导线每小时均匀通过截面积的电量为 900C，求导线中的电流。

解：已知 $Q=900\text{C}$，$t=1\text{h}=3600\text{s}$

$$I=\frac{Q}{t}=\frac{900}{3600}=0.25（\text{A}）$$

答：导线中的电流 0.25A。

Lb5D4020 某锅炉汽包和水冷壁充水至正常水位的水容积为 107m³，省煤器水容积为 45m³，过热器水容积为 209m³，再热器水容积为 110m³，计算锅炉启动上水量。

解：锅炉上水量=107+45=152（m³）

答：锅炉上水量为152m³。

Lb5D4021 某1110t/h锅炉汽包上有四个安全阀，其排汽量为240.1、242、245.4、245.4t/h，过热器上有三个安全阀，其排汽量为149.3、149.7、116.8t/h，试计算总排汽量是否符合规程要求。

解：总排汽量=240.1+242+245.4+245.4+149.3+149.7+116.8=1388.7（t/h）

答：总排汽量1388.7t/h大于1110t/h，符合规程要求。

Lb5D5022 某台钢球磨煤机筒子容积为86.4m³，钢球极限装载系数为27.5%，钢球的堆积密度为4.9t/m³，求该磨煤机极限钢球装入量。

解：已知Φ=27.5%，ρ=4.9t/m³，V=86.4m³

$G=V\Phi\rho$=86.4×27.5%×4.9=116.4（t）

答：该磨煤机极限钢球装入量为116.4t。

Lb4D1023 某台钢球磨煤机钢球装载量为110t，筒体容积为86.4m³，钢球堆积密度为4.9t/m³，求钢球装载系数。

解：已知m=110t，ρ=4.9t/m³，V=86.4m³

$$\Phi=\frac{m}{\rho V}\times100\%=\frac{110}{4.9\times86.4}\times100\%=25.98\%$$

答：钢球装载系数为25.98%。

Lb4D1024 某锅炉空气预热器出口温度为340℃，出口风压为3kPa，当地大气压力为92110Pa，求空气预热器出口实际密度（空气的标准密度为1.293kg/m³）。

解：已知t=340℃，p_0=92110Pa，H=3000Pa

$$\rho_{\mathrm{L}} = \frac{1.293 \times 273}{273 + t} \times \frac{p + H}{101308} = \frac{1.293 \times 273}{273 + 340} \times \frac{92110 + 3000}{101308}$$

$$= 0.54 \ (\mathrm{kg/m^3})$$

答：空气预热器出口的真实密度为 $0.54\mathrm{kg/m^3}$。

Lb4D2025 某台 1000t/h 燃煤锅炉额定负荷时总燃烧空气量为 1233t/h，从锅炉启动开始不能低于 25%额定通风量，计算锅炉通风量极低保护的定值。

解：空气极低保护定值=1233×25%=308（t/h）

答：空气流量极低保护定值为 308t/h。

Lb4D2026 一根长 6000m、截面积为 $6\mathrm{mm^2}$ 的铜线，求在常温（20℃）下的电阻。（$\rho = 0.0175 \times 10^{-6} \ \Omega \cdot \mathrm{m}$）

解：已知 $L=6000\mathrm{m}$，$S=6\mathrm{mm^2}$，$\rho = 0.0175 \times 10^{-6} \ \Omega \cdot \mathrm{m}$

$$R = \frac{\rho L}{S} = \frac{0.0175 \times 10^{-6} \times 6000}{6 \times 10^{-6}} = 17.5\Omega$$

答：在常温下该铜线的电阻为 17.5 Ω。

Lb4D2027 某台发电机组日发电如下表，求日平均负荷。

时间	1	2	3	4	5	6	7	8	9	10	11	12
负荷（MW）	160	160	160	160	160	160	200	250	300	300	290	280
时间	13	14	15	16	17	18	19	20	21	22	23	24
负荷（MW）	200	200	260	260	260	260	320	320	320	200	200	160

解：日平均负荷 $P = \dfrac{\Sigma P_{1\sim24}}{24} = \dfrac{5540}{24} = 230.83$（MW）

答：日平均负荷为 230.83MW。

Lb4D3028 某台发电机日发电如下表，求日平均负荷系数。

时间	1	2	3	4	5	6	7	8	9	10	11	12
负荷（MW）	160	160	160	160	160	160	200	250	300	300	290	280
时间	13	14	15	16	17	18	19	20	21	22	23	24
负荷（MW）	200	200	260	260	260	260	320	320	320	200	200	160

解：日平均负荷 $P = \dfrac{\Sigma P_{1\sim24}}{24} = \dfrac{5540}{24} = 230.83$（MW）

$$\mu_{pj} = \frac{P_{rp}}{P_{ld}} = \frac{日平均负荷}{日最大负荷} = \frac{230.83}{320} \times 100\% = 72\%$$

答：日平均负荷系数为72%。

Lb4D3029 某台 200MW 发电机组，年发电量为 114800 万 kWh，求该机组年利用小时 T_s。

解：已知 $W=114800\times10^4$kWh，$P=20\times10^4$kW

$$T_s = \frac{W}{P} = \frac{114800\times10^4}{20\times10^4} = 5740 （h）$$

答：该机组年利用小时为 5740h。

Lb4D3030 风机功率计算公式 $P_1 = \dfrac{p_1 Q}{102\eta 3600\text{kW}}$ 与

$P_2 = \dfrac{p_2 Q}{1000\eta 3600\text{kW}}$ 有何不同。

解：上式均为风机功率计算公式，其主要区别是 p_1 与 p_2 单位不同，p_1 单位为 mmH$_2$O（kg/m^2），p_2 单位为 Pa。

当 p_1 单位为 Pa 时，即

$$P_1 = \frac{\frac{p_1(\text{Pa})}{9.8067} Q}{102\eta 3600\text{kW}} = \frac{p_1(\text{Pa})Q}{9.8067\times102\eta 3600\text{kW}} = \frac{p_1(\text{Pa})Q}{1000\eta 3600\text{kW}}$$

当 p_2 单位为 mmH$_2$O 时，即

163

$$P_2 = \frac{\dfrac{p_2(\mathrm{mmH_2O})}{9.8067}Q}{1000\eta 3600\mathrm{kW}} = \frac{p_2(\mathrm{mmH_2O})Q}{\dfrac{1000}{9.8067}\eta 3600\mathrm{kW}} = \frac{p_2(\mathrm{mmH_2O})Q}{102\eta 3600\mathrm{kW}}$$

Lb4D3031 某汽轮发电机组设计热耗为 8792.28kJ/（kWh），锅炉额定负荷热效率为 92%，管道效率为 99%，求该机组额定负荷设计发电煤耗。（标准煤耗低位发热量为 29307.6kJ/kg）

解：设计发电煤耗 $= \dfrac{\text{汽轮机组设计热耗}}{\text{锅炉效率}\times\text{管道效率}}$
$$\times \text{标准煤发热量}$$
$$= \frac{8792.28}{0.92\times0.99\times29307.6}\times10^3$$
$$= 329.38\,[\mathrm{g/(kWh)}]$$

答：该机组设计发电煤耗为 329.38g/（kWh）。

Lb4D4032 某 200MW 发电机组，日供电量为 432 万 kWh，耗用 2177t 原煤，原煤单价为 240 元/t，求发电燃料成本。

解：发电燃料成本 $= \dfrac{2177\times240}{432\times10^4} = 0.1209\,[\text{元}/(\mathrm{kWh})]$

答：发电燃料成本为 0.1209 元/（kWh）。

Lb4D5033 绕制一个 1000 Ω 的电熔铁芯，试求需要多长 0.02mm² 截面的镍铬线。（$\rho=1.5\times10^{-6}$ Ω·m）

解：已知 $R=1000$ Ω，$S=0.02\mathrm{mm}^2$，$\rho=1.5\times10^{-6}$ Ω·m

$$R=\frac{\rho L}{S},\ L=\frac{RS}{\rho}=\frac{1000\times0.02\times10^{-6}}{1.5\times10^{-6}}=13.33\,(\mathrm{m})$$

答：需要 13.33m 0.02mm² 的镍铬线。

Lb3D1034 锅炉汽包压力表读数为 9.604MPa，大气压力表的读数为 101.7kPa，求汽包内工质的绝对压力。

解：已知 p_g=9.604MPa，p_a=101.7kPa=0.1017MPa

p=p_g+p_a=9.604+0.1017=9.7057（MPa）

答：汽包内工质的绝对压力是 9.7057MPa。

Lb3D2035 设人体最小电阻为 1000 Ω，当通过人体的电流达到 50mA 时，就会危及人身安全，试求安全工作电压。

解：已知 R=1000 Ω，I=50mA=0.05A

$$U=IR=0.05 \times 1000=50（V）$$

答：安全工作电压应小于 50V，一般采用 36V。

Lb3D2036 某给水泵，已知其直径 d_1=200mm 处的断面平均流速 c_1=0.795m/s，求 d_2=100mm 处端面的平均流速 c_2 为多少？

解：根据连续性流动方程式

$$c_1 F_1 = c_2 F_2$$

$$c_2 = \frac{c_1 F_1}{F_2} = \frac{c_1 \frac{\pi d_1^2}{4}}{\frac{\pi d_2^2}{4}} = \frac{0.795 \times \pi \times 0.2^2}{\pi \times 0.1^2} = 3.18（m/s）$$

答：d_2 处断面的平均流速为 3.18m/s。

Lb3D3037 管子内径为 100mm，输送水的流速 w=1.27m/s，水的运动黏度 υ=0.01×10^{-4}m/s，试问管中水的流动状态。

解：输送水时的雷诺数 Re $\quad Re = \dfrac{wd}{\upsilon} = \dfrac{1.27 \times 0.1}{0.01 \times 10^{-4}}$

$$= 127000 > 2300$$

答：水在管中是紊流状态。

Lb3D3038   某锅炉干度 x 为 0.25，求此锅炉的循环倍率。

解：$K = \dfrac{1}{x} = \dfrac{1}{0.25} = 4$

答：此锅炉的循环倍率为 4。

Lb3D4039   某锅炉的循环倍率 $K=5$，求此时上升管内介质的干度。

解：$x = \dfrac{1}{K} = \dfrac{1}{5} = 0.2$

答：此时上升管内介质的干度为 0.2。

Lb3D5040   某锅炉叶轮给粉机叶轮的空格容积为 0.0082m³，煤粉堆积密度为 0.6t/m³，充满系数为 0.8，给粉机工作转速为 42r/min，求给粉机实际出力。

解：已知 $V=0.0082\text{m}^3$，$\rho=0.6\text{t/m}^3$，$\phi=0.8$，$n=42\text{r/min}$

$B=60Vn\rho\Phi=60\times0.0082\times42\times0.6\times0.8=9.9$（t/h）

答：给粉机实际出力为 9.9t/h。

Lb3D5041   某直流锅炉在启动中准备切分，这时锅炉包覆管出口压力为 16MPa，包覆管出口温度为 350℃，低温过热器出口温度为 380℃，启动分离器压力为 3MPa，给水流量单侧每小时 150t，假定包覆管出口流量 $q_1=90\text{t/h}$，低温过热器出口通流量 $q_2=60\text{t/h}$，试计算这时候是否符合等焓切分的条件。

解：查图表得包覆管出口比焓值 $h_1=2646\text{kJ/kg}$（16MPa，350℃），低温过热器出口比焓 $h_2=2863\text{kJ/kg}$（16MPa，380℃），分离器出口比焓 $h_3=2802\text{kJ/kg}$（3MPa 饱和蒸汽），计算进分离器的蒸汽平均比焓值，即

$$h = \frac{h_1 q_1 + h_2 q_2}{q_1 + q_2} = \frac{2646\times90 + 2863\times60}{90+60} = 2732.8\ (\text{kJ}/\text{kg})$$

因为 2732.8kJ/kg＜2802kJ/kg，即

$$h < h_3$$

计算结果显示分离器进口焓小于出口焓值，因此不符合等焓切分的条件。

答：分离器进口焓小于出口焓，不符合等焓切分的条件。

Lb2D1042 某机组的锅炉和管道效率为 90.5%，热耗率为 8499g/（kWh），求厂用电率 9.5% 时的供电煤耗。

解：供电煤耗

$$b_1 = \frac{q}{29.308\eta_{bl}\eta_{gd}} = \frac{8499}{29.308 \times 0.905} = 320.43 \left[g/(kWh) \right]$$

$$b_{g2} = \frac{b_1}{1 - 9.5\%} = \frac{320.43}{1 - 9.5\%} = 354.066 \left[g/(kWh) \right]$$

答：供电煤耗为 354.066g/（kWh）。

Lb2D2043 某燃用烟煤的锅炉，排烟温度 t_{py}=135.4℃，冷空气温度 t_{lk}=22℃，排烟过量空气系数 α_{py}=1.34，q_4=0.56%，试估算该炉的排烟损失 q_2。

解：根据排烟热损失简化计算公式，即

$$q_2 = (k_1\alpha_{py} + k_2)\frac{t_{py} - t_{lk}}{100}(100 - q_4)\%$$

$$= (3.56 \times 1.34 + 0.44) \times \frac{135.4 - 22}{100} \times (100 - 0.56)\% = 5.88\%$$

式中 k_1、k_2——简化函数，k_1=3.56，k_2=0.44。

答：该炉的排烟损失 5.88%。

Lb2D2044 某送风机在介质温度为 20℃，大气压力为 760mmHg 的条件下工作时，出力为 292000m³/h，全压 p 为 524mmH$_2$O，此时风机的有效功率是多少？

解：已知 Q=29200m³/h，p=524mmH$_2$O=524kgf/m²

$$P_{gt} = \frac{Qp}{102 \times 3600} = \frac{292000 \times 524}{102 \times 3600} = 417 \ (\text{kW})$$

答：此时风机的有效功率是417kW。

Lb2D3045 某送风机运行实测风机全压为500mmH$_2$O，流量$Q=3\times10^5$m³/h，轴功率$P=600$kW，风温为20℃，求风机效率。

解：

$$\eta = \frac{QH}{102P \times 3600} = \frac{3 \times 10^5 \times 500}{102 \times 600 \times 3600} \times 100\% = 68.08\%$$

答：该风机效率为68.08%。

Lb2D3046 某锅炉一次风管道直径为300mm，测得风速为23m/s，试计算其通风量每小时为多少立方米。

解：已知$w=23$m/s，$D=300$mm$=0.3$m

根据$Q=wA$，$A=\pi\dfrac{D^2}{4}$，

$$Q = w\frac{\pi D^2}{4} = 23 \times \frac{\pi \times 0.3^2}{4} = 1.626 \ (\text{m}^3/\text{s})$$
$$= 1.626 \times 3600 = 5852 \ (\text{m}^3/\text{h})$$

答：通风量为5852m³/h。

Lb2D3047 一水泵的吸水管上装一个带滤网的底阀并有一个铸造的90°弯头，吸水管直径$d=150$mm，其流量$Q=0.016$m³/s，求吸水管的局部阻力为多少？（弯头的阻力系数$\zeta_1=0.43$，底阀滤网的阻力系数$\zeta=3$）

解：流速$c = \dfrac{Q}{\dfrac{\pi d^2}{4}} = \dfrac{4 \times 0.016}{\pi \times 0.15^2} = 0.905 \ (\text{m/s})$

局部阻力损失

$$\sum h = \zeta_1 \frac{c^2}{2g} + \zeta_2 \frac{c^2}{2g} = (\zeta_1 + \zeta_2) \frac{c^2}{2g} = (0.43 + 3) \times \frac{0.905^2}{2 \times 9.81}$$
$$= 0.143 \text{（mH}_2\text{O）}$$

答：吸风管的局部阻力损失为 $0.143 \text{mH}_2\text{O}$。

Lb2D3048　某机组的锅炉和管道效率为 90.5%，发电煤耗为 320.43g/(kWh)，当效率下降至 80.5% 时发电煤耗为 360.235g/(kWh)，求锅炉效率每下降 1% 时对发电煤耗的影响。

解：锅炉效率影响煤耗情况分析，当锅炉效率从 90.5% 减少到 80.5%，时，发电煤耗率从 320.43g/(kWh) 增加到 360.235g/(kWh)。

$$\text{发电煤耗平均增加} = \frac{360.235 - 320.43}{90.5 - 80.5} = 3.981 \left[\text{g/(kWh)} \right]$$

答：所以锅炉效率每降低 1%，发电煤耗平均增加 $3.981 \left[\text{g/(kWh)} \right]$。

Lb2D3049　某机组在锅炉和管道效率以及热耗率不变的情况下，厂用电率 7.5% 时供电煤耗为 346.11g/(kWh)，当厂用电率增加到 9.5% 时供电煤耗为 354.066g/(kWh)，求厂用电率每增加 1% 时对供电煤耗的影响。

解：厂用电率每增加 1% 时供电煤耗率增加为

$$\frac{354.066 - 346.411}{9.5 - 7.5} = 3.828 \left[\text{g/(kWh)} \right]$$

答：所以厂用电率每增加 1% 供电煤耗率增加 3.828g/(kWh)。

Lb2D4050　已知锅炉炉膛出口氧量为 4%，排烟温度为 140℃，送风机入口温度为 20℃，漏风系数为 0.2。锅炉效率每下降 1%，煤耗增加 3.5g/(kWh)，求排烟温度对煤耗的影响。

解：

排烟热损失计算公式为

$$q_2 = (3.55\alpha_{py} + 0.44)\frac{t_{py} - t_0}{100}\%$$

式中　α_{py}——排烟过量空气系数；

　　　t_{py}——排烟温度；

　　　t_0——送风温度。

排烟过量空气系数为

$$\alpha_{py} = \frac{21}{21 - O_2} + \Delta\alpha = 1.235 + 0.2 = 1.435$$

则排烟热损失为

$$q_2 = (3.55 \times 1.435 + 0.44) \times \frac{140 - 20}{100}\% = 0.05534 \times (140 - 20)\%$$

$$= 6.64\%$$

答： 从上述公式可以看出排烟热损失与排烟温度之差有关。求出 q_2 为 6.64%，即要过量空气量不变的情况下，排烟温度和进风温度之差每升高 10℃，锅炉效率降低 0.5534%。发电煤耗增加为 3.5×0.5534=1.937g/（kWh）。

Lb2D4051　已知锅炉燃烧产物飞灰可燃物 $C_{fh} = 4\%$，燃煤收到基灰分 $A_{ar} = 23\%$，燃煤低位发热量 $Q_{net,ar} = 21000kJ/kg$，飞灰占燃总灰分的份额 $a_{fh} = 0.9$（锅炉效率每下降 1%，煤耗增加 3.5g/kWh）。求飞灰可燃物对煤耗的影响。

解： 机械未完全燃烧热损失中，飞灰中碳未参加燃烧造成热损失的计算公式为

$$q_4 = \frac{337.27 A_{ar} a_{fh} C_{fh}}{Q_{net,ar}(100 - C_{fh})} \times 100\%$$

根据已知条件得

$$q_4 = \frac{337.27 \times 23 \times 0.9 \times 4 \times 100\%}{21000 \times (100 - 4)} = \frac{33.245 \times 4}{100 - 4}\% = 1.3852\%$$

设飞灰可燃物 C_{fh} 增大至 5%时

$$q_4' = \frac{337.27 \times 23 \times 0.9 \times 5 \times 100\%}{21000 \times (100-5)} - 1.3852\% = 0.3463\%$$

答：根据上述条件，飞灰可燃物每升高 1%时，锅炉效率降低 0.3463%，发电煤耗增加为 $0.3463 \times 3.5 = 1.212[g/(kWh)]$。

Lb2D5052　某燃煤锅炉在完全燃烧时测得空气预热器前烟气中的氧 $O_2' = 5.1\%$；空气预器出口烟气氧 $O_2'' = 6\%$，求此空气预热器的漏风系数。

解：
$$\alpha_{ky}' = \frac{21}{21-O_2'} = \frac{21}{21-5.1} = 1.32$$

$$\alpha_{ky}'' = \frac{21}{21-O_2''} = \frac{21}{21-6} = 1.4$$

$$\Delta\alpha_{ky} = \alpha_{ky}'' - \alpha_{ky}' = 0.08$$

答：此空气预热器的漏风系数为 0.08。

Lb1D1053　两根输电线，每根的电阻为 $1\,\Omega$，通过的电流年平均值为 50A，一年工作 4200h，求此输电线一年内的电能损耗多少？

解：已知 $R_1 = R_2 = 1\,\Omega$，$I = 50A$，$t = 4200h$，$R = 2 \times 1 = 2\,\Omega$

$W = I^2 Rt = 50^2 \times 2 \times 4200 = 21 \times 10^6$（kWh）$= 21 \times 10^3$（kWh）

答：此输电线一年内的电能损耗为 21000kWh。

Lb1D1054　某机组的锅炉和管道效率为 90.5%，热耗率为 8499g/kWh，厂用电率为 7.5%，当锅炉和管道效率下降至 80.5%时发电煤耗和供电煤耗分别是多少？

解：效率为 80.5%时发电煤耗（b_2）和供电煤耗（b_{g2}'）为

$$b_2 = \frac{8499}{29.08 \times 0.805} = 360.235[g/(kWh)]$$

$$b'_{g2} = \frac{b_1}{1-7.5\%} = \frac{360.235}{1-7.5\%} = 389.44 \left[g/(kWh) \right]$$

答：发电煤耗为 360.235g/kWh；供电煤耗为 389.44g/（kWh）。

Lb1D2055　已知炉膛出口氧量为 3%，排烟温度为 140℃，送风机入口温度为 20℃，漏风系数为 0.2［锅炉效率每下降 1%，煤耗增加 3.5g/（kWh）］。求炉膛出口氧量对煤耗的影响。

解：根据已知条件，排烟过量空气系数为

$$\alpha_{py} = \frac{21}{21-O_2} + \Delta\alpha = \frac{21}{21-3} + 0.2 = 1.167 + 0.2 = 1.367$$

设氧量增大至 4%

$$\alpha'_{py} = \frac{21}{21-O_2} + \Delta\alpha = \frac{21}{21-4} + 0.2 = 1.235 + 0.2 = 1.435$$

$$q_2 = (3.55 \times 1.367 + 0.44) \times \frac{140-20}{100}\% = 6.351\%$$

$$q'_2 = (3.55 \times 1.435 + 0.44) \times \frac{140-20}{100}\% = 6.641\%$$

答：炉膛出口氧量增加对煤耗的影响：炉膛出口氧量增加 1%，使炉效率下降 0.29%，发电煤耗增加 = 3.5×0.29 = 1.014 ［g/（kWh）］。

Lb1D3056　送风机出口温度为 25℃，出口流量为 $3.8 \times 10^5 m^3/h$，空气经空气预热器后温度升高到 350℃，此时热风的流量是多少？（空气经预热器时的压力变化和损失很小，可近似看作不变）

解：因为 $\dfrac{V_1}{T_1} = \dfrac{V_2}{T_2}$

所以 $V_2 = \dfrac{T_2 V_1}{T_1} = \dfrac{(350+273) \times 3.8 \times 10^5}{25+273} = 7.944 \times 10^5 \ (m^3/h)$

答：此时热风流量为 $7.944 \times 10^5 m^3/h$。

Lb1D3057 已知某煤的收到基元素分析数据：$C_{ar}=62\%$，$H_{ar}=3\%$，$O_{ar}=5\%$，$N_{ar}=1\%$，$S_{ar}=1.5\%$，$A_{ar}=25\%$，$M_t=9.5\%$，$\alpha=1.15$，试求 1kg 该煤燃烧所需生成的理论干烟气容积 V_{gy}^0。

解：（1）首先求理论空气量 V^0，其计算式为

$$V^0 = 0.0889(C_{ar} + 0.375S_{ar}) + 0.265H_{ar} - 0.333O_{ar}$$
$$= 0.0889 \times (62 + 0.375 \times 1.5) + 0.265 \times 3 - 0.333 \times 5$$
$$= 6.19（m^3/kg）（标准状态下）$$

（2）理论干烟气容积为

$$V_{gy}^0 = 1.866\frac{C_{ar} + 0.375S_{ar}}{100} + 0.8\frac{N_{ar}}{100} + 0.79V^0$$
$$= 1.866 \times \frac{62 + 0.375 \times 1.5}{100} + 0.8 \times \frac{1}{100} + 0.79 \times 6.19$$
$$= 6.0655（m^3/kg）（标准状态下）$$

答：1kg 该煤燃烧所需生成的理论干烟气容积为 $6.0655m^3/kg$（标准状态下）。

Lb1D3058 已知蒸汽管道保温层外径 $d = 583mm$，外壁温度 $t_b = 48℃$，室内温度 t_0 为 23℃，保温层外表面黑度 $\alpha = 0.9$，黑体辐射系数 $C_0 = 4.9 \times 4.1868$ kJ/$(m^2 \cdot h \cdot K^4)$，计算蒸汽管道外表面的辐射散热损失。

解：因为蒸汽管道完全位于厂房之内，所以这一问题属于一个表面被另一表面包围的类型。又因为管道表面积相对于厂房来说总是很小的，所以看成是 $\frac{F_1}{F_2} \approx 0$ 的这种情形，即 $\alpha_{xt} = \alpha_1$。另外表面 F_1 是凸的，即 $\psi = 1$，故 $H_{yx} = F_1\psi_1 = F_1$。如此就简化为：

$$Q = \alpha_1 F_1(E_{01} - E_{02}) = \alpha_1 F_1 C_0 \left[\left(\frac{T_1}{100}\right)^4 - \left(\frac{T_2}{100}\right)^4\right]$$

因为物体表面的温度可近似地取为室温，故每米长度上蒸汽管道的辐射热损失为

$$q_{1,t} = \pi d 1 \alpha_1 C_0 \left[\left(\frac{T_1}{100} \right)^4 - \left(\frac{T_2}{100} \right)^4 \right]$$

$$= 3.14 \times 0.583 \times 1 \times 0.9 \times 4.9 \times 4.1868$$

$$\times \left[\left(\frac{273 + 48}{100} \right)^4 - \left(\frac{273 + 23}{100} \right)^4 \right]$$

$$= 994.5 \ [\text{kJ/(h} \cdot \text{m)}]$$

答：蒸汽管道外表面的辐射散热损失为 994.5 kJ/(h·m)。

Lb1D4059 某 600MW 汽轮发电机组，锅炉主汽流量 G_b=1823t/h，再热蒸汽流量 G_{rh}=1470t/h，主蒸汽焓为 h_{ms}=3394.4kJ/kg，再热蒸汽冷端焓为 h_{rh}=3014.7kJ/kg，再热蒸汽热端焓为 h_{rhr}=3336.03kJ/kg，给水流量 G_{fw}=1826t/h，给水焓 h_{fw}=1210kJ/kg，锅炉连续排污量 G_{bl}=18t/h（汽包饱和水焓为 h_{bl}=1848kJ/kg），锅炉过热器减温水量 G_{ss}=34t/h，减温水焓 t_{ss}=745kJ/kg，汽轮机热耗量为 4688×10^6 kJ/h，求锅炉热负荷和管道效率。

解：（1）锅炉热负荷为

$$Q_b = G_b h_b + G_{rh} h_{rh} + G_{bl} h_{bl} - G_{fw} h_{fw} - G_{ss} h_{ss}$$

$$= (1823 \times 3394.4 + 1470 \times 521.33 + 18 \times 1848 - 1826$$

$$\times 1210 - 34 \times 745) \times 10^3$$

$$= 4752.82 \times 10^6 \ (\text{kJ/h})$$

（2）管道效率 $\eta_{gd} = \dfrac{Q_0}{Q_b} = \dfrac{4688 \times 10^6}{4752.82 \times 10^6} = 98.64\%$

答：锅炉热负荷为 4752.82×10^6 kJ/h，管道效率为 98.64%。

Lb1D4060 某 600MW 汽轮发电机组，汽轮机热耗率 q=7813.33kJ/（kWh），锅炉热效率 η_{bl}=92.5%，管道效率 η_{gd}=98.64%，求机组热效率、电厂热效率和发电煤耗。

解：（1）机组热效率为

$$\eta = \frac{3600}{q} = \frac{3600}{7813.33} = 46.07\%$$

（2）电厂热效率为

$$\eta_{cp} = \eta_{gd}\eta_{bl}\eta = 0.9864 \times 0.925 \times 0.4607 = 42.04\%$$

（3）发电煤耗率为

$$b = \frac{3600}{29308\eta_{cp}} = \frac{122.83}{\eta_{cp}} = \frac{122.83}{0.4204} = 292.2\,[\text{g}/(\text{kWh})]$$

答：机组热效率为 46.07%，电厂热效率为 42.04%，发电煤耗率为 292.2g/（kWh）。

Lb1D5061　某火电厂锅炉额定蒸发量为 907t/h，发电机额定功率为 300MW，烟煤收到基灰分 A_{ar}=17.5%，水分 M_{ar}=5.5%、燃煤低位发热量 $Q_{net,ar}$=23470kJ/kg，锅炉实际蒸发量为 700t/h，飞灰可燃物 C_{fh}=3.0%，炉渣中碳的含量 C_{lz}=2.5%，炉膛出口氧量 O_2=5%，送风温度为 17℃，排烟温度为 127℃时烟道漏风系数 $\Delta\alpha$ 为 0.2，排烟中的一氧化碳含量为 0.051%；当 q_3=0.2%时，求锅炉热效率。

解：（1）机械未完全燃烧热损失：
α_{fh} 取 0.9，α_{lz} 取 0.1，因此有

$$q_4 = \frac{337.27A_{ar}}{Q_{net,ar}}\left(\frac{a_{fh}C_{fh}}{100-C_{fh}} + \frac{a_{lz}C_{lz}}{100-C_{lz}}\right) \times 100\%$$

$$= \frac{337.27 \times 17.5}{23470} \times \left(\frac{0.9 \times 3}{100-3} + \frac{0.1 \times 2.5}{100-2.5}\right) \times 100\%$$

$$= 0.764\%$$

（2）k_1=3.54，k_2=0.44，排烟热损失为

$$q_2 = \frac{(k_1 a_{py} + k_2)(t_{py} - t_0)}{100}\%$$

$$= \frac{(3.54 \times 1.513 + 0.44) \times (127-17)}{100}\% = 6.37\%$$

（3）散热损失为

$$q_{e,5} = 5.82(D_e)^{-0.38} = 5.82 \times 907^{-0.38} = 0.4376\%$$

$$q_5 = q_{e,5} \frac{D_e}{D} = 0.4376\% \times \frac{907}{700} = 0.567\%$$

（4）炉渣比热为 $c_{iz} = 1.1116 \text{kJ}/(\text{kg} \cdot \text{K})$ 时灰渣物理热损失为

$$q_6 = \frac{A_{ar}}{Q_r} \times \frac{a_{lz}(t_{lz} - t_0)c_{iz}}{100 - C_{lz}} \times 100\%$$

$$= \frac{17.5}{23470} \times \frac{0.1 \times (800 - 17) \times 1.1116}{100 - 2.5} \times 100\% = 0.067\%$$

（5）锅炉热效率为

$$\eta_{bl} = (100 - 0.764 - 6.37 - 0.2 - 0.567 - 0.067)\% = 92.03\%$$

答：锅炉热效率为 92.03%。

Lb1D5062 某 600MW 汽轮发电机组，额定负荷时汽轮机的汽耗量 $G_{ms}=1805\text{t/h}$，主蒸汽焓为 $h_{ms}=3394.4\text{kJ/kg}$，再热蒸汽流量 $G_{rh}=1470\text{t/h}$，再热蒸汽冷端焓为 $h_{rh1}=3014.7\text{kJ/kg}$，再热蒸汽热端焓为 $h_{rhr}=3336.03\text{kJ/kg}$，给水流量 $G_{fw}=1826\text{t/h}$，给水焓 $h_{fw}=1210\text{kJ/kg}$，连排扩容器设有回收的排污水量为 10t/h，（排污蒸汽焓为 $h''=2772\text{kJ/kg}$），补充水量 $G_{ma}=26\text{t/h}$（补充水焓 $h_{ma}=70\text{kJ/kg}$），锅炉过热器减温水量 $G_{ss}=34\text{t/h}$，减温水焓 $t_{ss}=745\text{kJ/kg}$；求汽轮机汽耗率和热耗率？

解：（1）汽轮机汽耗率 $d = \dfrac{G_{ms}}{P_N} = \dfrac{1805 \times 10^3}{600000}$

$$= 3.008 \left[\text{kg}/(\text{kWh}) \right]$$

（2）汽轮机热耗率。首先求出再热蒸汽做功热量和热耗量。

1kg 再热蒸汽给汽轮机做功的热量为

$$q_{rh} = h_{rhr} - h_{rh1} = 3536.03 - 3014.7 = 521.33 \ (\text{kJ}/\text{kg})$$

汽轮机热耗量为

$$Q_0 = G_0 h_{ms} + G_{rh} q_{rh} + G_f f''_f - G_{fw} h_{fw} - G_{ss} h_{ss}$$
$$= (1805 \times 3394.4 + 1470 \times 521.33 + 10 \times 2772 + 26 \times 70$$
$$- 1826 \times 1210 - 34 \times 745) \times 10^3$$
$$= 4688 \times 10^6 \, (\text{kJ}/\text{h})$$

则汽轮机热耗率为

$$q = \frac{Q_0}{P_N} = \frac{4688 \times 10^6}{600000} = 7813.33 \, [\text{kJ}/(\text{kWh})]$$

答：汽轮机汽耗率为 3.008kg/（kWh），热耗率为 7813.33kJ/（kWh）。

Jd5D2063 某锅炉炉膛出口过剩空气系数为 1.2，求此处烟气含氧量是多少？

解：根据 $\alpha = \dfrac{21}{21 - O_2}$

$$O_2 = \frac{21(\alpha - 1)}{\alpha} = \frac{21 \times (1.2 - 1)}{1.2} = 3.5\,\%$$

答：此处烟气含氧量为 3.5%。

Jd5D3064 某锅炉炉膛出口含氧量为 3.5%，空气预热器后氧量增加到 7%，求此段的漏风系数。

解：已知 $O'_2 = 3.5\%$ $O''_2 = 7\%$

$$\Delta\alpha = \alpha'' - \alpha' = \frac{21}{21 - O''_2} - \frac{21}{21 - O'_2} = \frac{21}{21 - 7} - \frac{21}{21 - 3.5} = 0.3$$

答：此段漏风系数为 0.3。

Jd5D5065 某循环热源温度为 527℃，冷源温度为 27℃，在此温度范围内，循环可能达到的最大热效率是多少？

解：已知 $T_1 = 527 + 273 = 800$（K），$T_2 = 27 + 273 = 300$（K）

$$\eta_{max} = \eta_k = 1 - \frac{T_2}{T_1} = 1 - \frac{300}{800} = 0.625 = 62.5\%$$

答：最大热效率是 62.5%。

Jd4D1066 某发电厂 24h 发电 1.2×10^6kWh，此功应由多少热量转换而来？（不考虑其他能量损失）

解：因为 1kWh=3600kJ=3.6×10^3kJ 所以 $Q=3.6\times10^3\times1.2\times10^6=4.32\times10^9$（kJ）

答：此功应由 4.32×10^9kJ 的热量转换来。

Jd4D3067 10t 水经加热器后，它的焓从 334.9kJ/kg 增加至 502.4kJ/kg，求在加热器内吸收多少热量。

解：已知 G=10t=10000kg，h_1=334.9kJ/kg，h_2=502.4kJ/kg

$Q = G(h_1 - h_2) = 10^4 \times (502.4 - 334.9) = 167.5\times10^4$（kJ）

答：10t 水在加热器中吸收的热量为 167.5×10^4kJ。

Jd4D3068 已知某锅炉引风机在锅炉额定负荷下的风机出力为 5.4×10^5m^3/h，风机入口静压为 -4kPa，风机出口静压为 0.2kPa，风机入口动压为 0.03kPa，风机出口动压为 0.05kPa，风机采用入口调节挡板调节，挡板前风压为 -2.4kPa，试求风机的有效功率及风门节流损失。

解：风机入口全压 $= H' = H'_j + H'_d$

$$= -4 + 0.03 = -3.97（kPa）$$

风机出口全压 $= H'' = H''_j + H''_d = 0.2 + 0.05 = 0.205（kPa）$

风机产生的全压 $= H = H'' - H' = 0.205 - (-3.97) = 4.175（kPa）$

$$风机有效功率 = P_e = \frac{HQ}{102} = \frac{\dfrac{4.175\times10^3}{9.8}\times\dfrac{5.4\times10^5}{3600}}{102}$$

$$= \frac{426.02\times150}{102} = 626.5（kW）$$

$$风机风门节流损失 = P = \frac{HQ}{102} = \frac{\dfrac{(4-2.4)\times10^3}{9.8}\times\dfrac{5.4\times10^5}{3600}}{102}$$

$$= \frac{163.265\times150}{102} = 240.095（\text{kW}）$$

答：引风机有效功率为 626.5kW，风门节流损失为 240.095kW。

Jd4D4069 一台 5 万 kW 汽轮机的凝汽器，其表面单位面积上的换热量是 $q=23000\text{W/m}^2$，凝汽器铜管内、外壁温差为 2℃，求水蒸气的凝结换热系数。

解：$q = \alpha(t_1 - t_2)$

$$\alpha = \frac{q}{t_1 - t_2} = \frac{23000}{2} = 11500\left[\text{W}/(\text{m}^2 \cdot ℃)\right]$$

答：水蒸气的凝结换热系数 11500W/（m² · ℃）。

Jd4D4070 已知一物体吸收系数 $\alpha=0.75$，求当该物体温度 $t=127℃$ 时，每小时辐射的热量。辐射系数 $C_0=5.67\text{W}/(\text{m}^2 \cdot \text{K}^4)$。

解：$E = \alpha E = \alpha C_0\left(\dfrac{T}{100}\right)^4 = 0.75\times5.67\times\left(\dfrac{273+127}{100}\right)^4$

$$= 1089（\text{W}/\text{m}^2）$$

答：该物体的辐射量是 1089W/m²。

Jd4D5071 水在某容器内沸腾，如压力保持 1MPa，对应饱和温度 $t_0=180℃$，加热面温度保持 $t_1=205℃$，沸腾放热系数为 85700W/（m² · ℃），求单位加热面上的换热量。

解：$q = \alpha(t_1 - t_0) = 85700\times(205-180)$

$$= 2142500（\text{W}/\text{m}^2）= 2.14（\text{MW}/\text{m}^2）$$

答：单位加热面上的换热量是 2.14MW/m²。

Jd3D2072　某磨煤机型号为 4.30/5.95，试求该磨煤机临界转速。

解：已知　$D=4.3\text{m}$ 或 $R=\dfrac{D}{2}=\dfrac{4.3}{2}=2.15$（m）

$$n_{\text{lj}}=\frac{30}{\pi}\sqrt{\frac{g}{R}}=42.3\sqrt{D}=42.3\times\sqrt{4.3}=20.4\ (\text{r/min})$$

答：该磨煤机临界转速为 20.4r/min。

Jd3D3073　已知某煤的收到基元素分析数据如下：$C_{ar}=60\%$，$H_{ar}=3\%$，$O_{ar}=5\%$，$N_{ar}=1\%$，$S_{ar}=1\%$，$A_{ar}=20\%$，$M_t=10\%$，试求 1kg 该煤燃烧所需的理论空气量 V_0。

解：$V_0=0.0889(C_{ar}+0.375S_{ar})+0.265H_{ar}-0.0333O_{ar}$
$=0.0889\times(60+0.375\times1)+0.265\times3-0.0333\times5$
$=5.9958$（m^3/kg）

答：该煤的理论空气量为 5.9958m³/kg。

Jd3D4074　某台锅炉燃用低位发热量 $Q_{\text{net, ar}}=23446\text{kJ/kg}$，每小时耗煤量为 50t/h，合标准煤多少吨？（标准煤 $Q_{\text{net, ar}}=29307.6\text{kJ/kg}$）

解：$B_b=\dfrac{BQ_{\text{net, ar}}}{29307.6}=\dfrac{50\times23446}{29307.6}=40$（t）

答：需标准煤 40t。

Jd1D1075　求绝对黑体在温度 $t=1000℃$ 时和 $t=0℃$ 时，每小时所辐射的热量。

解：当 $t=1000℃$ 时，$T=1000+273=1273\text{K}$，$C_0=5.67$

$$E_0=C_0\left(\frac{T}{100}\right)^4=5.67\times\left(\frac{1273}{100}\right)^4=148901\ (\text{W/m}^2)$$

当 $t=0℃$ 时，$T=273K$，

$$E_0 = C_0 \left(\frac{T}{100}\right)^4 = 5.67 \times \left(\frac{273}{100}\right)^4 = 315 \text{（W/m}^2\text{）}$$

答：当 $t=1000℃$ 时和 $t=0℃$ 时，辐射的热量分别是 $148901W/m^2$ 和 $315W/m^2$。

Je5D1076　某额定蒸发量为 1110t/h 的锅炉，当锅炉实际负荷为 900t/h 时，引风机每小时耗电量为 2050kWh，送风机每小时耗电量为 3000kWh，求引风机和送风机单耗。

解：$P_{ID} = \dfrac{2050}{900} = 2.278 \left[\text{kWh/t（汽）}\right]$

$P_{FD} = \dfrac{3000}{900} = 3.33 \left[\text{kWh/t（汽）}\right]$

答：引风机单耗为 2.278kWh/t（汽），送风机单耗为 3.3kWh/t（汽）。

Je5D2077　某台锅炉 A 磨煤机出力 36.5t/h，耗电量为 1111kWh；B 磨煤机出力 35t/h，耗电量为 1111kWh；A 一次风机耗电量为 850kWh，B 一次风机耗电量为 846kWh。求磨煤机单耗、一次风机单耗、制粉系统单耗。

解：$P_M = \dfrac{\sum P}{\sum B} = \dfrac{1111 \times 2}{36.5 + 35} = 31 \text{（kWh/t）}$

$p_{pA} = \dfrac{\sum P}{\sum B} = \dfrac{850 + 846}{36.5 + 35} = 23.7 \text{（kWh/t）}$

$P = 31 + 23.7 = 54.7 \text{（kWh/t）}$

答：磨煤机单耗为 31kWh/t，一次风机单耗为 23.7kWh/t，制粉系统单耗为 54.7kWh/t。

Je5D3078　某发电机组发电煤耗为 310g/（kWh），厂用电

率为 8%，求供电煤耗。

解：$b_g = \dfrac{b_f}{1-0.08} = \dfrac{310}{1-0.08} = 337 \left[g/(kWh) \right]$

答：供电煤耗为 337g/（kWh）。

Je5D3079 某台 300MW 发电机组年可用小时为 7388h，强迫停运 3 次，求平均无故障可用小时。

解：平均无故障可用小时 $= \dfrac{\text{可用小时}}{\text{强迫停运次数}}$

$$= \frac{7388}{3} = 2462.67 \text{（h）}$$

答：平均无故障可用 2462.67h。

Je5D3080 某锅炉额定蒸汽流量为 1110t/h 时，散热损失为 0.2%，当锅炉实际蒸汽流量为 721.5t/h 时，锅炉散热损失是多少？

解：$q_5 = 0.2\% \times \dfrac{1110}{721.5} = 0.2 \times 1.538 = 0.3076\%$

答：锅炉蒸发量为 721.5t/h 时锅炉散热损失为 0.3076%。

Je5D4081 某锅炉反平衡热力试验，测试结果 $q_2 = 5.8\%$，$q_3 = 0.15\%$，$q_4 = 2.2\%$，$q_5 = 0.4\%$，$q_6 = 0$，求锅炉反平衡效率。

解：$\eta = 100 - (q_2 + q_3 + q_4 + q_5 + q_6)$

$$= 100 - (5.8 + 0.15 + 2.2 + 0.4) = 91.45\%$$

答：锅炉反平衡热效率为 91.45%。

Je4D1082 某锅炉热效率试验测定，飞灰可燃物 $C_{fh} = 6.5\%$，炉渣含碳量 $C_{lz} = 2.5\%$，燃煤的低位发热量 $Q_{net, ar} = 20908kJ/kg$，灰分 $A_{ar} = 26\%$，燃煤量 $B = 56t/h$，飞灰占燃料总灰分的份额 $a_{fh} = 95\%$，炉渣占燃料总灰分的份额 $a_{lz} = 5\%$，求① 锅炉机械未

燃烧损失；② 由于 q_4 损失，每小时损失多少原煤？

解：$q_4 = \dfrac{337.27 A_{ar}}{Q_{net,ar}} \times \left(\dfrac{a_{fh}C_{fh}}{100 - C_{fh}} + \dfrac{a_{la}C_{lz}}{100 - C_{lz}} \right)$

$= \dfrac{337.27 \times 26}{20908} \times \left(\dfrac{0.95 \times 6.5}{100 - 6.5} + \dfrac{0.05 \times 2.5}{100 - 2.5} \right) = 2.82\%$

$$B_4 = B \times q_4 = 56 \times 2.82\% = 1.58\,(\text{t})$$

答：① 锅炉机械不完全燃烧热损失 q_4 为 2.82%。

② 由于 q_4 损失，每小时损失的原煤为 1.58t。

Je4D2083 某锅炉蒸发量为 130t/h，给水温度为 172℃，给水压力为 4.41MPa（给水焓 t_{gs}=728kJ/kg），过热蒸汽压力为 3.92MPa，过热蒸汽温度为 450℃（过热蒸汽的焓 h_0=3332kJ/kg），锅炉的燃煤量为 16626kg/h，燃煤的低位发热量 $Q_{net,ar}$ 为 22676kJ/kg，试求锅炉效率。

解：$\eta_{gl} = \dfrac{D(h_0 - t_{gs})}{16626 \times 22676} \times 100\%$

$= \dfrac{130 \times 10^3 \times (3332 - 728)}{16626 \times 22676} \times 100\% = 89.79\%$

答：此台锅炉效率是 89.79%。

Je4D2084 某汽轮机发出额定功率为 200MW，求 1 个月（30 天）该机组的额定发电量为多少千瓦时？

解：已知 $P = 20 \times 10000$kW，$t = 30 \times 24 = 720$（h）

$W = Pt = 20 \times 10^4 \times 720 = 144 \times 10^6$（kWh）

答：该机组在 1 个月内发电量为 144×10^6kWh。

Je4D3085 1kg 蒸汽在锅炉中吸热 q_1=2.51$\times 10^3$kJ/kg，蒸汽通过汽轮机做功后在凝汽器中放出热量 q_2=2.09$\times 10^3$kJ/kg，蒸汽流量为 440t/h，如果做的功全部用来发电，问每天能发多少千

瓦时电？（不考虑其他能量损失）

解：已知 $q_1=2.51\times10^3$kJ/kg，$q_2=2.09\times10^3$kJ/kg，D=440t/h=4.4×10^5kg/h

$$Q = d(q_1-q_2) = 4.4\times10^5\times(2.51-2.09)\times10^3$$
$$= 1.848\times10^8\,(kJ/kg)$$

因为1kWh = 3600kJ，所以1kJ = $\dfrac{1}{3600}$ = 2.78×10^{-4}（kWh）

每天发电 $W = 2.78\times10^{-4}\times1.848\times10^8\times24$
$$= 1.233\times10^6\,(kWh)$$

答：每天发电量为 1.233×10^6kWh。

Je4D3086　某发电厂供电煤耗率 b=373g/（kWh），厂用电率为 Δn=7.6%，汽轮发电机热耗 q=9211kJ/（kWh），不计管道阻力损失，试计算发电厂总热效率、发电煤耗及锅炉效率。

解：全厂总效率

$$\eta = \frac{3600}{29307.6b}\times100\% = \frac{3600}{29307.6\times0.373}\times100\% = 32.93\%$$

发电煤耗率

$$b_f = b(1-\Delta n) = 373\times(1-7.6\%) = 344.65\,[g/(kWh)]$$

锅炉效率

$$\eta_{gl} = \frac{q}{29307.6b_f}\times100\%$$

$$= \frac{9211}{29307.6\times0.34465}\times100\% = 91.19\%$$

答：发电厂总热效率为 32.93%，发电煤耗为 344.65g/（kWh），锅炉效率为 91.19%。

Je4D3087　一台额定蒸发量为 670t/h 的锅炉，锅炉效率为 90%，过热蒸汽焓为 3601kJ/kg，给水焓为 1005kJ/kg，空气预

热器前 O_2 量为 4%，空气预热器后 O_2 量为 6%。求在额定负荷（标准状况下），每小时空气预热器的漏风量是多少立方米？

已知燃煤收到基数据：$C_{ar}=54.2\%$，$H_{ar}=2.1\%$，$O_{ar}=3.8\%$，$S_{ar}=1.1\%$，$Q_{net,ar}=20306kJ/kg$

解：每千克煤需要理论空气量（标准状况下）为

$$V = 0.089C_{ar} + 0.265H_{ar} - 0.0333(O_{ar} - S_{ar})$$
$$= 0.089 \times 54.2 + 0.265 \times 2.1 - 0.0333 \times (3.8 - 1.1)$$
$$= 5.29\,(m^3/kg)$$

锅炉燃煤量为

$$B = \frac{670 \times 10^3 \times (3601 - 1005)}{20306 \times 0.9} = 95173\,(kg/h)$$

空气预热器漏风系数为

$$\Delta\alpha = \alpha'' - \alpha' = \frac{21}{21-6} - \frac{21}{21-4} = 0.16$$

每小时（标准状况下）漏风量为

$$\Delta V = \Delta\alpha BV = 0.16 \times 95173 \times 5.29 = 80554\,(m^3/h)$$

答：该炉空气预热器每小时漏风量为 80554m^3/h。

Je4D4088 某压力容器绝对压力为 9.807MPa，当大气压力 p_0 为 775mmHg 时，其容器内表压力是多少 MPa？

解：由 $p_g = p - p_0$

解法（1）：1mmHg = 133.3Pa

$$p_g = p - p_0 = 9.807 - 775 \times 133.3 = 9.703\,(MPa)$$

解法（2）：因为 $\dfrac{775}{735.6} \times \dfrac{9.807 \times 10^4}{10^6} = 1.05 \times 0.0987$

$$= 0.104\,(MPa)$$

所以 $p_g = 9.807 - 0.104 = 9.703\,(MPa)$

答：该压力容器内表压力为 9.703MPa。

Je4D5089　如图 D-3 所示，汽包内水温为 340℃，比体积 $v_1=0.0016\text{m}^3/\text{kg}$，水位计内水温为 240℃（$v_2=0.0012\text{m}^3/\text{kg}$），当汽包水位为+60mm，求汽包内水位距汽包中心线距离。

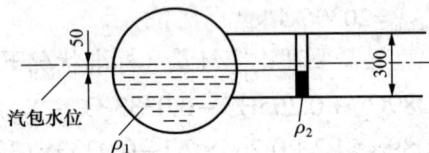

图 D-3

解：$h_2=150+60=210$（mm），

$v_2=0.0012\text{m}^3/\text{kg}$，$v_1=0.0016\text{m}^3/\text{kg}$

根据连通器原理，列出静压平衡方程式：

因为 $\rho_1 g h_1 = \rho_2 g h_2$

$$\rho_1 = \frac{1}{v_1} \quad \rho_2 = \frac{1}{v_2} \quad \text{所以} \quad \frac{h_1}{v_1} = \frac{h_2}{v_2}$$

$$h_1 = h_2 \frac{v_1}{v_2} = 210 \times \frac{0.0016}{0.0012} = 280 \text{（mm）}$$

因汽包中心线高于水位计 50mm，故汽包内水位计距汽包中心线距离为

$$h = 280 - (150 + 50) = 80 \text{（mm）}$$

答：汽包内水位计距汽包中心线+80mm。

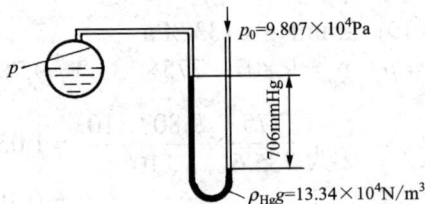

图 D-4

Je3D1090　如图 D-4 所示，求凝汽器内的绝对压力和真空值。

解：根据静力学基本方程：$p + h\rho_{Hg}g = p_0$

凝汽器的绝对压力 $p = p_0 - \rho_{Hg}gh$

$$= 9.807 \times 10^4 - 13.34 \times 10^4 \times 0.706$$

$$= 3890\,(Pa)$$

凝汽器的真空 $p_r = p_0 - p = 9.807 \times 10^4 - 3890$

$$= 94180\,(Pa)$$

答：凝汽器的绝对压力为 3890Pa，真空为 94180Pa。

Je3D1091　某地大气压力为 755mmHg，试将其换算成 kPa、bar、at。

解：因为 1mmHg=133Pa，所以 755mmHg=133×755= 100415Pa≈100kPa

又因为 1bar=0.1MPa=100kPa，所以 755mmHg=1bar

又因为 1at=98kPa，所以 755mmHg≈1.02at

答：755mmHg 合 100kPa、1bar、1.02at。

Je3D2092　已知煤的收到基成分为 C_{ar}=56.22%，H_{ar}=3.15%，O_{ar}=2.74%，N_{ar}=0.88%，S_{ar}=4%，A_{ar}=26%，M_{ar}=7%，试计算其收到基高、低位发热量。

解：收到基高位发热量

$$Q_{ar,\,gr} = 338.7C_{ar} + 1254.5H_{ar} + 108.72\,(S_{ar} - O_{ar}) - 23M_{ar}$$

$$= 338.7 \times 56.22 + 1254.5 \times 3.15 + 108.72 \times (4 - 2.74)$$

$$- 23 \times 7 = 22970\,(kJ/kg)$$

收到基低位发热量

$$Q_{ar,\,gr} = 338.7C_{ar} + 1048.5H_{ar} + 108.72\,(S_{ar} - O_{ar}) - 46M_{ar}$$

$$= 338.7 \times 56.22 + 1048.5 \times 3.15 + 108.72$$

$$\times (4 - 2.74) - 46 \times 7 = 22164\,(kJ/kg)$$

答：该煤收到基高位发热量为 22970kJ/kg，低位发热量为 22164kJ/kg。

Je3D2093 某发电厂供电煤耗 $b=373$g/（kWh），厂用电率为 7.6%，汽轮发电机组热耗为 $q=9199.52$kJ/（kWh），不计算管道阻力损失，试计算发电厂总效率、发电煤耗及锅炉效率。

解：（1）发电厂总效率

$$\eta = \frac{3600}{4.1868 \times 7000b} = \frac{3600}{29307.6 \times 0.373} = 32.93\%$$

（2）发电煤耗

$$b_f = b_g(1 - \Delta P) = 373 \times (1 - 7.6\%) = 344.65\,[g/(kWh)]$$

（3）锅炉效率

$$\eta = \frac{q}{29307.6b_f} = \frac{9199.52}{29307.6 \times 0.34465} = 91.08\%$$

答：发电厂总效率为 32.93%，发电煤耗为 344.65g/（kWh），锅炉效率为 91.08%。

Je3D3094 某台 100MW 发电机组年可用小时为 7900.15h，求该机组可用系数。

解：可用系数 $= \dfrac{\text{可用小时}}{\text{统计期间小时数}} \times 100\%$

$$= \frac{7900.15}{8700} \times 100\% = 90.18\%$$

答：该机组可用系数为 90.18%。

Je3D3095 某台 125MW 发电机组年运行小时达到 4341.48h，强迫停运 346.33h，求强迫停运率。

解：强迫停运率 $= \dfrac{\text{强迫停运小时}}{\text{运行小时} + \text{强迫停运小时}} \times 100\%$

$$= \frac{346.33}{4341.48 + 346.33} \times 100\% = 7.39\%$$

答：该机组强迫停运率为 7.39%。

Je3D3096　某 台 300MW 发 电 机 组 年 可 用 小 时 为 7244.23h，运行小时数为 4865.6h，求该机组备用小时数。

解：备用小时数=可用小时−运行小时
$$=7244.23−4865.6=2378.63（h）$$

答：该机组备用小时数为 2378.63h。

Je3D4097　某 台 200MW 发 电 机 组 年 可 用 小 时 为 7244.23h，降出力等效停用小时为 9.17h，求该机组年等效可用系数。

解：等效可用系数$=\dfrac{可用小时−降出力等效停用小时}{统计期间小时数}$
$$\times 100\%$$
$$=\frac{7244.23−9.17}{8760}\times 100\%$$
$$=82.59\%$$

答：该机组年等效可用系数为 82.59%。

Je3D498　某台 500MW 发电机组年可用小时为 7387.6h，非计划停运 5 次，计划停运 1 次，求平均连续可用小时。

解：平均连续可用小时$=\dfrac{可用小时}{计划停运次数+非计划停运次数}$
$$=\frac{7387.6}{5+1}=1231.27（h）$$

答：平均连续可用 1231.27h。

Je3D599　某风机运行测试结果：入口动压为 10Pa，静压为−10Pa，出口动压为 30Pa，静压为 200Pa，试计算该风机的全风压。

解：方法（1）：
　　　风机入口全压=入口动压+入口静压=10+(−10)=0

风机出口全压=出口动压+出口静压=30+200=230（Pa）

风机全压=出口全压–入口全压=230–0=230（Pa）

方法（2）：

风机出、入口静压差=出口静压–入口静压=200–(-10)=210（Pa）

风机出、入口动压差=出口动压–入口动压=30–10=20（Pa）

风机全压=出入口静压差+出入口动压差=210+20=230（Pa）

答：风机全压为230Pa。

Je2D1100 某台机组，锅炉每天烧煤 B=2800t/h，燃煤的低位发热量 $Q_{\text{net, ar}}$=21995kJ/kg，其中28%变为电能，试求该机组单机容量是多少？（1kWh=3600kJ）

解：
$$P = \frac{BQ_{\text{net, ar}}}{3600 \times 24} \times 0.28 = \frac{2800 \times 10^3 \times 21995 \times 0.28}{3600 \times 24}$$
$$= 199584（\text{W}）\approx 200（\text{MW}）$$

答：该机组容量为200MW。

Je2D2101 管壁厚度 δ_1=6mm，管壁的导热系数 λ_1=200kJ/（m·℃），内表面贴附着一层厚度为 δ_2=1mm 的水垢，水垢的导热系数 λ_2=4kJ/（m·℃）。已知管壁外表面温度为 t_1=250℃，水垢内表面温度 t_3=200℃。求通过管壁的热流量以及钢板同水垢接触面上的温度 t_2。

解：
$$q = \frac{t_1 - t_3}{\dfrac{\delta_1}{\lambda_1} + \dfrac{\delta_2}{\lambda_2}} = \frac{250 - 200}{\dfrac{0.006}{200} + \dfrac{0.001}{4}} = 1.786 \times 10^5 [\text{kJ}/(\text{m}^2 \cdot \text{h})]$$

因为 $q = \dfrac{t_1 - t_2}{\dfrac{\delta_1}{\lambda_1}}$，所以 $t_2 = t_1 - \dfrac{q\delta_1}{\lambda_1} = 250 - \dfrac{1.786 \times 10^5 \times 0.006}{200}$
$$= 244.6（℃）$$

答：通过锅壁的热流量是 1.786×10^5kJ/（m²·h），钢板同水垢接触面上的温度是244.6℃。

Je2D3102 某锅炉连续排污率 P=1%，当锅炉出力为610t/h 时排污量 D_{pw} 为多少？

解：$D_{pw} = PD = 1\% \times 610 = 6.1$（t/h）

答：锅炉出力为 610t/h 时的排污量为 6.1t/h。

Je2D3103 某锅炉炉膛火焰温度由 1500℃下降至 1200℃ 时，假设火焰发射率 α=0.9，试计算其辐射能量变化 [全辐射体的辐射系数 C_0=5.67W/（m^2·K^4）]。

解：火焰为 1500℃时辐射能量 E_1 计算式为

$$E_1 = \alpha C_0 \left(\frac{T}{100}\right)^4 = 0.9 \times 5.67 \times \left(\frac{1500+273}{100}\right)^4$$
$$= 504.267\,(\text{kW/m}^2)$$

火焰为 1200℃时辐射能量 E_2 计算式为

$$E_2 = \alpha C_0 \left(\frac{T}{100}\right)^4 = 0.9 \times 5.67 \times \left(\frac{1200+273}{100}\right)^4$$
$$= 240.235\,(\text{kW/m}^2)$$

辐射能量变化 $E_1 - E_2$=504.267−240.235=264.032（kW/m^2）

答：辐射能量变化为 264.032kW/m^2。

Je2D3104 某锅炉蒸发量为 1110t/h，过热蒸汽出口焓为 3400kJ/kg，再热蒸汽流量为 878.8t/h，再热蒸汽入口焓 3030kJ/kg，再热蒸汽出口焓为 3520kJ/kg，给水焓为 1240kJ/kg，每小时燃料消耗量为 134.8t/h，燃煤收到某低位发热量为 23170kJ/kg，求锅炉热效率。

解：已知 D=1110t/h，h_0=3400kJ/kg，D_r=878.8t/h，h'=3030kJ/kg，h''=3520kJ/kg，h_{gs}=1240kJ/kg，B=134.8t/h，Q_{net}=23170kJ/kg

$$\eta = \frac{D(h_0 - h_{gs}) + D_r(h'' - h')}{BQ_{net}} \times 100\%$$

$$= \frac{1110 \times 10^3 \times (3400 - 1240) + 878.8 \times 10^3 \times (3520 - 3030)}{134.8 \times 10^3 \times 23170}$$

$$\times 100\% = 90.55\%$$

答：锅炉效率为 90.55%。

Je2D3105 某锅炉蒸汽流量为 670t/h，锅炉效率 $\eta_{gl}=92.25\%$，燃煤量 B=98t/h，燃煤的低位发热量 $Q_{net,\ ar}$= 20930kJ/kg，制粉系统单耗 η_{zf}=27kWh/t（煤），引风机单耗 η_x=2.4kWh/t（汽），送风机单耗 η_f=3.5kWh/t（汽），给水泵单耗 η_g=8kWh/t（汽），发电标准煤耗 b=350g/（kWh），求该锅炉的净效率。

解：$\sum P = D(\eta_x + \eta_f + \eta_g) + B\eta_{zf}$

$$= 670 \times (2.4 + 3.5 + 8) + 98 \times 27$$

$$= 11959\,(kW)$$

锅炉的净效率 $\eta_{jx} = \eta_{gl} - \dfrac{29307.6 \sum Pb}{BQ_{net,\ ar}} \times 100\%$

$$= 92.25\% - \frac{29307.6 \times 11959 \times 0.35}{98 \times 10^3 \times 20930} \times 100\%$$

$$= 92.25\% - 5.98\% = 86.27\%$$

答：该锅炉的净效率为 86.27%。

Je2D4106 如图 D-5 所示的汽包内工作压力 p_g=10.9MPa，水位计读数 h_1=300mm，若水位计中水温为 260℃，计算汽包实际水位 h_2 及差值 Δh。根据已知的汽包工作压力 p_g=10.9MPa，水位计中水的温度 t=260℃，查出汽包中饱和水密度 ρ_2=673kg/m^3，水位计中水的密度 ρ_1=785kg/m^3。

解：在水连通管上取点 A，A 点左右两侧静压力相等，若略去高差Δh 一段蒸汽的重位压头，可列出如下方程式：

$$\rho_2 g\,(\Delta h + h_1) = \rho_1 g\, h_1$$

$$673 \times (\Delta h + 0.3) = 785 \times 0.3$$

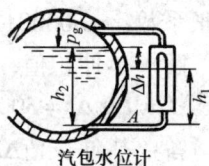

汽包水位计

图 D-5

$$\Delta h = \frac{785 \times 0.3}{673} - 0.3 = 0.0499\,(\text{m}) \approx 50\,(\text{mm})$$

汽包内的实际水位 $h_2 = h_1 + \Delta h = 300 + 50 = 350\,(\text{mm})$

答：汽包内的实际水位 h_2 为 350mm，汽包内的实际水位与水位计水位差值Δh 为 50mm。

Je2D5107 锅炉水冷壁管$\phi 44.5 \times 5$mm 由 20g 碳钢制成，其内壁温度 $t_2 = 318℃$，外壁温度 $t_1 = 330℃$，热导率$\lambda_1 = 48$W/（m·℃），若其内壁结了 1mm 厚的水垢，水垢的热导率$\lambda_2 = 1$W/（m·℃），求结垢前后单位面积导热量。

解：结垢前单位面积的导热量 $q_1 = \dfrac{t_1 - t_2}{\dfrac{\delta_1}{\lambda_1}}$

$$q_1 = \lambda_1 \frac{t_1 - t_2}{\delta_1} = 48 \times \frac{330 - 318}{0.005} = 115200\,(\text{W}/\text{m}^2)$$

结垢后单位面积的导热量：

$$q_2 = \frac{t_1 - t_2}{\dfrac{\delta_1}{\lambda_1} + \dfrac{\delta_2}{\lambda_2}} = \frac{330 - 318}{\dfrac{0.005}{48} + \dfrac{0.001}{1}} = 10868\,(\text{W}/\text{m}^2)$$

答：结垢前单位面积的导热量 $q_1 = 115200$W/m²，结垢后单位面积的导热量 $q_2 = 10868$W/m²。

Je1D2108 某锅炉水冷壁管垂直高度为 30m，由冷炉生火至带满负荷，壁温由 20℃升高至 360℃，求其热伸长值ΔL。（线

膨胀系数 α_l=0.000012/℃）

解：热伸长值：

$$\Delta L = L\alpha_l \Delta t = 30000 \times 0.000012 \times (360 - 20) = 122.4\,(\text{mm})$$

答：热伸长值 ΔL=122.4mm。

Je1D3109　锅炉额定蒸发量为 2008t/h，每小时燃煤消耗量为 275.4t，燃煤收到基低位发热量为 20525kJ/kg，炉膛容积为 16607.4m³，求该炉膛容积热负荷。

解：已知 B=275.4t，$Q_{\text{ar, net}}$=20525kJ/kg，V=16607.4m³

$$q_v = \frac{BQ_{\text{ar, net}}}{V} = \frac{275400 \times 20525}{16607.4} = 340.365 \times 10^3\,[\text{kJ}/(\text{m}^3 \cdot \text{h})]$$

答：该炉容积热负荷为 340.365×10³kJ/（m³·h）。

Je1D3110　某主蒸汽管采用 12Cr₁MoV 钢，额定运行温度为 540℃（T_1=540+273=813K），设计寿命 τ_1=10⁵h，运行中超温 10℃，试求其使用寿命（C=20）。

解：
$$T_1(C + \lg\tau_1) = T_2(C + \lg\tau_2)$$
$$813 \times (20 + \lg10^5) = (540 + 10 + 273) \times (20 + \lg\tau_2)$$
$$\lg\tau_2 = \frac{813 \times (20 + \lg10^5)}{823} - 20 = 4.6962$$
$$\tau_2 = 49700\,(\text{h})$$

答：主汽管超温后使用寿命为 49700h。

Je1D3111　某锅炉汽包安全门的启动压力 p=14MPa，过流截面的直径 d=188mm，求此安全门每小时排汽量。（C=0.085，K=1）

解：根据 $E = CA(10.2P + 1)K$，

$$E = 0.085\frac{\pi d^2}{4}(10.2 \times 14 + 1) \times 1 = 0.085 \times \frac{\pi \times 188^2}{4} \times (142.8 + 1) \times 1$$
$$= 339300\,(\text{kg/h}) = 339.3\,(\text{t/h})$$

答：安全门排汽量为 339.3t/h。

Jf4D4112　一台弹簧管压力真空表，其测量范围为–0.1～0.16MPa，它的准确度等级为 1.5，求该表的允许绝对误差。

解：$[0.16-(-0.1)] \times 1.5\% = (0.16+0.1) \times 1.5\% = 0.0039$（MPa）

答：该压力表的允许绝对误差为 0.0039MPa。

Jf3D3113　过热器管道下方 38.5m 处安装一只过热蒸汽压力表，其指示值为 13.5MPa，问过热蒸汽的绝对压力 p 为多少？修正值 C 为多少？示值相对误差 δ 为多少？

解：已 知 表 压 $p_g=13.5$MPa，$H=38.5$m，大 气 压 $p_a=0.098067$MPa

$$p = p_g - \rho g H + p_a = 13.5 - 38.5 \times 10^3 \times 9.867 \times 10^{-6}$$
$$+ 0.098067 = 13.22（\text{MPa}）$$
$$C = 13.5 - 13.22 = 0.28（\text{MPa}）$$

$$\delta = \frac{13.5 - 13.22}{13.22} \times 100\% = 2.1\%$$

答：绝对压力为 13.22MPa，修正值为 0.28MPa，示值相对误差为 2.1%。

Jf1D2114　计算测量范围为 0～16MPa，准确度为 1.5 级的弹簧管式压力表的允许基本误差。

解：允许基本误差 $= \pm \dfrac{\text{仪表量程} \times \text{准确度等级}}{100}$

$$= \pm \frac{16 \times 1.5}{100} = \pm 0.24（\text{MPa}）$$

答：允许基本误差为 ±0.24MPa。

Jf1D4115　汽轮机润滑油压保护用压力开关的安装标高为 5m，汽轮机转子标高为 10m，若要求汽轮机润滑油压小于 0.08MPa 时发出报警信号，则此压力开关的下限动作值应设定为多少？（润滑油密度为 800kg/m³）

解：$p = 0.08 + \rho g \Delta H = 0.08 + 800 \times 9.8(10-5) \times 10^{-6}$
$= 0.1192$（MPa）

答：压力开关的下限动作值应选定在 0.1192MPa。

Jf1D51116 某高压锅炉蒸汽流量节统装置的设计参数为 p_H=14MPa，t_H=550℃，当滑压运行参数为 p=5MPa，t=380℃，指示流量为 M_j=600t/h 时，求示值修正值的 b_p 和实际流量。（根据设计参数查得密度 ρ_H=39.27kg/m^3，运行参数的密度 ρ=17.63kg/m^3）

解：$b_p = \sqrt{\dfrac{p}{p_H}} = \sqrt{\dfrac{17.63}{39.27}} = 0.67$

则：$M_s = b_p M_j = 0.67 \times 600 = 402$（t/h）

答：示值修正值为 0.67，实际流量为 402t/h。

4.1.5 识绘图题

Jd5E1001 根据图 E-1 上编号,填写各部件名称。

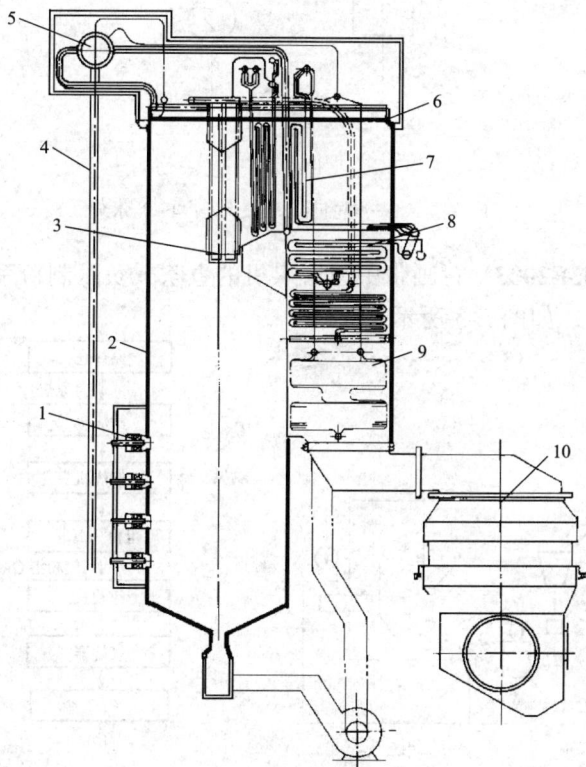

图 E-1

答:1—燃烧器;2—膜式水冷壁;3—屏式过热器;4—下降管;5—汽包;6—顶棚过热器;7—对流过热器;8—再热器;9—省煤器;10—回转式空气预热器。

Jd5E1002　背画朗肯循环热力设备系统图。

答：如图 E-2 所示。

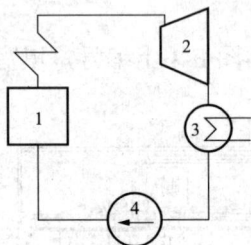

图 E-2

1—锅炉；2—汽轮机；3—凝汽器；4—给水泵

Jd5E2003　背画带中速磨煤机的直吹式负压制粉系统图。

答：如图 E-3 所示。

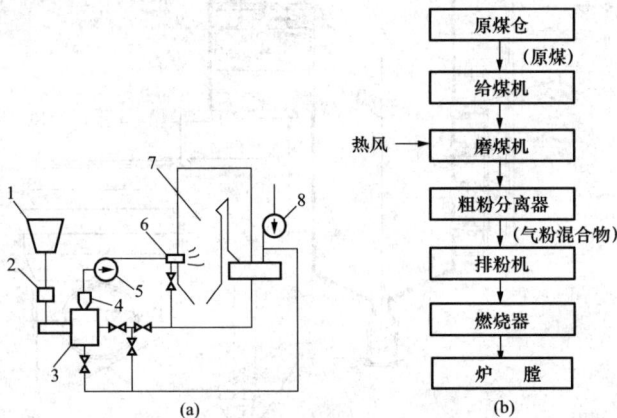

图 E-3

（a）系统图；（b）流程图

1—原煤仓；2—给煤机；3—中速磨煤机；4—粗粉分离器；

5—排粉机；6—燃烧器；7—炉膛；8—送风机

Jd5E3004　背画带中速磨煤机热一次风机直吹式正压制粉系统图。

答：如图 E-4 所示。

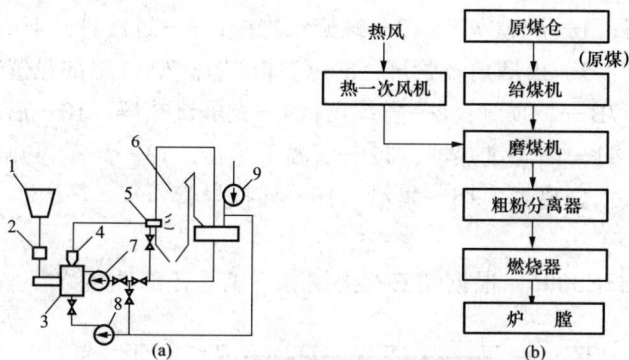

热风

原煤仓

（原煤）

热一次风机 → 给煤机

磨煤机

粗粉分离器

燃烧器

炉 膛

图 E-4

（a）系统图； （b）流程图

1—原煤仓；2—给煤机；3—中速磨煤机；4—粗粉分离器；5—燃烧器；
6—炉膛；7—高温风机；8—磨煤机轴封风机；9—送风机

Jd5E3005 根据图 E-5 上编号，填写各部件名称。

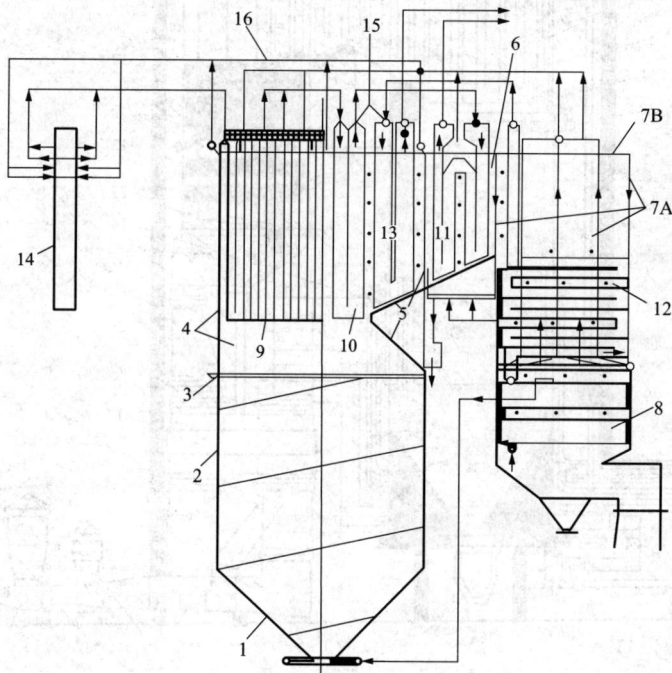

图 E-5

答：1—炉膛灰斗；2—螺旋水冷壁；3—过渡件；4—垂直水冷壁；5—折烟角及管屏；6—延伸侧墙；7A—尾部包覆管及管屏；7B—炉顶管；8—省煤器；9—大屏过热器；10—后屏过热器；11—高温过热器；12—低温再热器；13—高温再热器；14—汽水分离器；15—集箱；16—连接导管

Jd5E3006　根据图 E-6 上编号，填写各部件名称。

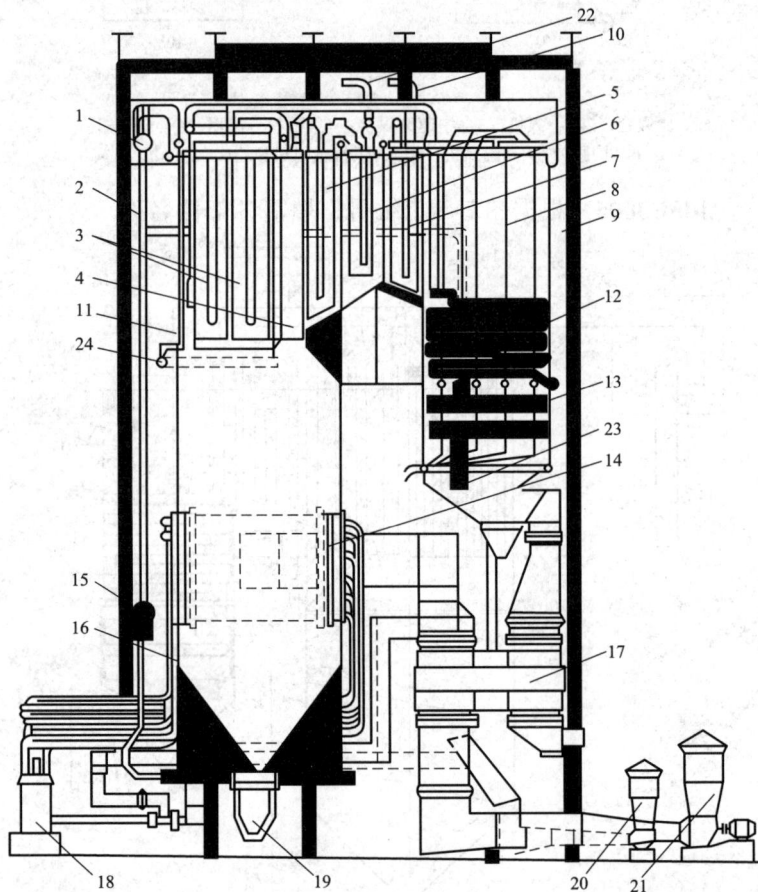

图 E-6

答：1—汽包；2—下降管；3—分隔屏过热器；4—后屏过热器；5—屏式过热器；6—高温再热器；7—高温过热器；8—悬吊管；9—包覆管；10—过热蒸汽出口；11—墙式辐射过热器；12—低温过热器；13—省煤器；14—燃烧器；15—炉水循环泵；16—水冷壁；17—空气预热器；18—磨煤机；19—除渣装置；20——一次风机；21—送风机；22—再热蒸汽出口；23—给水进口；24—再热蒸汽进口

Jd5E3007 背画锅炉水循环系统图。

答：如图 E-7 所示。

Jd5E4008 背画风扇磨煤机直吹式负压热风干燥制粉系统图。

答：如图 E-8 所示。

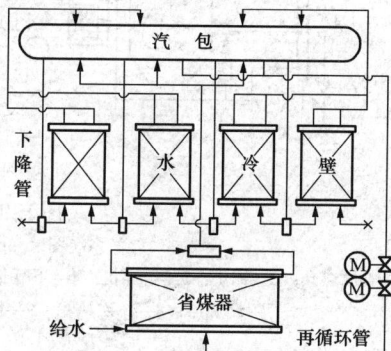

图 E-7

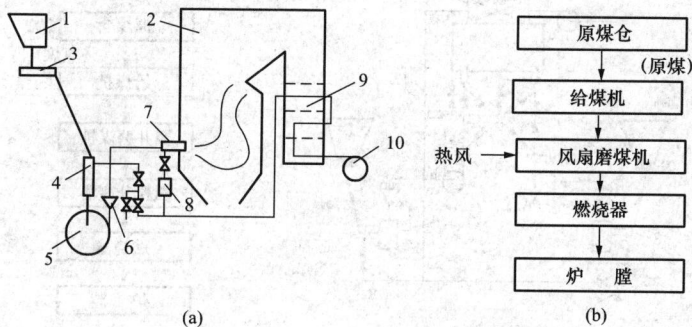

(a)　　　　　　　　　　(b)

图 E-8

（a）系统图；（b）流程图

1—原煤仓；2—锅炉；3—给煤机；4—下行干燥管；5—磨煤机；6—粗粉分离器；7—燃烧器；8—二次风箱；9—空气预热器；10—送风机

Jd5E4009 背画风扇磨煤机直吹式负压热风带烟气干燥制粉系统图，并标出各设备名称。

答： 如图 E-9 所示。

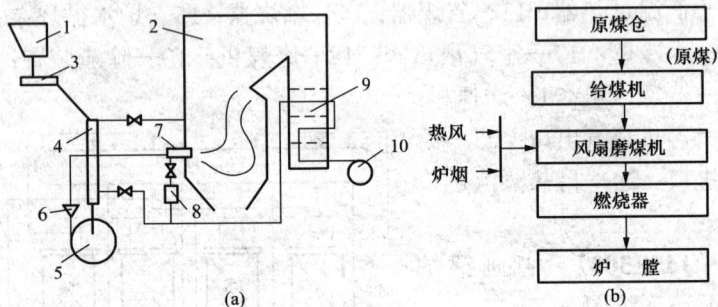

图 E-9

（a）系统图； （b）流程图

1—原煤仓；2—锅炉；3—给煤机；4—下行干燥管；5—磨煤机；6—粗粉分离器；
7—燃烧器；8—二次风箱；9—空气预热器；10—送风机

Jd5E5010 背画高速锤击式磨煤机直吹式负压制粉（单侧运行一侧备用）系统图，并标出各设备名称。

答： 如图 E-10 所示。

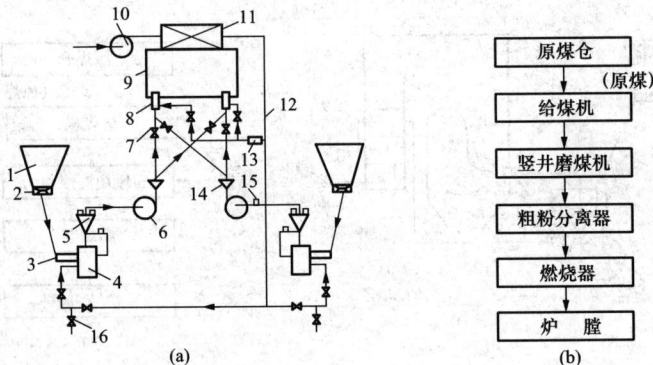

图 E-10

（a）一台磨煤机工作，另一台磨煤机作为备用； （b）流程图

1—原煤斗；2—给煤机；3—燃料闸板；4—磨煤机；5—粗粉分离器；6—排粉机；
7—切断阀；8—燃烧器；9—锅炉；10—送风机；11—空气预热器；
12—热风管道；13—二次风箱；14—煤粉分配器；15—防爆门；16—冷风门

Jd5E5011 背画高速锤击式磨煤机直吹式负压制粉（双侧运行）系统图，并标出各设备名称。

答： 如图 E-11 所示。

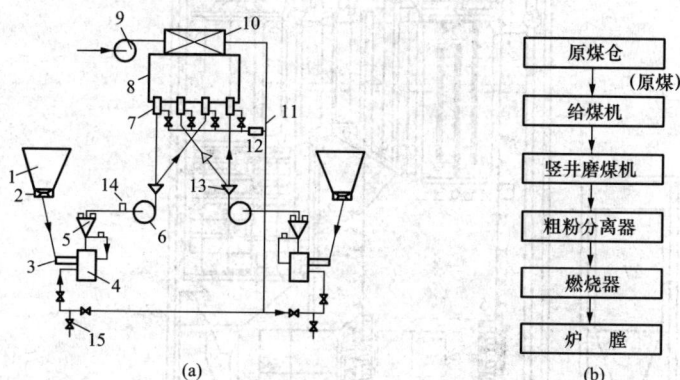

图 E-11

（a）两台磨煤机同时工作；（b）流程图

1—原煤斗；2—给煤机；3—燃料闸板；4—磨煤机；5—粗粉分离器；6—排粉机；

7—燃烧器；8—锅炉；9—送风机；10—空气预热器；11—热风管道；

12—二次风箱；13—煤粉分配器；14—防爆门；15—冷风门

Jd4E4012 根据图 E-12 上的编号，填写各部件名称。

答： 1—汽包；2—下降管；3—炉水泵；4—水冷壁；5—燃烧器；6—墙式再热器；7—分隔屏过热器；8—后屏过热器；9—屏式再热器；10—高温再热器；11—高温过热器；12—立式低温过热器；13—水平低温过热器；14—省煤器；15—空气预热器；16—给煤机；17—磨煤机；18—一次风管道；19—除渣装置；20—风道；21—一次风机；22—送风机；23—锅炉钢架；24—刚性梁；25—顶棚管；26—包墙管；27—原煤仓

Jd3E1013 背画带中速磨煤机冷一次风机的直吹式正压制粉系统图，并标出各设备名称。

答： 如图 E-13 所示。

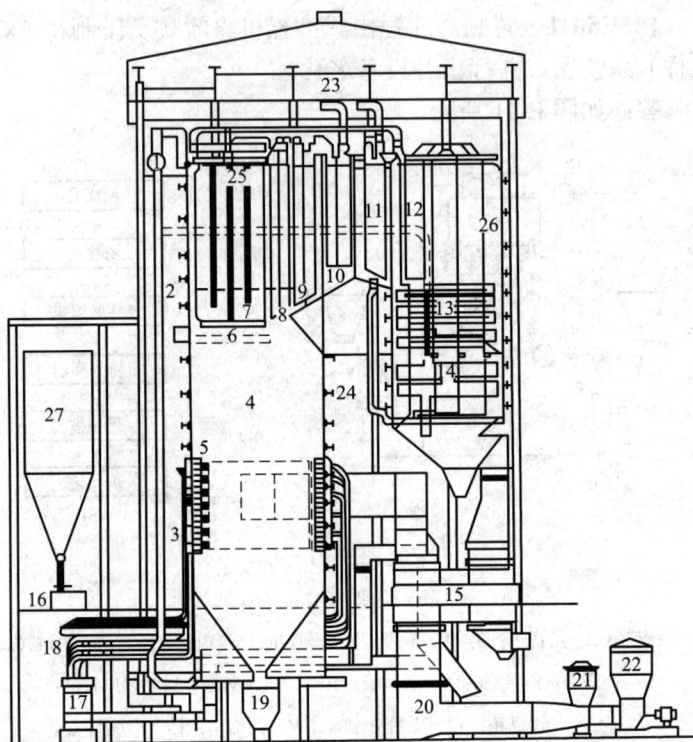

图 E-12

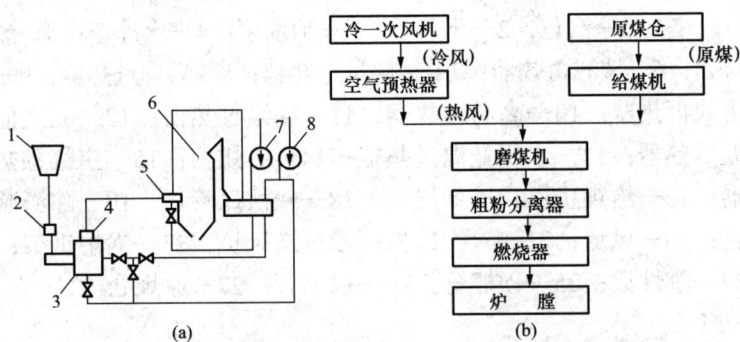

(a)　　　　　　　　　　　(b)

图 E-13

（a）系统图；（b）流程图

1—原煤仓；2—给煤机；3—中速磨煤机；4—粗粉分离器；5—燃烧器；

6—炉膛；7—一次风机；8—送风机

204

Jd3E2014 背画带竖井热一次风机磨煤机的直吹式正压制粉系统图，并标出各设备名称。

答： 如图 E-14 所示。

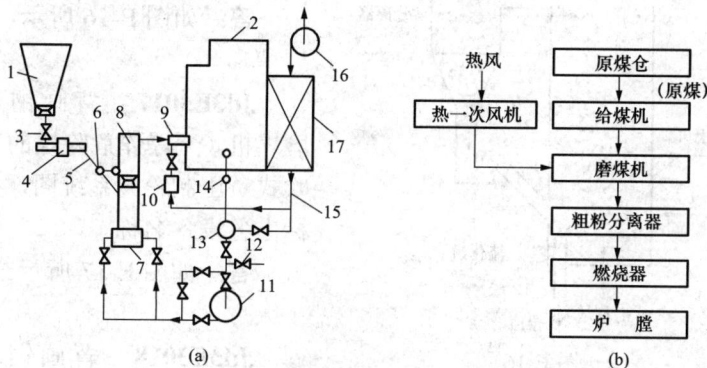

图 E-14

（a）系统图； （b）流程图

1—原煤斗；2—锅炉；3—燃料闸门；4—给煤机；5—落煤管；6—锁气器；7—磨煤机；
8—分离器（竖井）；9—燃烧装置；10—二次风箱；11—干燥风机；12—冷风门；
13—混合风箱；14—烟道；15—空气管道；16—送风机；17—空气预热器

Jd3E2015 背画带钢球磨煤机热一次风机的直吹式正压制粉系统图，并标出各设备名称。

答： 如图 E-15 所示。

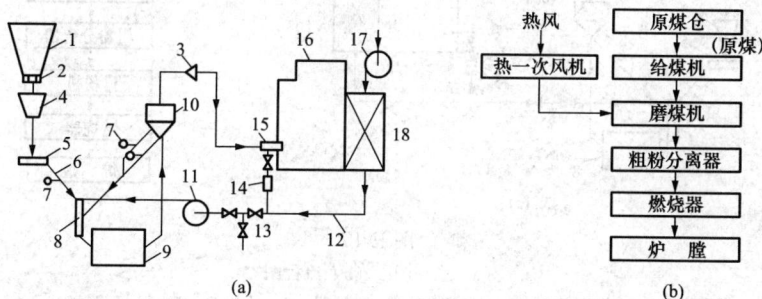

图 E-15

（a）系统图； （b）流程图

1—原煤斗；2—燃料闸门；3——次风箱；4—称量斗；5—给煤机；6—落煤管；7—锁
气器；8—落煤干燥装置；9—磨煤机；10—粗粉分离器；11—排粉机；12—热风管道；
13—冷风门；14—二次风箱；15—燃烧器；16—锅炉；17—送风机；18—空气预热器

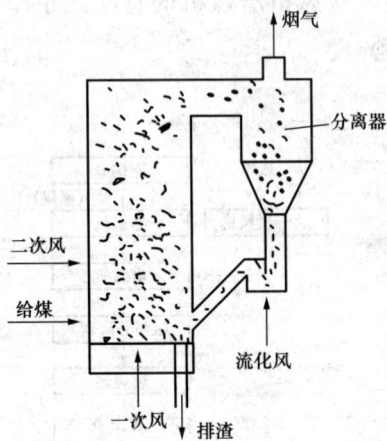

图 E-16

鉴定试题库 | 识绘图题

Jd3E3016 背画循环流化床锅炉工作原理示意图，并标出各设备名称。

答：如图 E-16 所示。

Jd3E3017 背画钢球磨煤机（无爆炸危险煤的直吹式负压制粉）系统图，并标出各设备名称。

答：如图 E-17 所示。

Jd3E3018 背画钢球磨煤机（有爆炸危险煤）的直吹式负压制粉系统图，并标出各设备名称。

答：如图 E-18 所示。

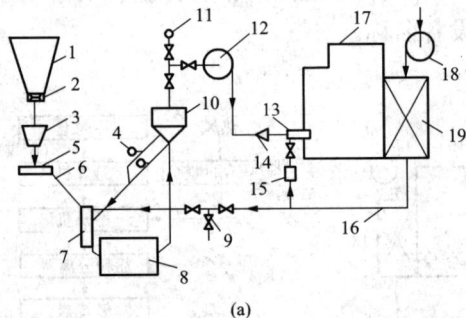

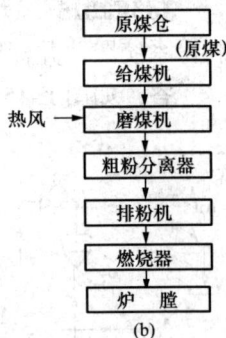

(a)

(b)

图 E-17

（a）系统图；（b）流程图

1—原煤斗；2—燃料闸门；3—称量斗；4—锁气器；5—给煤机；6—落煤管；7—落煤
干燥装置；8—磨煤机；9—冷风门；10—粗粉分离器；11—系统间的连通管；
12—排粉机；13—燃烧器；14—一次风箱；15—二次风箱；16—热风管道；
17—锅炉；18—送风机；19—空气预热器

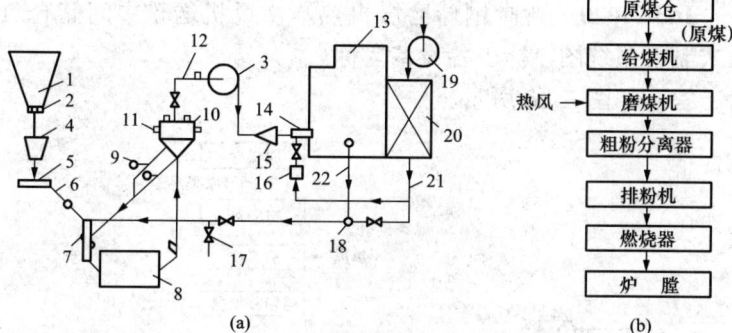

图 E-18

（a）系统图； （b）流程图

1—原煤斗；2—燃料闸门；3—排粉机；4—称量斗；5—给煤机；6—落煤管；
7—落煤干燥装置；8—磨煤机；9—锁气器；10—粗粉分离器；11—防爆门；
12—系统间的连通管；13—锅炉；14—燃烧器；15—一次风箱；
16—二次风箱；17—冷风门；18—混合风箱；19—送风机；
20—空气预热器；21—热风管道；22—烟道

Jd3E3019 背画双进双出钢球磨煤机直吹式制粉系统图，并标出各设备名称。

答： 如图 E-19 所示。

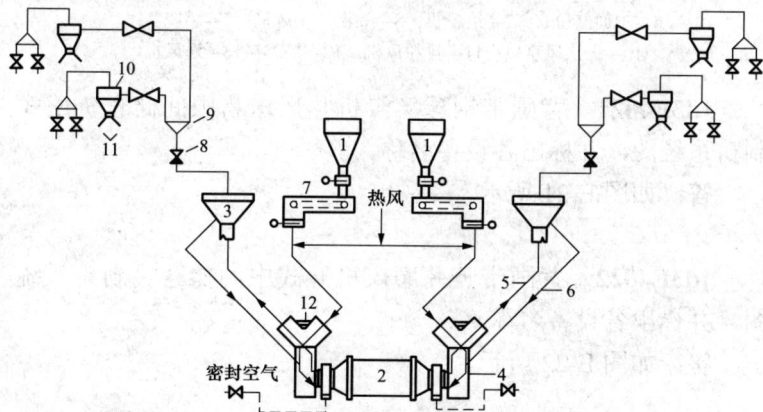

图 E-19

1—原煤斗；2—磨煤机；3—粗粉分离器；4—磨煤机给煤/出煤管；
5—磨煤机至分离器导管；6—回粉管；7—给煤机；8—文丘里管；
9—分配器；10—旋风子；11—燃烧器；12—旁路管

207

Jd3E4020 背画钢球磨煤机热一次风机送粉中间储仓负压式制粉系统图，标出各设备名称。

答：如图 E-20 所示。

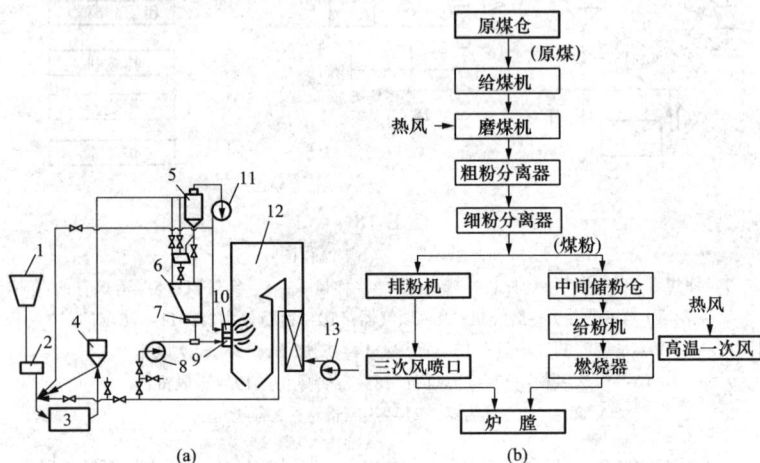

图 E-20

（a）系统图；（b）流程图

1—原煤仓；2—给煤机；3—钢球磨煤机；4—粗粉分离器；5—细粉分离器；

6—中间储粉仓；7—给粉机；8—高温一次风机；9—燃烧器；

10—三次风喷口；11—排粉风机；12—炉膛；13—送风机

Jd3E4021 背画带钢球磨煤机热风送粉中间储仓负压式制粉系统图，并标出各设备名称。

答：如图 E-21 所示。

Jd3E4022 背画带竖井磨煤机开式中间储仓式制粉系统图，并标出各设备名称。

答：如图 E-22 所示。

Jd3E5023 背画双进双出钢球磨煤机半直吹式制粉系统图，并标出各设备名称。

答：如图 E-23 所示。

208

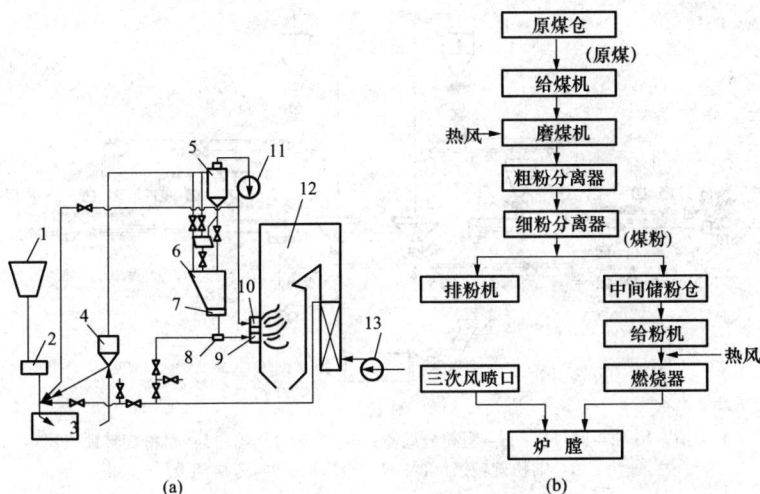

图 E-21
（a）系统图；（b）流程图
1—原煤仓；2—给煤机；3—钢球磨煤机；4—粗粉分离器；5—细粉分离器；
6—中间储粉仓；7—给粉机；8—煤粉混合器；9—燃烧器；
10—三次风喷口；11—排粉风机；12—炉膛；13—送风机

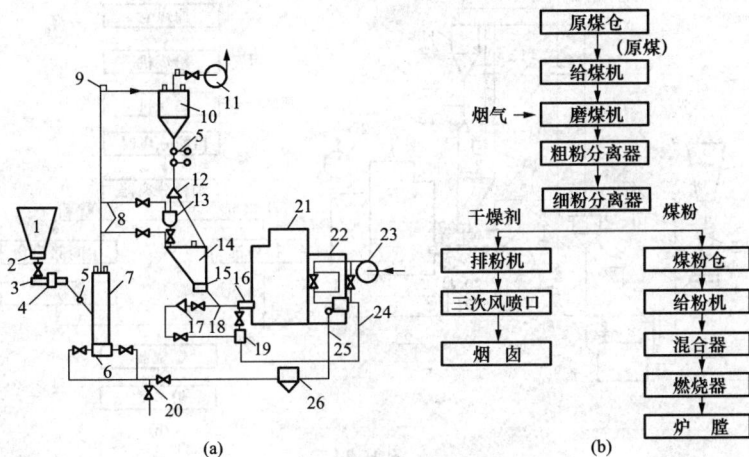

图 E-22
（a）系统图；（b）流程图
1—原煤斗；2—燃料闸门；3—给煤机；4—自动磅秤；5—锁气器；6—磨煤机；7—粗
粉分离器；8—吸潮管；9—防爆门；10—细粉分离器；11—乏气风机；12—换向阀；
13—螺旋输粉机；14—煤粉仓；15—给粉机；16—燃烧器；17—一次风箱；18—混
合器；19—二次风箱；20—冷风门；21—锅炉；22—空气预热器；
23—送风机；24—热空气管道；25—烟道；26—除尘器

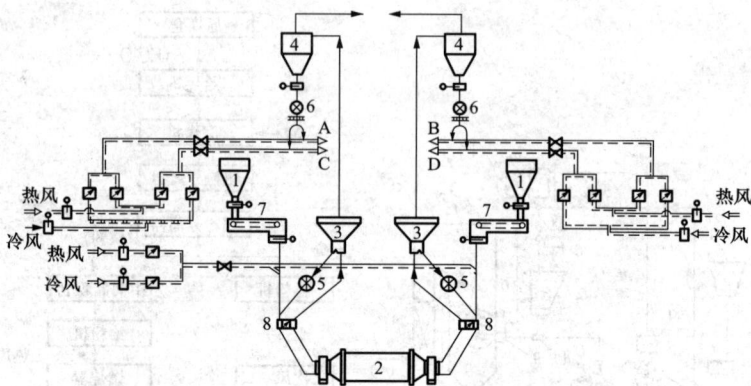

图 E-23

1—原煤斗；2—磨煤机；3—粗粉分离器；4—细粉分离器；5—粗粉旋转锁气器；
6—细粉旋转锁气器；7—给煤机；8—旁路挡板

Jd2E3024 背画热风作干燥剂送粉的带钢球磨煤机中间储仓式制粉系统图，并标出各设备名称。

答：如图 E-24 所示。

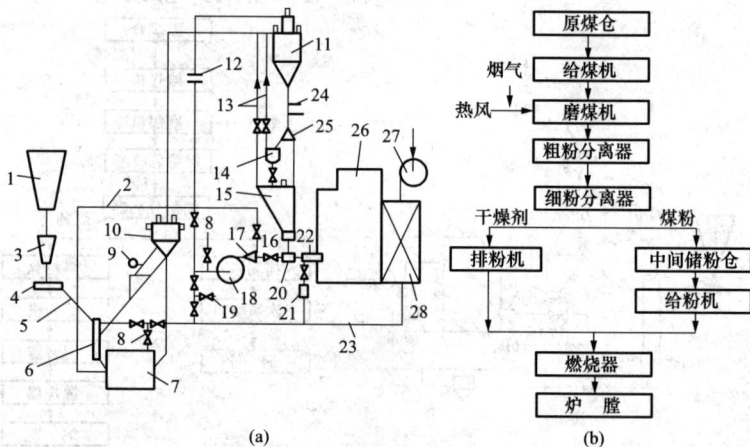

图 E-24

（a）系统图；（b）流程图

1—原煤斗；2—再循环管；3—称量斗；4—给煤机；5—落煤管；6—落煤干燥装置；
7—磨煤机；8—冷风门；9—锁气器；10—粗粉分离器；11—细粉分离器；12—测量
孔板；13—吸潮管；14—螺旋输粉机；15—煤粉仓；16—给粉机；17—一次风箱；
18—排粉机；19—大气门；20—混合器；21—二次风箱；22—燃烧器；23—空气
管道；24—锁气器；25—换向阀；26—锅炉；27—送风机；28—空气预热器

Jd2E3025　背画热风和烟气混合作干燥剂送粉的带钢球磨煤机中间储仓式制粉系统图，并标出各设备名称。

　　答：如图 E-25 所示。

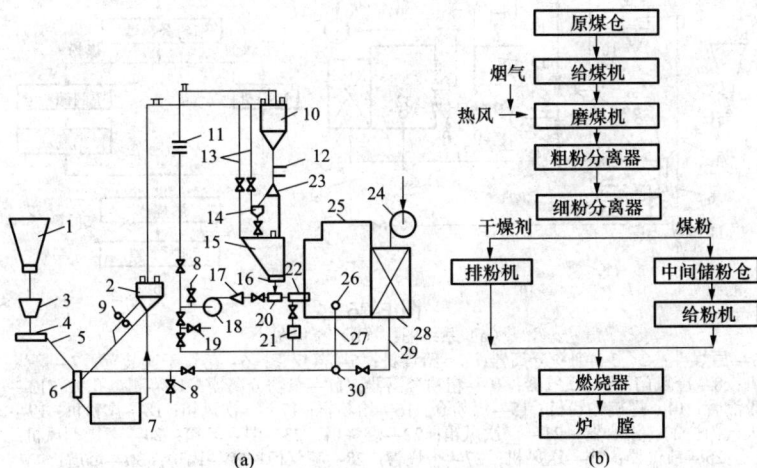

图 E-25

(a) 系统图；(b) 流程图

1—原煤斗；2—粗粉分离器；3—称量斗；4—给煤机；5—落煤管；6—落煤干燥装置；7—磨煤机；8—冷风门；9—锁气器；10—细粉分离器；11—测量孔板；12—锁气器；13—吸潮管；14—螺旋输粉机；15—煤粉仓；16—给粉机；17—一次风箱；18—排粉机；19—大气门；20—混合器；21—二次风箱；22—燃烧器；23—换向阀；24—送风机；25—锅炉；26—抽烟气口；27—烟道；28—空气预热器；29—空气管道；30—混合风箱

Jd2E3026　背画干燥管预先干燥式送粉的带钢球磨煤机中间储仓式制粉系统图，并标出各设备名称。

　　答：如图 E-26 所示。

Je5E1027　背画钢球磨煤机传递装置、减速箱油系统、喷洒油系统图，并标出各设备名称。

　　答：如图 E-27 所示。

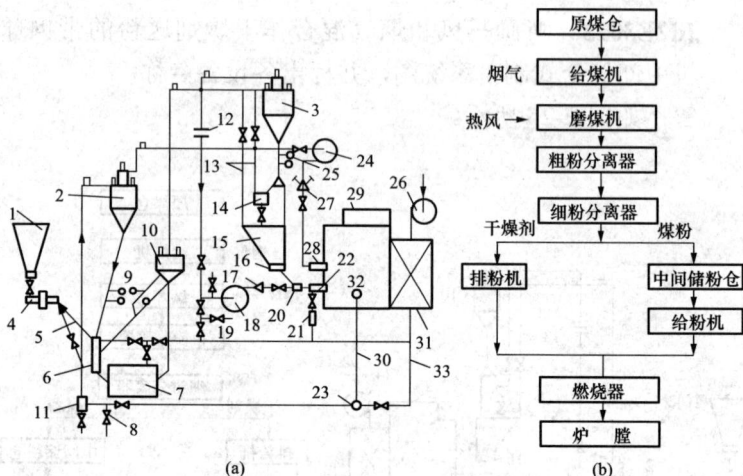

图 E-26

（a）系统图；（b）流程图

1—原煤斗；2、3—细粉分离器；4—给煤机；5—落煤管；6—落煤干燥装置；7—磨煤机；8—冷风门；9—锁气器；10—粗粉分离器；11—杂物分离器；12—测量孔板；13—吸潮管；14—螺旋输粉机；15—煤粉仓；16—给粉机；17—一次风箱；18—排粉机；19—大气门；20—混合器；21—二次风箱；22—燃烧器；23—混合风箱；24—干燥剂风机；25—锁气器；26—送风机；27—干燥管；28—喷气门；29—锅炉；30—烟道；31—空气预热器；32—抽烟气口；33—空气管道

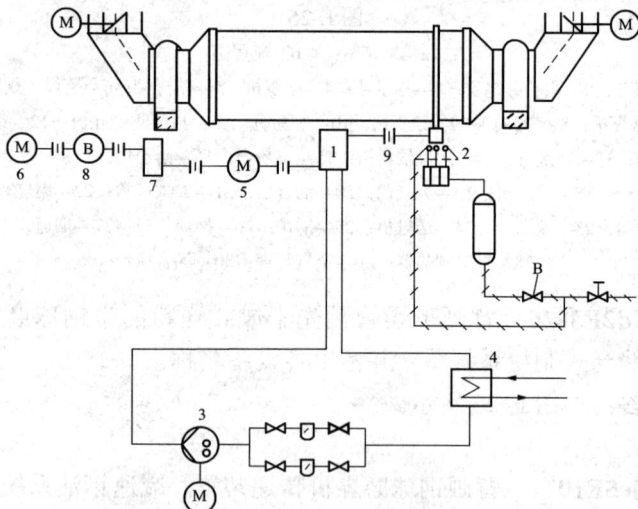

图 E-27

1—主减速箱；2—大牙轮喷洒油装置；3—主减速箱润滑油泵；4—油冷却器；5—磨煤机主电动机；6—磨煤机辅助电动机；7—辅助减速箱；8—抱闸装置；9—气动离合器

Je5E1028 背画双进双出钢球磨煤机主轴承润滑油系统图，并标出设备名称。

答：如图 E-28 所示。

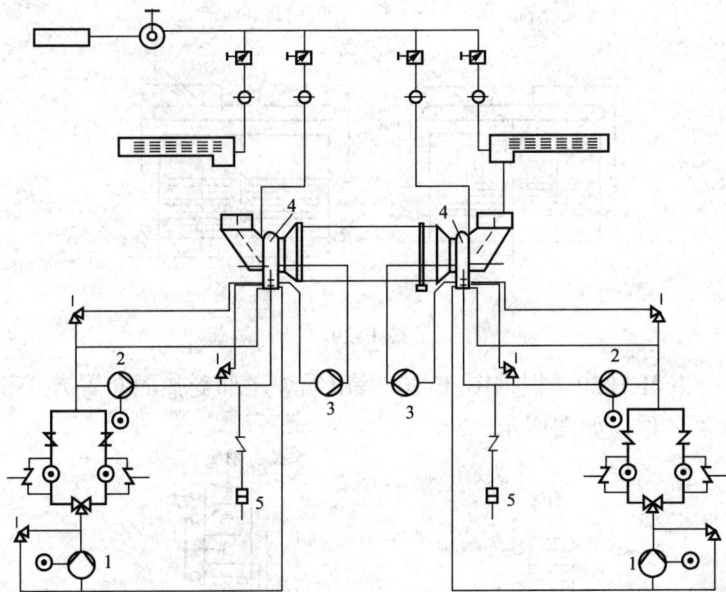

图 E-28

1—低压油泵；2—增压油泵；3—循环油泵；
4—磨煤机主轴承；5—手摇油泵

Je4E1029 根据图 E-29 写出锅炉省煤器布置方式和设备名称，如图所示。

答：（a）垂直前墙布置；（b）平行前墙布置；（c）、（d）双面进水平行前墙布置

1—汽包；2—水连通管；3—省煤器蛇形管；4—进口集箱；
5—交混连通管

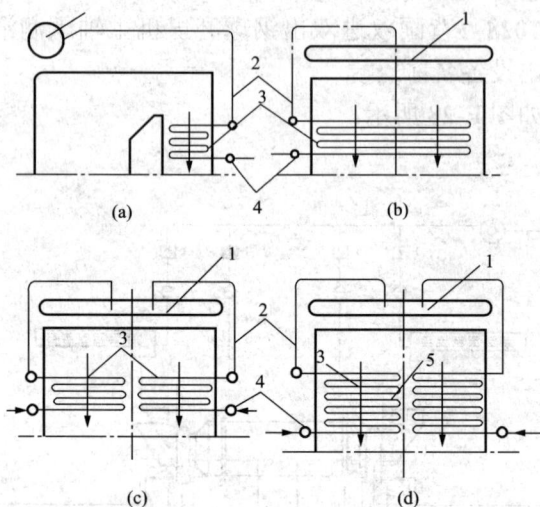

(a) (b)

(c) (d)

图 E-29

Je4E1030 根据图 E-30 写出锅炉尾部受热面布置方式和设备名称，如图所示。

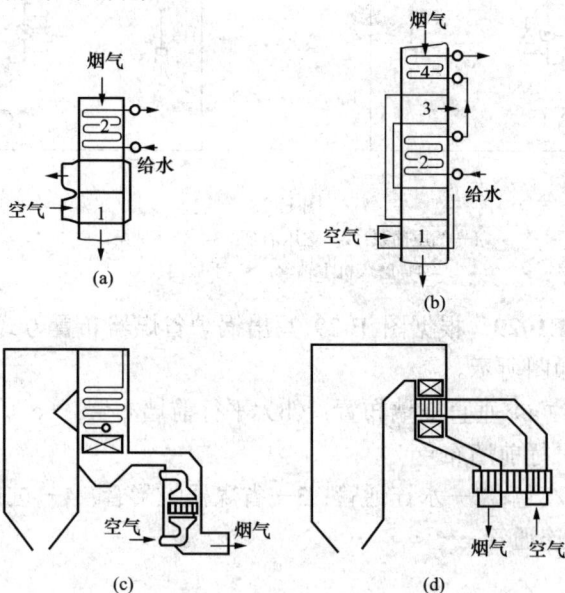

(a) (b)

(c) (d)

图 E-30

214

答：（a）单级布置；（b）双级布置；（c）单级回转式空气预热器；（d）回转式与管式空气预热器两级布置

1、3—低温和高温段空气预热器；2、4—低温和高温段省煤器

Je4E1031 试画出逆流、顺流、混合流布置三种受热面布置方式示意图。

答：如图 E-31 所示。

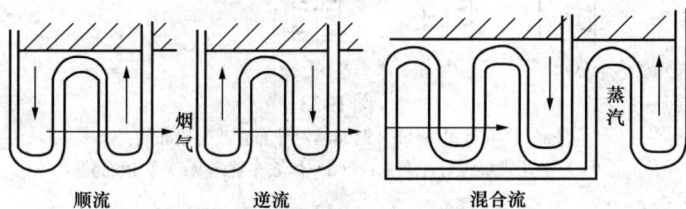

图 E-31

Je4E3032 背画锅炉采用分隔烟气挡板调节法受热面布置方法图。

答：如图 E-32 所示。

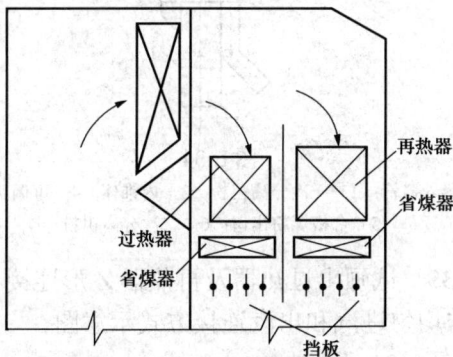

图 E-32

Je4E3033 背画锅炉旋流燃烧器的布置方式图。

答：如图 E-33 所示。

Je4E4034 背画离心分离器示意图,并标出各设备名称。

答:如图 E-34 所示。

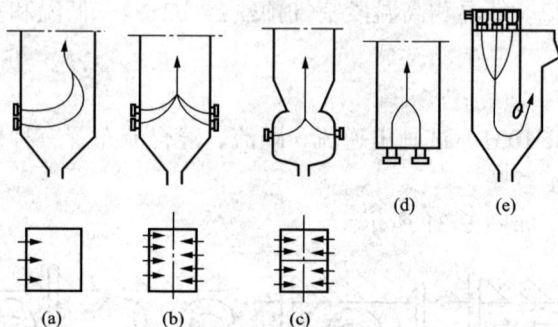

图 E-33

(a)前墙布置; (b)两面墙对冲布置或交错布置;
(c)半开式炉膛对冲布置; (d)炉底布置; (e)炉顶布置

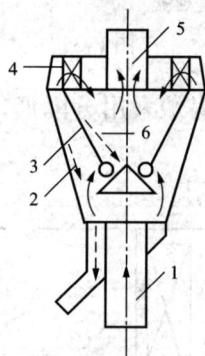

图 E-34

1—分离器入口管;2——次分离粗粉;3—内锥体;4—可调切向挡板;
5—合格煤粉出口;6—二次分离粗粉

Je4E4035 试画出过热器及再热器 Z 形连接、Π 形连接、2Π 形连接与均匀进汽和出汽连接方式示意图。

答:如图 E-35 所示。

Je4E4036 背画风扇式磨煤机制粉系统图,并标出各设备名称。

答：如图 E-36 所示。

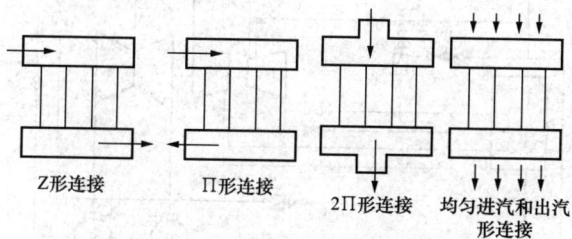

Z形连接   Π形连接   2Π形连接   均匀进汽和出汽
                                    形连接

图 E-35

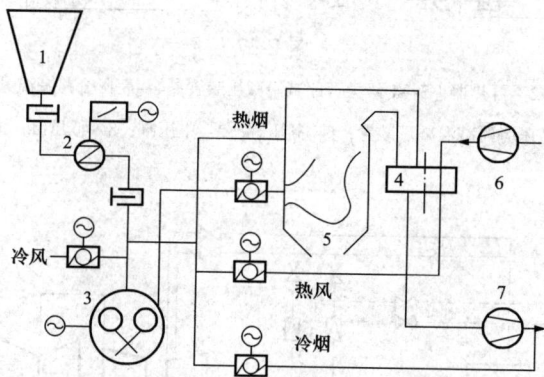

热烟

冷风

热风

冷烟

图 E-36

1—煤斗；2—给煤机；3—磨煤机；4—空气预热器；5—炉膛；

6—送风机；7—引风机

Je3E3037　背画典型中间再热机组的三级旁路系统图，并标出各设备名称。

答：如图 E-37 所示。

Je3E4038　背画典型中间再热机组二级串联旁路系统图，并标出各设备名称。

答：如图 E-38 所示。

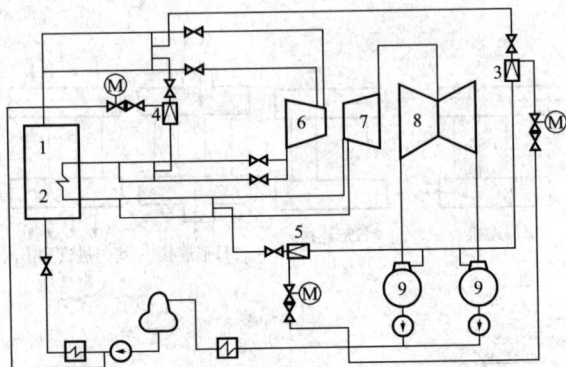

图 E-37

1—锅炉；2—再热器；3—1级大旁路减温减压装置；4—高压旁路减温减压装置；

5—中、低压旁路减温减压装置；6—高压缸；7—中压缸；8—低压缸；9—凝汽器

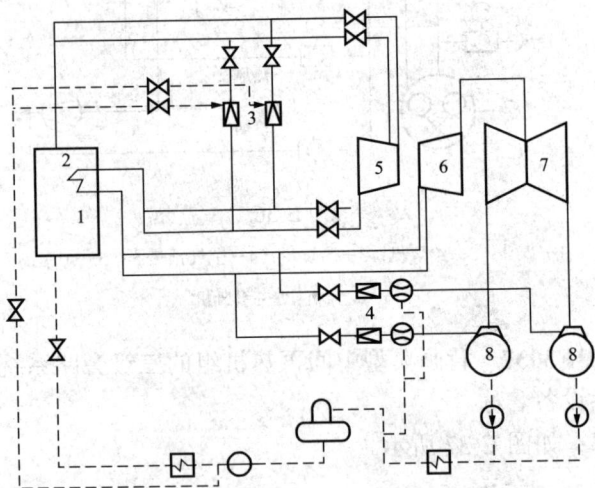

图 E-38

1—锅炉；2—再热器；3—高压旁路减温减压装置；4—低压旁路减温减压装置；

5—高压缸；6—中压缸；7—低压缸；8—凝汽器

Je3E4039 根据图 E-39 煤粉锅炉及辅助设备示意图中代号，写出图中设备名称。

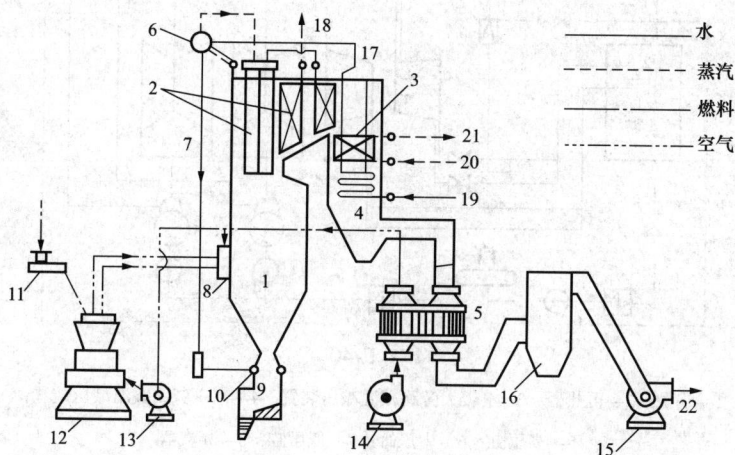

图 E-39

答：1—锅炉水冷壁；2—过热器；3—再热器；4—省煤器；5—空气预热器；6—汽包；7—下降管；8—燃烧器；9—排渣装置；10—联箱；11—给煤机；12—磨煤机；13—排粉机；14—送风机；15—引风机；16—除尘器；17—省煤器出口联箱；18—过热蒸汽；19—给水；20—再热蒸汽进口；21—再热蒸汽出口；22—排烟

Je3E5040 背画典型中间再热机组一级大旁路加辅助高压旁路系统图，并标出各设备名称。

答：如图 E-40 所示。

Je2E1041 背画自然循环原理示意图。

答：如图 E-41 所示。

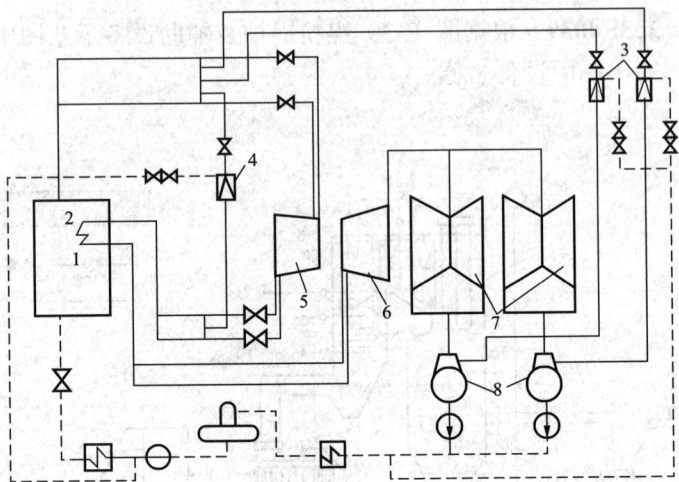

图 E-40

1—锅炉；2—再热器；3—1 级大旁路减温减压装置；4—高压旁路减温减压装置；

5—高压缸；6—中压缸；7—低压缸；8—凝汽器

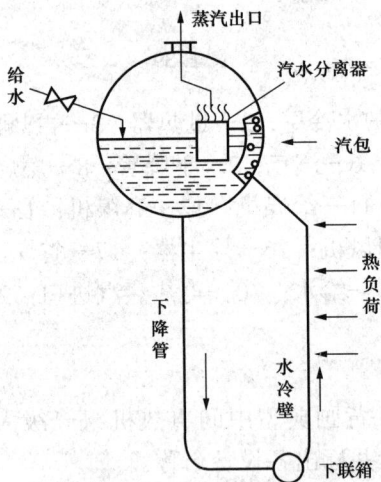

图 E-41

Je2E1042 背画直流锅炉示意图，并标出各设备名称。

答：如图 E-42 所示。

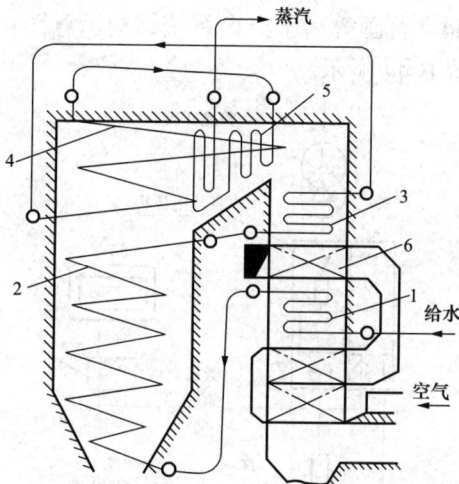

图 E-42

1—省煤器；2—炉膛蒸发受热面；3—过渡区；4—炉膛过热受热面；
5—对流过热器；6—空气预热器

Je2E2043 背画中间再热机组系统示意图，并标出各设备名称。

答：如图 E-43 所示。

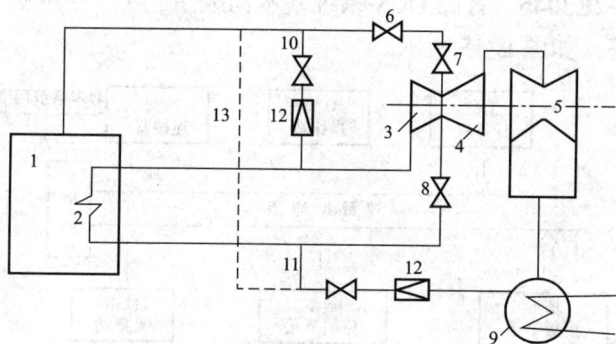

图 E-43

1—锅炉；2—再热器；3、4、5—汽轮机高、中、低压缸；6—主汽阀；7—调整阀；
8—联合汽门；9—凝汽器；10—高压旁路；11—中低压旁路；
12—减温减压器；13—整体旁路（大旁路）

Je2E2044 背画等离子点火系统结构示意图。

答：如图 E-44 所示。

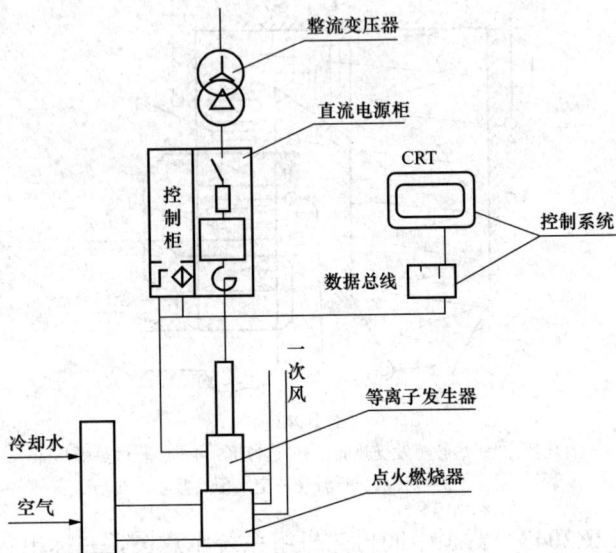

整流变压器

直流电源柜

CRT

控制系统

控制柜

数据总线

一次风

等离子发生器

冷却水

空气

点火燃烧器

图 E-44

Je2E3045 背画 DCS 系统基本构成图。

答：如图 E-45 所示。

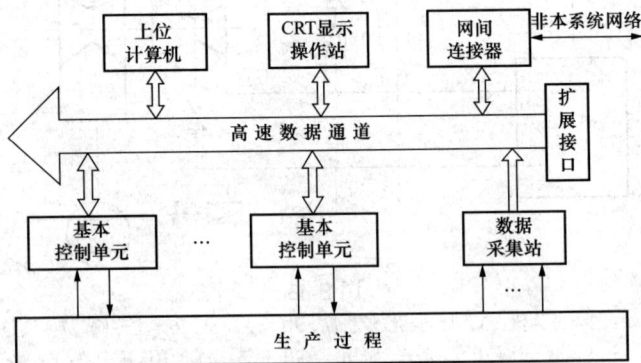

| 上位计算机 | CRT显示操作站 | 网间连接器 | 非本系统网络 |

高速数据通道

扩展接口

基本控制单元 ... 基本控制单元 数据采集站

生产过程

图 E-45

Je2E4046 根据图 E-46 典型循环流化床锅炉结构图中代号，写出图中设备名称。

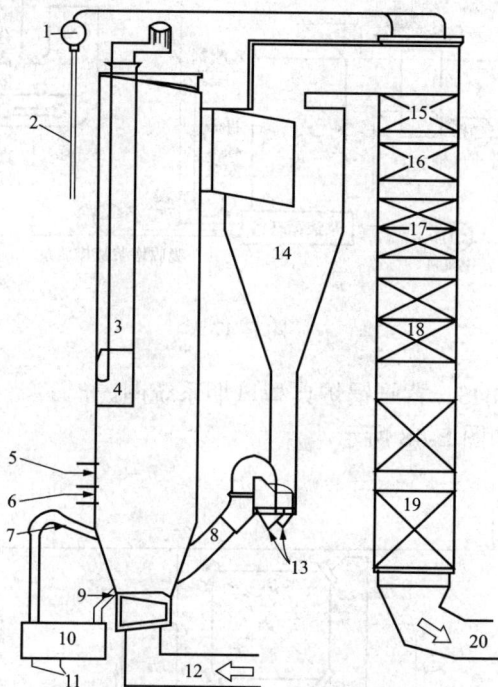

图 E-46

答：1—汽包；2—下降管；3—屏式过热器；4—屏式再热器；5—二次风（进入炉膛）；6—原煤（及石灰石进入炉膛）；7—灰渣流化风返料；8—返料装置；9—启动燃烧器；10—冷渣器；11—排渣口；12—一次风；13—高压流化风至返料装置入口；14—循环物料旋风分离器；15—Ⅲ级过热器；16—低温再热器；17—Ⅰ级过热器；18—省煤器；19—空气预热器；20—烟气出口

Je2E4047 背画典型湿法脱硫系统流程图。
答：如图 E-47 所示。

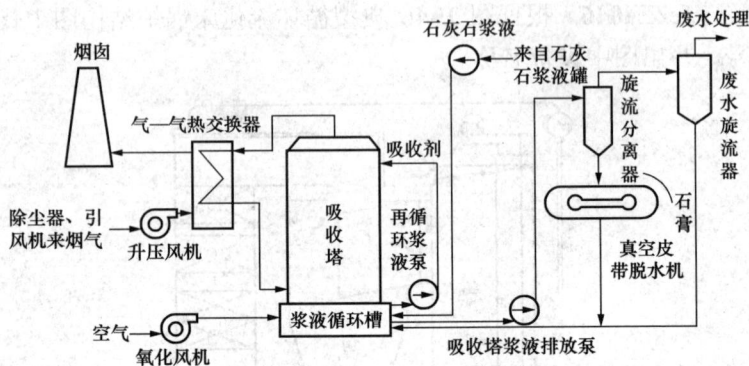

图 E-47

Je2E4048 背画锅炉典型风烟系统图。

答： 如图 E-48 所示。

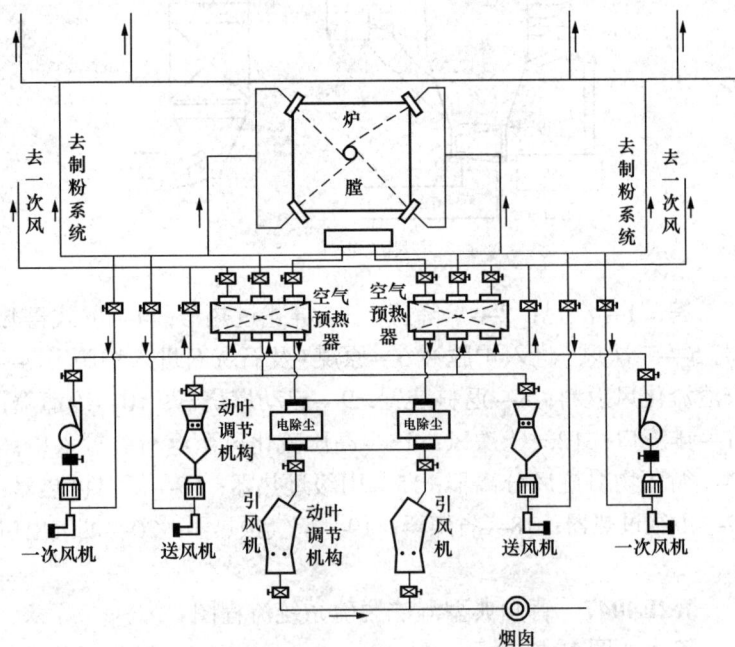

图 E-48

224

Je2E4049 背画一次风管风速测点布置图。

答：如图 E-49 所示。

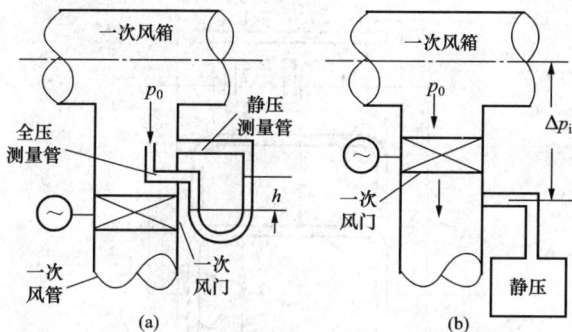

图 E-49

（a）动压测点及其位置；（b）静压测点及其位置

Je2E5050 背画典型锅炉给水系统图，标出设备名称。

答：如图 E-50 所示。

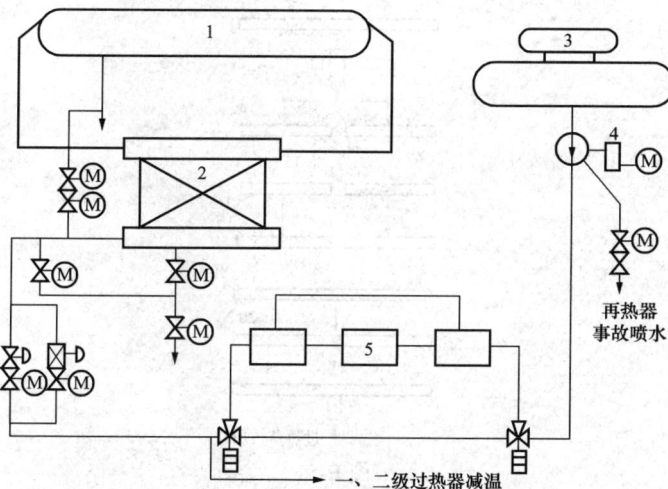

图 E-50

1—汽包；2—省煤器；3—除氧器；4—给水泵（电动）；5—高压加热器

Je2E5051 背画 300MW 亚临界控制循环锅炉过热蒸汽系统图，并标出各设备名称。

答：如图 E-51 所示。

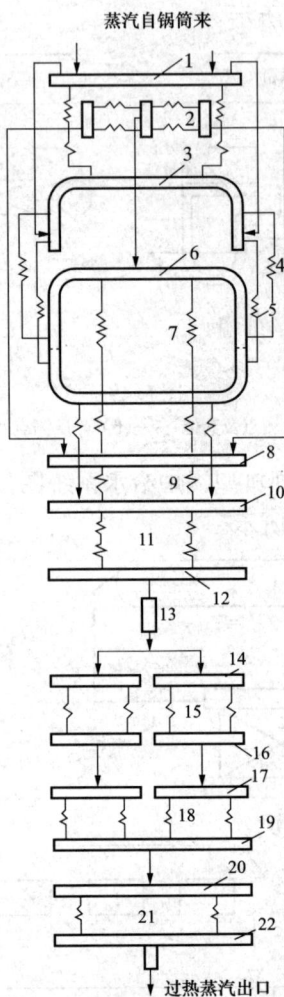

图 E-51

1—炉顶进口集箱；2—延伸侧墙；3—炉顶出口集箱；4—尾部包覆侧墙（前部）；5—尾部包覆侧墙（后部）；6—尾部包覆前墙下集箱；7—尾部包覆前墙；8—尾部包覆前墙上集箱；9—尾部包覆后炉顶及后墙；10—低温过热器进口集箱；11—低温过热器；12—低温过热器出口集箱；13—减温器；14—分隔屏进口集箱；15—分隔屏；16—分隔屏出口集箱；17—后屏进口集箱；18—后屏过热器；19—后屏出口集箱；20—高温过热器进口集箱；21—高温过热器；22—高温过热器出口集箱

Je1E1052　背画强制循环锅炉示意图，并标出各设备名称。

　　答：如图 E-52 所示。

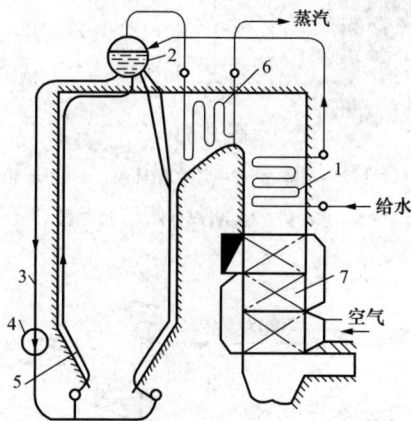

图 E-52

1—省煤器；2—汽包；3—下降管；4—炉水循环泵；

5—炉膛蒸发受热面；6—过热器；7—空气预热器

Je1E2053　背画控制循环系统原理图，并写出图中设备名称。

　　答：如 E-53 所示。

Je1E3054　背画火力发电厂生产过程示意图，并标出各设备名称。

　　答：如图 E-54 所示。

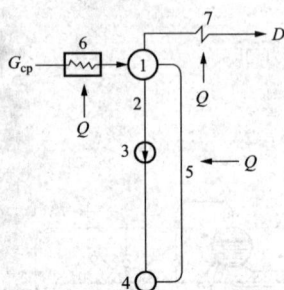

图 E-53

1—汽包；2—下降管；3—炉水循环泵；4—下联箱；

5—水冷壁；6—省煤器；7—过热器

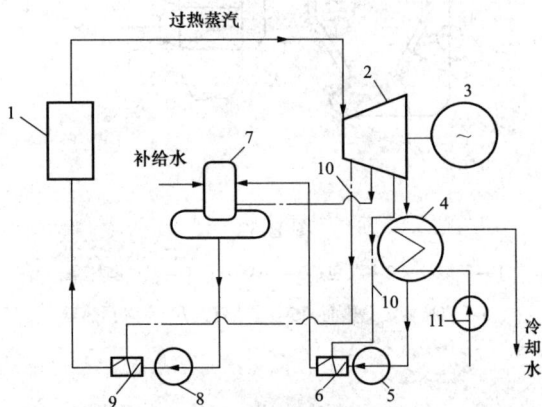

图 E-54

1—锅炉；2—汽轮机；3—发电机；4—凝汽器；5—凝结水泵；6—低压加热器；

7—除氧器；8—给水泵；9—高压加热器；10—汽轮机抽汽管道；11—循环水泵

Je1E3055 背画 DG3000/26.15—Ⅱ1 型锅炉过热器、再热器蒸汽流程图，并标出各设备名称。

答：如图 E-55 所示。

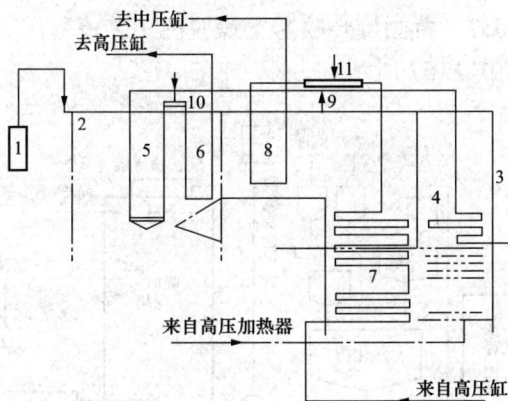

图 E-55

1—汽水分离器；2—顶棚过热器；3—包墙过热器；4—低温过热器；5—屏式过热器；

6—末级过热器；7—低温过热器；8—高温再热器；9—过热Ⅰ级减温器；

10—过热器Ⅱ级减温器；11—再热器事故减温器

Je1E3056 背画水力出灰系统流程图。

答：如图 E-56 所示。

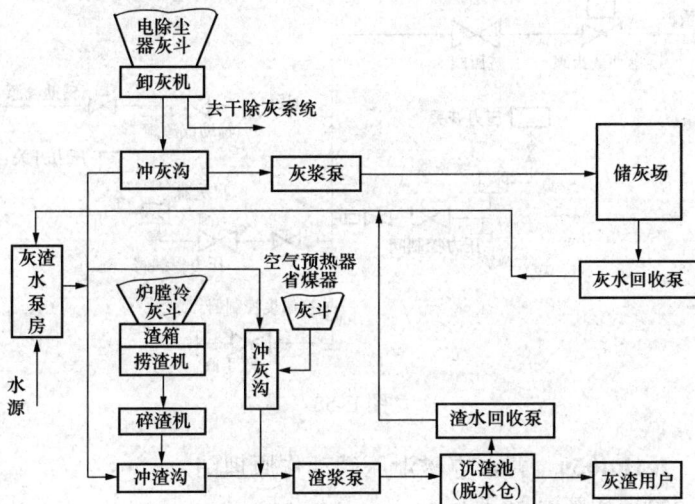

图 E-56

Je1E4057 背画旋转喷雾干燥脱硫工艺流程图。

答：如图 E-57 所示。

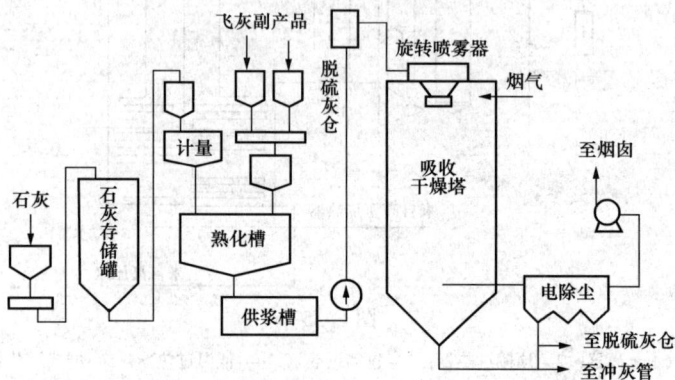

图 E-57

Je1E4058 背画典型吹灰管路系统图。

答：如图 E-58 所示。

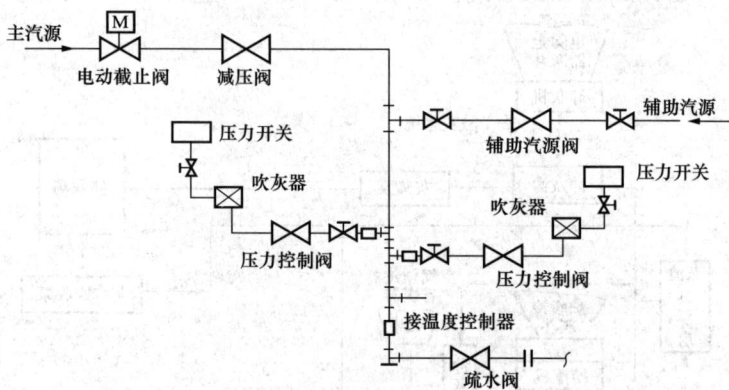

图 E-58

Je1E4059 背画电磁泄压阀动作原理图。

答：如图 E-59 所示。

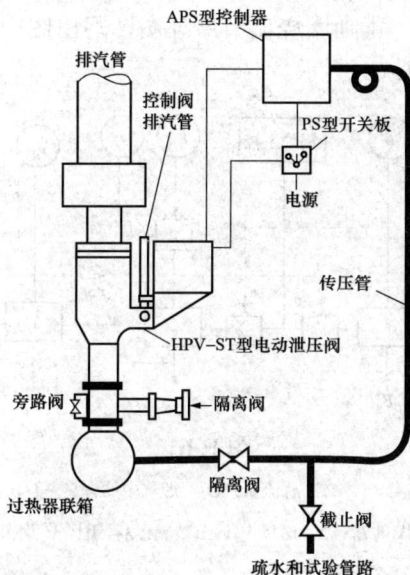

图 E-59

Je1E5060 背画典型直流锅炉启动旁路系统图。

答: 如图 E-60 所示。

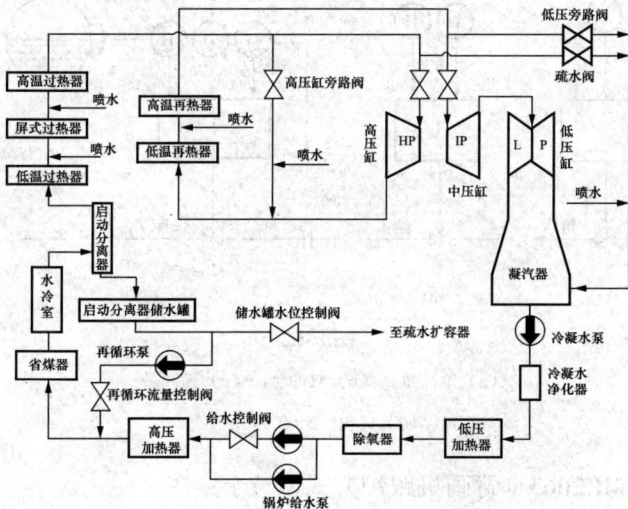

图 E-60

Je1E5061 背画燃烧调节原理图，写出图中部件名称。

答：如图 E-61 所示。

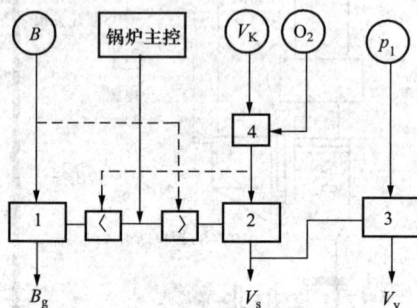

图 E-61

B—燃烧率；V_K——一、二次总流量；O_2—烟气中的含氧量；p_1—炉膛负压；

1—给煤量 B_g；2—送风 V_s 调节装置；3—引风 V_y 调节装置

Jf4E2062 背画给水自动调节系统示意图。

答：如图 E-62 所示。

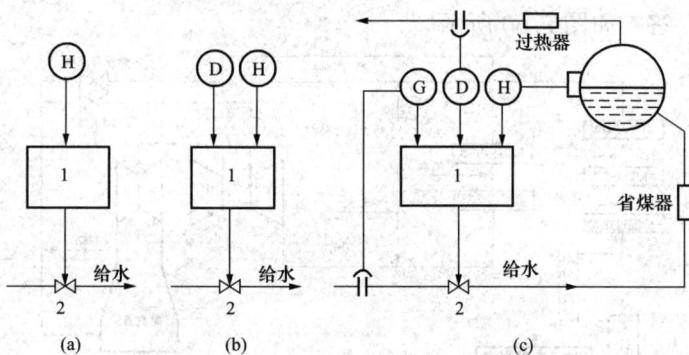

图 E-62

（a）单冲量；（b）双冲量；（c）三冲量

1—调节机构；2—给水调节阀

Jf4E2063 背画机跟炉方式调节示意图。

答：如图 E-63 所示。

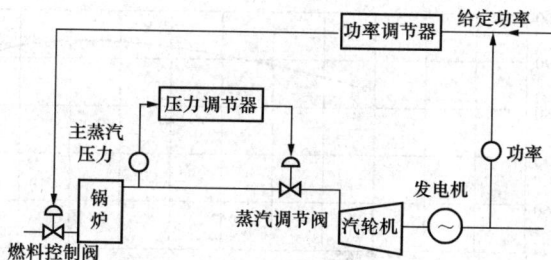

图 E-63

Jf4E2064 背画炉跟机方式调节示意图。

答：如图 E-64 所示。

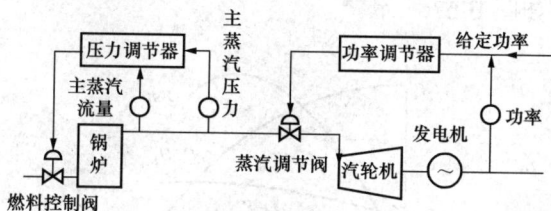

图 E-64

Jf4E3065 背画协调方式调节示意图。

答：如图 E-65 所示。

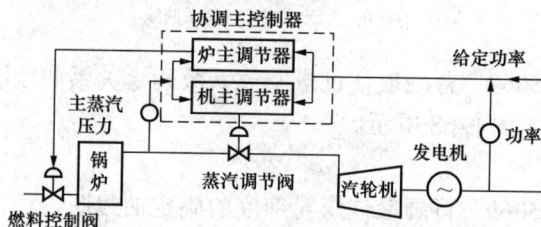

图 E-65

Je5E4066 背画负荷与锅炉效率的关系图。

答：如图 E-66 所示。

233

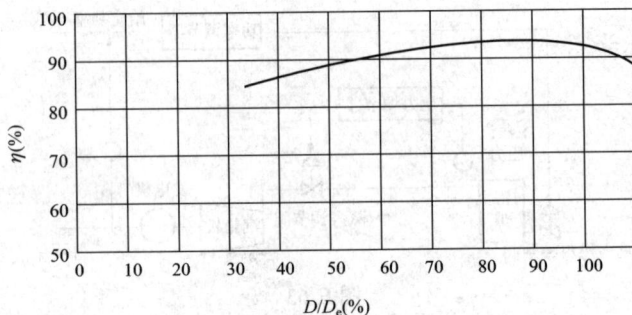

图 E-66

Je4E3067　背画离心泵的特性曲线图。

答：如图 E-67 所示。

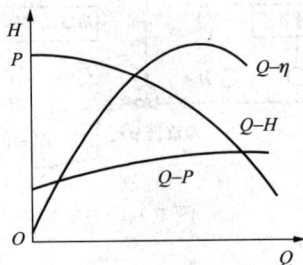

图 E-67

（Q—H）—流量—扬程关系曲线；（Q—P）—流量—轴功率关系曲线；

（Q—η）—流量—效率关系曲线

Je4E5068　背画最佳过量空气系数确定关系曲线图。

答：如图 E-68 所示。

Je4E5069　背画最佳煤粉细度的确定曲线图。

答：如图 E-69 所示。

Je1E4070　根据下图 E-70 中代号绘出锅炉平衡通风时烟道正负压分布情况。

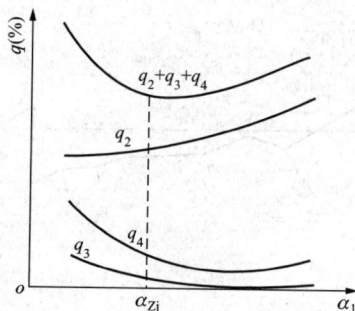

图 E-68

q_2—排烟损失；q_3—化学损失；q_4—机械损失；α_{Zj}—最佳过量空气系数

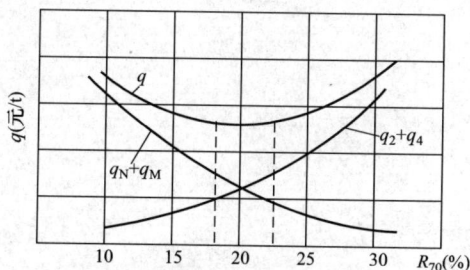

图 E-69

q_2—排烟热损失；q_N—磨煤电能消耗；q_4—机械不完全燃烧热损失；

q_M—制粉金属消耗量；q—q_2、q_N、q_4、q_M 的总和

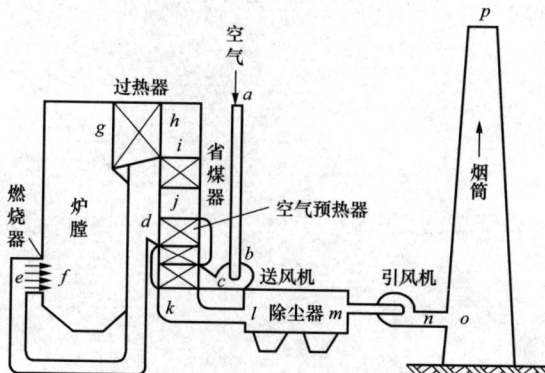

图 E-70

答：如下图所示。

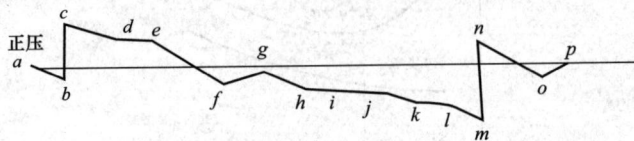

4.1.6 论述题

La5F1001 叙述锅炉的三大附件及作用。

答：锅炉的三大安全附件是安全阀、压力表和水位计。安全阀的作用是当锅内蒸汽压力超过允许值时,安全阀自动开放,向外排汽,当压力降到规定值时自动关闭,防止锅炉因超压而发生爆炸事故。压力表是用来测量锅炉内蒸汽压力大小的仪表,运行人员可以用来监视锅内蒸汽压力的变化。水位计是用以反映锅筒内水位状况的一次性直读仪表,以便运行人员监视锅筒内水位的变化。

为了保证锅炉三大安全附件的可靠性,每天应校对水位计,定期清洗水位计,确保其指示正确;定期校对、冲洗压力表,防止水垢和杂质堵塞弯管,使其灵敏可靠;定期手动或自动启闭安全阀,保证安全阀动作灵活,保障锅炉在规定的压力下安全运行。

La5F2002 叙述启动分离器的作用。

答：启动分离器是直流锅炉一个重要的辅助部件。直流锅炉开始启动时排出的热水、汽水混合物、饱和蒸汽和过热度不足的过热蒸汽均不能进入汽轮机。由于直流锅炉有一定的启动流量,为了减少启动时的热损失和凝结水的消耗,同时保证锅炉启动时对过热器的冷却效果,直流锅炉必须装有启动分离器才能达到以上的目的。启动分离器相当于自然循环锅炉的汽包,仅在锅炉启动时才起作用。

La4F3003 叙述汽包的作用。

答：汽包的作用主要有:

(1)汽包是工质加热、蒸发、过热三个过程的连接枢纽。同时作为一个平衡器,保持水冷壁中汽水混合物流动所需压头。

（2）汽包存有一定数量的水和汽，加之汽包本身的质量很大，因此有相当的蓄热量，在锅炉工况变化时，能起缓冲、稳定汽压的作用。

（3）汽包内装设汽水分离装置、蒸汽净化装置和加药装置，保证饱和蒸汽的品质。

（4）汽包装置测量表计及安全附件，如压力表、水位计、安全阀等。

La4F3004　煤粉燃烧分为哪几个阶段？

答： 煤粉在炉膛内的燃烧过程大致可分为三个阶段：着火前的准备阶段、燃烧阶段和燃尽阶段。

（1）着火前的准备阶段。着火前的准备阶段是一个吸热阶段，吸收的热量主要用于煤粉的水分蒸发、挥发分的析出和将煤粉加热到着火温度。

（2）燃烧阶段。当煤粉温度达到着火温度时，开始着火燃烧，进入燃烧阶段，燃烧阶段是一个强放热阶段。

（3）燃尽阶段。燃烧阶段未燃尽而被灰包围的少量固定碳还要继续燃烧，直至燃尽，这一阶段称为煤粉的燃尽阶段。

由于煤粉燃烧的三个阶段不是截然分开的，它没有明确的界限，据此一般将炉膛简单分为三个区，即着火区、燃烧区和燃尽区。燃烧器附近为着火区，炉膛中部与燃烧器同一水平及稍高区域是燃烧区，高于燃烧区直至炉膛出口区域是燃尽区。

Lb4F3005　试述空气预热器积灰和腐蚀的原因。

答： 造成空气预热器积灰和腐蚀的主要原因是锅炉烟气中含有水蒸气、硫的燃烧产物。硫在燃烧时，除部分残留在灰渣中，其余大部分生成 SO_2，在一定条件下少部分进一步氧化成 SO_3。烟气中含有量的多少与燃烧方式、运行工况、燃料的含硫量及灰的化学成分有关。

SO_3 与水蒸气结合后，生成硫酸蒸气，当它在金属表面上凝结时，便对金属产生腐蚀；同时凝结在金属表面的硫酸露水与烟气中的灰黏在一起，会越结越多造成预热器堵塞。在实际生产中，末级空气预热器由于处在烟气和空气温度较低处，其发生积灰和腐蚀的可能性最大。

Lb4F3006　W 形火焰燃烧方式有哪些主要特点？

答： W 形火焰燃烧方式的主要特点有：

（1）煤粉开始自上而下流动，着火后向下扩展，随着燃烧过程的发展，煤粉颗粒逐渐变小，速度减慢。在离开一次风口数米后，火焰开始转折 180° 向上流动，既不易产生煤粉分离现象，又获得了较长的火焰燃烧行程。

（2）由于着火区没有大量空气进入，保证了炉膛温度无明显下降。而且，有部分高温烟气回流至着火区，有利于迅速加热进入炉内的煤粉气流，加速着火，提高着火的稳定性。

（3）下部的拱式着火炉膛的前、后墙以及炉顶拱部分，可以辐射大量热量，提供了煤粉气流比较充足的着火热。

（4）煤粉自上而下进入炉膛，一次风率可降至 5%～15%，风速很低，可以低至 15m/s。

（5）因为燃烧过程基本上是在下部炉膛中的高温区内完成的，而上部炉膛主要用来冷却烟气，因此，锅炉炉膛的高度主要由炉膛出口烟气温度决定。

（6）火焰流向与炉内水冷壁平行，使得烟气对炉墙不发生冲刷，受热面不易结渣。

（7）由于火焰不旋转，炉膛出口烟气的速度场和温度场分布比较均匀，可以减少过热器和再热器的热偏差。

（8）因为采用了一次风煤粉气流下行后转 180° 弯向上流程的火焰烟气流程，可以分离烟气中的部分飞灰。

Lb4F3007　什么是滑参数启动？滑参数启动有哪两种方法？

答： 滑参数启动是锅炉、汽轮机的联合启动，或称整套启动。它是将锅炉的升压过程与汽轮机的暖管、暖机、冲转、升速、并网、带负荷平行进行的启动方式。启动过程中，随着锅炉参数的逐渐升高，汽轮机负荷也逐渐增加，待锅炉出口蒸汽参数达到额定值时，汽轮机也达到额定负荷或预定负荷，锅炉、汽轮机同时完成启动过程。

滑参数启动的基本方法有如下两种：

（1）真空法。启动前从锅炉到汽轮机的管道上的阀门全部打开，疏水门、空气门全部关闭。投入抽气器，使由汽包到凝汽器的空间全处于真空状态。锅炉点火后，一有蒸汽产生，蒸汽即通过过热器、管道进入汽轮机，进行暖管、暖机。当汽压达冲转参数时，汽轮机即可冲转。当汽轮机达额定转速时，可并网开始带负荷。

（2）压力法。锅炉先点火升压，汽压达冲转参数时，开始冲转，以后随着蒸汽压力、温度逐渐升高，汽轮机达到全速、并网、带负荷，直到达到额定负荷。滑参数启动适用于单元制机组或单母管切换制机组，目前，大多数发电厂采用压力法进行滑参数启动，而很少使用真空法进行滑参数启动。

Lb4F3008 叙述燃烧器出口风速与风率的调节必要性。

答：燃烧器保持适当的一、二、三次风出口速度和风率是建立良好的炉内工况、使风粉混合均匀、保证燃料正常着火与燃烧的必要条件。一次风速过高会推迟着火时间，过低会烧坏燃烧器喷口，并可能造成一次风管的堵管。二次风速过高或过低都可能破坏气流与燃料的正常混合、搅拌，从而降低燃烧的稳定性和经济性。燃烧器出口断面的尺寸及流速决定了一、二、三次风量的百分率。风率的变化也对燃烧工况有很大影响。当一次风率过大时，为达到风粉混合物着火温度所需的吸热量就要多，因而达到着火所需的时间就延长，这对挥发分低的燃煤着火很不利，如果一次风温较低就更为不利。而对于挥发分较高的燃煤，由于其着火后要保证挥发分的及时燃尽，就需要有较高的一次风率。

Lb4F3009 叙述锅炉运行中引起炉膛负压波动的因素。

答：（1）引风机或送风机调节挡板摆动。调节挡板有时会在原位作小幅度摆动，相当于忽开忽关，造成风量忽大忽小，从而引起炉膛负压的不稳定。

（2）燃料供应的不稳定。由于给粉机、给煤机的原因或管道的原因，使进入炉膛的燃料量发生波动，燃烧产生的烟气量也相应波动，从而引起负压波动。

（3）燃烧不稳。运行过程中，由于燃料质量的变化或其他原因，使炉内燃烧时强时弱，从而引起负压波动。

（4）吹灰、掉焦的影响。吹灰时突然有大量的蒸汽或空气喷入炉内，从而使负压波动；因此要求吹灰时，应该预先适当提高炉膛负压。炉膛的大块结渣突然掉下时，由于冲击作用使炉内气体产生冲击波，炉内烟气压力会有较大的波动，严重时可能造成灭火。

（5）调节不当。负荷变化时，需对燃料量，引、送风量作相应的调整，如果调节不当，都会引起炉膛负压波动。

（6）脱硫系统工况的影响。

Lb4F4010 试述锅炉热效率的计算方法。

答：锅炉热效率的计算方法，一般有正平衡法和反平衡法两种。

（1）正平衡法。即用锅炉有效利用热量与送入锅炉的热量之比的方法求出锅炉热效率 η。如果忽略燃料带入的物理热和雾化蒸汽的热量，并且锅炉没有再热器，则锅炉热效率 η 为

$$\eta = \frac{(i_q - i_s)D_q + (i_p - i_s)D_p + (i_z - i_s)D_z}{BQ_{net,ar}} \times 100\%$$

式中　　　i_z、i_q——自用蒸汽焓和过热蒸汽焓，kJ/kg；

　　　　D_q、D_z、D_p——过热蒸汽流量、自用蒸汽流量、排污水流

量，kg/h；

i_p、i_s ——排污水和给水的焓，kJ/kg；

B ——燃料消耗量，kg/h；

$Q_{net,ar}$ ——燃料的低位发热量，kJ/kg。

（2）反平衡法，即用测出的锅炉各项热损失的方法求得锅炉热效率 η，计算式为

$$\eta = q_1 = 100\% - q_2 - q_3 - q_4 - q_5 - q_6$$

式中 q_1 ——有效利用热量占送入锅炉总热量的百分数；

q_2 ——排烟热损失占送入锅炉总热量的百分数；

q_3 ——化学不完全燃烧热损失占送入锅炉总热量的百分数；

q_4 ——机械不完全燃烧热损失占送入锅炉总热量的百分数；

q_5 ——散热损失占送入锅炉总热量的百分数；

q_6 ——灰渣物理热损失占送入锅炉总热量的百分数。

Lb4F5011　试述 MFT 动作后的手动处理原则。

答： MFT 动作后进行如下手动干预：

（1）MFT 后确认厂用电切至启/备变供电。

（2）检查确认锅炉所有燃料中断，否则立即手动干预，例如按下硬接线"MFT"按钮等。

（3）尽量维持汽包水位，若水位维持不住，应注意炉水泵的运行。当差压及电流摆动或炉水泵发生振动时，应及时停止炉水泵运行，尽快恢复汽包水位并启动一台炉水泵运行。

（4）若 MFT 后短时间内不能恢复汽包水位，应将炉水泵停电。

（5）及时打开省煤器再循环门。

（6）如 MFT 动作原因一时难以查清或消除，则应在锅炉跳闸吹扫后，关闭燃油系统供油手动隔离门和回油手动隔离门，或关闭所有油枪供油手动隔离门并确认无油漏入炉内，停止通

风系统，紧闭各风门挡板，保留必要的辅机运行，保持锅炉热备用状态准备再启动。汽轮机按事故停机处理。

（7）MFT 的原因查明并消除后，汇报值长；接到点火命令后进行炉膛吹扫，准备点火。

（8）当机组重新并列带负荷时，应逐台吹扫 MFT 时紧急跳闸且未投用的磨煤机。

Lb3F1012　减温器在过热器系统中如何布置比较合理？

答：（1）减温器除了将汽温调节到额定范围内，还要保护受热面不过热。既要保证调节汽温的准确性和灵敏性，又要保证受热面安全。

（2）如果减温器布置在过热器入口端，能保证受热面安全及蒸汽温度合格。但由于距离出口较远，调节的灵敏性较差，饱和蒸汽减温后会出现水滴，水滴在各管中分布不均，会使热偏差加剧。

（3）如果减温器布置在过热器出口端，能保证出口汽温合格，调节灵敏性较高。但在减温器前超温时，过热器就难以得到保护。

（4）如果减温器布置在过热器的中间位置，既能保护高温过热器的安全，又使汽温调节有较高灵敏性。减温器越靠近出口，调节灵敏性就越高。

Lb3F1013　运行中影响燃烧经济性的因素有哪些？

答：运行中影响燃烧经济性的因素是多方面的，复杂的，主要的有以下几点：

（1）燃料质量变差。如挥发分下降，水分、灰分增大，使燃料着火及燃烧稳定性变差，燃烧完全程度下降。

（2）煤粉细度变粗，均匀度下降。

（3）风量及配风比不合理。如过量空气系数过大或过小，一、二次风风率或风速配合不适当，一、二次风混合不及时。

（4）燃烧器出口结渣或烧坏，造成气流偏斜，从而引起燃烧不完全。

（5）炉膛及制粉系统漏风量大，导致炉膛温度下降，影响燃料的安全燃烧。

（6）锅炉负荷过高或过低。负荷过高时，燃料在炉内停留的时间缩短；负荷过低时，炉温下降，配风工况也不理想，都影响燃料的完全燃烧。

（7）给粉机或给煤机工作失常，进入炉膛粉量不稳定。

Lb3F2014　叙述蒸汽参数对锅炉受热面布置有何影响。

答：锅炉工质的加热过程可分为水的预热、水的蒸发和蒸汽的过热三个阶段。这三个阶段吸热量的比例是随着蒸汽压力变化而变化的，蒸汽压力低，蒸发热占的比例大；蒸汽压力越高，蒸发热的比例越小，预热热和过热热的比例越大。例如，低参数锅炉蒸发热所占比例为 70%～75%，受热面以蒸发受热面为主；中压锅炉蒸发热约占 66%，过热热约占 20%，一般布置对流过热器即可；超高压及亚临界压力锅炉一般为再热锅炉，过热热和再热热占 45%以上，就需要布置墙式、屏式、对流式过热器组合系统。因此，锅炉蒸汽参数对锅炉受热面的布置有很大影响，不同参数的锅炉对受热面布置的要求各不相同。

Lb3F3015　煤粉炉为什么不宜使用含灰量过大的燃煤？

答：煤粉锅炉燃烧的煤粉颗粒较细，锅炉的不完全燃烧损失 q_4 较小，大、中型锅炉热效率大多在 90%以上。因此，锅炉负荷一定，燃煤量的多少主要取决于煤的发热量。由于煤中的含氢量较少，而且差别不大，当燃煤含水量相同时，煤的发热量主要决定于含灰量，含灰量越大，发热量越低，反之则发热量越高。

同等负荷情况下，燃用含灰量大的煤必然导致锅炉单位时间内的燃煤量增加，制粉耗电量增加。同时由于灰量增加，致使锅炉的物理热损失增大，从而造成了机组供电煤耗上升，发电成本增加。

由于煤粉炉采用室燃方式，煤中90%的灰分以灰的形式与烟气一起流经对流受热面。燃用含灰量大的燃煤会使烟气中的灰浓度提高，由于其热值下降造成燃煤耗量增加，又使烟气中的灰浓度进一步提高。锅炉尾部受热面管壁磨损速度与烟气的灰浓度成正比，因此，燃用含灰量大的燃煤必然导致受热面管壁磨损速度加快，使受热面的寿命缩短，"四管"泄漏率上升，检修成本增加。

一般来讲，劣质煤的含灰量高，发热量低，但其价格也低。故要权衡和比较燃料费用降低和其他费用的增加两者之间哪个对降低发电成本影响更大。在燃料价格相近时，应尽量选择含灰量低的燃煤，有利于降低发电成本。

Lb3F3016　试述燃料性质对锅炉受热面布置有何影响。

答：燃料的性质和种类对锅炉的布置方式有很大影响。以固体燃料为例，挥发分、水分、灰分及硫分对锅炉布置就有很大的影响。挥发分低的煤，一般不易着火和燃尽，这就要求炉膛容积大一些，以保证燃料在炉内在足够的燃烧时间；另外还需要有较高的热风温度，即增加空气预热器受热面。燃料的水分较大时，将引起炉膛温度降低，使辐射吸热量减小，因而空气预热器应布置得多些。燃料的灰分较大时，将加剧对流受热面的磨损，为减轻磨损，可采用塔式布置方式；灰分熔点太低时，为保证在炉膛出口及后部受热面不结渣，可采用液态排渣方式。燃料的硫分较大时，在锅炉的布置上，还要采取各种防止低温腐蚀和堵灰的措施。

Lb3F3017　煤粉为什么有爆炸的可能性？它的爆炸性与哪些因素有关？

答：煤粉很细，相对表面积很大，能吸附大量空气，随时都在进行着氧化。氧化放热使煤粉温度升高，氧化加强。如果散热条件不良，煤粉温度升高一定程度后，即可能自燃爆炸。煤粉的爆炸性与许多因素有关，主要的有：

（1）挥发分含量。挥发分 V_{daf} 高，产生爆炸的可能性大，而对于 $V_{daf}<10\%$ 的无烟煤，一般可不考虑其爆炸性。

（2）煤粉细度。煤粉越细，爆炸的危险性越大。对于烟煤，当煤粉粒径大于 $100\mu m$ 时，几乎不会发生爆炸。

（3）气粉混合物浓度。危险浓度为 $1.2\sim2.0kg/m^3$。在运行中，从便于煤粉输送及点燃考虑，一般还较难避开引起爆炸的浓度范围。

（4）煤粉沉积。制粉系统中的煤粉沉积，往往会因逐渐自燃而成为引爆的火源。

（5）气粉混合物中的氧气浓度。氧气浓度高，爆炸危险性大。在燃用 V_{daf} 高的褐煤时，往往引入一部分炉烟干燥剂，也是防止爆炸的措施之一。

（6）气粉混合物流速。流速低，煤粉有可能沉积；流速过高，可能引起静电火花。所以气粉混合物过高、过低对防爆都不利，一般气粉混合物流速控制为 $16\sim30m/s$。

（7）气粉混合物温度。温度高，爆炸危险性大。因此，运行中应根据 V_{daf} 高低，严格控制磨煤机出口温度。

（8）煤粉水分。过于干燥的煤粉爆炸危险性大。煤粉水分要根据挥发分 V_{daf}、煤粉储存与输送的可靠性以及燃烧的经济性综合考虑确定。

Lb3F3018　论述运行中如何提高锅炉燃用劣质煤的稳定性。

答：劣质煤主要指无烟煤，高灰分（大于 40%）、低热值（低位发热量小于 16.7MJ/kg）的烟煤（包括洗煤），高水分（大于 30%）、高灰分（大于 40%）和低热值的褐煤等。为了保证锅炉的安全运行，必须首先确保锅炉的燃烧稳定性。

提高运行中锅炉燃用劣质煤的稳定性，可以从以下几个方面进行：

（1）保持适当的一次风率。燃用劣质煤应适当降低一次风率。对于高挥发的劣质煤，一次风率应在 25%～30%；对于低挥发的劣质煤，一次风率应在 20%～25%。

（2）保持合理一次风速。燃烧劣质煤时，一次风速一般选取 24～28m/s。

（3）适当降低三次风量。一般燃用劣质烟煤时，三次风率控制在小于或等于 30%，三次风速小于或等于 60m/s，以 50～55m/s 为宜；当燃用高水分的烟煤时，运行的三次风速高于此值。

（4）保持合适的煤粉细度。从经济性考虑，煤粉细度应维持在最佳值。但对于劣质煤而言，煤粉细度的控制还要考虑锅炉运行的安全可靠性。对高灰分的劣质煤，煤粉细度可按照下式确定：$R_{90}=V_{ar}(1+n)$ 或 $R_{90}=2+1.1V_{daf}$（$V_{ar}>18\%$，$n=0.2$；$V_{ar}<18\%$，$n=0.15$）；对于无烟煤的煤粉细度 R_{90} 应小于 10%。

Lb3F4019　论述假想切圆直径的大小对锅炉工作的影响。

答：角置式燃烧器以同一高度喷口的几何轴线作切线，这些切线在炉膛横截面中部形成的几何圆形称为假想切圆。燃烧器的四股气流沿假想圆的切线方向喷射，在炉内形成绕假想切圆强烈旋转的气流。

对于不同燃料、不同类型的锅炉，假想切圆的直径完全不一样；同一锅炉的一、二次风也可能采用不同直径的假想切圆。一般切圆直径大约在 600～1300mm。

较大直径的假想切圆，可使邻角火炬的高温火焰更易达到下游邻角的燃烧器根部，有利于煤粉气流的着火，同时使炉内气流旋转强烈，燃烧后期混合得以改善，有利于燃尽过程。但假想切圆大，一次风气流偏斜程度增大，易引起水冷壁的结渣、磨损。切圆直径过大时，气流到达炉膛出口还有较强的残余旋转，会引起烟温和过热汽温的偏差。由于切圆存在负压无风区，故使炉膛的火焰充满程度也受到不利影响。

Lb3F4020　论述四角布置的直流燃烧器气流偏斜的原因及对燃烧的影响。

答：（1）气流偏斜的原因。

1）射流在其两侧压力差的作用下，被压向一侧而产生偏斜，由于直流燃烧器的四角射流相切于炉膛中心的假想切圆，致使射流两侧与炉膛夹角不同。夹角大的一侧，空间大、高温烟气补充充分，另一侧补气不充分，致使夹角大的一侧静压大于夹角小的一侧，在压差的作用下，射流向夹角小的一侧偏斜。

2）炉膛宽、深尺寸差别越大，切圆直径越大，两侧夹角差别越大，射流偏斜越大。

3）射流受上游邻角燃烧器射流的横向推力作用也迫使气流发生偏斜。

4）射流刚性的大小，也影响气流的偏斜。

（2）气流偏斜对燃烧的影响。射流偏斜不大时，可改善炉内气流工况，使部分高温烟气正好补充到邻组燃烧器的根部，不但保证了煤粉气流的迅速着火和稳定燃烧，又不至于结焦，这正是四角直吹式直流燃烧器的特点。但气流偏斜过大时，会形成气流刷墙致使水冷壁炉墙结焦、磨损等不良后果，且炉膛火焰充满度降低。

Lb2F3021　叙述最佳过量空气系数的意义。

答：当炉膛出口过量空气系数 α 过大时，燃烧生成的烟气量增多，烟气在对流烟道中的温降减小，排烟温度升高，排烟量和排烟温度增大，使排烟热损失 q_2 变大；但在一定范围内炉膛出口过量空气系数 α 增大，由于供氧充分，炉内气流混合扰动好，有利于燃烧，使燃烧损失 q_3+q_4 减小。因此，存在一个最佳的过量空气系数 α_{zj}，可使 q_2、q_3、q_4 损失之和最小，锅炉效率 η 最高。最佳 α_{zj} 可通过燃烧调整试验来确定，运行中应按最

佳的 α_{zj}（O_2）来控制炉内用风量。过量空气系数 α 过小或过大都会使锅炉效率 η 降低。

锅炉运行中，过量空气系数 α 的大小与锅炉负荷、燃料性质、配风方式等有关。锅炉负荷越高，所需 α 越小；负荷越低时，由于形成炉内空气动力场有最低风量的要求，导致最佳过量空气系数增大；煤质差（如燃用低挥发分煤）时，着火、燃尽困难，需要较大的过量空气系数 α 值；如燃烧器不能做到均匀分配风、粉，则锅炉效率降低，而且最佳过量空气系数 α_{zj} 值要大些。通过燃烧调整试验可以确定锅炉在不同负荷、燃用不同煤质时的最佳过量空气系数。若锅炉没有其他缺陷，应按最佳过量空气系数 α_{zj} 所对应的氧量控制锅炉的送风量。

Lb2F4022　论述内置式启动汽水分离器的控制。

答：超临界机组具有外置式启动分离器和内置式启动分离器。内置式启动分离器在湿态和干态的控制是不相同的，而且随着压力的升高，湿干态的转换是内置式汽水分离器的一个显著特点。

（1）内置式汽水分离器的湿态运行。锅炉负荷小于 35%时，超临界锅炉运行在最小水冷壁流量，所产生的蒸汽要小于最小水冷壁流量，汽水分离器湿态运行，汽水分离器中多余的饱和水通过汽水分离器液位控制系统控制排出。

（2）内置式汽水分离器的干态运行。锅炉负荷大于 35%以上时，锅炉产生的蒸汽大于最小水冷壁流量，过热蒸汽通过汽水分离器，此时汽水分离器为干式运行方式，汽水分离器出口温度由煤水比控制，即由汽水分离器湿态时的液位控制转为温度控制。

（3）汽水分离器湿干态运行转换。湿态运行过程中锅炉的控制参数是分离器的水位和维持启动给水流量，在干态运行过程中锅炉的控制参数是温度控制和煤水比控制，在湿干态转换中可能会发生蒸汽温度的变化，故在此转换过程中必须要保证蒸汽温度的稳定。

Lb2F4023　漏风对锅炉运行的经济性和安全性有何影响？

答：不同部位的漏风对锅炉运行造成的危害不完全相同。但不管什么部位的漏风，都会使气体体积增大，使排烟热损失升高，使引风机电耗增大。如果漏风严重，引风机已开到最大还不能维持规定的负压（炉膛、烟道），被迫减小送风量时，会使不完全燃烧热损失增大，结渣可能性加剧，甚至不得不限制锅炉出力。

炉膛下部及燃烧器附近漏风可能影响燃料的着火与燃烧。由于炉膛温度下降，炉内辐射传热量减小，会降低炉膛出口烟温。炉膛上部漏风，虽然对燃烧和炉内传热影响不大，但是炉膛出口烟温下降，对漏风点以后的受热面的传热量将会减少，对流烟道漏风将降低漏风点的烟温及以后受热面的传热温差，因而减小漏风点以后受热面的吸热量。由于吸热量减小，烟气经过更多受热面之后，烟温将达到或超过原有温度水平，会使排烟热损失明显上升。

综上所述，炉膛漏风要比烟道漏风危害大，烟道漏风的部位越靠前，其危害越大。空气预热器以后的烟道漏风，只使引风机电耗增大。

Lb2F5024　锅炉启动过程中，汽包上、下壁温差是如何产生的？怎样减小汽包上、下壁的温差？

答：在启动过程中，汽包壁是从工质吸热，温度逐渐升高的。启动初期，锅炉水循环尚未正常建立，汽包中的水处于不流动状态，对汽包壁的对流换热系数很小，即加热很缓慢。汽包上部与饱和蒸汽接触，在压力升高的过程中，贴壁的部分蒸汽将会凝结，对汽包壁属凝结放热，其对流换热系数要比下部的水高出很多倍。当压力上升时，汽包的上壁能较快地接近对应压力下的饱和温度，而下壁则升温很慢。这样就形成了汽包上壁温度高、下壁温度低的状况。锅炉升压速度越快，上、下壁温差越大。汽包上、下壁温差的存在，使汽包上壁受压缩应力，下壁受拉伸应力。温差越大，应力越大，严重时使汽包趋于拱背状变形。为此，我国有关规程规定：汽包上、下壁允许温差为 40℃，最大不超过 50℃。为控制汽包上、下壁温差不超限，一般采用如下一些措施：

（1）按锅炉升压曲线严格控制升压速度。加热速度应控制汽包下壁温度上升速度为 0.5～1℃/min，汽包饱和温度上升速度不应超过 1.5℃/min。

（2）汽包强制循环锅炉和自然循环锅炉可采用锅炉底部蒸汽推动投入，利用蒸汽加热锅水，均匀投入燃烧器，自然循环锅炉还可采用水冷壁下联箱适当放水等。

（3）采用滑参数启动。

Lb2F5025　锅炉停炉过程中，汽包上、下壁温差是如何产生的？怎样减小汽包上、下壁的温差？

答：锅炉停炉过程中，蒸汽压力逐渐降低，温度逐渐下降，汽包壁是靠内部工质的冷却而逐渐降温的。压力下降时，饱和温度也降低，与汽包上壁接触的是饱和蒸汽，受汽包壁的加热，形成一层微过热的蒸汽，其对流换热系数小，即对汽包壁的冷却效果很差，汽包壁温下降缓慢。与汽包下壁接触的是饱和水，在压力下降时，因饱和温度下降而自行汽化一部分蒸汽，使水很快达到新的压力下的饱和温度，其对流换热系数高，冷却效果好，汽包下壁能很快接近新的饱和温度。这样，和启动过程相同，出现汽包上壁温度高于下壁的现象。压力越低，降压速度越快，这种温差就越明显。停炉过程中汽包上、下壁温差的控制标准为不大于 50℃，为使上、下壁温差不超限，一般采取如下措施：

（1）严格按降压曲线控制降压速度。

（2）采用滑参数停炉。

Lb2F5026　造成受热面热偏差的基本原因是什么？

答：造成受热面热偏差的原因是吸热不均、结构不均、流量不均。受热面结构不一致，对吸热量、流量均有影响，所以，通常把产生热偏差的主要原因归结为吸热不均和流量不均两个方面。

（1）吸热不均方面：

1）沿炉宽方向烟气温度、烟气流速不一致，导致不同位置的管子吸热情况不一样。

2）火焰在炉内充满程度差，或火焰中心偏斜。

3）受热面局部结渣或积灰，会使管子之间的吸热严重不均。

4）对流过热器或再热器，由于管子节距差别过大，或检修时割掉个别管子而未修复，形成烟气"走廊"，使其邻近的管子吸热量增多。

5）屏式过热器或再热器的外圈管，吸热量较其他管子的吸热量大。

（2）流量不均方面：

1）并列的管子，由于管子实际内径不一致（管子压扁、焊缝处突出的焊瘤、杂物堵塞等），长度不一致，形状不一致（如弯头角度和弯头数量不一样），造成并列各管的流动阻力大小不一样，使流量不均。

2）联箱与引进出管的连接方式不同，引起并列管子两端压差不一样，造成流量不均。现代锅炉多采用多管引进引出联箱，以求并列管流量基本一致。

Lb1F1027　叙述烟气流速与受热面管壁磨损的关系。

答：在燃料的种类和烟气冲刷受热面方式相同的情况下，对流受热面管壁磨损的速度，即管子金属被磨去的数量与冲击管子表面飞灰颗粒的动能和冲击次数成正比。飞灰颗粒动能越大，冲击次数越多，则对流受热面管壁的磨损速度越快。

由于烟气中飞灰的流速与烟气流速基本相同，飞灰的动能大小和冲击受热面管子次数决定于烟气流速，而且飞灰的动能与其速度的平方成正比，飞灰冲击次数与烟速的一次方成正比。也就是说，对流受热面管子的磨损速度与烟气速度的三次方成正比，即烟气流速增加一倍，对流受热面管壁磨损速度增加七倍。

Lb1F2028　论述对流受热面积灰的危害。

答：锅炉对流受热面一般指对流过热器、对流再热器、省煤器和空气预热器。它们与烟气间的换热以对流换热为主，因此称之为对流受热面。

锅炉运行时，对流受热面积灰是无法避免的。研究发现，对流受热面的积灰颗粒度很小，当灰的当量直径小于 $3\mu m$ 时，灰粒与金属间和灰粒间的万有引力超过灰粒本身的质量。因此当灰粒接触金属表面时，灰粒将会黏附在金属表面上不掉下来。

烟气流动时，因为烟气中灰粒的电阻较大会发生静电感应。虽然对流受热面的材料是良好导体，但是当其表面积灰后，会变成绝缘体，很容易将因静电感应而产生异种电荷的灰粒吸附在其表面上。实践证明，对流受热面的灰大多是当量直径小于 $10\mu m$ 的灰粒。

由于灰粒的导热系数很小，对流受热面积灰，使得热阻显著增加，传热恶化，烟气得不到充分冷却，排烟温度升高，锅炉热效率降低，甚至影响锅炉出力。积灰还会使锅炉烟气通流截面减小，通道阻力增加，引风机电耗增加。因此，应采取合适的技术措施做好对锅炉受热面的定期清灰工作，提高锅炉热效率，节约风机耗电，降低供电煤耗。

Lb1F2029　叙述锅炉停炉后的保养方法。

答：实践证明，在相同时间内，运行中的锅炉比冷备用状态时锅炉的金属腐蚀程度低得多。为了使冷备用的锅炉保持完好的状态，锅炉停炉后的保养工作很重要。防止腐蚀是锅炉在冷态备用期间保养工作的主要任务。

锅炉在冷备用期间受到的腐蚀主要是氧化腐蚀。锅炉汽水系统内氧的来源主要有两个：① 溶解在水中的氧；② 由大气进入到系统中的氧。因此，减少水中和外界漏入的氧，或者减少氧与受热面金属接触的机会，就能减轻腐蚀。

除电厂根据实际情况安排锅炉轮换备用进行保养的方法外，常用的冷备用锅炉的保养方法还有以下几种：

（1）湿法保养。湿法保养包括压力法防腐、联氨法防腐和碱液法防腐等几种。压力法防腐常用的有蒸汽压力法和给水压力法两种，这两种方法适用于停炉时间一周左右的锅炉保养。联氨法防腐适用于长期备用的锅炉保养，防腐效果较好。碱液法防腐就是采用加碱液的方法，使锅炉中充满 pH 值达 10 以上的水。锅炉采用湿法保养方法时，在冬季还应做好防冻工作。

（2）干法保养。锅炉停炉后，放尽炉内各部分受热面内的水，利用锅炉余热或利用点火装置进行微火烘烤，将金属内表面烘干。清除沉积在锅炉汽水系统内的垢、渣，然后放入干燥剂并将汽水系统阀门全部关严，以防空气进入。常用的干燥剂有无水氯化钙、生石灰、硅胶等。锅炉需长期备用时采用此法。

（3）气体防腐保养。气体防腐保养法适用于长期备用的锅炉，常用的防腐气体有氮、氨两种。充氮防腐时，氮气的压力应维持在 0.3MPa，当氮气压力下跌至 0.1MPa 时，应继续充气维持氮压。氮气的纯度应定期检验，应保持在 99.8%以上。充氨防腐时，锅炉系统内应保持过量氨气压力在 1.333×10^3Pa 左右；锅炉重新启动点火前，应将氨气全部排出，并用水冲净。

Lb1F3030 论述汽包锅炉运行中汽包水位不断波动的原因。

答： 锅炉正常运行中，蒸汽压力的变化反映了外界用汽量与锅炉蒸发量之间的动态平衡关系。当锅炉蒸发量与外界用汽量相等时，蒸汽压力不变，否则汽压将发生变化。锅炉蒸发量与外界用汽量的平衡是相对的，锅炉蒸发量、外界用汽量实际上是不断变化的。

当锅炉蒸发量大于外界用汽量时，由于水冷壁中产汽量增加，汽水混合物总体积增加，汽包水位出现上升，蒸汽压力也随之升高；随着蒸汽压力的不断上升，炉水的饱和温度将逐渐上升，进入炉膛的燃料一部分用来提高炉水和蒸发受热面金属的温度，剩余部分用来产生蒸汽，水冷壁中产汽量又将减少，汽水混合物中蒸汽所占体积减少，汽包里的炉水将补充这一减少的体积，汽包水位又出现下降。反之，锅炉蒸发量小于外界用汽量时，汽包水位将先下降、后上升。

当外界用汽量大于锅炉蒸发量时，将造成蒸汽压力下降，炉水的饱和温度将随之下降，一部分炉水汽化，汽水混合物总体积增加，汽包水位升高；当外界用汽量小于锅炉蒸发量时，将造成蒸汽压力上升，炉水的饱和温度将随之上升，一部分蒸汽凝结成水，汽水混合物总体积减少，汽包水位下降。

给水量的波动，也会造成汽包水位的波动。所以锅炉运行中汽包水位是不断波动的，当汽包水位指示出现呆滞不动时，应立即查明原因，消除故障，使之恢复正常。

Lb1F4031　什么是直流锅炉启动时的膨胀现象？造成膨胀现象的原因是什么？启动膨胀量的大小与哪些因素有关？

答：直流锅炉点火后，蒸发受热面内的水是在给水泵推动下强迫流动的。随着热负荷的逐渐增大，水温不断升高，一旦达到饱和温度，水就开始汽化，工质比体积明显增大。这时会将汽化点以后管内工质向锅炉出口排挤，使进入启动分离器的工质容积流量比锅炉入口的容积流量明显增大，这种现象即称为膨胀现象。产生膨胀现象的基本原因是蒸汽与水的比体积差别太大。启动时，蒸发受热面内流过的全部是水，在加热过程中水温逐渐升高，中间点的工质首先达到饱和温度而开始汽化，体积突然增大，引起局部压力升高，猛烈地将其后面的工质推向出口，造成锅炉出口工质的瞬时排出量很大。启动时，膨胀量过大将使锅内工质压力和启动分离器的水位难以控制。影响膨胀量大小的主要因素有：

（1）启动分离器的位置。启动分离器越靠近出口，汽化点到分离器之间的受热面中蓄水量越多，汽化膨胀量越大，膨胀现象持续的时间也越长。

（2）启动压力。启动压力越低，其饱和温度也越低，水的汽化点前移，使汽化点后面的受热面内蓄水量大，汽水比体积差别也大，从而使膨胀量加大。

（3）给水温度。给水温度的高低，影响工质开始汽化的迟早。给水温度高，汽化点提前，汽化点后部的受热面内蓄水量大，使膨胀量增大。

（4）燃料投入速度。燃料投入速度即启动时的燃烧率。燃烧率高，炉内热负荷高，工质温升快，汽化点提前，膨胀量增大。

Lb1F5032 论述锅炉运行中氮氧化物的生成与控制。

答： 由于燃煤中含有氮化合物，在燃烧过程中与氧气产生接触，伴随着高温条件的存在，则会生成氮氧化物，主要有：NO、NO_2，另外还有少量的 N_2O 等，它们统称为 NO_x。在通常的燃烧温度下，生成物 NO_x 中三种成分的比例为：NO（90%），NO_2（5%～10%），N_2O（1%）。由于氮氧化物毒性很大，其对人类自然环境的危害很大。

煤粉燃烧过程中，生成 NO_x 量的多少与煤粉的燃烧温度、过量空气系数、燃烧器的布置方式以及运行工况等因素有关。NO_x 的生成途径有三个：① 热力型 NO_x；② 燃料型 NO_x；③ 快速型 NO_x。

NO_x 排放控制技术总体可分为三大类：① 使用低氮燃料；② 烟气净化技术；③ 低 NO_x 燃烧技术。

（1）低氮燃料的使用。气态燃料的氮含量较固体燃料要小得多，但由于我国能源政策和能源结构的限制，固体燃料的使用占主导地位。通过使用低氮燃料来降低燃煤电站锅炉 NO_x 的排放是不现实的。

（2）烟气净化技术简单地讲就是利用氨将已生成的 NO_x 还原为 N_2。目前主要有两种方法，选择性催化剂还原法（SCR）和选择性非催化剂还原法（SNCR）。烟气净化技术尽管能大幅度降低排放量，相比低 NO_x 燃烧技术来讲，其投资成本巨大、运行费用昂贵，目前仅在少数发达国家应用。

（3）在锅炉 NO_x 排放控制技术中低 NO_x 燃烧技术是广泛使用、实用性较强的一种技术。低 NO_x 燃烧技术主要包括燃烧优化、炉内空气分级、燃料分级、烟气再循环以及低 NO_x 燃烧器的使用等。其中分级燃烧技术是降低 NO_x 排放的最有效、最经济方法，它在控制热力型、快速型 NO_x 都处于较低生成水平的同时，可较大幅度降低燃料型 NO_x 的生成量。

低 NO_x 分级燃烧技术即将锅炉燃烧所需的空气量分级送入炉内，降低锅炉主燃烧区域的 O_2 浓度，使其 $\alpha < 1$，炉膛火焰中心形成富燃料区，从而大大降低火焰中心的燃烧速度和温度水平，使得主燃烧区的生成量得到降低；而煤粉完全燃烧所需空气量则由锅炉燃烧中心的其他部位引入。低 NO_x 分级燃烧根据锅炉设备特性不同主要分为轴向和径向分级燃烧两种。

Lb1F5033　叙述单冲量水位与三冲量水位调节的区别和优缺点。

答： 单冲量水位自动调节系统是最简单的调节方式，它是按汽包水位偏差量来调节给水调节阀开度的。单冲量水位调节方式的主要缺点是当蒸发量或蒸汽压力突然变化时，会引起炉水中蒸汽含量迅速变化，使得锅炉汽包产生虚假水位，导致给水调节阀误调。因此，单冲量调节一般用于负荷比较稳定的小容量锅炉。

三冲量水位自动调节系统是较为完善的调节方式，该系统中除汽包水位信号 H 外，还有蒸汽流量 D 和给水流量 G。汽包水位是主信号；蒸汽量流量是前馈信号，由于前馈信号的存在，能有效地防止"虚假水位"引起的调节器误动作，改善蒸发量或蒸汽压力扰动下的调节质量；给水流量信号是介质的反馈信号，它能克服给水压力变化所引起的给水量的变化，使给水流量保持稳定，同时也不必等到水位波动之后再进行调节，保证了调节品质。三冲量自动调节系统综合考虑了蒸汽流量与给水流量平衡的原则，又考虑到水位偏差的大小，它既能克服"虚假水位"的影响，又能解决给水流量的扰动问题，是目前大容量锅炉普遍采用的汽包水位调节系统。

Jd5F3034　论述直流燃烧器为何采用四角布置。

答：由于直流燃烧器单个喷口喷出的气流扩散角较小，速度衰减慢，射程较远，而高温烟气只能在气流周围混入，使气流周界的煤粉首先着火，然后逐渐向气流中心扩展，所以着火推迟，火焰行程较长，着火条件不理想。采用四角布置时，四股气流在炉膛中心形成一直径为 600～1500mm 左右的假想切圆，这种切圆燃烧方式能使相邻燃烧器喷出的气流相互引燃，起到帮助气流点火的作用。同时气流喷入炉膛，产生强烈旋转，在离心力的作用下使气流向四周扩展，炉膛中心形成负压，使高温烟气由上向下回流到气流根部，进一步改善气流着火的条件。气流在炉膛中心强烈旋转，煤粉与空气强烈混合，加速了燃烧，形成了炉膛中心的高温火球。另外，气流的旋转上升延长了煤粉在炉内的燃尽时间，改善了炉内气流的充满程度。

Jd5F3035　试述浓淡分离煤粉燃烧器的工作原理。

答：浓淡分离煤粉燃烧器是利用一定的结构形式将一次风粉混合气流分离成浓相和淡相两股含粉浓度不同的气流，再通过喷口送入炉膛进行燃烧的稳燃装置。由于浓相气流的煤粉浓度高，对煤粉着火有以下几个有利条件：

（1）它使煤粉的着火热量减少。

（2）可以加速着火前煤粉的化学反应速度，促使煤粉着火。

（3）增加了火焰黑度和辐射吸热量，加速着火和提高火焰传播速度。对于浓淡煤粉分离燃烧器，由于浓相气流着火提前和稳定，也为淡相气流的着火提供了稳定的热源，使整个燃烧器的燃烧稳定性提高。

但是浓相气流的煤粉浓度并不是越高越好，当煤粉浓度过高时，会造成燃烧中氧气过少，影响挥发分的燃烧和燃尽，使得煤粉颗粒温度的提高受到影响，火焰的传播速度降低，火焰拉长，对整个燃烧器的燃烧工况带来不利影响，因而对不同的煤种应选取适宜的浓度值。

Jd4F4036　热力除氧机组，汽包锅炉冷态进水应注意什么？

答：锅炉上水要求除过氧的水，锅炉冷态进水水温不宜超过 90～100℃，而热力除氧机组的给水温度一般达 110℃。限制锅炉上水温度的关键是汽包的壁厚，冷炉上水的水温高，汽包内、外壁易形成较大的温差，产生较大的热应力，所以只要使进入汽包的给水温度较低即可解决这一问题。

锅炉进水需要经过省煤器，锅炉冷态时，省煤器是常温的，省煤器蛇行管较长，给水进入省煤器后，由于省煤器的吸热，水温很快降低，给水进入汽包的水温已经显著降低。省煤器及其联箱壁相对较薄，水温略高时热应力不会很大。因此，汽包锅炉冷态进水只要控制好锅炉进水时的上水速度即可，刚开始速度缓慢而后随着汽包壁温的逐渐升高，适当加快上水速度，从而满足上水温度、速度与上水除氧的要求，确保汽包的安全。

Jd4F4037　为什么直流锅炉的省煤器出口水温要比对应的饱和温度低？

答：直流锅炉与自然循环锅炉的工作原理不同，但是直流锅炉与自然循环锅炉在省煤器、水冷壁、过热器、再热器的布置方式上基本相同。自然循环锅炉省煤器、水冷壁是通过汽包连接起来的，即使省煤器采用的是沸腾式的，省煤器出口的汽水混合物进入汽包经汽水分离后，也可以确保水冷壁管入口为单一工质的水，因而不会因水中含有蒸汽出现各水冷壁管入口流量分配不均问题。

直流锅炉没有汽包，其省煤器、水冷壁是通过省煤器出口联箱和水冷壁进口联箱连接起来。为了防止汽水混合物在联箱中出现分配不均，对水冷壁的安全运行带来威胁，故直流锅炉不宜采用沸腾式省煤器，以确保任何工况下水冷壁管进口水温有一定的过冷度，但过冷度偏大将恶化水冷壁的水动力特性。为了同时满足这两者要求，比较适合的省煤器出口水温是在额定工况下较饱和温度低约 30℃。

Jd4F4038　叙述直流锅炉对给水品质的要求比汽包锅炉高的必要性。

答：直流锅炉没有汽包，给水在水泵压头的推动下，依次通过省煤器、水冷壁和过热器向外输送过热蒸汽。直流锅炉不能像汽包锅炉那样，进行锅水处理，以补充炉外水处理的不足；也不能通过连续排污将含盐量大的炉水连续外排，以维持一定的炉水浓度；更不能通过定期排污，将炉水中的沉淀物清除。进入直流锅炉给水中的含盐量，大部分沉积在蒸发受热面内，一部分沉积在过热器管内。这些盐分只有停炉清洗才能去除。

提高给水品质可控制给水盐分在受热面上的沉积速度，提高受热面的换热效果，也确保受热面的壁温不超过其金属的允许温度，延长清洗间隔周期，因此直流锅炉给水品质比汽包锅炉的要求更高。

Jd4F4039　中速磨煤机的出力受哪些因素影响？

答：中速磨煤机的出力主要与碾磨装置的运行工况、碾磨部件的磨损程度及转盘上的煤层厚度等因素有关。

（1）碾磨装置的运行工况。

1）碾磨压力的大小对磨煤机的工作有很大的影响。随着碾磨压力的增大，将使磨煤机的制粉能力增大；然而碾磨能力过大时，将使碾磨部件磨损加剧，同时单位制粉量的电量消耗也将增大。

2）中速磨煤机环形风道中气流速度高时，出力大而煤粉粗；气流速度低时，出力小而煤粉细。但气流速度不能太低，以免煤粒从磨盘边缘滑落下来堵住石子煤箱；气流速度也不能太高，以免煤粉太粗而影响燃烧。最佳的气流速度应通过调整试验来确定。

（2）碾磨部件的磨损程度。当磨辊的辊胎磨损后，如不及时进行加载，则碾磨压力便会下降，使磨煤出力下降。碗磨的衬圈和辊套间隙增大，不但使磨煤出力下降，而且还会使煤粉质量降低，石子煤量增大。

（3）转盘上的煤层厚度。煤层过厚或过薄，都会使磨煤机出力降低；而且当煤量过大时，还会使磨煤机堵塞，矸石增多。

Jd3F4040　论述锅炉的热平衡。

答：锅炉的热平衡：燃料的化学能+输入物理显热等于输出热能+各项热损失。

根据火力发电厂锅炉设备流程可分为输入热量、输出热量和各项损失。

（1）输入热量。

1）燃料的化学能即燃煤的低位发热量。

2）输入的物理显热。燃煤的物理显热和进入锅炉空气带入的热量。

3）转动机械耗电转变为热量。一次风机（排粉机）、球磨机（中速磨煤机）、送风机、强制循环泵等耗电转变的热量，这部分电能转换为热能在计算时将与管道散热抵消。

4）油枪雾化蒸汽带入的热量。这部分热量，当锅炉正常运行时，油枪是退出运行的。因此锅炉正常运行时，输入热量为燃料的化学能+输入的物理显热。

（2）输出热量。

1）过热蒸汽带走的热量

$$Q_{gq} = D_{gq}(h_{gq} - h_{gs}) \text{, kJ/h}$$

式中　D_{gq}——过热蒸汽流量，kg/h；

　　　h_{gq}——过热蒸汽焓，kJ/kg；

　　　h_{gs}——给水焓，kJ/kg。

2）再热蒸汽带走的热量

$$Q_{zq} = D_{zq}(h''_{zq} - h'_{zq}) \text{, kJ/h}$$

式中　D_{zq}——再热蒸汽流量，kg/h；

　　　h_{gq}——过热蒸汽焓，kJ/kg；

　　　h''_{zq}, h'_{zq}——再热器的出口、入口蒸汽焓，kJ/kg。

3）锅炉自用蒸汽带走热量

$$Q_{zy} = D_{zy}(h_{zy} - h_{gs}) \text{, kJ/h}$$

式中　D_{zy}——锅炉自用蒸汽量，kg/h；

　　　h_{zy}——锅炉自用蒸汽的焓，kJ/kg。

4）锅炉排污带走热量

$$Q_{pw} = D_{pw}(h_b - h_{gs}) \text{, kJ/h}$$

式中　D_{pw}——排污水量，kg/h；

　　　h_b——汽包压力下的饱和水焓，kJ/kg。

（3）锅炉各项热损失。

1）锅炉排烟热损失。① 干烟气热损失；② 水蒸气热损失（空气带入水分，燃煤带入水分，氢生成成分）。

2）化学未完全燃烧热损失（CO，CH4）。

3）机械未完全燃烧热损失。① 飞灰可燃物热损失；② 灰渣可燃物热损失。

4）散热损失。锅炉本体及其附属设备散热损失。

5）灰渣物理热损失。

6）吹灰蒸汽热损失。

7）灰斗水封冷却水热损失。

Jd2F3041　论述提高锅炉热效率的途径。

答：提高锅炉热效率就是增加有效利用热量，减少锅炉各项热损失，其中重点是降低锅炉排烟热损失和机械未完全燃烧损失。

（1）降低锅炉排烟热损失。

1）降低空气预热器的漏风率，特别是回转式空气预热器的漏风率。

2）严格控制锅炉锅水水质指标，当水冷壁管内含垢量达到 $400mg/m^2$ 时，应及时酸洗。

3）尽量燃用含硫量低的优质煤，降低空气预热器入口空气温度。现代大容量发电锅炉均装有空气预热器，防止空气预热器冷端受热面上结露，导致空气预热器低温腐蚀。采用提高空气预热器入口空气温度，增大锅炉排烟温度（排烟热损失增加）的方法，延长空气预热器使用寿命。

（2）降低机械未完全燃烧热损失。

1）根据锅炉负荷及时调整燃烧工况，合理配风，尽可能降低炉膛火焰中心位置，让煤粉在炉膛内充分燃烧。

2）根据原煤挥发分及时调整粗粉分离器调整挡板，使煤粉细度维持在最佳值。

3）降低锅炉的散热损失，主要加强锅炉管道及本体保温层的维护和检修。

Jd1F2042　论述降低火电厂汽水损失的途径。

答：火力发电厂中存在着蒸汽和凝结水的损失，简称汽水损失。汽水损失是全厂性的技术经济指标，它主要是指阀门泄漏、管道泄漏、疏水、排汽等损失。

全厂汽水损失量等于补充水量减去自用蒸汽损失水量、对外供热不返回凝结水部分的损失水量、锅炉的排污水量。

汽水损失也可用汽水损失率来表示，即

$$汽水损失率 = \frac{全厂汽水损失}{全厂锅炉过热汽蒸汽流量} \times 100\%$$

发电厂的汽水损失分为内部损失和外部损失两部分：

（1）发电厂内部损失。

1）主机和辅机的自用蒸汽消耗。如锅炉受热面的吹灰、重油加热用汽、重油油轮的雾化蒸汽、汽轮机启动抽汽器、轴封外漏蒸汽等。

2）热力设备、管道及其附件连接处的不严所造成的汽水泄漏。

3）热力设备在检修和停运时的放汽和放水等。

4）经常性和暂时性的汽水损失。如锅炉连续排污、定排罐开口水箱的蒸发、除氧器的排汽、锅炉安全门动作，以及化学监督所需的汽水取样等。

5）热力设备启动时用汽或排汽，如锅炉启动时的排汽、主蒸汽管道和汽轮机启动时的暖管、暖机等。

（2）发电厂的外部损失。发电厂外部损失的大小与热用户的工艺过程有关，它的数量取决于蒸汽凝结水是否可以返回电厂，以及使用汽水的热用户的汽水污染情况。降低汽水损失的措施如下。

1）提高检修质量，加强堵漏、消漏，压力管道的连接尽量采用焊接，以减少泄漏。

2）采用完善的疏水系统，按疏水品质分级回收。

3）减少主机、辅机的启停次数，减少启停中的汽水损失。

4）降低排污量，减少凝汽器的泄漏。

Je5F1043 论述转动机械滚动轴承的发热原因。

答：（1）轴承内缺油。

（2）轴承内加油过多，或油质过稠。

（3）轴承内油脏污，混入了小颗粒杂质。

（4）转动机械轴弯曲。

（5）传动装置校正不正确，如联轴器偏心，传动带过紧，使轴承受到的压力增大，摩擦力增加。

（6）轴承端盖或轴承安装不好，配合得太紧或太松。

（7）轴电流的影响。由于电动机制造上的原因，磁路不对称，在轴上感应了轴电流，而引起涡流发热。

（8）冷却水温度高，或冷却水管堵塞流量不足，冷却水流量中断等。

Je4F5044　论述转动机械试运基本要求。

答：（1）确认旋转方向正确。

（2）新安装的转动机械，启动后连续运行时间不少于 8h，大小修的转动机械不少于 30min。

（3）转动机械启动后，逐渐增加负荷达到额定（以额定电流值为准）。风机转动时应保持炉膛负压，不应带负荷启动，对泵转动机械，不应在空负荷下启动和运行。

（4）给粉机、给煤机、螺旋输粉机不应带负荷试转，要预先将入口进料插板关闭严密。

（5）初次启动钢球磨煤机，大罐内不应加钢球，试转正常后方可加钢球。

（6）中速磨煤机要带负荷进行启动试验。

（7）滚动轴承温度不超过 80℃，滑动轴承温度不超过 70℃。

（8）轴承振动值。

额定转速：r/min　750　　　1000　　　1500　　　1500 以上

　　振动值：mm　　0.12　　　0.10　　　0.085　　　0.05

（9）窜轴值不超过 4mm。

Je4F5045　简述超临界直流锅炉的冷态启动过程。

答：单元制超临界直流锅炉机组，锅炉的冷态启动过程一般包括启动前的检查与准备，点火前清洗与吹扫、点火、升压等阶段。下面以 DG1900/25.4-Ⅱ1 为例，其超临界直流锅炉的冷态启动过程具体分为以下几个步骤：① 低压管路冲洗；② 炉前段高压管路冲洗；③ 锅炉上水；④ 炉水排污启动，直至启动分离器出口水质满足要求；⑤ 炉水循环，保持炉水循环直至省煤器进口水质符合指标；⑥ 燃烧器点火；⑦ 锅炉升温升压；⑧ 热态清洗；⑨ 蒸汽参数满足汽轮机冲转要求，进行汽轮机冲转；⑩ 机组并网；⑪ 启动制粉系统，升负荷；⑫ 机组进入正常运行。

Je3F5046　论述直流锅炉启动时的清洗。

答：直流锅炉运行时没有排污，给水中的杂质除少部分随蒸汽带出外，其余将沉积在受热面上，机组停运期间，受热面内部还会因腐蚀而生成少量氧化铁。机组启动若不及时清除这些杂质，会影响直流锅炉的给水品质及锅炉的安全运行，因此，机组每次启动时应进行直流锅炉的清洗工作。直流锅炉的清洗有冷态清洗和热态清洗两种方式。

（1）直流锅炉的冷态清洗。直流锅炉冷态清洗是指在锅炉点火前，用除盐水或凝结水冲洗包括低压加热器、除氧器、高压加热器、省煤器、水冷壁、炉顶过热器及启动分离器等在内的汽水系统。冷态清洗分低压系统清洗和高压系统清洗两个阶段。

1）低压系统清洗。清洗给水泵前低压系统，启动凝结水泵和凝升水泵，按照从凝汽器至除氧器再回到凝汽器的循环进行，具体为凝汽器→凝结水泵→除盐装置→轴封加热器→凝结水升压泵→低压加热器→除氧器→凝汽器，根据前置过滤器进口水的含 Fe 量控制清洗过程。

2）高压系统清洗。清洗给水泵后的高压系统，启动凝结水泵、凝升水泵及给水泵，按照从凝汽器至除氧器、给水泵经启动分离器再回到凝汽器的循环进行，具体为凝汽器→凝结水泵

→除盐装置→凝结水升压泵→轴封加热器→低压加热器→除氧器→给水泵→高压加热器→锅炉→启动分离器→凝汽器，根据启动分离器出口水的含 Fe 量控制清洗过程。

（2）直流锅炉的热态清洗。锅炉点火后，随着启动过程的进行，水温、水压逐渐升高，于是会把残留在汽水系统内的杂质冲洗出来，使水中杂质含量增加，降低锅炉启动时的汽水品质，因此应该在启动过程中设法将之除去。

锅炉启动过程中，当水温升到一定值后，应暂时停止升温并维持，使水仍然沿着高压系统冷态清洗时的循环回路流动，清洗出的杂质在水通过前置过滤器和混合床除盐装置时不断被除去，该种清洗过程称之为热态清洗。

Je3F5047 　什么是直流锅炉的启动压力？启动压力的高低对锅炉有何影响？

答：直流锅炉、低循环倍率锅炉和复合循环锅炉启动时，为保证蒸发受热面的水动力稳定性所必须建立的给水压力，称为启动压力。

直流锅炉给水是一次通过锅炉各受热面的，所以，锅炉一点火就要依靠一定压力的给水，流过蒸发受热面进行冷却。但直流锅炉启动时一般不是一开始就在工作压力下工作的，而是选择某一较低的压力，然后再过渡到工作压力。启动压力的高低，关系到启动过程的安全性和经济性。

启动压力高，汽水密度差小，对改善蒸发受热面水动力特性、防止蒸发受热面产生脉动、减小启动时的膨胀量都有好处。但启动压力高，又会使给水泵电耗增大，加速给水阀门的磨损，并能引起较大的振动和噪声。目前，国内亚临监界参数直流锅炉，启动压力一般选为 6.8～7.8MPa。

Je2F3048 　试述超临界直流锅炉机组的紧急停运条件。

答：超临界直流锅炉机组遇下列情况之一时，应紧急停运：

（1）汽轮机转速超过危急保安器动作转速而危急保安器拒动。

（2）汽轮机发生水冲击。

（3）机组突然发生剧烈振动达保护动作值而保护未动作，或机组内部有明显的金属撞击声。

（4）汽轮机任一轴承断油，或任一轴承金属温度达 121℃，或其回油温度达 75℃。

（5）机组轴承或端部轴封摩擦冒火时。

（6）机组轴承润滑油压下降至 0.069MPa，而保护不动作。

（7）凝汽器真空急剧下降至保护动作值，而保护不动作。

（8）发电机冒烟、冒火。

（9）密封油系统油、氢差压失去，发电机灭封瓦处大量漏氢。

（10）锅炉受热面、给水、蒸汽管道等严重爆破，无法维持正常运行时。

（11）锅炉尾部烟道再燃烧，无法维持正常运行时。

（12）锅炉安全阀动作，无法使其回座。

（13）锅炉炉膛或烟道发生爆炸使设备遭到严重损坏。

（14）两台引风机或两台送风机停止运行。

（15）DAS 系统异常，无法进行运行监视时。

（16）6kV 厂用电源全部中断。

（17）出现主燃料跳闸（MFT）保护动作条件，MFT 拒动。

Je2F3049　叙述炉膛爆燃的防止。

答：锅炉炉膛发生爆燃造成的危害巨大。防止炉内发生爆燃的关键是避免炉内可燃物的存在，防止炉内可燃物的积存应从以下几个方面考虑：

（1）燃料和空气混合物进入炉膛，要有稳定的点火能量使燃料着火稳定。

（2）具备可靠的热控保护系统（包括硬接线保护系统）。确保锅炉灭火后，能可靠切断对炉膛的燃料输送。

（3）加强锅炉燃烧调整，使燃料燃烧充分，提高煤粉燃尽率，同时防止缺角燃烧情况的发生。

（4）锅炉炉膛已经灭火或已局部灭火并濒临全部熄火时，严禁投用助燃油枪。

（5）锅炉熄火后，在立即切断燃料的基础上，应以足够风量进行吹扫，将进入炉膛的可燃物冲淡，并排出炉膛。严禁采取爆燃法对锅炉点火。

（6）加强对点火油系统的维护、管理，防止燃油漏入炉膛发生爆燃。

（7）燃油速断阀应定期试验，确保动作正确、关闭严密。

（8）锅炉热态启动时，严禁对煤粉管道吹扫。

（9）炉内空气动力场分布合理，不存在死角，以防止可燃物在死角积存。

（10）锅炉严禁无保护运行。

Je2F3050 试述压力容器爆破的预防。

答：为了防止压力容器爆破事故的发生，应做好以下工作：

（1）根据设备特点和系统的实际情况，制定压力容器的运行规程，确保压力容器在任何情况下不超压、超温。

（2）各种压力容器安全阀应定期进行校验和实际排放试验。

（3）运行中各压力容器的安全附件应处于正常工作状态。有关保护的短时间退出应经总工程师批准。

（4）压力容器内部有压力时，严禁进行任何修理或紧固工作。

（5）压力容器上使用的压力表，应列为计量强制检验表计，按规定周期进行强检。

（6）结合压力容器定期检验或检修，每两个检验周期至少进行一次耐压试验。

（7）停用超过 2 年以上的压力容器重新启用时，需进行再检验，耐压试验确认合格方能启用。

（8）从事压力容器操作的人员，必须持证上岗。

Je2F4051　论述锅炉尾部再次燃烧的预控。

答：当确认锅炉发生二次燃烧时，应立即事故停炉。为了有效防止锅炉尾部再次燃烧须做好下列工作：

（1）空气预热器在安装后第一次投运时，应将杂物彻底清理干净，经各方验收合格后方可投入运行。

（2）回转式空气预热器应设有可靠的停转报警装置、完善的水冲洗系统、消防系统和必要的碱洗手段。

（3）回转式空气预热器进行水冲、碱洗后，必须采取可靠的措施对其进行干燥。

（4）锅炉点火时，应严格监视油枪雾化情况，一旦发现油枪雾化不良应立即停用，并进行清理。

（5）精心调整锅炉制粉系统和燃烧系统运行工况，防止未完全燃烧的燃料积存在尾部受热面或烟道内。

（6）运行规程应明确省煤器、空气预热器烟道在不同工况的空气预热器烟气温度限制值。

（7）回转式空气预热器进、出口烟、风挡板，应能电动开、关，且关闭严密。

（8）若发现回转式空气预热器停转，应立即将其隔离，加强监视，必要时投入消防系统。

（9）锅炉负荷低于25%额定负荷时，回转式空气预热器应连续吹灰；锅炉负荷大于25%额定负荷时，回转式空气预热器至少8h吹灰一次；当回转式空气预热器烟气侧差压增加时，应适当增加吹灰次数。

（10）锅炉停炉一周以上，必须对回转式空气预热器受热面进行检查。

Je2F4052　如何防止锅炉汽包满水和缺水事故的发生？

答：为了有效防止锅炉汽包满水和缺水事故的发生，须认真落实下列措施：

（1）汽包锅炉应至少配置 1～2 套彼此独立的就地水位计和 3 套差压式水位计。

（2）对于过热器出口压力大于或等于 13.5MPa 的汽包锅炉，其汽包水位计以差压式（带压力修正回路）水位计为准。汽包水位信号应采用三取中值的方式进行优选。

（3）汽包水位测量系统，应采取正确的保温、伴热及防冻措施。

（4）汽包水位计之间偏差大于 30mm 时，应立即汇报，并查明原因予以消除。当不能保证两种类型水位计正常运行时，必须立即停炉处理。

（5）当一套水位测量装置因故障退出运行时，应 8h 内恢复，否则必须制定详细的措施，并征得总工程师批准，但最多不得超过 24h。

（6）锅炉汽包水位高、低保护应采用独立测量的三取二逻辑判断方式；一点故障时自动转为二取一逻辑判断方式；两点故障时自动转为一取一逻辑判断方式，但须制定相应的安全措施，并得到总工程师批准。

（7）锅炉汽包水位保护在锅炉启动前和停炉前应进行实际传动试验。

（8）锅炉汽包水位保护的投退，必须严格执行审批制度。

（9）锅炉汽包水位保护是锅炉启动的必备条件之一，水位保护不完整严禁启动。

（10）运行人员应加强监视，正确进行"虚假水位"的判断，及时作好水位调整。

（11）DCS 系统故障，导致运行人员无法进行远控操作时，应作好防止锅炉满水、缺水的事故预想。

Je2F4053 如何调整燃料量？

答：燃料量的调节，是燃烧调节的重要一环。不同的燃烧设备和不同的燃料种类，燃料量的调节方法也各不相同。

（1）配有中间储仓制粉系统的锅炉。中间储仓式制粉系统，其制粉系统运行工况变化与锅炉负荷并不存在直接关系。当锅炉负荷发生变化时，需要调节进入炉内的燃料量，它通过改变投入（或停止）燃烧器的只数（包括启停相应的给粉机）或改变给粉机的转速，调节给粉机下粉挡板开度来实现。

当锅炉负荷变化较小时，只需改变给粉机转速就可以达到调节的目的。当锅炉负荷变化较大时，用改变给粉机转速不能满足调节幅度的要求，则在不破坏燃烧工况的前提下可先投停给粉机只数进行调节，而后再调给粉机转速，弥补调节幅度大的矛盾。若上述手段仍不能满足调节需要时，可用调节给粉机挡板开度的方法加以辅助调节。

投停燃烧器（相应的给粉机）运行方式的调节。由于燃烧器布置的方式和类型的不同，投运方法也不同。一般可参考以下原则：① 投下排、停上排燃烧器，可降低燃烧中心，有利于燃尽；② 四角布置的燃烧方式，宜分层停用或对角停用，不允许缺角运行；③ 投停燃烧器应先以保证锅炉负荷、运行参数和锅炉安全为原则，而后考虑经济指标。

（2）配有直吹式制粉系统的锅炉。配有直吹式制粉系统的锅炉，由于无中间储粉仓，它的出力大小将直接影响到锅炉的蒸发量，故负荷有较大变动时，即需启动或停止一套制粉系统运行。在确定启停方案时，必须考虑到燃烧工况的合理性及蒸汽参数的稳定。若锅炉负荷变化不大，则可通过调节运行的制粉系统出力来解决。当锅炉负荷增加，应先开启磨煤机的排粉机的进口风量挡板，增加磨煤机的通风量，以利用磨煤机内的存粉作为增加负荷开始时的缓冲调节；然后再增加给煤量，同时相应地开大二次风门。反之当锅炉负荷降低时，则减少磨煤机的给煤量和通风量及二次风量。总之，对配有直吹式制粉系统的锅炉，其燃料量的调节，基本上是用改变给煤量来调节的。

Je2F4054 怎样调整再热汽温？

答：再热汽温常用的调节方法有烟气挡板、烟气再循环、摆动式燃烧器以及喷水减温等。

（1）烟气挡板调节。烟气挡板调节是一种应用较广的再热汽温调节方法。烟气挡板可以手控，也可自控，当负荷变化时，调节挡板开度可以改变通过再热器的烟气流量，达到调节再热汽温的目的。如当负荷降低时，可开大再热器侧的烟气挡板开度，使通过再热器的烟气流量增加，就可以提高再热汽温。

（2）烟气再循环调节。烟气再循环是利用再循环风机从尾部烟道抽出部分烟气再送入炉膛。运行中通过对再循环气量的调节，来改变经过热器、再热器的烟气量，使汽温发生变化。

（3）摆动式燃烧器。摆动式燃烧器是通过改变燃烧器的倾角来改变火焰中心的高度的，从而使炉膛出口温度得到改变，以达到调整再热汽温的目的。当燃烧器的下倾角减小时，火焰中心升高，炉膛辐射传热量减少，炉膛出口温度升高，对流传热量增加，使再热汽温升高。

（4）再热喷水减温调节。喷水减温器由于其结构简单，调节方便，调节效果好而被广泛用于锅炉再热汽温的细调，但它的使用使机组热效率降低。因此在一般情况下应尽量减少再热喷水的用量，以提高整个机组的热经济性。为了保护再热器，大容量中间再热锅炉往往还设有事故喷水。即在事故情况下危及再热器安全（使其管壁超温）时，用来进行紧急降温，但在低负荷时尽量不用事故喷水。遇到减负荷或紧急停用时应立即关闭事故喷水隔绝门，以防喷水倒入高压缸。

除了上述几种再热蒸汽调整方法以外，还有几种常用的方法，如：汽—汽热交换器、蒸汽旁路、双炉体差别燃烧等。总之，再热蒸汽的调节方法是很多的，不管采用哪种方法进行调节，都必须做到既能迅速稳定汽温，又能尽量提高机组的经济性。

Je2F5055 论述过热器、再热器的高温腐蚀及其预防措施。

答：过热器、再热器的高温腐蚀有硫酸型高温腐蚀和钒腐蚀两种。

（1）硫酸型高温腐蚀。又称煤灰引起的腐蚀，受热面上的高温积灰分为内灰层和外灰层，内灰层中含有较多的碱金属，它们与烟气中通过外灰层扩散进来的氧化硫以及飞灰中的铁、铝等进行较长时间的化学作用，生成碱金属硫酸盐，处于熔化或半熔化状态的碱金属硫酸盐复合物会对过热器、再热器合金钢产生强烈的腐蚀。灰分沉淀物温度越高，腐蚀越强烈，700～750℃时腐蚀速度最大。

（2）过热器、再热器的钒腐蚀。当锅炉使用油点火、掺烧油或燃烧含钒煤时，过热器、再热器受热面可能会产生钒腐蚀。煤灰中的钒—钠比（V_2O_5/Na）为 3～5 时，灰熔点降低，高温腐蚀速度最快，发生钒腐蚀的受热面壁温范围为 590～650℃。

由于燃料中含有硫、钠、钒等成分，要完全避免受热面的高温腐蚀有一定难度。通常采用以下几种方法来防止过热器、再热器的高温腐蚀。

1）严格控制受热面的管壁温度，降低管壁温度以防止和减缓腐蚀。目前主要通过限制蒸汽参数来达到控制受热面壁温的效果。

2）采用低氧燃烧技术来降低烟气中的 SO_3 和 V_2O_5 含量，当过量空气系数小于 1.05 时，V_2O_5 含量迅速下降。

3）选择合适的炉膛出口温度并予以控制，避免出现炉膛出口烟温过高。

4）定期对锅炉受热面进行吹灰，清除含有碱金属氧化物和复合硫酸盐的灰污层，阻止高温腐蚀的发生。当已存在高温腐蚀时，过多的吹灰反而会因为吹落灰渣层而加速腐蚀进度。

5）合理组织锅炉燃烧，通过改善炉内空气动力场，防止水冷壁结渣、炉膛中心倾斜等可能引起的热偏差的现象发生，减少过热器、再热器的沾污结渣。

Je1F3056　论述锅炉结焦、结渣的危害及预防。

答：结焦、结渣是燃煤锅炉运行中比较普遍的现象。当锅炉燃用劣质煤时，锅炉结焦、结渣的可能性大大增加，严重威胁锅炉的安全、经济运行。灰的熔融特性是测定煤的结焦、结渣、积灰性能的重要指标。我国对灰的熔融特性测定方法是等腰三角锥体标准灰样法。灰的熔融特性温度指标有三个：变形温度、软化温度 t_{st} 和熔化温度 t。其中，灰的软化温度与结焦、结渣过程有着密切的关系。

锅炉受热面结焦、结渣的危害很大。锅炉受热面结焦、结渣，直接影响锅炉受热面的热传递，使得炉内烟温上升，受热面产生热偏差，受热面使用寿命缩短，严重时引起汽、水管道爆破；锅炉结焦、结渣会使锅炉排烟温度上升，锅炉热效率 η 降低，厂用电耗上升，供电煤耗上升，机组运行成本增加，机组被迫停运。锅炉结焦、结渣掉落时，会引起锅炉炉膛负压波动，压灭炉膛火焰，影响锅炉火检检测，触发锅炉炉膛压力保护、灭火保护；热焦、热渣掉入渣斗会产生大量水蒸气，熄灭炉膛火焰，容易造成冷灰斗堵塞、锅炉被迫停炉事件的发生，甚至导致人身伤害事件的发生。

为了防止锅炉结焦、结渣，要通过试验寻找锅炉的适应性燃煤数据，根据锅炉适应性燃煤数据，采购适合锅炉燃烧的煤种，加强入炉的配煤工作，控制好入炉煤的灰熔点；加强锅炉检修后质量验收工作，组织合理良好的炉内空气动力场，保证炉内假想切圆在合适的范围内；假想切圆直径增加，实际切圆直径也随之增加，使得燃烧器出口两侧夹角差增大，火焰偏斜的可能性增大，从而造成一次风射流贴边，使得炽热的煤粉气流直接冲刷水冷壁壁面，致使水冷壁壁面局部超温而产生结焦、结渣；定期对一、二次风挡板进行校验，绘制挡板曲线，以指导运行人员作好运行调整。提高锅炉本体吹灰设备的可靠性，保持锅炉本体吹灰工作的正常性；运行中应加强调节，控制好锅炉的炉膛火焰中心，使炉膛出口烟温运行在合适的范围内；

加强锅炉汽温、烟温的监视和调整，严禁超温运行；提高汽轮机加热器的投用率，提高锅炉给水温度，降低锅炉热负荷。保证锅炉汽水品质正常，防止锅炉受热面内部结垢，做好过热器反冲洗工作，提高锅炉受热面传热效果。

Je1F4057　论述锅炉冷态动力场试验的目的、方法、内容。

答：锅炉冷态动力场试验的目的是通过喷燃器和炉膛的空气动力工况，即燃料、空气和燃烧产物三者的运行工况，来决定锅炉炉膛燃烧的可靠性和经济性。试验为研究燃烧工况，运行操作和燃烧调整提供科学的依据。

试验时的理想工况：从燃烧中心区有足够的烟气回流，使燃料入炉后迅速受热着火，并保持稳定的着火区域；燃料和空气分布适宜，燃烧着火后能得到充分的空气供应，并得到均匀的扩散混合，以迅速燃尽；火焰充满度良好，并形成区域适当的燃烧中心，气流无偏斜，不冲刷管壁，无停滞区和无益的涡流区，燃烧器之间射流不发生干扰和冲击等。

动力场试验方法有飘带法、纸屑法、火花示踪法和测量法。这些方法就是利用布条、纸屑和自身能发光的固体微粒及测试仪器等显示气流方向，微风区、回流区、涡流区的踪迹，也可以综合利用。

动力场试验中，燃烧器射流的主要观察内容有：对于旋流喷燃器，射流形式是开式气流还是闭式气流；射流扩散角、回流区的大小和回流速度等；射流的旋流情况及出口气流的均匀性；一、二次风的混合特性；调节挡板对以上各射流特性的影响。对于四角布置的直流燃烧器，射流的射程及沿轴线速度衰减情况；射流所形成的切圆大小和位置；射流偏离燃烧器中心情况；一、二次风混合特性，如一、二次风气流离喷口的混合距离，射流相对偏离程度；喷嘴倾角变化对射流混合距离及其对相对偏离程度的影响等。对于炉膛气流的观察内容：火焰或气流在炉内充满度；炉内气流是否有冲刷管壁、贴壁和倾斜；

各种气流相互干扰情况。

Je1F4058　论述锅炉安全阀的校验。

答：（1）安全阀校验的原则。

1）锅炉大修后，或安全阀部件检修后，均应对安全阀定值进行校验。带电磁力辅助操作机械的电磁安全阀，除进行机械校验外，还应作电气回路的远方操作试验及自动回路压力继电器的操作试验。纯机械弹簧式安全阀可采用液压装置进行校验调整，一般在 75%～80%额定压力下进行，经液压装置调整后的安全阀，应至少对最低起座值的安全阀进行实际起座复核。

2）安全阀校验的顺序，应先高压，后低压，先主蒸汽侧，后进行再热蒸汽侧，依次对汽包、过热器出口，再热器进、出口安全阀逐一进行校验。

3）安全阀校验，一般应在汽轮发电机组未启动前或解列后进行。

（2）安全阀校验。

1）锅炉点火前炉膛吹扫，炉膛吹扫的通风量应大于 25%额定风量，吹扫时间不少于 5min。

2）锅炉点火，按照规定进行升温、升压。

3）当锅炉压力升到额定工作压力时，应对锅炉进行一次全面的严密性检查，同时尽量开大过热器对空排汽阀开度。

4）当锅炉压力接近安全阀动作压力时，采用逐渐关小过热器对空排汽阀开度升压，使其安全阀动作（记录安全阀动作压力）。在安全阀调整过程中，安全阀起座压力偏离定值时，对脉冲式安全阀应调整脉冲安全阀的重锤位置，若是弹簧安全阀和弹簧式脉冲安全阀，则调整弹簧的调整螺母，使其在规定的动作压力下动作。

5）迅速减少锅炉热负荷，同时开大过热器的对空排汽阀，或根据制造厂要求灭火停炉，降低锅炉汽压，使安全阀回座（记录安全阀回座压力）。

6）将安全阀起座压力和回座压力记录在运行日程上。

7）安全阀校验有关规定如下。① 汽包和过热器上，所装全部安全阀排放量的总和应大于锅炉最大连续蒸发量；② 当锅炉上所有安全阀均全开时，锅炉的超压幅度，在任何情况下均不得大于锅炉设计压力的 6%；③ 再热器进、出口安全阀的总排放应大于再热器的最大设计流量；④ 直流锅炉启动分离器安全阀的排放量中所占的比例，应保证安全阀开启时，过热器、再热器能得到足够的冷却；⑤ 安全阀的回座压差，一般应为起座压力的 4%～7%，最大不得超过起座压力的 10%。

Je1F5059　论述机组负荷调整与控制的几种方式。

答：机组负荷控制方式常用的有以下几种方式：AGC 方式、协调方式（CCS 炉跟机）、锅炉跟踪方式、汽轮机跟踪方式。

（1）AGC 方式。由网调 EMS 主机发出 AGC 请求信号送至电厂网控计算机监控系统，电厂网控监控系统将其保持为长信号，送至机组 DCS，机组 DCS 在 AGC 方式下接受省调 EMS 主机发出机组负荷指令值（即"调度负荷指令"），调整控制机组负荷。

（2）协调方式（"CCS 炉跟机"）。"汽轮机主控"与"锅炉主控"均处于"自动"。汽轮机侧的压力调节器处于跟踪，汽轮机侧的功率调节器及炉侧的主控调节器投入自动。DEH 由 DCS 控制，控制汽轮机调门开度，满足外界负荷的需求；炉侧的主控调节器投入自动状态，根据前馈信号及 DEB 直接能量平衡方式进行调节。

（3）锅炉跟踪方式。"汽轮机主控"处于"手动"，"锅炉主控"处于自动。汽轮机侧的压力调节器和功率调节器处于跟踪状态，负荷指令跟踪实发功率，汽轮机调节汽门手动控制。通过调节汽轮机调门开度，调节功率；炉侧的主控调节器投入自动状态，根据前馈信号及 DEB 直接能量平衡方式进行调节。

（4）汽轮机跟踪方式。"汽轮机主控"处于"自动"，"锅炉主控"处于手动。汽轮机压力调节器调节机前压力,锅炉主控制器手动。机侧汽压调节器投入自动运行,维持机前压力定值运行,机侧的功率调节器和炉侧的压力调节器处于跟踪状态。锅炉手动调功,锅炉的主控制器手动。外界负荷的需求调整靠炉主控制器遥控来实现。

Je1F5060　论述不同锅炉形式、设备状态、工艺要求时锅炉的放水操作程序。

答:(1)对于汽包、联箱有裂纹的锅炉,停炉 6h 后开启烟道挡板,进行缓慢的自然通风。停炉 8h 开启烟道和燃烧室的人孔、看火孔、打焦门等,增强自然通风。停炉 24h 后方可放水。紧急冷却时,只允许在停炉 8～10h 后,向锅炉上水和放水,锅水温度不超过 80℃,可将锅水放净。

(2)锅炉停炉后进行检修,停炉后 4～6h 内,应紧闭所有孔门和烟道,制粉系统有关风门、挡板,以免锅炉急剧冷却。经 4～6h 后,打开烟道挡板逐渐通风,并进行必要的上水、放水。经 8～10h,锅炉再上水放水,如有加速冷却的必要,可启动引风机(微正压锅炉启动送风机),适当增加放水和上水的次数。当锅炉压力降至 0.49～0.7848MPa,方可进行锅炉放水。

(3)中压锅炉需要紧急冷却时,则允许关闭主汽阀 4～6h,启动引风机(微正压锅炉启动送风机)加强通风,并增加放水上水的次数。

(4)液态排渣锅炉在熔渣池底未冷却前,锅炉不得放水,以免炉底管过热损坏。

Jf5F2061　论述对冷却水流量低的检查、判断与处理。

答:(1)装有冷却水流量开关和冷却水流量监视器的冷却水系统,流量开关动作检查试验应在转动机械启动前进行。其试验方法是:将冷却水入口手动阀关闭,冷却水中断,冷却水流量开关应有关闭的动作声音,说明流量开关正常,然后将冷却水入口手动阀开启。再直接观察到监视器内挡板张开角度或长键条摆动，当流量开关关闭，冷却水中断时，监视器内挡板关闭或长键条不动。

（2）冷却水系统运行中冲洗方法（见图 F-1）。

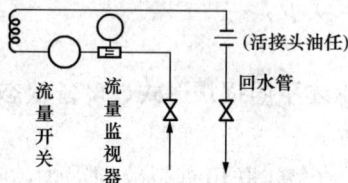

图 F-1

1）拆开回水管上活接头向外侧放水。

2）关闭回水管上的阀门。

3）冲洗冷却水管。

4）冲洗结束后，开启回水管上阀门。

5）恢复回水管上油位接头。

Jf4F3062　论述燃煤锅炉的烟气脱硫方法。

答：烟气脱硫是减少 SO_2 排放的一个有效技术措施。燃煤后烟气脱硫，按照脱硫过程是否加水和脱硫产物的干湿形态，可分为湿法、半干法和干法三类。

（1）湿法烟气脱硫工艺主要有石灰石—石膏法、简易石灰石—石膏法、间接石灰石—石膏法、海水脱硫、磷铵复合肥法、钠碱法、氨吸收法等。其中石灰石—石膏法是目前世界上使用最广泛的脱硫技术，它使用石灰石或石灰浆液与烟气中 SO_2 反应，脱硫产物可以综合利用。

（2）半干法脱硫是利用烟气显热蒸发石灰浆液中的水分，同时在干燥过程中，石灰与烟气中的 SO_2 反应生成 $CaSO_3$ 等，最终产物为粉末状，可与袋式除尘器配合使用，进一步提高脱

280

硫效率。

（3）干法烟气脱硫，其反应是在无液相介入的完全干燥状态下进行的，反应产物也为粉末状，不存在腐蚀、结露等问题。干法主要有炉膛干粉喷射脱硫法、高能电子活化氧化法、荷电干粉喷射脱硫法等。

Jf4F3063　叙述烟气脱硫（FGD）系统对烟囱的影响。

答：由于烟气脱硫（FGD）系统投用，对烟囱将产生以下一些影响。

（1）由于烟温的降低出现酸结露现象，造成腐蚀。烟气脱硫前，烟气温度与烟囱内壁温度基本大于酸露点温度，故一般不会在烟囱内壁结露，其负压区不会产生酸腐蚀问题。而脱硫后的烟气温度低于酸露点温度，烟气会在烟囱内壁结露，加之脱硫后烟囱正压区增大，这样使烟囱的腐蚀加大。

（2）降低烟气的抬升高度。脱硫后烟气的抬升高度的降低，可通过脱硫后烟气中的污染物的减少补偿，不会扩大环境污染。

（3）烟囱的热应力发生变化。烟气脱硫后，温差降低，使得热应力减小，有利于烟囱的安全运行。

Jf3F4064　论述锅水 pH 值变化对硅酸的溶解携带系数的影响。

答：当提高锅水中 pH 值时，水中的 OH^- 浓度增加，硅酸与硅酸盐之间处于水解平衡状态，即

$$SiO_3^{2-} + H_2O \longrightarrow HSiO_3^- + OH^-$$

$$HSiO_3^- + H_2O \longrightarrow H_2SiO_3 + OH^-$$

使锅炉水中的硅酸减少，随着锅水中 pH 值的上升，饱和蒸汽中硅酸的溶解携带系数减小。反之，降低锅水中 pH 值，锅水中的硅酸增多，饱和蒸汽中硅酸的溶解携带系数将增大。

Jf1F3065　论述选择润滑油（脂）的依据。

答：（1）负荷大时，应选用黏度大或油性、挤压性好的润滑油。负荷小时应选用黏度小的润滑油。间歇性的或冲击力较大的机械运动，容易破坏油膜，应选用黏度较大或挤压性较好的润滑油，或用这种润滑油制成的针入度较小的润滑脂。

（2）速度高时，需选用黏度较小的润滑油，或用黏度较大的润滑油制成的润滑脂。对于高速滚动轴承的选择润滑油（脂），为了补足所用润滑油（脂）的机械安全性和成渠性，以及克服离心力的作用，最好选用稠度较大的 3 号润滑脂。对一般转速不太高的轴承来说，为了降低轴承的转矩，特别是启动转矩，则尽可能选用低稠度的润滑脂。

（3）在高温条件下，应选用黏度较大、闪点较高、油性好以及氧化安定性好的润滑油，或用热安定性好的基础油和调化剂制成的滴点较高的润滑脂。在低温条件下，应选用黏度较小、凝点低的润滑油，或用这种油制成的低温性能较好的润滑脂。温度变化大的摩擦部位，应选用黏温性能较好的润滑油或使用温度范围较宽的润滑脂（如锂基脂）。

（4）在潮湿的工作环境里，或有与水接触较多的工作条件下，应选用抗乳化性能较强的油性、防锈性能较好的润滑油（脂），不能选用钠基脂。

（5）摩擦表面粗糙时，要求使用黏度较大或针入度较小的润滑油（脂），反之，应选用黏度较小或针入度较大的润滑油（脂）。

（6）摩擦表面位置。在垂直导轨、丝杠上润滑油容易流失，应选用黏度较大的润滑油，立式轴承宜选用润滑脂，这样可以减少流失，保持润滑。

（7）润滑方式。在循环润滑系统中，要求换油周期长、散热快，应选用黏度较小，抗泡沫性和抗氧化安定性较好的润滑油。在飞溅及油雾润系统中，为减轻润滑油的氧化作用，应选用加有抗氧抗泡添加剂的润滑油。在集中润滑系统中，为便于输送，应选用低稠度的 1 号或 0 号润滑脂。

Jf1F4066　试述火力发电厂节能降耗的意义。

答：（1）节能降耗有利于环境保护。目前，我国煤炭产量的一半用于发电，排放大量二氧化硫等有害气体，二氧化硫排放形成酸雨覆盖面积已占国土面积的 30%以上。因此，节能成为减少温室气体、减缓全球气候变暖的最经济、最有效的措施。

（2）节能降耗是提高经济效率和降低生产成本的重要措施。火电厂煤炭成本占发电成本的 70%左右，降低煤耗，就可以大大降低生产成本。目前，我国火电机组能耗水平与世界工业发达的国家差距仍然很大，如果供电煤耗达到发达国家能耗水平，发电企业年节约标煤量约为 1 亿 t 左右。

（3）节能降耗有利于缓解能源运输压力。从煤炭基地的煤炭外运量占全国铁路煤炭运量的 45%左右。大量煤炭的开发和长距离运输，严重制约国民经济的发展。

（4）节能降耗是实现经济可持续发展的重要保证。根据测算，21 世纪节能率达到 3.72%，其能源供应仍然有较大的缺口，还必须进口一定数量的石油、天然气等优质能源。

（5）节能降耗有利于提高人民的生活质量。通过节能能使工业走上高效率、高效益、低成本、低污染的循环经济之路；通过节能可以使人民享受绿色环境、绿色产品的小康生活。

技能操作试题

4.2.1　单项操作

行业：电力工程　　　　工种：锅炉运行值班员　　　　等级：初

编　号	C05A001	行为领域	e	鉴定范围	5
考核时限	30min	题　型	A	题　分	20分
试题正文	锅炉定期排污操作				
其他需要说明的问题和要求	一、现场就地操作演示，不得触动运行设备 二、现场就地实际操作，须遵守下列原则 1. 必须请示有关领导同意，并在认真监视下进行 2. 万一遇到生产事故，立即中止考核，退出现场 3. 若操作引起异常情况，则立即中止操作，恢复原状				
工具、材料、设备、场地	现场设备				

评分标准	序号	项　目　名　称	质量要求	满分	得分与扣分
	1	全开定期排污管道手动总门，依次对各水冷壁下联箱进行排污	分析准确，处理正确、迅速	4	1. 操作顺序颠倒，扣 1～4 分。如因操作颠倒导致无法继续的，该题不得分
	1.1	全开水冷壁下联箱一角总门 　顺序全开该角各电动分门 　以上述操作方式顺序将各联箱排污一次。关闭定期排污管道手动总门，排污完毕			2. 操作漏项扣 1～4 分。如因漏项使操作必须重新开始，但不导致不良后果的，扣该题总分的 50%；如导致不良后果的，该题不得分

	序号	项 目 名 称	质量要求	满分	得分与扣分
评 分 标 准	1.2	排污时依次进行，不准许两个联箱同时排污，全部排污结束后，关闭定期排污总门	严格按运行规程规定处理	4	3. 每项操作后必须检查操作结果，再开始下一步操作，否则，扣1~4分 4. 因误操作致使过程延误，但不造成不良后果的，扣该题总分的50%；造成不良后果的，该题不得分 5. 操作结束后，应有汇报、记录、否则，该题扣1~4分 6. 对操作过程中违反安全规程及运行规程的，不得分
	2 2.1	操作要求： 定期排污前加强联系，查明排污、疏水系统有无检修项，定排扩容器投入，值班员要注意水位变化，维持正常水位	处理完毕，及时汇报，并作好记录	4	
	2.2	排污过程中发生事故（汽水共腾除外）或排污管道系统阀门有缺陷威胁人身安全时，应停止排污		2	
	2.3	开始排污时应缓冲进行，防止水冲击。当发生水冲击时，应立即关小排污阀，待水冲击消失后，继续开启排污阀进行排污		2	
	2.4	排污时必须单个回路进行，水冷壁和下降管不能同时进行排污。每个回路排污时间不准超过30s		2	
	2.5	排污前汽包维持高水位，排污时应密切监视汽包水位变化，当运行不稳或事故时，应立即停止排污 排污工作结束后，应复查排污阀关闭的严密性		2	

285

行业：电力工程　　　　工种：锅炉运行值班员　　　　等级：中

编　　号	C04A002	行为领域	e	鉴定范围	3
考核时限	30min	题　型	A	题　分	20分
试题正文	中速直吹式磨煤机的正常停运操作				
其他需要说明的问题和要求	1. 要求单独进行操作 2. 现场就地操作演示，不得触动运行设备 3. 万一遇生产事故，立即停止考核，退出现场				
工具、材料、设备、场地	现场实际设备				

	序号	项 目 名 称	质量要求	满分	得分与扣分
评分标准	1	接到停运制粉系统的命令后，逐渐将给煤率降至最小，关热风调整门，开大冷风调整门，降低磨煤机出口温度	严格执行运行规程规定	4	1. 操作顺序颠倒，扣1～4分。因操作颠倒导致无法继续的，该题不得分 2. 操作漏项扣1～4分。如因漏项使操作必须重新开始，但不导致不良后果的，扣该题总分的50%；如导致不良后果的，该题不得分 3. 每项操作后必须检查操作结果，再开始下一步操作，否则，扣1～4分 4. 因误操作致使过程延误，但不造成不良后果的，扣该题总分的50%；造成不良后果的，该题不得分 5. 操作结束后，应有汇报、记录，否则该题扣1～4分 6. 对操作过程中违反安全规程及运行规程的，不得分
	2	停给煤机，延时5min左右停磨煤机	操作程序不准颠倒或漏项	4	
	3	吹扫磨煤机和输粉管道5min，送入防爆气体10～15min		4	
	4	待油温下降到30℃时停稀油站。如果在短期内再次启动磨煤机，可不停稀油站		4	
	5	全部停磨1h，停运密封风机	操作完毕，应向上级汇报并记录	1	
	6	在磨煤机已正常停运，磨辊已卸载，润滑油系统条件满足的情况下，根据需要可以启动磨煤机盘车装置		3	

286

编　　号	C04A003	行为领域	e	鉴定范围	3
考核时限	30min	题　　型	A	题　　分	20分
试题正文	中速直吹式制粉系统给煤机的停运操作				
其他需要说明的问题和要求	1. 要求单独进行操作 2. 现场就地操作演示，不得触动运行设备 3. 万一遇生产事故，立即停止考核，退出现场				
工具、材料、设备、场地	现场实际设备（中速磨煤机直吹式正压系统）				

	序号	项　目　名　称	质量要求	满分	得分与扣分
评分标准	1	关闭给煤机进口闸门，将给煤机胶带上煤走空后，按下给煤机停止按钮，停止给煤机运行	严格执行运行规程规定	7	1. 操作顺序颠倒，扣1～7分。如因操作颠倒导致无法继续的，该题不得分 2. 操作漏项扣1～7分。如因漏项使操作必须重新开始，但不导致不良后果的，扣该题总分的50%；如导致不良后果的，该题不得分 3. 每项操作后必须检查操作结果，再开始下一步操作，否则，扣1～7分 4. 因误操作致使过程延误，但不造成不良后果的，扣该题总分的50%；造成不良后果的，该题不得分 5. 操作结束后，应有汇报、记录、否则，该题扣1～6分 6. 对操作过程中违反安全规程及运行规程的，不得分
	2	当给煤机短期停止备用时，可不关进口闸门，将给煤率降至最小后，停运给煤机	操作程序不准颠倒或漏项	7	
	3	给煤机停运3min左右后，停止磨煤机运行	操作完毕，应向上级汇报并记录	6	

行业：电力工程　　　　工种：锅炉运行值班员　　　　等级：中

编　号	C04A004	行为领域	e	鉴定范围	2
考核时限	30min	题　型	A	题　分	20分
试题正文	中速直吹式制粉系统给煤机启动前的检查及启动操作				
其他需要说明的问题和要求	1. 要求单独进行操作 2. 现场就地操作演示，不得触动运行设备 3. 万一遇生产事故，立即停止考核，退出现场				
工具、材料、设备、场地	现场实际设备				

	序号	项　目　名　称	质量要求	满分	得分与扣分
评分标准	1	启动前检查	严格按运行规程规定执行	2	1. 操作顺序颠倒，扣1～4分。如因操作颠倒导致无法继续的，该题不得分
	1.1	给煤机已经过试运转，并验收合格，已办理工作票终结手续且已正常送电	操作程序不准颠倒或漏项		2. 操作漏项扣1～4分。如因漏项使操作必须重新开始，但不导致不良后果的，扣该题总分的50%；如导致不良后果的，该题不得分
	1.2	检查减速机内润滑油面高度不低于1/3，给煤机照明完好，机体内部无积煤和杂物		2	3. 每项操作后必须检查操作结果，再开始下一步操作，否则扣1～4分
	1.3	就地控制盘各开关按钮位置正确，显示信号指示正常	操作完毕，应向上级汇报并记录	2	4. 因误操作致使过程延误，但不造成不良后果的，扣该题总分的50%；造成不良后果的，该题不得分
	1.4	磨煤机在运行状态			
	2	启动	启动前准备和检查正确	10	5. 启动检查项目正确，得6分
	2.1	给煤机启动操作步骤是：先打开给煤机出口门，再启动给煤机，给煤机运转平稳后，打开进口门，使给煤机带负荷运行			6. 操作结束后，应有汇报、记录，否则该题扣1～2分
	2.2	给煤机故障停运后的再启动，应将给煤率减至最低，使给煤机在低速启动，防止给煤机启动时过负荷		4	

288

行业：电力工程　　　　工种：锅炉运行值班员　　　　等级：中

编　号	C04A005	行为领域	e	鉴定范围	2
考核时限	30min	题　型	A	题　分	20分

试题正文	中速直吹式磨煤机的启动操作
其他需要说明的问题和要求	1. 要求单独进行操作 2. 现场就地操作演示，不得触动运行设备 3. 万一遇生产事故，立即停止考核，退出现场
工具、材料、设备、场地	现场实际设备

	序号	项　目　名　称	质量要求	满分	得分与扣分
评 分 标 准	1	调整一次风机负荷，建立正常一次风压，打开磨煤机出口门	严格执行运行规程规定	2	1. 操作顺序颠倒，扣1～5分。如因操作颠倒导致无法继续的，该题不得分 2. 操作漏项扣1～5分。如因漏项使操作必须重新开始，但不导致不良后果的，扣该题总分的50%；如导致不良后果的，该题不得分 3. 每项操作后必须检查操作结果，再开始下一步操作，否则，扣1～5分 4. 因误操作致使过程延误，但不造成不良后果的，扣该题总分的50%；造成不良后果的，该题不得分 5. 操作结束后，应有汇报、记录、否则，该题扣1～5分 6. 对操作过程中违反安全规程及运行规程的，不得分
	2	建立密封风压，打开磨煤机密封风门，使密封风压与一次风压差值 $\Delta p \geqslant 1.96\text{kPa}$	操作程序不准颠倒或漏项	2	
	3	投入消防蒸汽 10～15min		2	
	4	打开给煤机出入口电动门		2	
	5	投一次风，打开冷热风隔绝门，调整一次风量，吹扫磨煤机 5min		2	
	6	调整冷热风门，暖磨至磨煤机出口温度至规定值		3	
	7	启动磨煤机	操作完毕，应向上级汇报并记录	2	
	8	磨煤机启动 10s 后，启动给煤机，将给煤机调到最低给煤量		3	
	9	磨煤机事故跳闸后再启动前，必须进行至少 10min 通风吹扫后，方可启动		2	

编　号	C43A006	行为领域	e	鉴定范围	2
考核时限	30min	题　型	A	题　分	20分

试题正文	中储式钢球磨煤机的启动操作

其他需要说明的问题和要求	1. 要求单独进行操作 2. 在仿真机上操作，按仿真机运行规程考核 3. 现场就地操作演示，不得触动运行设备 4. 万一遇生产事故，立即停止考核，退出现场

工具、材料、设备、场地	相应机组的仿真机或现场实际设备

	序号	项　目　名　称	质量要求	满分	得分与扣分
评分标准	1 1.1 1.2 1.3 1.4	合入下列设备电源 磨煤机电动机电源 排粉机电动机电源 给煤机电动机电源及给煤机入口闸板电动机电源 润滑油泵电动机电源	严格执行运行规程规定	3	1. 操作顺序颠倒，扣 1～5 分。如因操作颠倒导致无法继续的，该题不得分 2. 操作漏项扣1～5 分。如因漏项使操作必须重新开始，但不导致不良后果的，扣该题总分的50%；如导致不良后果的，该题不得分 3. 每项操作后必须检查操作结果，再开始下一步操作，否则，扣1～5 分 4. 因误操作致使过程延误，但不造成不良后果的，扣该题总分的50%；造成不良后果的，该题不得分 5. 操作结束后，应有汇报、记录、否则，该题扣1～5 分 6. 对操作过程中违反安全规程及运行规程的，不得分
	2	锅炉空气预热器出口热风温度达规定温度	操作程序不准颠倒或漏项	3	
	3	启动磨煤机润滑油系统，检查润滑油压、油温、油量等均正常，而且无漏油，另一台备用润滑油泵投入备用		3	
	4	磨煤机大牙轮滴油正常		2	
	5	启动排粉机，逐渐开启排粉机入口调节挡板，调整总风压至规程规定值，进行暖磨	操作完毕，应向上级汇报并记录	3	
	6	调整磨煤机入口热/冷风调节挡板，使磨煤机粗粉分离器调节挡板开启至规定值		2	
	7	启动磨煤机电动机，启动粗粉分离器或调节粗粉分离器调节挡板开启至规定值		2	
	8	开启给煤机入口煤闸板，启动给煤机逐渐增加给煤量，同时注意调整磨煤机出口温度和磨煤机通风量，维持磨煤机出口温度和磨煤机入口负压，在规定范围内		2	

行业：电力工程　　　　工种：锅炉运行值班员　　　　等级：中/高

编　　号	C43A007	行为领域	e	鉴定范围	2
考核时限	30min	题　　型	A	题　　分	20分
试题正文	中储式钢球磨煤机运行监视调整及其停止操作				
其他需要说明的问题和要求	1. 要求单独进行操作 2. 在仿真机上操作，按仿真机运行规程考核 3. 现场就地操作演示，不得触动运行设备 4. 万一遇生产事故，立即停止考核，退出现场				
工具、材料、设备、场地	相应机组的仿真机或现场实际设备				

	序号	项 目 名 称	质量要求	满分	得分与扣分
评 分 标 准	1 1.1	中储式钢球磨煤机运行监视调整 　　主要监视磨煤机入口负压在300～500Pa，磨煤机出口温度依据原煤挥发分大小保持规定值，调整风量和给煤机出力，使磨煤机在最大出力下运行	严格执行运行规程规定	5	1. 操作顺序颠倒，扣1～5分。如因操作颠倒导致无法继续的，该题不得分 　2. 操作漏项扣1～5分。如因漏项使操作必须重新开始，但不导致不良后果的，扣该题总分的50%；如导致不良后果的，该题不得分 　3. 每项操作后必须检查操作结果，再开始下一步操作，否则，扣1～5分 　4. 因误操作致使过程延误，但不造成不良后果的，扣该题总分的50%；造成不良后果的，该题不得分 　5. 操作结束后，应有汇报、记录，否则，该题扣1～5分 　6. 对操作过程中违反安全规程及运行规程的，不得分
	1.2	监视磨煤机入口、出口、粗粉分离器出口、细粉分离器出口各点风压，以及磨煤机、排粉机电流等，判断上述设备运行工况是否有堵塞等不正常现象	操作程序不准颠倒或漏项	5	
	2 2.1 2.2 2.3 2.4	中储式钢球磨煤机制粉系统停止操作 　　如磨煤机投自动时，应将自动切换为手动操作 　　减少给煤，根据运行值情况关小热风，仍控制磨煤机出口温度为规定值 　　停止给煤机运行、关热风门、开自然风门 　　经抽粉后停止磨煤机运行	操作完毕，应向上级汇报并记录	5	
	2.5	逐渐关排粉机入口风门，当排粉机入口风门关到30%左右，进行清理本屑分离器，清理完后，全关排粉机入口门、磨煤机入口热风门、再循环门、混合风门、排粉机出口风门，开启三次风冷却风门		5	
	2.6	停止排粉机，解除所停制粉系统的连锁			

编　号	C54A008	行为领域	e	鉴定范围	1
考核时限	30min	题　型	A	题　分	20分
试题正文	回转式空气预热器的投运操作				
其他需要说明的问题和要求	1. 要求单独进行操作 2. 在仿真机上操作，按仿真机运行规程考核 3. 现场就地操作演示，不得触动运行设备 4. 万一遇生产事故，立即停止考核，退出现场				
工具、材料、设备、场地	相应机组的仿真机或现场实际设备				

	序号	项目名称	质量要求	满分	得分与扣分
评 分 标 准	1	启动空气预热器辅助电动机，检查转动部分有无卡涩、撞击现象，转子运行平稳、声音正常，无问题后停止辅助电动机运行	严格执行运行规程规定 操作程序不准颠倒或漏项 操作完毕，应向上级汇报并记录	5	1. 操作顺序颠倒，扣 1~5 分。如因操作颠倒导致无法继续的，该题不得分 2. 操作漏项扣 1~5 分。如因漏项使操作必须重新开始，但不导致不良后果的，扣该题总分的 50%；如导致不良后果的，该题不得分 3. 每项操作后必须检查操作结果，再开始下一步操作，否则，扣 1~5 分 4. 因误操作致使过程延误，但不造成不良后果的，扣该题总分的 50%；造成不良后果的，该题不得分 5. 操作结束后，应有汇报、记录，否则，该题扣 1~5 分 6. 对操作过程中违反安全规程及运行规程的，不得分
	2	启动空气预热器主电动机，预热器应运行平稳，无异常声响，电流在正常范围内，主辅电动机离合器状态正常，辅助电动机应处于停转状态		5	
	3	将空气预热器推力轴承及导向轴承的油系统连锁投入自动，当油温>55℃时，油泵应自动启动		5	
	4	锅炉撤油运行后，将空气预热器密封间隙自动控制系统投入自动		5	

编　　号	C54A009	行为领域	e	鉴定范围	1
考核时限	30min	题　　型	A	题　　分	20分
试题正文	回转式空气预热器的停止操作				
其他需要说明的问题和要求	1. 要求单独进行操作 2. 现场就地操作演示，不得触动运行设备 3. 万一遇生产事故，立即停止考核，退出现场				
工具、材料、设备、场地	现场实际设备				

	序号	项　目　名　称	质量要求	满分	得分与扣分
评 分 标 准	1	空气预热器停止前应将扇形板提升至上限	严格执行运行规程规定	2	1. 操作顺序颠倒，扣1～5分。如因操作颠倒导致无法继续的，该题不得分 2. 操作漏项扣1～5分。如因漏项使操作必须重新开始，但不导致不良后果的，扣该题总分的50%；如导致不良后果的，该题不得分 3. 每项操作后必须检查操作结果，再开始下一步操作，否则，扣1～5分 4. 因误操作致使过程延误，但不造成不良后果的，扣该题总分的50%；造成不良后果的，该题不得分 5. 操作结束后，应有汇报、记录，否则，该题扣1～5分 6. 对操作过程中违反安全规程及运行规程的，不得分
	2	正常停炉后，当空气预热器入口烟温达停运温度时，按下空气预热器停止按钮，停止空气预热器运行	操作程序不准颠倒或漏项	4	
	3	正常运行中，若出现空气预热器电流大幅度摆动，空气预热器内部发生剧烈的摩擦碰撞，应紧急停止空气预热器运行，并关闭空气预热器进出口烟、风挡板		3	
	4	正常运行中，空气预热器上下轴承油温超限时，应停止空气预热器运行		3	
	5	在空气预热器跳闸或紧急停运后，如果空气预热器入口烟温未达停运温度，辅机电动机应延时2s自动投入运行，否则应手动合辅助电动机。如果主、辅电动机均不能投运，应进行手动盘车，保持空气预热器转子转动，并立即通知检修抢修	操作完毕，应向上级汇报并记录	4	
	6	空气预热器需要水清洗时，入口烟气温度应降至允许温度以下，并有具体技术措施		4	

293

编　号	C54A010	行为领域	e	鉴定范围	2
考核时限	30min	题　型	A	题　分	20分
试题正文	磨煤机润滑油系统的启动及运行维护				
其他需要说明的问题和要求	1. 要求单独进行操作 2. 现场就地操作演示，不得触动运行设备 3. 万一遇生产事故，立即停止考核，退出现场				
工具、材料、设备、场地	现场实际设备				

	序号	项 目 名 称	质量要求	满分	得分与扣分
评分标准	1	启动操作： 启动一台磨煤机润滑油泵，待磨煤机油压低光字牌信号消失后，将油泵连锁开关合入"运行泵联动备用泵"位置	严格按运行规程规定执行	8	1. 操作顺序颠倒，扣1～5分。如因操作颠倒导致无法继续的，该题不得分 2. 操作漏项扣1～5分。如因漏项使操作必须重新开始，但不导致不良后果的，扣该题总分的50%；如导致不良后果的，该题不得分 3. 每项操作后必须检查操作结果，再开始下一步操作，否则扣1～5分 4. 因误操作致使过程延误，但不造成不良后果的，扣该题总分的50%；造成不良后果的，该题不得分 5. 操作结束后，应有汇报、记录，否则，该题扣1～5分 6. 对操作过程中违反安全规程及运行规程的，不得分
	2 2.1	运行维护： 注意监视油压：定期活动、切换、清理滤油器，保持滤油器前后压差<0.05MPa	操作程序不准颠倒或漏项	6	
	2.2	系统油温由加热器自动控制在30～40℃，若发现油温超过45℃，即为加热器自启、停装置故障，应手动停止加热器或联系电气运行人员将其停止，报告机组长联系热工人员及时处理	操作完毕，应向上级汇报并记录	6	

行业：电力工程　　　　工种：锅炉运行值班员　　　　　　等级：初

编　号	C05A011	行为领域	e	鉴定范围	1
考核时限	30min	题　型	A	题　分	20分
试题正文	螺杆式空气压缩机的启动操作				
其他需要说明的问题和要求	1. 要求单独进行操作 2. 现场就地操作演示，不得触动运行设备 3. 万一遇生产事故，立即停止考核，退出现场				
工具、材料、设备、场地	现场实际设备				

	序号	项 目 名 称	质量要求	满分	得分与扣分
评分标准	1 1.1	空气压缩机启动前的准备 　检查并确定所有管路无泄漏，电气系统接线良好	严格执行运行规程规定	2	1. 操作顺序颠倒，扣1～5分。如因操作颠倒导致无法继续的，该题不得分 2. 操作漏项扣1～5分。如因漏项使操作必须重新开始，但不导致不良后果的，扣该题总分的50%；如导致不良后果的，该题不得分 3. 每项操作后必须检查操作结果，再开始下一步操作，否则，扣1～5分 4. 因误操作致使过程延误，但不造成不良后果的，扣该题总分的50%；造成不良后果的，该题不得分 5. 操作结束后，应有汇报、记录、否则，该题扣1～5分 6. 对操作过程中违反安全规程及运行规程的，不得分
	1.2	确认主隔离阀打开	操作程序不准颠倒或漏项	2	
	1.3	打开油分离器底部的排污阀，检查有无冷凝水，如有，排放后关闭阀门		2	
	1.4	检查润滑油油位正常		2	
	1.5	合上电源主开关，电源指示灯亮、"UNLOAD"（卸载）指示灯亮	操作完毕，应向上级汇报并记录	2	
	2 2.1	空气压缩机启动 　检查显示屏显示"READY TO START"（准备启动）		4	
	2.2	按下"START"按钮，空气压缩机启动，自动加载		6	

行业：电力工程　　　　工种：锅炉运行值班员　　　　等级：初

编　　号	C05A012	行为领域		e	鉴定范围		1
考核时限	30min	题　　型		A	题　　分		20分
试题正文	空气压缩机的停止操作						
其他需要说明的问题和要求	1. 要求单独进行操作 2. 现场就地操作演示，不得触动运行设备 3. 万一遇生产事故，立即停止考核，退出现场						
工具、材料、设备、场地	现场实际设备						

	序号	项　目　名　称	质量要求	满分	得分与扣分
评 分 标 准	1	停机时，按下停机钮，压缩机卸载运行 30s，然后停机	严格执行运行规程规定	5	1. 操作顺序颠倒，扣 1～5 分。如因操作颠倒导致无法继续的，该题不得分 2. 操作漏项扣 1～5 分。如因漏项使操作必须重新开始，但不导致不良后果的，扣该题总分的 50%；如导致不良后果的，该题不得分 3. 每项操作后必须检查操作结果，再开始下一步操作，否则，扣 1～5 分 4. 因误操作致使过程延误，但不造成不良后果的，扣该题总分的 50%；造成不良后果的，该题不得分 5. 操作结束后，应有汇报、记录、否则，该题扣 1～5 分 6. 对操作过程中违反安全规程及运行规程的，不得分
	2	当遇紧急情况需停机时，按下紧急停机按钮，压缩机停止运行，故障排除后再启动时，需逆时针方向旋转紧急停车按钮，解脱锁定状态	操作程序不准颠倒或漏项	5	
	3	压缩机停运后，关闭排气出口门，关闭冷却水进水门，打开手动凝结水排水门，旋开油过滤器一周，让压缩机卸压	操作完毕，应向上级汇报并记录	10	

编　　号	C54A013	行为领域		e	鉴定范围	1
考核时限	30min	题　　型		A	题　　分	20分
试题正文	转动设备启动前的检查					
其他需要说明的问题和要求	1. 要求单独进行操作 2. 现场就地操作演示，不得触动运行设备 3. 万一遇生产事故，立即停止考核，退出现场					
工具、材料、设备、场地	现场实际设备					

	序号	项 目 名 称	质量要求	满分	得分与扣分
评 分 标 准	1	检查转动设备和系统各表计齐全，并恢复运行时的状态，并投入	严格执行运行规程规定	2	1. 操作顺序颠倒，扣1～4分。如因操作颠倒导致无法继续的，该题不得分 2. 操作漏项扣1～4分。如因漏项使操作必须重新开始，但不导致不良后果的，扣该题总分的50%；如导致不良后果的，该题不得分 3. 每项操作后必须检查操作结果，再开始下一步操作，否则，扣1～4分 4. 因误操作致使过程延误，但不造成不良后果的，扣该题总分的50%；造成不良后果的，该题不得分 5. 操作结束后，应有汇报、记录、否则，该题扣1～4分 6. 对操作过程中违反安全规程及运行规程的，不得分
	2	对系统进行全面检查，并向有关油、水系统和泵体注油充水，放尽余气，有关系统的孔应严密封闭		2	
	3	所有可以手动盘动的转动设备，均盘动转子，应轻快、无卡涩现象，检查有关转动设备的地角螺栓，应拧紧，靠联轴器护罩齐全牢固，接地线完整	操作程序不准颠倒或漏项	3	
	4	检查各转动设备的轴承和有关润滑部件的油质、油位正常		2	
	5	检查有关设备（泵）密封部位，有少量密封水流出，有关设备的冷却水应送上。冷却水流量监视器和流量开关动作正常	操作完毕，应向上级汇报并记录	2	
	6	检查电动机绝缘合格、外壳接地良好		2	
	7	送电前各转动设备的控制状态切至"远方"		2	
	8	转动设备，以及系统上的开关挡板阀门的控制回路、电气闭锁、自动装置、热工保护，以及机械调整装置，应按各自的规定事先校验合格		3	
	9	具有特殊要求的转动设备必须符合特殊规定		2	

297

编　　号	C54A014	行为领域		e	鉴定范围		1
考核时限	30min	题　　型		A	题　　分		20分
试题正文	转动设备的启动操作						
其他需要说明的问题和要求	1. 要求单独进行操作 2. 现场就地操作演示，不得触动运行设备 3. 万一遇生产事故，立即停止考核，退出现场						
工具、材料、设备、场地	现场实际设备						

	序号	项　目　名　称	质量要求	满分	得分与扣分
评 分 标 准	1	转动设备启动前必须同有关人员进行联系	严格执行运行规程规定	3	1. 操作顺序颠倒，扣1～5分。如因操作颠倒导致无法继续的，该题不得分。 2. 操作漏项扣1～5分。如因漏项使操作必须重新开始，但不导致不良后果的，扣该题总分的50%；如导致不良后果的，该题不得分。 3. 每项操作后必须检查操作结果，再开始下一步操作，否则，扣1～5分
	2	试转时确认转动方向正确，细听内部无异声，所属转动设备无异常现象，否则不允许再启动或转入备用		3	
	3	转动设备启动后的检查项目： （1）各转动设备的轴承（瓦）以及减速箱温升符合规定 （2）转动设备的各部振动符合规定 （3）电动机的温升、电流指示值符合规定 （4）各润滑油箱油位正常，无漏油现象 （5）有关设备的密封部分应密封良好 （6）转动设备和电动机无异常声音 （7）各调整装置的机械联结应完好，无脱落 （8）有关输送介质的设备入口、出口压力、流量均正常 （9）确认各连锁和自动调节装置均投入并正常 （10）转动设备所属系统无漏水、漏气、漏油现象	操作程序不准颠倒或漏项	6	

	序号	项 目 名 称	质量要求	满分	得分与扣分
评分标准	4	转动设备启动后如发生跳闸，必须查明原因并清除故障后，方可再次启动	操作完毕，应向上级汇报并记录	3	4. 因误操作致使过程延误，但不造成不良后果的，扣该题总分的50%；造成不良后果的，该题不得分 5. 操作结束后，应有汇报、记录、否则，该题扣1～5分 6. 对操作过程中违反安全规程及运行规程的，不得分
	5	鼠笼式转子电动机在冷状态下允许启动的次数，应按制造厂的规定进行。如制造厂无规定，在正常情况下，允许在冷态下启动2次，每次间隔时间不得小于5min，在热态状态下启动1次，只有在处理事故时以及启动时间不超过2～3s的电动机，可以多启动一次。当进行动平衡试验时，启动的间隔时间为： 200kW 以下的电动机不应小于0.5h 200～500kW 的电动机不应小于1h 500kW 以上的电动机不应小于2h		5	

行业：电力工程　　　　工种：锅炉运行值班员　　　　等级：初/中

编　　号	C54A015	行为领域	e	鉴定范围	1
考核时限	30min	题　　型	A	题　　分	20分

试题正文	转动设备的停止操作
其他需要说明的问题和要求	1. 要求单独进行操作 2. 现场就地操作演示，不得触动运行设备 3. 万一遇生产事故，立即停止考核，退出现场
工具、材料、设备、场地	现场实际设备

<table>
<tr><th colspan="2"></th><th>序号</th><th>项 目 名 称</th><th>质量要求</th><th>满分</th><th>得分与扣分</th></tr>
<tr><td rowspan="4">评
分
标
准</td><td></td><td>1</td><td>转动设备的停止操作应严格按转动设备运行规程规定进行</td><td>严格执行运行规程规定</td><td>5</td><td rowspan="4">1. 操作顺序颠倒，扣1～5分。如因操作颠倒导致无法继续的，该题不得分
2. 操作漏项扣1～5分。如因漏项使操作必须重新开始，但不导致不良后果的，扣该题总分的50%；如导致不良后果的，该题不得分
3. 每项操作后必须检查操作结果，再开始下一步操作，否则，扣1～5分
4. 因误操作致使过程延误，但不造成不良后果的，扣该题总分的50%；造成不良后果的，该题不得分
5. 操作结束后，应有汇报、记录，否则，该题扣1～5分
6. 对操作过程中违反安全规程及运行规程的，不得分</td></tr>
<tr><td></td><td>2</td><td>转动设备停止前应周密考虑连锁关系，以及有关保护装置，防止有关设备启动、跳闸或连锁动作的不安全情况出现</td><td>操作程序不准颠倒或漏项</td><td>5</td></tr>
<tr><td></td><td>3</td><td>具有防潮电源的辅助设备的电动机，在处于长期备用状态，应送上防潮电源，对于无防潮电源的辅助设备的电动机，应进行定期启动</td><td>操作完毕，应向上级汇报并记录</td><td>5</td></tr>
<tr><td></td><td>4</td><td>在冬季停止运行的辅助设备，应作好必要的防冻措施</td><td></td><td>5</td></tr>
</table>

行业：电力工程　　　　工种：锅炉运行值班员　　　　等级：初/中

编　　号	C54A016	行为领域	e	鉴定范围	2
考核时限	30min	题　　型	A	题　　分	20分
试题正文	转动设备的紧急停止条件				
其他需要说明的问题和要求	1. 要求单独进行操作 2. 现场就地操作演示，不得触动运行设备 3. 万一遇生产事故，立即停止考核，退出现场				
工具、材料、设备、场地	现场实际设备				

评分标准	序号	项　目　名　称	质量要求	满分	得分与扣分
评分标准	1	锅炉辅助转动设备在发生下列情况之一时，应紧急停止运行 （1）转动设备发生强烈振动超过规定值 （2）转动设备内部有明显的摩擦声和异常响声 （3）电动机有明显的焦糊味、冒烟、着火 （4）轴承温升超过限值或冒烟 （5）轴承部位和密封部位大量泄漏介质或密封部位冒烟 （6）发生危及人身和设备安全运行的故障	严格执行运行规程规定 操作程序不准颠倒或漏项 操作完毕，应向上级汇报并记录	12	1. 操作顺序颠倒，扣1～5分。如因操作颠倒导致无法继续，该题不得分 2. 操作漏项扣1～5分。如因漏项使操作必须重新开始，但不导致不良后果的，扣该题总分的50%；如导致不良后果的，该题不得分 3. 每项操作后必须检查操作结果，再开始下一步操作，否则，扣1～5分 4. 因误操作致使过程延误，但不造成不良后果的，扣该题总分的50%；造成不良后果的，该题不得分 5. 操作结束后，应有汇报、记录、否则，该题扣1～5分 6. 故障分析判断错误，该题不得分。如故障分析不全面、不准确，扣该题总分的50%；因故障分析不全面、不准确而导致事故扩大的，该题不得分 7. 对操作过程中违反安全规程及运行规程的，不得分
评分标准	2	对于运行中的辅助设备，除发生伤害人身安全或毁坏设备的故障，必须紧急停止外，一般应先启动备用辅机设备，方可停止故障设备的运行		4	
评分标准	3	现场紧急停止转机后，事故按钮按的时间应大于1min，防止主控室内再次强送		4	

301

行业：电力工程　　　　工种：锅炉运行值班员　　　　等级：中

编　号	C04A017	行为领域		e	鉴定范围		4
考核时限	30min	题　型		A	题　分		20分
试题正文	正压直吹式磨煤机运行时的调整操作						
其他需要说明的问题和要求	1. 要求单独进行操作 2. 在仿真机上操作，按仿真机运行规程考核 3. 现场就地操作演示，不得触动运行设备 4. 万一遇生产事故，立即停止考核，退出现场						
工具、材料、设备、场地	现场实际设备						

	序号	项 目 名 称	质量要求	满分	得分与扣分
评 分 标 准	1	磨煤机运行时，值班人员应认真监视磨煤机润滑油泵、密封风机、旋转锁气器的运行情况	严格执行运行规程规定	3	1. 操作顺序颠倒，扣1～4分。如因操作颠倒导致无法继续的，该题不得分 2. 操作漏项扣1～4分。如因漏项使操作必须重新开始，但不导致不良后果的，扣该题总分的50%；如导致不良后果的，该题不得分 3. 每项操作后必须检查操作结果，再开始下一步操作，否则，扣1～4分 4. 因误操作致使过程延误，但不造成不良后果的，扣该题总分的50%；造成不良后果的，该题不得分 5. 操作结束后，应有汇报、记录、否则，该题扣1～4分 6. 对操作过程中违反安全规程及运行规程的，不得分
	2	当发生润滑油压力低或流量低时，应及时切换滤网，通知检修人员清理滤网。当磨煤机大齿轮喷洒系统故障时，及时复归	操作程序不准颠倒或漏项	3	
	3	监视和调整磨煤机出口气粉混合物温度，保持在规定值		3	
	4	监视和调整磨煤机一次风量、输送风量符合运行规程规定值	操作完毕，应向上级汇报并记录	4	
	5	监视调整磨煤机驱动端密封空气量，杜绝磨煤机向外漏粉。当磨煤机主轴密封环损坏时，应及时停止磨煤机运行，通知检修及时调整		4	
	6	当发现给煤机出力降低，震打器投入无效时，应及时降低机组出力，停止给煤机运行，通知检修人员清理		3	

编　号	C54A018	行为领域	e	鉴定范围	1
考核时限	30min	题　型	A	题　分	20分
试题正文	汽包就地水位计投入、冲洗和隔离操作				
其他需要说明的问题和要求	1. 要求单独进行操作 2. 现场就地操作演示，不得触动运行设备 3. 万一遇生产事故，立即停止考核，退出现场				
工具、材料、设备、场地	现场实际设备				

	序号	项　目　名　称	质量要求	满分	得分与扣分
评分标准	1 1.1 1.2 1.3 1.4	汽包水位计冷态投入运行 确认水位计工作结束，设备完好，无泄漏，照明充足 开启水位计汽侧一、二次门，开启汽侧链子门 开启水位计水侧一、二次门，开启水侧链子门 关闭放水门	严格执行运行规程规定 操作程序不准颠倒或漏项	5	1. 操作顺序颠倒，扣1～5分。如因操作颠倒导致无法继续的，该题不得分 2. 操作漏项扣1～5分。如因漏项使操作必须重新开始，但不导致不良后果的，扣该题总分的50%；如导致不良后果的，该题不得分
	2 2.1 2.2 2.3 2.4 2.5 2.6 2.7	汽包水位计热态投入运行 操作前，放水一、二次门应开启 开启汽水一次门 稍开水位计汽侧二次门，进行水位计的暖热工作，时间不少于15min 检修过的水位计，如进行热紧螺栓的工作时，水位计应解列 水位计的暖热工作完成后，关闭放水一、二次门 缓慢交替开启汽、水侧二次门，二次门应开启 水位计投入运行后，应全面检查一次并校对水位	操作完毕，应向上级汇报并记录	5	3. 每项操作后必须检查操作结果，再开始下一步操作，否则，扣1～5分 4. 因误操作致使过程延误，但不造成不良后果的，扣该题总分的50%；造成不良后果的，该题不得分

	序号	项 目 名 称	质量要求	满分	得分与扣分
评 分 标 准	3 3.1 3.2 3.3 3.4 3.5	双色水位计冲洗法 冲洗前将水位计门关到既能把钢球顶开，又能通过介质的位置（约1～2圈） 微开放水门，冲洗汽水连通管 关汽门，冲洗水连通管 开启汽门，冲洗汽连通管及云母片，直至可见度理想为止 水位计冲洗完毕后，恢复水位计运行		5	5. 操作结束后，应有汇报、记录、否则，该题扣1～5分 6. 对操作过程中违反安全规程及运行规程的，不得分
	4 4.1 4.2 4.3	水位计隔离操作 关闭水、汽侧二次门 关闭水、汽侧一次门 慢慢开启放水门，待水位计泄压和余水放尽后关闭		5	

行业：电力工程　　　　工种：锅炉运行值班员　　　　等级：初

编　号	C05A019	行为领域	e	鉴定范围	1
考核时限	30min	题　型	A	题　分	20分

试题正文	三分仓回转式空气预热器启动前的准备

其他需要说明的问题和要求	1. 要求单独进行操作 2. 现场就地操作演示，不得触动运行设备 3. 万一遇生产事故，立即停止考核，退出现场

工具、材料、设备、场地	现场实际设备

	序号	项 目 名 称	质量要求	满分	得分与扣分
评 分 标 准	1	启动前彻底检查转子的两端，其外壳内无任何杂物，电动机启动前用手摇把柄或空气泵使转子旋转一周，转动声音应正常	严格执行运行规程规定	2	1. 操作顺序颠倒，扣1～5分。如因操作颠倒导致无法继续的，该题不得分 2. 操作漏项扣1～5分。如因漏项使操作必须重新开始，但不导致不良后果的，扣该题总分的50%；如导致不良后果的，该题不得分 3. 每项操作后必须检查操作结果，再开始下一步操作，否则，扣1～5分 4. 因误操作致使过程延误，但不造成不良后果的，扣该题总分的50%；造成不良后果的，该题不得分 5. 操作结束后，应有汇报、记录，否则，该题扣1～5分 6. 对操作过程中违反安全规程及运行规程的，不得分
	2	检查吹灰器喷嘴开口处的长轴是否正确地处于喷嘴管的中心线上，试投吹灰器，推进中无阻碍，使吹灰汽流作用在全部受热面上	操作程序不准颠倒或漏项	2	
	3	检查各油位指示器，确保全部轴承箱、减速箱、传动装置内有足够的油，为了防止油过多溢出，不要超过油标规定油位	操作完毕，应向上级汇报并记录	2	
	4	检查传动电动机的高速轴，确保旋转方向和转子传动装置上的箭头一致，空气管路上润滑器工作正常		2	
	5	转子全部密封完好		2	
	6	油循环装置完好		2	
	7	检查空气预热器清洗水源已送上，清洗水泵电源送电，该泵试运正常		3	
	8	检查导向轴承、支撑轴承油系统正常		2	
	9	投入润滑油冷却器、导向轴承、支撑轴承冷却器冷却水		3	

305

行业：电力工程　　　工种：锅炉运行值班员　　　等级：初/中

编　号	C54A020	行为领域	e	鉴定范围	1
考核时限	30min	题　型	A	题　分	20分
试题正文	三分仓回转式空气预热器启动操作				
其他需要说明的问题和要求	1. 要求单独进行操作 2. 在仿真机上操作，按仿真机运行规程考核 3. 现场就地操作演示，不得触动运行设备 4. 万一遇生产事故，立即停止考核，退出现场				
工具、材料、设备、场地	相应机组的仿真机或现场实际设备				

	序号	项目名称	质量要求	满分	得分与扣分
评分标准	1	预热器应先于引风机启动，两台预热器启动后方可启动引风机、送风机	严格执行运行规程规定	5	1. 操作顺序颠倒，扣1～5分。如因操作颠倒导致无法继续的，该题不得分 2. 操作漏项扣1～5分。如因漏项使操作必须重新开始，但不导致不良后果的，扣该题总分的50%；如导致不良后果的，该题不得分 3. 每项操作后必须检查操作结果，再开始下一步操作，否则，扣1～5分 4. 因误操作致使过程延误，但不造成不良后果的，扣该题总分的50%；造成不良后果的，该题不得分 5. 操作结束后，应有汇报、记录，否则，该题扣1～5分 6. 对操作过程中违反安全规程及运行规程的，不得分
	2	调出锅炉风烟系统画面	操作程序不准颠倒或漏项	5	
	2.1	利用触摸屏或键盘分别调出空气预热器一次风入、出口空气挡板和二次风出口空气挡板的操作窗口，打开以上各挡板			
	2.2	利用触摸屏或键盘分别调出空气预热器烟气侧入、出口挡板的操作窗口，打开烟气倒入出口挡板			
	3	调出空气预热器操作画面	操作完毕，应向上级汇报并记录	5	
	3.1	启动空气预热器1号油泵			
	3.2	用气动电动机启动空气预热器			
	3.3	用主电动机启动空气预热器，确认电动机电流正常，停气动电动机			
	4	联系热工人员将空气预热器泄漏自动跟踪——密封调节投入"自动"		5	

行业：电力工程　　　　工种：锅炉运行值班员　　　　等级：初/中

编　　号	C54A021	行为领域	e	鉴定范围	1
考核时限	30min	题　　型	A	题　分	20分
试题正文	三分仓回转式空气预热器运行监视与操作				
其他需要说明的问题和要求	1. 要求单独进行操作 2. 在仿真机上操作，按仿真运行规程考核 3. 现场就地操作演示，不得触动运行设备 4. 万一遇生产事故，立即停止考核，退出现场				
工具、材料、设备、场地	相应机组的仿真机或现场实际设备				

	序号	项　目　名　称	质量要求	满分	得分与扣分
评 分 标 准	1	锅炉处在燃油情况下，冷端吹灰器应投入备用汽源连续吹灰（点火后）	严格执行运行规程规定	2	1. 操作顺序颠倒，扣 1～5 分。如因操作颠倒导致无法继续的，该题不得分 2. 操作漏项扣 1～5 分。如因漏项使操作必须重新开始，但不导致不良后果的，扣该题总分的 50%；如导致不良后果的，该题不得分 3. 每项操作后必须检查操作结果，再开始下一步操作，否则，扣 1～5 分
	2	正常运行时，每 2h 吹灰一次		2	
	3	当发生烟气压差增加，锅炉燃烧不稳时，应增加吹灰次数	操作程序不准颠倒或漏项	2	
	4	监视预热器风压差及进出口风温		2	
	5	润滑油系统油温正常值：支撑轴承油系统油温正常值为 50～60℃ 导向轴承油系统油温正常值为 60～70℃		2	
	6	定期检查油位，如发现润滑表面有泡沫，说明冷却系统管路中有泄漏，应及时消除		2	

	序号	项 目 名 称	质量要求	满分	得分与扣分
评 分 标 准	7 7.1 7.2 7.3 7.4 7.5 7.6 7.7 7.8	预热器水清洗 进行水清洗要逐台进行，并要在隔离状态下进行清洗 冲洗水的压力＞0.71MPa 清洗前预热器后部放水阀全开 清洗时应冷热端同时进行，并要采用辅助电动机或气动电动机工作时清洗 驱动装置清洗之后关闭进水阀，放尽水后关闭疏水阀 隔离挡板不严时，不能清洗空气预热器 每次清洗都要彻底，否则积灰将变得更硬 进行空气预热器内部检查前，必须停止预热器运行	操作完毕，应向上级汇报并记录	8	4. 因误操作致使过程延误，但不造成不良后果的，扣该题总分的 50%；造成不良后果的，该题不得分 5. 操作结束后，应有汇报、记录，否则，该题扣 1～5 分 6. 对操作过程中违反安全规程及运行规程的，不得分

行业：电力工程　　　工种：锅炉运行值班员　　　等级：初/中

编　　号	C54A022	行为领域	e	鉴定范围	1
考核时限	30min	题　　型	A	题　　分	20分
试题正文	引风机投入操作				
其他需要说明的问题和要求	1. 要求单独进行操作 2. 在仿真机上操作，按仿真机运行规程考核 3. 现场就地操作演示，不得触动运行设备 4. 万一遇生产事故，立即停止考核，退出现场				
工具、材料、设备、场地	相应机组的仿真机或现场实际设备				

	序号	项目名称	质量要求	满分	得分与扣分
评 分 标 准	1 1.1 1.2 1.3 1.4	风机启动前的检查 检查油站在正常工作状态，风机轴承回油窗的回油量应基本相等 检查风机入口前隔离挡板关，调节静叶在最小位置 风烟系统进口畅通 检查轴承及油站冷却水畅通	严格执行运行规程规定 程序不准颠倒或漏项	6	1. 操作顺序颠倒，扣1~5分。如因操作颠倒导致无法继续的，该题不得分 2. 操作漏项扣1~5分。如因漏项使操作必须重新开始，但不导致不良后果的，扣该题总分的50%；如导致不良后果的，该题不得分 3. 每项操作后必须检查操作结果，再开始下一步操作，否则，扣1~5分 4. 因误操作致使过程延误，但不造成不良后果的，扣该题总分的50%；造成不良后果的，该题不得分 5. 操作结束后，应有汇报、记录，否则，该题扣1~5分 6. 对操作过程中违反安全规程及运行规程的，不得分
	2 2.1 2.2 2.3 2.4	风机启动 启动润滑油泵，调整供油压力在0.1~0.4MPa 引风机启动条件满足 风机达到额定转速后检查风机出口挡板开启 引风机启动定速后检查风机无振动、无摩擦，运行平稳		7	
	3	当一台风机正在运行时，启动另一台风机，采用并联方法，步骤如下： （1）确认要并列的风机出口挡板全关，入口隔离挡板全关，调节静叶在最小位置 （2）调整运行风机的调节叶，使其工作点的压头≤1960Pa （3）启动要并列的风机，当转速达到额定值时，确认该风机的入口隔离挡板和出口挡板自动开启 （4）缓慢开启要并列风机的入口调节静叶，保持炉膛压力不变 （5）当两台风机的入口调节静叶开度、电流基本相同时并列完毕，并根据负荷要求调节吸风量	操作完毕，应向上级汇报并记录	7	

309

编　　号	C54A023	行为领域		e	鉴定范围	1
考核时限	30min	题　　型		A	题　　分	20分
试题正文	引风机停止操作					
其他需要说明的问题和要求	1. 要求单独进行操作 2. 在仿真机上操作，按仿真机运行规程考核 3. 现场就地操作演示，不得触动运行设备 4. 万一遇生产事故，立即停止考核，退出现场					
工具、材料、设备、场地	相应机组的仿真机或现场实际设备					

	序号	项　目　名　称	质量要求	满分	得分与扣分
评 分 标 准	1 1.1 1.2	单台停止 关闭待停的风机调节静叶至最小位置，维持炉膛压力 在 30s 内按下引风机停止按钮，引风机跳闸，联跳送风机，电流到零，20s 后出入口挡板自动关闭	严格执行运行规程规定	10	1. 操作顺序颠倒，扣 1～5 分。如因操作颠倒导致无法继续的，该题不得分 2. 操作漏项扣 1～5 分。如因漏项使操作必须重新开始，但不导致不良后果的，扣该题总分的 50%；如导致不良后果的，该题不得分
	2 2.1 2.2 2.3	若从并联运行中的两台风机中停运一台，步骤如下： （1）引风机停止应先切除连锁保护 （2）逐渐关闭要停运风机的入口调节静叶，如果运行侧风机有喘振的可能，则关小运行侧风机入口调节静叶，锅炉降负荷运行，注意炉膛压力 （3）要停运风机的入口调节静叶全关后，停止该风机，其出入口挡板自动关闭。根据炉膛负压调整运行侧风机的入口调节静叶	程序不准颠倒或漏项 操作完毕，应向上级汇报并记录	10	3. 每项操作后必须检查操作结果，再开始下一步操作，否则，扣 1～5 分 4. 因误操作致使过程延误，但不造成不良后果的，扣该题总分的 50%；造成不良后果的，该题不得分 5. 操作结束后，应有汇报、记录，否则，该题扣 1～5 分 6. 对操作过程中违反安全规程及运行规程的，不得分

行业：电力工程　　　工种：锅炉运行值班员　　　等级：初/中

编　　号	C54A024	行为领域	e	鉴定范围	1
考核时限	30min	题　　型	A	题　分	20分
试题正文	送风机启动准备及启动操作				
其他需要说明的问题和要求	1. 要求单独进行操作 2. 在仿真机上操作，按仿真机运行规程考核 3. 现场就地操作演示，不得触动运行设备 4. 万一遇生产事故，立即停止考核，退出现场				
工具、材料、设备、场地	相应机组的仿真机或现场实际设备				

	序号	项　目　名　称	质量要求	满分	得分与扣分
评 分 标 准	1 1.1 1.2 1.3 1.4 1.5 1.6 1.7 1.8 1.9 1.10 1.11 1.12 1.13	启动准备 　开启系统所有压力表一次隔离阀 　开启送风机失速探针空气隔离阀 　油泵出口恒压阀整定完毕 　开启过滤器 A、B 进出口隔离阀 　关闭过滤器 A、B 旁路阀 　检查冷油器阀风扇电动机完好 　液压油箱油位在 3/4 左右，油质合格 　在液压控制盘启动液压油泵 1 号或 2 号 　检查液压油站出口油压大于 1.2MPa 　液压油回油温度小于 50℃ 　过滤器前后压差小于 350kPa 　做备用泵自投试验 　停止液压油泵 1 号或 2 号	严格执行运行规程规定 程序不准颠倒或漏项	8	1. 操作顺序颠倒，扣 1～5 分。如因操作颠倒导致无法继续的，该题不得分 2. 操作漏项扣 1～5 分。如因漏项使操作必须重新开始，但不导致不良后果的，扣该题总分的 50%；如导致不良后果的，该题不得分 3. 每项操作后必须检查操作结果，再开始下一步操作，否则，扣 1～5 分

	序号	项 目 名 称	质量要求	满分	得分与扣分
评 分 标 准	2 2.1 2.2 2.3 2.4 2.5 2.6 2.7 2.8	送风机启动 　送风机电气保护投入，各电动机电源均送上 　调出送风机系统画面 　（1）使送风机叶片角度在关闭位置 　（2）开启送风机出口挡板 　（3）开启空气预热器二次侧出口挡板 　（4）开启辅助风挡板 　一台以上引风机在运行、且炉膛压力正常 　启动送风机出口挡板 　（1）在 CRT 显示送风机启动程控条件许可 　（2）启动 1 号液压油泵 　（3）启动液压系统 1 号冷却风机 　（4）关 1 号送风机出、入口挡板 　（5）启动 1 号送风机 　（6）1 号送风机启动后等待 1min 开 1 号送风机出、入口挡板 　（7）1 号送风机启动成功后，2 号送风机自动隔绝 　送风机出口压力及风量上升调节炉膛压力，待风量及炉膛压力稳定后，可以投入炉膛压力自动 　调节送风机入口动叶开度时，应保证炉膛压力在小范围内变化 　投入暖风器运行 　调出送风机与液压油泵操作画面，投 2 号液压油泵"自动" 　调出 1 号送风机 2 号液压油冷却风机操作画面，投 2 号液压油冷却机"自动"	操作完毕，应向上级汇报并记录	12	4. 因误操作致使过程延误，但不造成不良后果的，扣该题总分的 50%；造成不良后果的，该题不得分 　5. 操作结束后，应有汇报、记录、否则，该题扣 1~5 分 　6. 对操作过程中违反安全规程及运行规程的，不得分

行业：电力工程　　　　工种：锅炉运行值班员　　　　等级：初/中

编　　号	C54A025	行为领域	e	鉴定范围	1
考核时限	30min	题　　型	A	题　　分	20分
试题正文	送风机运行及停止操作				
其他需要说明的问题和要求	1. 要求单独进行操作 2. 在仿真机上操作，按仿真机运行规程考核 3. 现场就地操作演示，不得触动运行设备 4. 万一遇生产事故，立即停止考核，退出现场				
工具、材料、设备、场地	相应机组的仿真机或现场实际设备				

评分标准	序号	项　目　名　称	质量要求	满分	得分与扣分
	1 1.1 1.2 1.3 1.4 1.5 1.6	送风机运行 　送风机调节时，尽可能两台同时调节，以使其负荷均匀 　送风机推力轴承及支撑轴承温度、电动机轴承温度、电动机绕组温度在规定范围内 　液压油箱油温在规定范围内 　液压油站过滤器压差在规定范围内 　液压油出口油压在规定范围内 　送风机电流正常、出口风压正常	严格执行运行规程规定 程序不准颠倒或漏项	10	1. 操作顺序颠倒，扣1～5分。如因操作颠倒导致无法继续的，该题不得分 2. 操作漏项扣1～5分。如因漏项使操作必须重新开始，但不导致不良后果的，扣该题总分的50%；如导致不良后果的，该题不得分 3. 每项操作后必须检查操作结果，再开始下一步操作，否则，扣1～5分 4. 因误操作致使过程延误，但不造成不良后果的，扣题总分的50%；造成不良后果的，该题不得分 5. 操作结束后，应有汇报、记录、否则，该题扣1～5分 6. 对操作过程中违反安全规程及运行规程的，不得分
	2 2.1 2.2 2.3 2.4 2.5 2.6	送风机停止 　送风机停止，应先切除连锁保护 　调出送风机操作画面 　将送风机入口动叶由"自动"改为"手动调节"方式 　减少待停送风机出力，注意风量及炉膛压力的变化 　入口动叶开度在关闭位置，停止送风机后确认该风机自动处于隔绝状态 　若要停一台送风机运行，两台风机均应切为手动，并使待停运的送风机负荷随锅炉负荷慢慢减下来，把运行风机负荷调上去。然后待动叶关闭后，停止送风机，风机停止后，应自动进行隔离	操作完毕，应向上级汇报并记录	10	

编　　号	C54A026	行为领域	e	鉴定范围	1
考核时限	30min	题　　型	A	题　　分	20分
试题正文	一次风机启动准备及启动操作				
其他需要说明的问题和要求	1. 要求单独进行操作 2. 在仿真机上操作，按仿真机运行规程考核 3. 现场就地操作演示，不得触动运行设备 4. 万一遇生产事故，立即停止考核，退出现场				
工具、材料、设备、场地	相应机组的仿真机或现场实际设备				

	序号	项目名称	质量要求	满分	得分与扣分
评分标准	1 1.1 1.2 1.3 1.4 1.5 1.6 1.7	风机控制润滑油系统投入 检查油箱油位正常 检查油箱油温正常；如果油温低于规定值，投入电加热器运行 开启各压力表和压力开关手动隔绝门 检查主、副电源连锁及1、2号泵自启正常。控制电源保留副电源工作，主电源备用 启动1号（或2号）油泵，将2号（或1号）油泵投入备用 检查控制油压、润滑油压在规定范围内 投入工作油冷却器冷却水	严格执行运行规程规定 程序不准颠倒或漏项	5	1. 操作顺序颠倒，扣1～5分。如因操作颠倒导致无法继续的，该题不得分 2. 操作漏项扣1～5分。如因漏项使操作必须重新开始，但不导致不良后果的，扣该题总分的50%；如导致不良后果的，该题不得分 3. 每项操作后必须检查操作结果，再开始下一步操作，否则，扣1～5分 4. 因误操作致使过程延误，但不造成不良后果的，扣该题总分的50%；造成不良后果的，该题不得分 5. 操作结束后，应有汇报、记录、否则，该题扣1～5分
	2	检查风机电动机轴承出油口有清洁油脂		2	
	3	检查叶片液压调节装置，对可调叶片进行全开、全关试验，刻度盘指示与叶片位置相符，然后将叶片置于关闭位置		3	

	序号	项 目 名 称	质量要求	满分	得分与扣分
评 分 标 准	4 4.1 4.2	一次风机启动 　一次风机的启动条件全部满足 　（1）事故按钮不在停止位置 　（2）空气预热器在运行 　（3）空气预热器一次风进口挡板开 　（4）空气预热器一次风出口挡板开 　（5）引、送风机在运行 　（6）风机出口挡板关闭，入口动叶在0 　（7）润滑油泵在运行，油压正常 　（8）MFT复位 　（9）一次风机轴承温度正常 　一次风机的启动 　（1）检查一次风机启动条件满足 　（2）启动一次风机，确认电流指示正常 　（3）一次风机出口挡板打开 　（4）两台一次风机启动正常后，并列调整一次风机叶片角度，维持热一次风压在规定范围内	操作完毕，应向上级汇报并记录	10	6. 对操作过程中违反安全规程及运行规程的，不得分

编　　号	C54A027	行为领域	e	鉴定范围	1
考核时限	30min	题　　型	A	题　　分	20分

试题正文	一次风机运行检查及停止操作

其他需要说明的问题和要求	1. 要求单独进行操作 2. 在仿真机上操作，按仿真机运行规程考核 3. 现场就地操作演示，不得触动运行设备 4. 万一遇生产事故，立即停止考核，退出现场

工具、材料、设备、场地	相应机组的仿真机或现场实际设备

<table>
<tr><th rowspan="20">评分标准</th><th>序号</th><th>项　目　名　称</th><th>质量要求</th><th>满分</th><th>得分与扣分</th></tr>
<tr><td>1
1.1</td><td>运行检查
　为了保证风机正常运行，应对风机润滑油、控制油的油压、油温、油量及风机轴承温度等，加强监视、检查，并定期记录</td><td rowspan="4">严格执行运行规程规定</td><td rowspan="7">8</td><td>1. 操作顺序颠倒，扣1～5分。因操作颠倒导致无法继续的，该题不得分

2. 操作漏项扣1～5分。如因漏项使操作必须重新开始，但不导致不良后果的，扣该题总分的50%；如导致不良后果的，该题不得分

3. 每项操作后必须检查操作结果，再开始下一步操作，否则，扣1～5分

4. 因误操作致使过程延误，但不造成不良后果的，扣该题总分的50%；造成不良后果的，该题不得分

5. 操作结束后，应有汇报、记录、否则，该题扣1～5分</td></tr>
<tr><td>1.2</td><td>　检查风机的振动正常，并检查风机噪声</td></tr>
<tr><td>1.3</td><td>　检查油箱油位及油管路有无泄漏</td></tr>
<tr><td>1.4</td><td>　检查油过滤器及差压指示应在规定范围内</td></tr>
<tr><td>1.5</td><td>　监视油冷却器、油箱、油管路温度指示正常</td><td rowspan="3">程序不准颠倒或漏项</td></tr>
<tr><td>1.6</td><td>　检查风机的风系统、油系统、冷却水系统的仪表指示情况应正常</td></tr>
<tr><td>1.7</td><td>　检查备用泵处于良好的备用状态</td></tr>
</table>

	序号	项 目 名 称	质量要求	满分	得分与扣分
评 分 标 准	2 2.1	风机停止 　　一次风机正常应在磨煤机全部停运后停运 　　（1）将动叶调节切至手动并关至最小 　　（2）停止一次风机 A 　　（3）停止一次风机 B 　　（4）两台一次风机均不运行延时 15s，密封风机自停	操作完毕，应向上级汇报并记录	12	6. 对操作过程中违反安全规程及运行规程的，不得分
	2.2	两台一次风机并联运行停其中一台，步骤如下： 　　（1）正常减负荷至 60%以下，保留两台相邻的制粉系统运行和一层相邻的油枪运行 　　（2）缓慢关小要停止的一次风机动叶开度，同时开大另一台一次风机动叶的开度，注意电流不得超过136A，保持热一次风压不变，直至要停运的一次风机动叶全关为止 　　（3）停止该一次风机，确认其出口挡板自动关闭，否则立即手动关闭			
	2.3	一次风机停止，动叶关闭5min 后，才能停止润滑油泵运行			
	2.4	单台一次风机停运，另一侧运行，若停运的一次风机倒转，要维持润滑油系统运行			

行业：电力工程　　　工种：锅炉运行值班员　　　等级：中

编　号	C04A028	行为领域		e	鉴定范围		1
考核时限	30min	题　型		A	题　分		20分
试题正文	锅炉强制循环泵投注水、停注水、马达腔室放水的原则及注意事项						
其他需要说明的问题和要求	1. 要求单独进行操作 2. 现场就地操作演示，不得触动运行设备 3. 万一遇生产事故，立即停止考核，退出现场						
工具、材料、设备、场地	现场实际设备						

	序号	项　目　名　称	质量要求	满分	得分与扣分
评分标准	1	锅炉锅水循环泵充水的规定	严格执行运行规程规定	5	1. 操作顺序颠倒，扣1～5分。如因操作颠倒导致无法继续的，该题不得分
	1.1	检修后的锅水循环泵启动前必须进行冲洗充水，冲洗充水合格后方可向锅炉上水			2. 操作漏项扣1～5分。如因漏项使操作必须重新开始，但不导致不良后果的，扣该题总分的50%；如导致不良后果的，该题不得分
	1.2	长期停运或处于保养状态的锅水循环泵。在启动前必须进行冲洗换水合格			3. 每项操作后必须检查操作结果，再开始下一步操作，否则，扣1～5分
	1.3	锅水循环泵检修电动机放水之前，必须用充水的办法对电动机及泵体进行换水和冲洗，冲洗干净后才能自电动机下部进行放水	程序不准颠倒或漏项		4. 因误操作致使过程延误，但不造成不良后果的，扣该题总分的50%；造成不良后果的，该题不得分
	1.4	锅炉酸洗过程中从始至终每台锅水循环泵进行连续充水。充水源采用锅炉充水泵配合临时升压泵来的除盐水，使充水压力高于锅水循环泵处静压0.4MPa以上	操作完毕，应向上级汇报并记录		
	1.5	锅炉压力大于1.0MPa时，锅水循环泵充水必须采用高压水源			
	1.6	锅炉循环泵的冲洗、充水和换水水源一般使用锅炉充水泵来的合格的除盐水，凝结器中的凝结水合格时有条件的话可采用凝结水泵来的水源。必要时采用给水泵来的高压水源。不论采用哪一路水源，水质都必须合格，充水时先冲洗充水管路			

	序号	项 目 名 称	质量要求	满分	得分与扣分
评 分 标 准	2 2.1 2.2	强制泵充水的水源及水质的要求 充水水源 （1）锅炉充水泵来的除盐水 （2）凝结泵出口来的凝结水 （3）给水泵出口来的高压给水 充水的水质要求 （1）固体微粒最大含量为5ppm （2）充水温度一般为15～35℃，最高≤40℃，最低≥10℃ （3）最大联胺含量应小于500ppb （4）一般充水流量为5L/min		5	5. 操作结束后，应有汇报、记录、否则，该题扣1～5分 6. 对操作过程中违反安全规程及运行规程的，不得分
	3	停冲洗水原则： （1）冲洗水源为凝输水时，因水压低，锅炉点火后要尽早停炉水泵冲洗水 （2）冲洗水源为凝结水时，可在锅炉点火后汽包压力大0.2～0.5MPa时停炉水泵冲洗		5	
	4	电动机腔室放水原则： 为了检修需将泵疏水，则必须先停泵和进行锅炉放水，在锅炉得到冷却并炉水放净后，才可对泵和电动机腔室相继疏水 （1）在泵疏水之前，电动机腔的温度应低于49℃ （2）（图CA-1）通过伐11和8A、10、21号使下降管汇合集箱和泵壳进行疏水，只有主泵壳已疏水后，才能打开16、22号使电动机腔体进行疏水，绝不可通过电动机腔室去疏泵壳内水 （3）不能通过6号滤网放水		5	

编　　号	C04A029	行为领域	e	鉴定范围	1
考核时限	30min	题　　型	A	题　　分	20分
试题正文	锅炉强制循环泵投注水操作				
其他需要说明的问题和要求	1. 要求单独进行操作 2. 现场就地操作演示，不得触动运行设备 3. 万一遇生产事故，立即停止考核，退出现场				
工具、材料、设备、场地	现场实际设备				

	序号	项　目　名　称	质量要求	满分	得分与扣分
评分标准	1	炉水泵在安装和检修后，必须先对高压管路进行冲洗，直至管路冲洗合格后才能与电动机相连	严格执行运行规程规定	2	1. 操作顺序颠倒，扣1～5分。如因操作颠倒导致无法继续的，该题不得分 2. 操作漏项扣1～5分。如因漏项使操作必须重新开始，但不导致不良后果的，扣该题总分的50%；如导致不良后果的，该题不得分 3. 每项操作后必须检查操作结果，再开始下一步操作，否则，扣1～5分 4. 因误操作致使过程延误，但不造成不良后果的，扣该题总分的50%；造成不良后果的，该题不得分 5. 操作结束后，应有汇报、记录，否则，该题扣1～5分 6. 对操作过程中违反安全规程及运行规程的，不得分
	2	为了消除任何可能产生的气穴，在对泵进行充水时须小心操作以排除泵内的空气		3	
	3	投注水操作步骤(图CA-1)： (1) 确认低压冷却水系统的阀42～46、49、50号开，并保持低压水流量计进出口阀47、51号开 (2) 确认泵出口阀2号关 (3) 关闭旁路阀8号 (4) 打开旁路阀8号A、排气阀11号、疏水阀10号 (5) 开21号阀 (6) 关闭16号阀，打开阀41、18、13、15、22、28号接通充水管路，通过阀22号使充水管路排污以保证充水管路没有杂质 (7) 打开并调整阀28号，对管路进行冲洗 (8) 管路冲洗完毕后，关闭阀22号并上锁 (9) 打开阀23、7号缓慢对泵充入凝结水 (10) 当从阀10号开始排出不含空气的水流时，关闭21号阀。继续充水到10号阀再次排出不含空气的连续水流后，关闭10号阀，继续充水直到11号排气阀排出无空气的水流时，关闭11号阀，此时对泵注水结束。锅炉上水时2、8、8A、24号阀均开着 (11) 关闭8A、8、23、15号阀，使泵与冲水及清洗水系统隔绝	程序不准颠倒或漏项 操作完毕，应向上级汇报并记录	15	

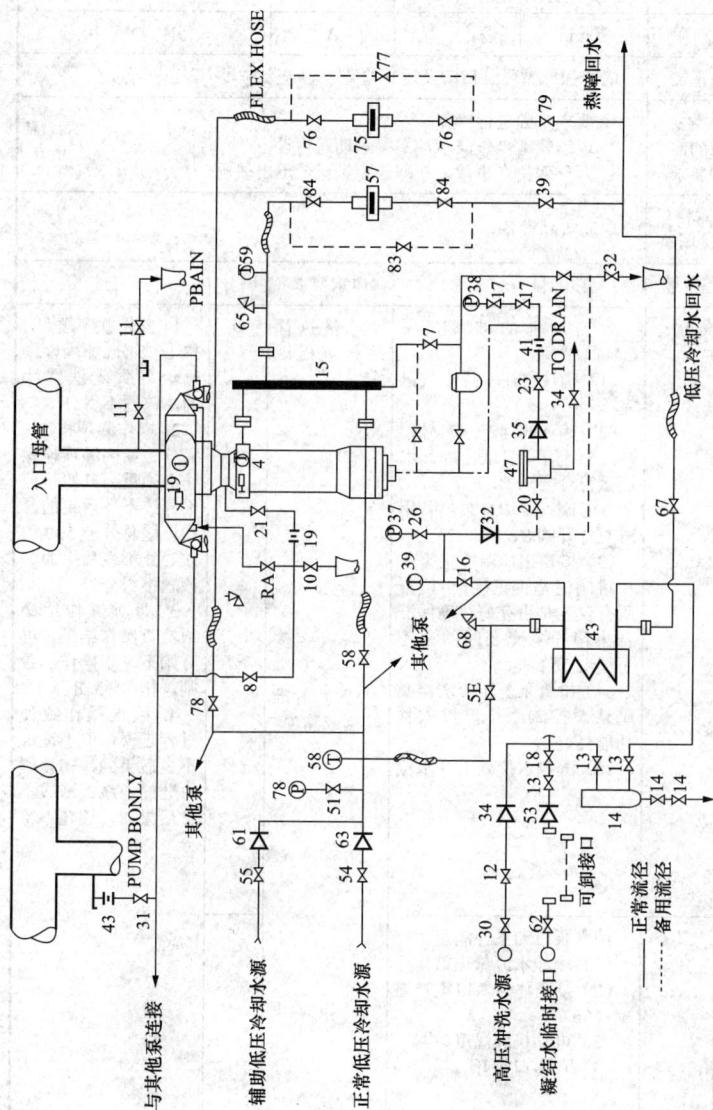

图 CA-1 炉水泵冷却水系统

行业：电力工程　　　　工种：锅炉运行值班员　　　　等级：中

编　　号	C04A030	行为领域	e	鉴定范围	1
考核时限	30min	题　　型	A	题　　分	20分
试题正文	锅炉强制循环泵启动及运行检查内容				
其他需要 说明的问 题和要求	1. 要求单独进行操作 2. 现场就地操作演示，不得触动运行设备 3. 万一遇生产事故，立即停止考核，退出现场				
工具、材料、 设备、场地	现场实际设备				

评分标准	序号	项 目 名 称	质量要求	满分	得分与扣分
	1	泵启动前的准备（图CA-1）： （1）确认泵注水排空气已完 （2）确认阀 42~47 号、49~51 号开，且低压冷却水流量符合要求值，开 7 号阀、关 9 号阀。若炉水泵热备用时应打开阀 8、8A、21 号 （3）检查出口温度报警值和跳闸值是否正确，检查所有仪表是否完好，确保汇合集箱和泵壳之间的温差不超过 56℃ （4）检查泵差压变送器及确认泵控制系统已投入且功能良好 （5）汽包水位处于高水位	严格执行运行规程规定 程序不准颠倒或漏项	5	1. 操作顺序颠倒，扣 1~5 分。如因操作颠倒导致无法继续的，该题不得分 2. 操作漏项扣 1~5 分。如因漏项使操作必须重新开始，但不导致不良后果的，扣该题总分的 50%；如导致不良后果的，该题不得分 3. 每项操作后必须检查操作结果，再开始下一步操作，否则，扣 1~5 分 4. 因误操作致使过程延误，但不造成不良后果的，扣该题总分的 50%；造成不良后果的，该题不得分
	2	炉水泵启动条件满足： （1）冷却水流量正常 （2）泵壳体与入口集管温差＜56℃ （3）电动机腔温度＞4℃ （4）泵出口阀开		5	

序号	项 目 名 称	质量要求	满分	得分与扣分
3 3.1	炉水泵的启动： 泵冷态启动 （1）泵启动条件满足 （2）炉水泵安装或检修完注水排空气后的初次启动，要进行彻底的排空气操作，方法是启动炉水泵运行5s，停运15min后再启动运行5s，如此进行三次 （3）启动时注意炉水泵电流，出、入口差压，电动机腔温度，电动机转向及汽包水位 （4）启动期间应连续投入电动机清洗水，直至汽包压力升到2.07MPa为止（注意清洗水压力）	操作完毕，应向上级汇报并记录	5	5. 操作结束后，应有汇报、记录、否则，该题扣1~5分 6. 对操作过程中违反安全规程及运行规程的，不得分
3.2	炉水泵热态启动 （1）泵启动条件满足 （2）汽包水位处于高水位 （3）泵壳温度与进口集箱的温差在56℃之内 （4）同一台炉水泵启动间隔应大于10min			
4 4.1	运行检查内容： 电动机电流在允许范围之内		5	
4.2	电动机腔室温度应小于55℃			
4.3	泵进出口压差在规定范围内			
4.4	低压冷却水流量正常			
4.5	泵组振动在1.27~3.81丝范围			
4.6	电动机6号过滤器差压应<0.14MPa			

评分标准

行业：电力工程　　　工种：锅炉运行值班员　　　等级：初/中

编　号	C54A031	行为领域	e	鉴定范围	1
考核时限	30min	题　型	A	题　分	20分

试题正文	锅炉等离子点火操作

其他需要说明的问题和要求	1. 要求单独进行操作 2. 现场就地操作演示，不得触动运行设备 3. 万一遇生产事故，立即停止考核，退出现场

工具、材料、设备、场地	相应机组的仿真机或现场实际设备

	序号	项　目　名　称	质量要求	满分	得分与扣分
评分标准	1 1.1 1.2 1.3 1.4	投运前的检查 锅炉已经具备启动条件 检查下列设备运行空气预热器、炉水泵、送风机、引风机、一次风机、密封风机 检查汽包水位正常 检查锅炉的各膨胀指示在零值	严格执行运行规程规定	5	1. 操作顺序颠倒，扣1～5分。如因操作颠倒导致无法继续的，该题不得分 2. 操作漏项扣1～5分。如因漏项使操作必须重新开始，但不导致不良后果的，扣该题总分的50%；如导致不良后果的，该题不得分 3. 每项操作后必须检查操作结果，再开始下一步操作，否则，扣1～5分 4. 因误操作致使过程延误，但不造成不良后果的，扣该题总分的50%；造成不良后果的，该题不得分 5. 操作结束后，应有汇报、记录、否则，该题扣1～5分 6. 对操作过程中违反安全规程及运行规程的，不得分
	2 2.1 2.2 2.3 2.4 2.5 2.6 2.7 2.8	等离子点火的投运步骤 投入等离子冷却水系统：启动一台等离子冷却水泵，检查冷却水压力在0.3～0.5MPa 投入等离子载体冷却风系统：启动一台等离子载体风机，检查等离子冷却风压力＞5000Pa 投入等离子暖风器 检查磨煤机润滑油站运行正常，润滑油压力＞0.09MPa、温度正常 将磨煤机的方式置"等离子状态" 检查热一次风压、密封风/一次风差压在规定范围内，磨煤机启动条件满足 启动磨煤机，检查A磨煤机运行正常，各等离子点火器拉弧正常，调整A磨煤机风量，暖风器进汽量进行暖磨 磨煤机暖磨结束后，启动给煤机，维持给煤机转速在最低，检查炉内煤粉着火，燃烧正常 根据锅炉升温升压的需要调整给煤量	程序不准颠倒或漏项 操作完毕，应向上级汇报并记录	15	

324

行业：电力工程　　　　工种：锅炉运行值班员　　　　等级：初/中

编　　号	C54A032	行为领域	e	鉴定范围	1
考核时限	30min	题　型	A	题　分	20分
试题正文	中储式钢球磨煤机检修后启动前的检查工作				
其他需要说明的问题和要求	1. 要求单独进行操作 2. 现场就地操作演示，不得触动运行设备 3. 万一遇生产事故，立即停止考核，退出现场				
工具、材料、设备、场地	现场实际设备				

	序号	项　目　名　称	质量要求	满分	得分与扣分
评 分 标 准	1	制粉系统所有检修工作结束，工作票注销，现场无杂物	严格执行运行规程规定	2	1. 操作顺序颠倒，扣1～5分。如因操作颠倒导致无法继续的，该题不得分 2. 操作漏项扣1～5分。如因漏项使操作必须重新开始，但不导致不良后果的，扣该题总分的50%；如导致不良后果的，该题不得分 3. 每项操作后必须检查操作结果，再开始下一步操作，否则，扣1～5分 4. 因误操作致使过程延误，但不造成不良后果的，扣该题总分的50%；造成不良后果的，该题不得分
	2	检查人孔门、检查孔等均严密关闭		2	
	3	检查开启磨煤机主轴、减速箱、排粉机等转动机械冷却水供、回水阀、冷却水系统投入后，冷却水畅通无阻		2	
	4	磨煤机主轴承，减速箱排粉机轴承内的润滑油位正常（在最高/最低油位之间），油质合格		2	
	5	集中或单独供油润滑油系统无漏油现象，并将油系统各阀门置于启动位置，轮油（螺杆泵）出入口阀门应开启		2	

序号	项 目 名 称	质量要求	满分	得分与扣分
6	磨煤机大牙轮喷洒油系统调试正常，一般喷 5min 停 10min，装有大牙轮滴油系统已有正常滴油	程序不准颠倒或漏项	2	5. 操作结束后，应有汇报、记录、否则，该题扣 1～5 分 6. 对操作过程中违反安全规程及运行规程的，不得分
7	磨煤机空心轴密封空气阀门，应开致正常运行位置，使密封空气压力达到厂家设计值，至少大于磨煤机入口负压（或正压）防止磨煤机向外漏粉		2	
8	磨煤机、排粉机、油泵电动机绝缘合格，接地线良好完整	操 作 完毕，应向上级汇报并记录	2	
9	磨煤机、排粉机、密封风机、润滑油泵等减速箱地脚螺栓无松动，磨煤机大罐螺栓无脱落		2	
10	制粉系统各挡板风门等开关灵活，开/关位置正确		2	

评分标准

行业：电力工程　　　　工种：锅炉运行值班员　　　　等级：中

编　　号	C04A033	行为领域	e	鉴定范围	1
考核时限	30min	题　　型	A	题　　分	20分
试题正文	制粉系统投入运行前进行的试验				
其他需要说明的问题和要求	1. 要求单独进行操作 2. 在仿真机上操作，按仿真机运行规程考核 3. 现场就地操作演示，不得触动运行设备 4. 万一遇生产事故，立即停止考核，退出现场				
工具、材料、设备、场地	现场实际设备				

	序号	项 目 名 称	质量要求	满分	得分与扣分
评分标准	1	制粉系统各报警、跳闸保护应进行实际或模拟传动，保护动作正确，报警及连锁动作正常	严格执行运行规程规定	7	1. 操作顺序颠倒，扣1～5分。如因操作颠倒导致无法继续的，该题不得分 2. 操作漏项扣1～5分。如因漏项使操作必须重新开始，但不导致不良后果的，扣该题总分的50%；如导致不良后果的，该题不得分 3. 每项操作后必须检查操作结果，再开始下一步操作，否则，扣1～5分 4. 因误操作致使过程延误，但不造成不良后果的，扣该题总分的50%；造成不良后果的，该题不得分 5. 操作结束后，应有汇报、记录，否则，该题扣1～5分 6. 对操作过程中违反安全规程及运行规程的，不得分
	2	制粉系统调节挡板应作全行程开关试验和压缩空气断气闭锁试验，挡板动作灵活，无跳跃、卡涩现象，反锁信号正确	程序不准颠倒或漏项	7	
	3	隔离挡板应进行开关试验，就地检查隔离挡板动作应灵活、无卡涩，开关信号指示正确	操作完毕，应向上级汇报并记录	6	

行业：电力工程　　　　工种：锅炉运行值班员　　　　等级：初/中

编　　号	C54A034	行为领域	e	鉴定范围	1
考核时限	30min	题　型	A	题　分	20分
试题正文	锅炉等离子燃烧器停用操作				
其他需要说明的问题和要求	1. 要求单独进行操作 2. 现场就地操作演示，不得触动运行设备 3. 万一遇生产事故，立即停止考核，退出现场				
工具、材料、设备、场地	相应机组的仿真机或现场实际设备				

评分标准	序号	项 目 名 称	质量要求	满分	得分与扣分
	1	等离子点火装置停止前，需要停止 A 磨煤机时，需要先将磨出力减至最小，打开等离子燃烧器供粉插板门，投入等离子点火器，再进一步减小磨煤机出力，直至停止磨煤机运行。然后逐个停止等离子点火装置拉弧。再将磨煤机切换至"正常运行模式"	严格执行运行规程规定 程序不准颠倒或漏项	12	1. 操作顺序颠倒，扣 1～5 分。如因操作颠倒导致无法继续的，该题不得分 2. 操作漏项扣 1～5 分。如因漏项使操作必须重新开始，但不导致不良后果的，扣该题总分的 50%；如导致不良后果的，该题不得分 3. 每项操作后必须检查操作结果，再开始下一步操作，否则，扣 1～5 分 4. 因误操作致使过程延误，但不造成不良后果的，扣该题总分的 50%；造成不良后果的，该题不得分 5. 操作结束后，应有汇报、记录，否则，该题扣 1～5 分 6. 对操作过程中违反安全规程及运行规程的，不得分
	2	等离子点火装置停止前，不需要停止磨煤机时，先将磨煤机切换至"正常运行模式"，然后等离子点火装置停止拉弧	操 作 完毕，应向上级汇报并记录	8	

行业：电力工程　　　工种：锅炉运行值班员　　　等级：初/中

编　　号	C54A035	行为领域	e	鉴定范围	1
考核时限	30min	题　　型	A	题　　分	20分
试题正文	等离子燃烧器的故障处理				
其他需要说明的问题和要求	1. 要求单独进行操作 2. 现场就地操作演示，不得触动运行设备 3. 万一遇生产事故，立即停止考核，退出现场				
工具、材料、设备、场地	相应机组的仿真机或现场实际设备				

	序号	项　目　名　称	质量要求	满分	得分与扣分
评 分 标 准	1 1.1 1.2 1.3 1.4	现象： 等离子点火器电流到"零" 光示盘"等离子煤粉点火装置故障"报警 该等离子发生器对应燃烧器燃烧不稳，火检晃动 如有两个或两个以上等离子点火器断弧，将导致磨煤机B跳闸	严格执行运行规程规定 程序不准颠倒或漏项 操作完毕，应向上级汇报并记录	5	1. 操作顺序颠倒，扣1~5分。如因操作颠倒导致无法继续的，该题不得分 2. 操作漏项扣1~5分。如因漏项使操作必须重新开始，但不导致不良后果的，扣该题总分的50%；如导致不良后果的，该题不得分 3. 每项操作后必须检查操作结果，再开始下一步操作，否则，扣1~5分 4. 因误操作致使过程延误，但不造成不良后果的，扣该题总分的50%；造成不良后果的，该题不得分 5. 操作结束后，应有汇报、记录，否则，该题扣1~5分 6. 对操作过程中违反安全规程及运行规程的，不得分
	2 2.1 2.2 2.3 2.4 2.5	原因： 等离子点火器控制电源失去 等离子发生器故障 送弧气压力过高或过低 等离子点火器电源失去 阴极头烧损		5	
	3 3.1 3.2 3.3 3.4 3.5	处理： 当给煤机已投运，等离子发生断弧，可投入该等离子点火器所对应的上层点火油枪稳燃 如"任意两个或两个以上等离子点火器引弧失败"导致磨煤机B跳闸，按磨煤机跳闸处理 如是因送弧风压力过高或过低引起断弧，应检查冷却风机运行是否正常，不正常应切换冷却风机。待压力稳定后，维持等离子点火器送弧风压力在8.5kPa，再将该等离子点火器投入运行 如是由于阴极头烧损而断弧，应及时更换阴极头 查明等离子断弧原因，尽快将等离子点火器投运		10	

编　　号	C43A036	行为领域	e	鉴定范围	5
考核时限	30min	题　　型	A	题　　分	20分
试题正文	锅炉安全门故障处理				
其他需要说明的问题和要求	1. 要求单独进行处理 2. 在仿真机上操作，按仿真机运行规程考核 3. 现场就地操作演示，不得触动运行设备 4. 需要助手协助时，可口头向考评员说明 5. 万一遇生产事故，立即停止考核，退出现场 6. 注意安全，文明操作演示				
工具、材料、设备、场地	相应机组的仿真机或现场实际设备				

	序号	项　目　名　称	质量要求	满分	得分与扣分
评分标准	1 1.1 1.2	现象 饱和蒸汽压力或过热蒸汽压力超过动作压力，而安全阀未动作 安全阀动作后压力降至回座压力时，安全阀不回座	严格执行运行规程规定	5	1. 操作顺序颠倒，扣1～5分。如因操作颠倒导致无法继续的，该题不得分 2. 操作漏项扣1～5分。如因漏项使操作必须重新开始，但不导致不良后果的，扣该题总分的50%；如导致不良后果的，该题不得分 3. 每项操作后必须检查操作结果，再开始下一步操作，否则，扣1～5分 4. 因误操作致使过程延误，但不造成不良后果的，扣该题总分的50%；造成不良后果的，该题不得分 5. 操作结束后，应有汇报、记录，否则，该题扣1～5分 6. 对操作过程中违反安全规程及运行规程的，不得分
	2 2.1	处理 当安全阀拒动时，应立即将安全阀强制开启，打开对空排汽阀，同时降低锅炉热负荷，降低蒸汽压力	程序不准颠倒或漏项	3	
	2.2	当安全阀动作后而不回座时，应强制回座，若脉冲安全阀强制回座无效，应将脉冲来汽门关闭，使其回座		3	
	2.3	当安全阀全部失效或锅炉严重超压时，应立即停止锅炉运行	操作完毕，应向上级汇报并记录	3	
	2.4	安全阀误动，解列自动，先强行关回，然后查明原因，消除		3	
	2.5	将故障情况报告值长，联系有关人员检修安全阀		3	

行业：电力工程　　　　工种：锅炉运行值班员　　　　等级：中/高

编　　号	C04A037	行为领域	e	鉴定范围	5
考核时限	30min	题　　型	A	题　　分	20分

试题正文	轴流式送风机喘振的处理

其他需要说明的问题和要求	1. 要求单独进行处理 2. 在仿真机上操作，按仿真机运行规程考核 3. 现场就地操作演示，不得触动运行设备 4. 需要助手协助时，可口头向考评员说明 5. 万一遇生产事故，立即停止考核，退出现场

工具、材料、设备、场地	相应机组的仿真机或现场实际设备

	序号	项　目　名　称	质量要求	满分	得分与扣分
评 分 标 准	1 1.1 1.2 1.3	现象 送风机电流大幅度晃动 炉膛负压大幅度晃动并报警 送风机振动大	严格执行运行规程规定	6	1. 操作顺序颠倒，扣1～5分。如因操作颠倒导致无法继续的，该题不得分 2. 操作漏项扣1～5分。如因漏项使操作必须重新开始，但不导致不良后果的，扣该题总分的50%；如导致不良后果的，该题不得分 3. 每项操作后必须检查操作结果，再开始下一步操作，否则，扣1～5分 4. 因误操作致使过程延误，但不造成不良后果的，扣该题总分的50%；造成不良后果的，该题不得分 5. 操作结束后，应有汇报、记录、否则，该题扣1～5分 6. 对操作过程中违反安全规程及运行规程的，不得分
	2 2.1	处理 发生喘振时，应立即关小风机动叶喘振风机跳闸后，立即加大另一台风机的动叶	程序不准颠倒或漏项 操作完毕，应向上级汇报并记录	4	
	2.2	降低锅炉负荷，减少燃料量，投入油枪稳定燃烧		4	
	2.3	调整好炉膛负压和氧量		3	
	2.4	维持好主、再汽温和汽包水位		3	

行业：电力工程　　　　工种：锅炉运行值班员　　　　等级：初/中

编　号	C05A038	行为领域	e	鉴定范围	2
考核时限	30min	题　型	A	题　分	20分
试题正文	捞渣机的事故处理				
其他需要说明的问题和要求	1. 要求单独进行处理 2. 在仿真机上操作，按仿真机运行规程考核 3. 现场就地操作演示，不得触动运行设备 4. 需要助手协助时，可口头向考评员说明 5. 万一遇生产事故，立即停止考核，退出现场				
工具、材料、设备、场地	相应机组的仿真机或现场实际设备				

	序号	项　目　名　称	质量要求	满分	得分与扣分
评 分 标 准	1	捞渣机运行中跳闸，操作盘信号灯报警，此时应查明原因：传动链条有无卡涩，刮板上是否有杂物，捞渣机是否过负荷，待故障消除后可重新启动捞渣机运行	严格执行运行规程规定	3	1. 操作顺序颠倒，扣1～5分。如因操作颠倒导致无法继续的，该题不得分 　2. 操作漏项扣1～5分。如因漏项使操作必须重新开始，但不导致不良后果的，扣该题总分的50%；如导致不良后果的，该题不得分 　3. 每项操作后必须检查操作结果，再开始下一步操作，否则，扣1～5分 　4. 因误操作致使过程延误，但不造成不良后果的，扣该题总分的50%；造成不良后果的，该题不得分 　5. 操作结束后，应有汇报、记录，否则，该题扣1～5分 　6. 对操作过程中违反安全规程及运行规程的，不得分
	2	应对捞渣机各部件的磨损情况经常检查，当发现链条圆环磨损至圆环直径2/3时，应予更换	程序不准颠倒或漏项	3	
	3	捞渣机运行中发现异常情况可按紧急停机按钮，待正常后重新启动		3	
	4	捞渣机运行中故障，运行人员又无法消除应联系检修处理	操作完毕，应向上级汇报并记录	3	
	5	凡在锅炉运行中因捞渣机故障而关闭渣门时，待故障消除后，应先启动捞渣机运行并调整好水槽水位，保持水封正常；然后缓慢开启渣门，让渣门上的积灰逐步落下。在灰渣没有全部清除时渣门不应全部打开，以防灰渣大量落入造成捞渣机过负荷		4	
	6	关渣门操作：前后各四片渣门联动，对应操作把手可使前后的八片渣门同时开或关，两端的渣门联动，对应的操作把手可使两端的渣门同时开或关		4	

行业：电力工程　　　　工种：锅炉运行值班员　　　　等级：中

编　号	C04A039	行为领域	e	鉴定范围	5
考核时限	30min	题　型	A	题　分	20分
试题正文	煤粉仓棚粉故障处理				
其他需要说明的问题和要求	1. 要求单独进行处理 2. 在仿真机上操作，按仿真机运行规程考核 3. 现场就地操作演示，不得触动运行设备 4. 需要助手协助时，可口头向考评员说明 5. 万一遇生产事故，立即停止考核，退出现场				
工具、材料、设备、场地	相应机组的仿真机或现场实际设备				

	序号	项 目 名 称	质量要求	满分	得分与扣分
评 分 标 准	1 1.1 1.2	现象 　粉仓棚粉后，给粉机下粉不均匀，一次风携带煤粉量变化大，炉膛内烟气温度降低，锅炉汽温、汽压、蒸汽流量下降，锅炉负荷波动大 　一次风压变小（不下粉），炉膛内燃烧不稳，严重时锅炉灭火	分析准确，处理正确、迅速 按运行规程规定处理 处理完毕，及时汇报，并作记录	5	1. 操作顺序颠倒，扣1～4分。如因操作颠倒导致无法继续的，该题不得分 2. 操作漏项扣1～4分。如因漏项使操作必须重新开始，但不导致不良后果的，扣该题总分的50%；如导致不良后果的，该题不得分 3. 每项操作后必须检查操作结果，再开始下一步操作，否则，扣1～4分 4. 因误操作致使过程延误，但不造成不良后果的，扣该题总分的50%；造成不良后果的，该题不得分 5. 操作结束后，应有汇报、记录，否则，该题扣1～4分 6. 故障分析判断错误，该题不得分。如故障分析不全面、不准确，但不影响事故处理，扣1～4分；如因故障分析不全面、不准确而导致事故扩大的，该题不得分 7. 对操作过程中违反安全规程及运行规程的，不得分
	2 2.1 2.2 2.3	原因 　粉仓内煤粉温度低，煤粉潮湿 　粉仓内煤粉温度高，煤粉自然结块 　粉仓长期不降粉		5	
	3 3.1 3.2 3.3 3.4 3.5	处理 　投入油枪助燃，调整风量，稳定燃烧 　敲打或活动给粉机挡板，清理粉块 　如果仓内粉位低，应进行补粉 　不下粉的给粉机不应多台运行，应停部分不下粉的给粉机，以免突然下粉造成汽压、汽温急剧升高 　如锅炉灭火，按灭火事故处理		10	

编　　号	C04A040	行为领域	e	鉴定范围	5
考核时限	30min	题　型	A	题　分	20分
试题正文	旋风分离器堵塞故障处理				
其他需要说明的问题和要求	1. 要求单独进行处理 2. 在仿真机上操作，按仿真机运行规程考核 3. 现场就地操作演示，不得触动运行设备 4. 需要助手协助时，可口头向考评员说明 5. 万一遇生产事故，立即停止考核，退出现场				
工具、材料、设备、场地	相应机组的仿真机或现场实际设备				

	序号	项　目　名　称	质量要求	满分	得分与扣分
评分标准	1 1.1 1.2 1.3 1.4	现象 制粉系统三次风带粉量增加，在原有给粉机转速下，锅炉汽压、汽温升高，严重时安全阀动作 旋风分离器入口负压减少，出口（排粉机入口）负压增大 排粉机电流增大 粉仓粉位下降	分析准确，处理正确、迅速	5	1. 操作顺序颠倒，扣1～4分。如因操作颠倒导致无法继续的，该题不得分 2. 操作漏项扣1～4分。如因漏项使操作必须重新开始，但不导致不良后果的，扣该题总分的50%；如导致不良后果的，该题不得分 3. 每项操作后必须检查操作结果，再开始下一步操作，否则，扣1～4分 4. 因误操作致使过程延误，但不造成不良后果的，扣该题总分的50%；造成不良后果的，该题不得分
	2 2.1 2.2 2.3 2.4 2.5	原因 下粉管锁气器脱落，动作不灵活 运行中输粉机跳闸未及时发现或送粉时导向挡板倒错位置 粉仓粉位过高 煤粉水分大，沾在下粉管上造成堵塞 煤粉筛堵塞		5	

	序号	项 目 名 称	质量要求	满分	得分与扣分
评分标准	3 3.1 3.2 3.3 3.4 3.5 3.6	处理 堵塞不严重时，检查筛子，取出杂物后疏通下粉管 堵塞严重时应立即停止给煤机，关小排粉机入口挡板。特别注意原运行的给粉机转速变化，调整燃烧，维持原燃烧器的燃烧稳定，维持汽压 活动下粉管锁气器，并清理下粉管道，敲打细粉分离器下粉管 如粉仓满粉，立即停止制粉系统 如果影响锅炉燃烧，应停止制粉系统运行，待燃烧正常后，再启动排粉机，适当开启排粉机入口挡板，再进行处理 在处理过程中，应注意粉仓粉位，根据情况启动另一台制粉系统，维持适当负荷	按运行规程规定处理 处理完毕，及时汇报，并作记录	10	5. 操作结束后，应有汇报、记录、否则，该题扣1～4分 6. 故障分析判断错误，该题不得分。如故障分析不全面、不准确，但不影响事故处理，1～4分；如因故障分析不全面、不准确而导致事故扩大的，该题不得分 7. 对操作过程中违反安全规程及运行规程的，不得分

行业：电力工程　　　　工种：锅炉运行值班员　　　　等级：中

编　号		C04A041	行为领域		e	鉴定范围	5
考核时限		30min	题　型		A	题　分	20分
试题正文		磨煤机堵煤故障的处理					
其他需要说明的问题和要求		1. 要求单独进行处理 2. 现场就地操作演示，不得触动运行设备 3. 需要助手协助时，可口头向考评员说明 4. 万一遇生产事故，立即停止考核，退出现场					
工具、材料、设备、场地		现场实际设备					

	序号	项　目　名　称	质量要求	满分	得分与扣分
评 分 标 准	1 1.1 1.2 1.3 1.4	堵煤现象 　磨煤机入口负压减小，严重时变正，磨煤机出、入口压差增大，系统负压增大 　磨煤机入口向外跑粉，磨煤机响声沉闷 　磨煤机出口温度下降 　堵煤严重时，磨煤机排粉机电流减小	分析准确，处理正确、迅速 按运行规程规定处理 处理完毕，及时汇报，并作记录	5	1. 操作顺序颠倒，扣1~4分。如因操作颠倒导致无法继续的，该题不得分 2. 操作漏项扣1~4分。如因漏项使操作必须重新开始，但不导致不良后果的，扣该题总分的50%；如导致不良后果的，该题不得分 3. 每项操作后必须检查操作结果，再开始下一步操作，否则，扣1~4分 4. 因误操作致使过程延误，但不造成不良后果的，扣该题总分的50%；造成不良后果的，该题不得分 5. 操作结束后，应有汇报、记录，否则，该题扣1~4分 6. 故障分析判断错误，该题不得分。如故障分析不全面、不准确，但不影响事故处理，扣1~4分。如因故障分析不全面、不准确而导致事故扩大的，该题不得分 7. 对操作过程中违反安全规程及运行规程的，不得分
	2 2.1 2.2 2.3	堵煤原因 　原煤水分小，发生自流未及时发现和处理 　磨煤机通风量调整不当，冷风/热风调整挡板开度失衡或通风量不足 　给煤调整时，瞬间给煤量突然过大		5	
	3 3.1 3.2	堵煤的处理 　当磨煤机堵煤不严重时，应减少给煤量或停止给煤，根据磨煤机入口负压适当增加或减少系统通风量，根据磨煤机出口温度适当调整热风门和再循环门开度，维持磨煤机出口温度为规定值；当磨煤机出口温度降低时，应当减少冷风量或再循环风量，增加热风量，提高磨煤机出口温度 　若磨煤机堵煤严重时，应停止磨煤机断电后，开启出入口检查孔，掏出积煤后通风，然后恢复正常运行		10	

行业：电力工程　　　工种：锅炉运行值班员　　　等级：中

编　　号	C04A042	行为领域	e	鉴定范围	5
考核时限	30min	题　型	A	题　　分	20分

试题正文	磨煤机断煤故障的处理
其他需要说明的问题和要求	1. 要求单独进行操作处理 2. 在仿真机上操作，按仿真机运行规程考核 3. 现场就地操作演示，不得触动运行设备 4. 需要助手协助时，可口头向考评员说明 5. 万一遇生产事故，立即停止考核，退出现场
工具、材料、设备、场地	相应机组的仿真机或现场实际设备

	序号	项　目　名　称	质量要求	满分	得分与扣分
评分标准	1 1.1 1.2 1.3 1.4	断煤现象 磨煤机出口温度升高，磨煤机电流先大后小 磨煤机入口负压增大，压差减小，系统负压减小，磨煤机钢球声音增大 排粉机电流增大 过热蒸汽温度升高后下降	分析准确，处理正确、迅速 按运行规程规定处理 处理完毕，及时汇报，并作记录	5	1. 操作顺序颠倒，扣 1~4 分。如因操作颠倒导致无法继续的，该题不得分 2. 操作漏项扣 1~4 分。如因漏项使操作必须重新开始，但不导致不良后果的，扣该题总分的50%；如导致不良后果的，该题不得分 3. 每项操作后必须检查操作结果，再开始下一步操作，否则，扣 1~4 分 4. 因误操作致使过程延误，但不造成不良后果的，扣该题总分的50%；造成不良后果的，该题不得分 5. 操作结束后，应有汇报、记录、否则，该题扣 1~4 分 6. 故障分析判断错误，该题不得分。如故障分析不全面、不准确，但不影响事故处理，扣 1~4 分。如因故障分析不全面、不准确而导致事故扩大的，该题不得分 7. 对操作过程中违反安全规程及运行规程的，不得分
	2 2.1 2.2 2.3 2.4	断煤原因 给煤机故障 原煤块过大，煤中有杂物，造成落煤管堵塞 原煤斗中无煤 原煤水分过大		5	
	3 3.1 3.2 3.3 3.4	断煤的处理 原煤斗不下煤，入口短管堵塞时，应立即进行敲打疏通，煤斗无煤应立即通知燃运上煤 停止给煤机，清除大块原煤及杂物 若磨煤机出口温度超过规定值时，仍不能及时消除磨煤机断煤时，应立即减少系统风量，关小热风门，开大冷风门，降低磨煤机出口温度 必要时，停止制粉系统，进行处理		10	

行业：电力工程　　　工种：锅炉运行值班员　　　　等级：中

编　号	C04A043	行为领域	e	鉴定范围	5
考核时限	30min	题　型	A	题　分	20分
试题正文	给煤机跳闸故障的处理				
其他需要说明的问题和要求	1. 要求单独进行操作处理 2. 在仿真机上操作，按仿真机运行规程考核 3. 现场就地操作演示，不得触动运行设备 4. 需要助手协助时，可口头向考评员说明 5. 万一遇生产事故，立即停止考核，退出现场				
工具、材料、设备、场地	相应机组的仿真机或现场实际设备				

	序号	项　目　名　称	质量要求	满分	得分与扣分
评 分 标 准	1 1.1 1.2	现象 　跳闸给煤机的指示红灯灭，绿灯闪光，事故喇叭响，电流指示到零 　如发现不及时，磨煤机出口温度高，磨煤机出入口压差变小，并且磨煤机发出强烈的钢球撞击声	分析准确，处理正确、迅速 按运行规程规定处理	5	1. 操作顺序颠倒，扣1～4分。如因操作颠倒导致无法继续的，该题不得分 2. 操作漏项扣1～4分。如因漏项使操作必须重新开始，但不导致不良后果的，扣该题总分的50%；如导致不良后果的，该题不得分 3. 每项操作后必须检查操作结果，再开始下一步操作，否则，扣1～4分 4. 因误操作致使过程延误，但不造成不良后果的，扣该题总分的50%；造成不良后果的，该题不得分 5. 操作结束后，应有汇报、记录、否则，该题扣1～4分 6. 故障分析判断错误，该题不得分。如故障分析不全面、不准确，但不影响事故处理，扣1～4分；如因故障分析不全面、不准确而导致事故扩大的，该题不得分 7. 对操作过程中违反安全规程及运行规程的，不得分
	2 2.1 2.2 2.3	原因 　煤的粒度大或煤中的杂物卡住，刮板式给煤机链条不转或者本身原因卡住，链条不转 　煤层厚，或其他原因造成给煤机过负荷 　电气故障，机械故障	处理完毕，及时汇报，并作记录	5	
	3 3.1 3.2 3.3 3.4	处理 　将跳闸开关复位，适当减小制粉系统通风量，维持磨煤机出口温度不超过规定值 　检查刮板式给煤机的链条及其他转动部位是否卡住 　检查电气设备 　如故障短时间不能排除，停止制粉系统运行，故障消除后，重新启动		10	

行业：电力工程　　　　工种：锅炉运行值班员　　　　等级：中

编　号	C04A044	行为领域	e	鉴定范围	5
考核时限	30min	题　型	A	题　分	20分

试题正文	磨煤机跳闸故障的处理
其他需要说明的问题和要求	1. 要求单独进行操作处理 2. 在仿真机上操作，按仿真机运行规程考核 3. 现场就地操作演示，不得触动运行设备 4. 需要助手协助时，可口头向考评员说明 5. 万一遇生产事故，立即停止考核，退出现场
工具、材料、设备、场地	相应机组的仿真机或现场实际设备

评分标准	序号	项　目　名　称	质量要求	满分	得分与扣分
	1 1.1 1.2 1.3 1.4 1.5	现象 　跳闸磨煤机的指示红灯灭，绿灯闪光，事故喇叭响 　相应的给煤机跳闸，跳闸的磨煤机、给煤机电动机电流指示到零 　连锁动作，关停运磨煤机的热风门、冷风门、再循环风门，开启自然风门，切除停运磨煤机的出口温度，入口负压调节器 　因润滑油压低而引起跳闸时，光字牌出现磨煤机润滑油压低信号 　磨煤机入口负压增大，出入口压差减小	分析准确，处理正确、迅速 按运行规程规定处理	5	1. 操作顺序颠倒，扣1～4分。如因操作颠倒导致无法继续的，该题不得分。 　2. 操作漏项扣1～4分。如因漏项使操作必须重新开始，但不导致不良后果的，扣该题总分的50%；如导致不良后果的，该题不得分。 　3. 每项操作后必须检查操作结果，再开始下一步操作，否则，扣1～4分

	序号	项 目 名 称	质量要求	满分	得分与扣分
评分标准	2 2.1 2.2 2.3 2.4	原因 锅炉大连锁或辅机连锁动作 润滑油流量低保护动作 低电压保护动作 电气设备故障，厂用电中断，有人按事故按钮	处理完毕，及时汇报，并作记录	5	4. 因误操作致使过程延误，但不造成不良后果的，扣该题总分的50%；造成不良后果的，该题不得分 5. 操作结束后，应有汇报、记录、否则，该题扣1~4分 6. 故障分析判断错误，该题不得分。如故障分析不全面、不准确，但不影响事故处理，扣1~4分；如因故障分析不全面、不准确而导致事故扩大的，该题不得分 7. 对操作过程中违反安全规程及运行规程的，不得分
	3 3.1 3.2 3.3 3.4 3.5	处理 将跳闸磨煤机、给煤机开关复位 检查保护动作情况，如有漏项或保护未动作应手动完善 适当减小制粉系统的通风量，维持磨煤机的出口温度，并保持磨煤机入口负压在规定值 检查电气设备情况，若发现问题及时处理 如短时间不能恢复，应停止排粉机运行，故障消除后，根据粉仓粉位情况联系值班人员重新启动制粉系统		10	

编　　号	C04A045	行为领域	e	鉴定范围	5
考核时限	30min	题　型	A	题　　分	20分
试题正文	粗粉分离器回粉管堵塞故障的处理				
其他需要说明的问题和要求	1. 要求单独进行操作处理 2. 在仿真机上操作，按仿真机运行规程考核 3. 现场就地操作演示，不得触动运行设备 4. 需要助手协助时，可口头向考评员说明 5. 万一遇生产事故，立即停止考核，退出现场				
工具、材料、设备、场地	相应机组的仿真机或现场实际设备				

	序号	项　目　名　称	质量要求	满分	得分与扣分
评 分 标 准	1 1.1 1.2 1.3	现象 粗粉分离器出口负压摆动增大 回粉管锁气器动作不正常或不动作 煤粉细度变粗，严重时排粉机电流减小	分析准确，处理正确、迅速	5	1. 操作顺序颠倒，扣1～4分。如因操作颠倒导致无法继续的，该题不得分 2. 操作漏项扣1～4分。如因漏项使操作必须重新开始，但不导致不良后果的，扣该题总分的50%；如导致不良后果的，该题不得分 3. 每项操作后必须检查操作结果，再开始下一步操作，否则，扣1～4分 4. 因误操作致使过程延误，但不造成不良后果的，扣该题总分的50%；造成不良后果的，该题不得分 5. 操作结束后，应有汇报、记录、否则，该题扣1～4分 6. 故障分析判断错误，该题不得分。如故障分析不全面、不准确，但不影响事故处理，扣1～4分；如因故障分析不全面、不准确而导致事故扩大的，该题不得分 7. 对操作过程中违反安全规程及运行规程的，不得分
	2 2.1 2.2 2.3 2.4 2.5	原因 木屑分离器未投入或损坏 原煤中杂物、塑料、食品袋、木块过多 回粉管锁气器卡塞 系统负压过大 粗粉分离器内部防磨涂层脱落	按运行规程规定处理	5	
	3 3.1 3.2 3.3	处理 活动粗粉分离器锁气器，敲打疏通回粉管，清理木屑分离器 停止给煤，活动或开大粗粉分离器调整挡板，将粗粉分离器内积粉抽走 若上述处理无效时，应停止制粉系统进行疏通工作	处理完毕，及时汇报，并作记录	10	

行业：电力工程　　　　工种：锅炉运行值班员　　　　　等级：中

编　　号	C04A046	行为领域		e	鉴定范围		5
考核时限	30min	题　　型		A	题　　分		20分
试题正文	中速磨煤机碾磨区堵煤故障的处理						
其他需要说明的问题和要求	1. 要求单独进行操作处理 2. 在仿真机上操作，按仿真机运行规程考核 3. 现场就地操作演示，不得触动运行设备 4. 需要助手协助时，可口头向考评员说明 5. 万一遇生产事故，立即停止考核，退出现场						
工具、材料、设备、场地	相应机组的仿真机或现场实际设备						

	序号	项 目 名 称	质量要求	满分	得分与扣分
评 分 标 准	1	堵煤部位发生在碾磨区	分析准确，处理正确、迅速	2	1. 操作顺序颠倒，扣1～4分。如因操作颠倒导致无法继续的，该题不得分 2. 操作漏项扣1～4分。如因漏项使操作必须重新开始，但不导致不良后果的，扣该题总分的50%；如导致不良后果的，该题不得分 3. 每项操作后必须检查操作结果，再开始下一步操作，否则，扣1～4分
	2	现象		6	
	2.1	磨煤机电流逐渐增大			
	2.2	磨煤机出口气粉混合温度下降			
	2.3	磨煤机运转声音变得沉闷			
	2.4	石子煤量异常增多			
	2.5	锅炉蒸汽压力下降			
	2.6	磨煤机压差增大			
	2.7	对于负压直吹式系统，当磨煤机堵塞时，磨煤机进口负压偏小；磨煤机出口负压值增加；当磨煤机严重堵塞时，排粉机电流趋向下降			
	2.8	对正压直吹式系统，当磨煤机堵塞时，磨煤机进口风压值增大；出口风压值减小；当磨煤机严重堵塞时，一次风机电流趋向下降			

	序号	项 目 名 称	质量要求	满分	得分与扣分
评分标准	3 3.1 3.2 3.3 3.4	原因 手动方式时,运行控制不当,给煤量过多或通风量过少,风煤比例失常又未能及时纠正 自动方式时,自动调节系统失控 原煤太湿,磨煤机出口温度不能维持正常值,干燥能力不足,给煤量和制粉量之间平衡受破坏 石子煤箱未及时放掉堵塞,粗粉分离器调节挡板被杂物堵塞	按运行规程规定处理 处理完毕,及时汇报,并作记录	4	4. 因误操作致使过程延误,但不造成不良后果的,扣该题总分的 50%;造成不良后果的,该题不得分 5. 操作结束后,应有汇报、记录、否则,该题扣 1~4 分 6. 故障分析判断错误,该题不得分。如故障分析不全面、不准确,但不影响事故处理,1~4 分;如因故障分析不全面、不准确而导致事故扩大的,该题不得分 7. 对操作过程中违反安全规程及运行规程的,不得分
	4	处理 加大通风量,减少给煤机或停止给煤机(给煤机停止,磨煤机没有跳闸逻辑)严重堵塞时,停止磨煤机运行,打开人孔将煤清理出来		8	

343

编　　　号	C04A047	行为领域		e	鉴定范围		5
考核时限	30min	题　型		A	题　　分		20分
试题正文	排粉机跳闸故障的处理						
其他需要说明的问题和要求	1. 要求单独进行操作处理 2. 在仿真机上操作，按仿真机运行规程考核 3. 现场就地操作演示，不得触动运行设备 4. 需要助手协助时，可口头向考评员说明 5. 万一遇生产事故，立即停止考核，退出现场						
工具、材料、设备、场地	相应或相似机组的仿真机						

	序号	项　目　名　称	质量要求	满分	得分与扣分
评 分 标 准	1 1.1 1.2 1.3 1.4 1.5	现象 　跳闸排粉机指示灯红灯灭，绿灯闪光，事故喇叭响 　跳闸排粉机系统的磨煤机、给煤机跳闸，电流指示回零 　系统各风门挡板动作 　炉膛负压增大 　过热蒸汽温度，压力下降	分析准确，处理正确、迅速 按运行规程规定处理 处理完毕，及时汇报，并作记录	5	1. 操作顺序颠倒，扣1～4分。如因操作颠倒导致无法继续的，该题不得分 　2. 操作漏项扣1～4分。如因漏项使操作必须重新开始，但不导致不良后果的，扣该题总分的50%；如导致不良后果的，该题不得分 　3. 每项操作后必须检查操作结果，再开始下一步操作，否则，扣1～4分 　4. 因误操作使过程延误，但不造成不良后果的，扣该题总分的50%；造成不良后果的，该题不得分 　5. 操作结束后，应有汇报、记录、否则，该题扣1～4分 　6. 故障分析判断错误，该题不得分。如故障分析不全面、不准确，但不影响事故处理，扣1～4分；如因故障分析不全面、不准确而导致事故扩大的，该题不得分 　7. 对操作过程中违反安全规程及运行规程的，不得分
	2 2.1 2.2	原因 　锅炉辅机连锁动作 　电气设备故障，厂用电中断，有人按事故按钮		5	
	3 3.1 3.2 3.3 3.4 3.5	处理 　将跳闸的排粉机、磨煤机、给煤机开关复位 　检查保护动作情况，如有漏项或保护未动作，应手动完善，并开启三次风冷风门，若三次风管有烧红现象，应请示降负荷 　检查电气设备系统情况，若发现问题应及时处理 　故障消除后，送上电源，重新启动 　若排粉机故障需停电时，必须将三次风冷却风门选手动方式，手动开启时对应的三次风冷却风门，排粉机送电后三次风门冷选自动方式，恢复自然状态		10	

编　　号	C04A048	行为领域	e	鉴定范围	5
考核时限	30min	题　　型	A	题　　分	20分
试题正文	一次风机跳闸故障的处理				
其他需要说明的问题和要求	1. 要求单独进行操作处理 2. 在仿真机上操作，按仿真机运行规程考核 3. 现场就地操作演示，不得触动运行设备 4. 需要助手协助时，可口头向考评员说明 5. 万一遇生产事故，立即停止考核，退出现场				
工具、材料、设备、场地	相应机组的仿真机或现场实际设备				

	序号	项　目　名　称	质量要求	满分	得分与扣分
评 分 标 准	1 1.1 1.2	现象 　两台一次风机同时运行，其中一台跳闸 　（1）跳闸的一次风机电流指示回零，红灯灭、绿灯闪光，事故喇叭响 　（2）如保护投入，降负荷保护动作，将锅炉负荷自动减到规定负荷，中储式制粉系统停止部分给粉机运行，直吹式停止部分制粉系统，并投入部分油枪助燃 　（3）停运的一次风机出入口风门关闭（当采用热一次风机时应开启自然风门） 　（4）一次风压降低 　两台一次风机同时跳闸或只有一台运行而跳闸时： 　（1）锅炉大连锁保护和辅机连锁保护动作，所有的给粉机、排粉机、磨煤机、给煤机等跳闸，电流回零，关闭各油枪门（并自锁），关闭过热器一、二级减温水门。关闭再热器减温水门 　（2）一次风压到零 　（3）锅炉灭火，炉膛负压变大，汽压、汽温、蒸汽流量下降，汽包水位先低后高	分析准确，处理正确、迅速 按运行规程规定处理	5	1. 操作顺序颠倒，扣1～4分。如因操作颠倒导致无法继续的，该题不得分 　2. 操作漏项扣1～4分。如因漏项使操作必须重新开始，但不导致不良后果的，扣该题总分的50%；如导致不良后果的，该题不得分 　3. 每项操作后必须检查操作结果，再开始下一步操作，否则，扣1～4分 　4. 因误操作致使过程延误，但不造成不良后果的，扣该题总分的50%；造成不良后果的，该题不得分

	序号	项 目 名 称	质量要求	满分	得分与扣分
评 分 标 准	2 2.1 2.2 2.3 2.4	原因 辅机连锁和锅炉大连锁 保护动作 有人按事故按钮 电气故障 转动机械轴承缺油损坏	处 理 完 毕，及时汇 报，并作记 录	5	5. 操作结束后，应 有汇报、记录、否则， 该题扣1～4分。 6. 故障分析判断 错误，该题不得分。 如故障分析不全面、 不准确，但不影响事 故处理，扣1～4分； 如因故障分析不全 面、不准确而导致事 故扩大的，该题不得 分 7. 对操作过程中 违反安全规程及运行 规程的，不得分
	3 3.1 3.2	处理 两台一次风机同时运行， 任一台跳闸时： （1）如锅炉未灭火，对中 储式制粉系统则将正常运 行的给粉机转速加大（注意 防止堵管），调整风量，维 持燃烧，并将各自动解列， 改手动操作，并及时投入油 枪助燃。对直吹式制粉系 统，则根据当时一次风机出 力实际情况，投入部分助燃 油枪，停止部分制粉系统， 增加运行制粉系统的出力， 调整燃烧，维持汽温、汽压 水位稳定 （2）将各跳闸开关复位， 适当降负荷运行 （3）如锅炉灭火，按灭火 处理，并控制好汽温、汽压 水位等参数 （4）若跳闸一次风机短时 间不能恢复，应将该一次风 机停电 （5）待跳闸风机故障消除 后，启动前送电时，应先解 除连锁，填写"送电联系单" 得到电气已送电通知后，启 动该风机，当检查无异常 后，投入总连锁 两台一次风机同时跳闸 或一台运行时跳闸： （1）按锅炉灭火处理 （2）如短期不能恢复按正 常停炉处理		10	

编　号	C04A049	行为领域	e	鉴定范围	5
考核时限	30min	题　型	A	题　分	20分
试题正文	送风机跳闸故障的处理				
其他需要说明的问题和要求	1. 要求单独进行操作处理 2. 在仿真机上操作，按仿真机运行规程考核 3. 现场就地操作演示，不得触动运行设备 4. 需要助手协助时，可口头向考评员说明 5. 万一遇生产事故，立即停止考核，退出现场				
工具、材料、设备、场地	相应机组的仿真机或现场实际设备				

	序号	项 目 名 称	质量要求	满分	得分与扣分
评分标准	1 1.1 1.2	**现象** 两台送风机同时运行，其中一台跳闸时： （1）故障送风机电流指示回零，红灯灭，绿灯闪光，事故喇叭响，总风压减小 （2）炉膛负压增大，火焰发暗，送风机出口总风压低 （3）关闭跳闸送风机入口挡板和热风再循环门，应自动切除故障风机的自动调节器 （4）如降负荷保护投入，锅炉负荷自动减到60%，中储式制粉系统停止部分给粉机运行，关闭停用的一次风门；直吹式制粉系统停止部分制粉系统，并投入部分油枪助燃 （5）具有高低速切换的送风机，一台运行的送风机如在低速运行时，切换到高速运行 两台送风机运行时同时跳闸或只有一台运行而跳闸时： （1）锅炉大连锁保护动作，机组跳闸，送风机及各转机（除引风机外）电流回零，红灯灭，绿灯闪光，事故喇叭响。自动关闭各油枪及过热蒸汽一、二级减温水门、油门、再热器减温水门 （2）总风压到零 （3）锅炉灭火，炉膛负压变大，汽压汽温下降，蒸汽流量下降，汽包水位先低后高	分析准确，处理正确、迅速 按运行规程规定处理	6	1. 操作顺序颠倒，扣1～4分。如因操作颠倒导致无法继续的，该题不得分 2. 操作漏项扣1～4分。如因漏项使操作必须重新开始，但不导致不良后果的，扣该题总分的50%；如导致不良后果的，该题不得分 3. 每项操作后必须检查操作结果，再开始下一步操作，否则，扣1～4分 4. 因误操作致使过程延误，但不造成不良后果的，扣该题总分的50%；造成不良后果的，该题不得分 5. 操作结束后，应有汇报、记录，否则，该题扣1～4分

	序号	项 目 名 称	质量要求	满分	得分与扣分
评 分 标 准	2 2.1 2.2 2.3 2.4	原因 送风机润滑油泵跳闸，备用油泵未联动 低电压保护动作（对于有低压保护风机） 有人按事故按钮 连锁动作	处理完毕，及时汇报，并作记录	4	6. 故障分析判断错误，该题不得分。如故障分析不全面、不准确，但不影响事故处理，扣1～4分；如因故障分析不全面、不准确而导致事故扩大的，该题不得分
	3 3.1 3.2	处理 两台送风机同时运行，任一台送风机跳闸时： （1）如锅炉未灭火，应将正常运行的送风机入口挡板开大，调整燃烧、风量、炉膛负压，维持燃烧稳定 （2）将跳闸送风机开关置于停止位置，解列各自动装置，根据实际情况，降低机组负荷 （3）检查保护动作情况，应动而未动的应手动停止，跳闸送风机出、入口挡板应自动关闭，如未关闭应手动关闭 （4）具有高、低速切换装置的送风机，运行的送风机应自动由低速转高速，检查若未转高速，联系电气手动转高速，当送风机低速转高速手动切换有缺陷时，应维持送风机低速运行，进一步降低机组负荷 两台送风机运行全部跳闸或只有一台运行而跳闸时 （1）按紧急停炉处理，切除全部自动 （2）注意连锁保护动作情况及锅炉大连锁动作情况，将未尽项目，按规程要求补完善，注意调整汽压、汽温、水位 （3）消除缺陷后恢复运行		10	7. 对操作过程中违反安全

编　　号	C04A050	行为领域	e	鉴定范围	5
考核时限	30min	题　型	A	题　分	20分
试题正文	引风机跳闸故障的处理				
其他需要说明的问题和要求	1. 要求单独进行操作处理 2. 在仿真机上操作，按仿真机运行规程考核 3. 现场就地操作演示，不得触动运行设备 4. 需要助手协助时，可口头向考评员说明 5. 万一遇生产事故，立即停止考核，退出现场				
工具、材料、设备、场地	相应机组的仿真机或现场实际设备				

	序号	项　目　名　称	质量要求	满分	得分与扣分
评分标准	1 1.1 1.2 1.3	现象 跳闸引风机红灯灭绿煤闪光，事故喇叭响 两台引风机运行，一台跳闸时 （1）炉膛负压变正，炉内不严密处向外冒火 （2）自动关闭跳闸引风机入口调节挡板，将跳闸引风机开关拉到停止位置，并解除炉膛负压调节 （3）锅炉自动减负荷至60%以下，中储系统根据当时实际负荷，停止部分给煤机运行，直吹系统停止部分制粉系统，并投入部分油枪助燃 （4）若锅炉灭火，锅炉汽压、汽温下降，蒸汽流量下降，汽包水位先低后高 两台引风机运行中，同时跳闸或只有一台运行而跳闸时，锅炉大连锁保护如下： （1）两台一次风机，中储式制粉系统所有排粉机跳闸，无论中储式或直吹式制粉系统全部停运，电流指示到零 （2）自动切除各油枪 （3）关闭过热器一、二级减温水和解除送风机自动调节	分析准确，处理正确、迅速 按运行规程规定处理	6	1. 操作顺序颠倒，扣1～4分。如因操作颠倒导致无法继续的，该题不得分 2. 操作漏项扣1～4分。如因漏项使操作必须重新开始，但不导致不良后果的，扣该题总分的50%；如导致不良后果的，该题不得分 3. 每项操作后必须检查操作结果，再开始下一步操作，否则，扣1～4分 4. 因误操作致使过程延误，但不造成不良后果的，扣该题总分的50%；造成不良后果的，该题不得分

	序号	项 目 名 称	质量要求	满分	得分与扣分
评 分 标 准	2 2.1 2.2 2.3 2.4	原因 引风机润滑系统油泵故障，备用油泵未联动润滑油中断 润滑油油量小 转机故障不能运行，过负荷或电动机故障 有人按事故按钮	处理完毕，及时汇报，并作记录	4	5. 操作结束后，应有汇报、记录、否则，该题扣 1～4 分 6. 故障分析判断错误，该题不得分。如故障分析不全面、不准确，但不影响事故处理，扣 1～4 分；如因故障分析不全面、不准确而导致事故扩大的，该题不得分 7. 对操作过程中违反安全
	3 3.1 3.2	处理 两台引风机同时运行，任一台跳闸时 （1）立即将跳闸引风机开关置于停止位置，解列自动，减少送风量（关小送风机入口调节挡板），维持炉膛负压，进行燃烧调整联系汽轮机、电气减负荷至 60% （2）跳闸引风机入口调节挡板应自动关闭，检查若未关闭，应手动关闭。增加运行引网和负荷 （3）如一台引风机运行时，两侧烟温偏差大于 30℃，或过热蒸汽两侧温度差超过规定大于 20℃调整无效，应投入助燃油枪进一步降低机组负荷 （4）查明引风机跳闸原因，予以清除 两台引风机运行中同时跳闸或只有一台引风机运行而跳闸时： （1）按紧急停炉处理 （2）注意检查转动机械连锁保护和锅炉连锁保护动作情况，将应跳闸而未跳闸的设备停运，复归各跳闸开关，注意调节汽包水位 （3）查明原因，消除缺陷后恢复运行		10	

编　　号	C04A051	行为领域	e	鉴定范围	5
考核时限	30min	题　型	A	题　　分	20分
试题正文	锅水循环泵电动机温度高的处理				
其他需要说明的问题和要求	1. 要求单独进行操作处理 2. 在仿真机上操作，按仿真机运行规程考核 3. 现场就地操作演示，不得触动运行设备 4. 需要助手协助时，可口头向考评员说明 5. 万一遇生产事故，立即停止考核，退出现场				
工具、材料、设备、场地	相应机组的仿真机或现场实际设备				

	序号	项　目　名　称	质量要求	满分	得分与扣分
评分标准	1 1.1 1.2	现象 　锅水循环泵电动机温度高报警，极高循环泵跳闸信号出现，而且发出异常尖叫声；锅水循环泵电动机温度极高跳泵后，电动机电流回零	分析准确，处理正确、迅速	5	1. 操作顺序颠倒，扣1～4分。如因操作颠倒导致无法继续的，该题不得分 2. 操作漏项扣1～4分。如因漏项使操作必须重新开始，但不导致不良后果的，扣该题总分的50%；如导致不良后果的，该题不得分 3. 每项操作后必须检查操作结果，再开始下一步操作，否则，扣1～4分 4. 因误操作致使过程延误，但不造成不良后果的，扣该题总分的50%；造成不良后果的，该题不得分 5. 操作结束后，应有汇报、记录、否则，该题扣1～4分 6. 故障分析判断错误，该题不得分。如故障分析不全面、不准确，但不影响事故处理，扣1～4分；如因故障分析不全面、不准确而导致事故扩大的，该题不得分 7. 对操作过程中违反安全规程及运行规程的，不得分
	2 2.1 2.2 2.3 2.4	原因 　电动机充水速度太快，腔室内空气未完全排出 　二次冷却水量不足，温度高或管路有泄漏 　一次冷却水系统有泄漏，过滤器堵塞 　循环泵电动机泵轮定位螺栓断裂，一次冷却水流量不足	按运行规程规定处理	5	
	3 3.1 3.2 3.3 3.4	处理 　增加二次冷却水量 　一次冷却水系统中有泄漏时，采用给水泵经高压冷却器连续向电动机充水，阻止高温锅水倒回至电动机腔内 　过滤器堵塞时，应开启过滤器旁路 　电动机温度继续升高至规定值时，应紧急停止锅水循环泵运行，锅水循环泵入口电动阀关闭后再手动检查关闭严密情况，锅水循环泵出口关断止回阀手动关闭	处理完毕，及时汇报，并作记录	10	

行业：电力工程　　　　工种：锅炉运行值班员　　　　　等级：中

编　　号	C04A052	行为领域		e	鉴定范围	4
考核时限	30min	题　　型		A	题　　分	20分
试题正文	锅炉吹灰器故障的处理					
其他需要说明的问题和要求	1. 要求单独进行操作处理 2. 在仿真机上操作，按仿真机运行规程考核 3. 现场就地操作演示，不得触动运行设备 4. 需要助手协助时，可口头向考评员说明 5. 万一遇生产事故，立即停止考核，退出现场					
工具、材料、设备、场地	相应机组的仿真机或现场实际设备					

评分标准	序号	项　目　名　称	质量要求	满分	得分与扣分
	1 1.1 1.2	吹灰器电动机的过负荷 　当吹灰器齿条润滑不良、吹灰管弯曲、轨道变形、减速箱故障，以及内管填料太紧都会造成过负荷保护动作，吹灰器LCD画面将报警 　吹灰器电动机的过负荷的处理 　吹灰器的电动机过负荷时，应停止吹灰，并设法将其退出。当吹灰器不能电动退出时，应将就地控制开关置"OFF"位置后，并通知检修用专用手柄将吹灰器手动退出	分析准确、处理正确、迅速 按运行规程规定处理	4	1. 操作顺序颠倒，扣1～4分。如因操作颠倒导致无法继续的，该题不得分 2. 操作漏项扣1～4分。如因漏项使操作必须重新开始，但不导致不良后果的，扣该题总分的50%；如导致不良后果的，该题不得分 3. 每项操作后必须检查操作结果，再开始下一步操作，否则，扣1～4分 4. 因误操作致使过程延误，但不造成不良后果的，扣该题总分的50%；造成不良后果的，该题不得分 5. 操作结束后，应有汇报、记录，否则，该题扣1～4分 6. 故障分析判断错误，该题不得分。如故障分析不全面、不准确，但不影响事故处理，扣1～4分；如因故障分析不全面、不准确而导致事故扩大的，该题不得分 7. 对操作过程中违反安全规程及运行规程的，不得分
	2 2.1 2.2 2.3	遇下列任一情况时，应停止进行吹灰操作 　吹灰系统的设备故障或损坏时 　吹灰顺控设备出现故障时 　锅炉燃烧不稳定或无法维持燃烧室负压时	处理完毕，及时汇报，并作记录	6	
	3 3.1	吹灰蒸汽压力异常的处理 　当进行吹灰时，汽源的减压阀故障，将使减压阀后压力不正常，造成压力过高、安全门起座或压力过低，使吹灰顺序中断并退出吹灰器，吹灰器的LCD画面将报警		4	
	3.2	吹灰蒸汽压力不正常的处理 　a. 复置报警信号，检查所有吹灰器都已退出并能自动关闭吹灰总门 　b. 通知检修处理，在缺陷消除后，方可恢复吹灰		6	

编　号	C04A053	行为领域	e	鉴定范围	5
考核时限	30min	题　型	A	题　分	20分
试题正文	汽包水位计损坏事故的处理				
其他需要说明的问题和要求	1. 要求单独进行操作处理 2. 在仿真机上操作，按仿真机运行规程考核 3. 现场就地操作演示，不得触动运行设备 4. 需要助手协助时，可口头向考评员说明 5. 万一遇生产事故，立即停止考核，退出现场				
工具、材料、设备、场地	相应机组的仿真机或现场实际设备				

	序号	项　目　名　称	质量要求	满分	得分与扣分
评分标准	1 1.1 1.2 1.3	原因 水位计云母片质量差 检修工艺差或水位计本身质量差 投入或冲洗的方法不正确	分析准确，处理正确、迅速	5	1. 操作顺序颠倒，扣1~4分。如因操作颠倒导致无法继续，该题不得分 2. 操作漏项扣1~4分。如因漏项使操作必须重新开始，但不导致不良后果的，扣该题总分的50%；如导致不良后果的，该题不得分 3. 每项操作后必须检查操作结果，再开始下一步操作，否则，扣1~4分 4. 因误操作致使过程延误，但不造成不良后果的，扣该题总分的50%；造成不良后果的，该题不得分 5. 操作结束后，应有汇报、记录，否则，该题扣1~4分 6. 故障分析判断错误，该题不得分。如故障分析不全面、不准确，但不影响事故处理，扣1~4分；如因故障分析不全面、不准确而导致事故扩大的，该题不得分 7. 对操作过程中违反安全规程及运行规程的，不得分
	2 2.1 2.2 2.3 2.4 2.5 2.6	处理 发现水位计泄漏时，应立即解列，关来汽、来水门，开放水门 当水位计爆破时，首先切断该水位计照明，然后解列该水位计 如汽包水位计中有一只损坏时，应监视另一只水位计的运行 如汽包水位计全部损坏，而其他水位计（电接点、机械水位计）在汽包水位计损坏以前，指示正确，水位报警信号正常时，可以继续运行2h，但必须注意给水流量和蒸汽流量的平衡。保持锅炉负荷稳定，对已损坏的汽包水位计应立即隔绝检修 如汽包水位计全部损坏，给水自动、水位报警信号不够可靠，只允许根据正确可靠的低置水位计维持锅炉运行20min 如汽包水位计全部损坏，而且低置水位计运行也不可靠，应立即停炉	按运行规程规定处理 处理完毕，及时汇报，并作记录	15	

353

行业：电力工程　　　　工种：锅炉运行值班员　　　　等级：初/中

编　号	C54A054	行为领域	e	鉴定范围	5
考核时限	30min	题　型	A	题　分	20分
试题正文	回转空气预热器故障的处理				
其他需要说明的问题和要求	1. 要求单独进行操作处理 2. 在仿真机上操作，按仿真机运行规程考核 3. 现场就地操作演示，不得触动运行设备 4. 需要助手协助时，可口头向考评员说明 5. 万一遇生产事故，立即停止考核，退出现场				
工具、材料、设备、场地	相应机组的仿真机或现场实际设备				

	序号	项　目　名　称	质量要求	满分	得分与扣分
评 分 标 准	1 1.1 1.2 1.3 1.4	现象 发出事故信号，跳闸红灯灭，绿灯闪光 电流到零。空气预热器电动机故障停运后，空气电动机（或备用电动机）自动投入 空气预热器故障跳闸侧出口排烟温度升高，空气预热器出口风温下降 空气预热器跳闸侧、空气预热器空气出口挡板和烟气入口挡板自动关闭	分析准确，处理正确、迅速	5	1. 操作顺序颠倒，扣1～5分。如因操作颠倒导致无法继续的，该题不得分 2. 操作漏项扣1～5分。如因漏项使操作必须重新开始，但不导致不良后果的，扣该题总分的50%；如导致不良后果的，该题不得分 3. 每项操作后必须检查操作结果，再开始下一步操作，否则，扣1～5分 4. 因误操作致使过程延误，但不造成不良后果的，扣该题总分的50%；造成不良后果的，该题不得分 5. 操作结束后，应有汇报、记录、否则，该题扣1～5分
	2 2.1 2.2 2.3 2.4 2.5	原因 空气预热器转子与静子接触面有杂物卡塞（轴向、环向、径向密封片损坏），空气预热器转不动 空气预热器电气回路、电源中断或热偶动作 空气预热器润滑油系统油泵跳闸（油位极低、冷却水中断、油温过高、轴承损坏） 空气预热器减速箱故障 主轴承损坏	按运行规程规定处理	5	

	序号	项 目 名 称	质量要求	满分	得分与扣分
评 分 标 准	3 3.1	处理 　发现空气预热器电流增大或幅度波动的处理 　① 在就地用听针检查空气预热器动、静密封(轴向、径向、环向)摩擦声,必要时由检修调整轴向和径向密封板,扩大密封间隙(漏风量增大),空气预热器电流应减少或减少电流波动幅度。若无效,降负荷单侧空气预热器运行或应请示停炉 　② 检查空气预热器上下轴承油位、油质、油温是否正常 　③ 检查减速箱有无漏油、有无异声、供油是否正常	处理完毕,及时汇报,并作记录	5	6. 故障分析判断错误,该题不得分。如故障分析不全面、不准确,但不影响事故处理,扣1~5分;如因故障分析不全面、不准确而导致事故扩大的,该题不得分 　7. 对操作过程中违反安全规程及运行规程的,不得分
	3.2	润滑油泵的处理 　油泵跳闸,备用油泵未联动,应将联动开关拨到单独运行位置,手动合备用油泵和跳闸油泵各一次,若不成功应汇报领导监视运行,当润滑油温超过规定值时,应停空气预热器处理			
	4 4.1	空气预热器跳闸的故障处理 　一台回转式空气预热器跳闸,若在跳闸前无电流过大现象或机械部分故障,可重合闸一次,若重合闸成功,则应查明原因并消除。若重合闸无效,应投入盘车装置,降低锅炉负荷,控制排烟温度不超过规定值		5	
	4.2	一台回转式空气预热器故障停运,而排烟温度超过限额,或两台回转式空气预热器故障停运,应按紧急停炉处理			

编　号	C43A055	行为领域	e	鉴定范围	5
考核时限	30min	题　型	A	题　分	20分
试题正文	引风机B喘振处理				
其他需要说明的问题和要求	1. 要求单独进行操作处理 2. 在仿真机上操作，按仿真机运行规程考核 3. 现场就地操作演示，不得触动运行设备 4. 需要助手协助时，可口头向考评员说明 5. 万一遇生产事故，立即停止考核，退出现场				
工具、材料、设备、场地	相应机组的仿真机或现场实际设备				

	序号	项 目 名 称	质量要求	满分	得分与扣分
评 分 标 准	1 1.1 1.2 1.3	现象 炉膛压力"高"光字牌报警，炉膛内冒正压 引风机A动叶全开，引风机A电流、风量、出口风压达最大 引风机B工作点落入喘振区，电流、风量、出口风压大幅度波动，引风机B本身产生强烈振动和噪声	分析准确，处理正确、迅速	10	1. 操作顺序颠倒，扣1～4分。如因操作颠倒导致无法继续的，该题不得分 2. 操作漏项扣1～4分。如因漏项使操作必须重新开始，但不导致不良后果的，扣该题总分的50%；如导致不良后果的，该题不得分 3. 每项操作后必须检查操作结果，再开始下一步操作，否则，扣1～4分 4. 因误操作致使过程延误，但不造成不良后果的，扣该题总分的50%；造成不良后果的，该题不得分 5. 操作结束后，应有汇报、记录、否则，该题扣1～4分 6. 故障分析判断错误，该题不得分。如故障分析不全面、不准确，但不影响事故处理，扣1～4分；如因故障分析不全面、不准确而导致事故扩大的，该题不得分 7. 对操作过程中违反安全规程及运行规程的，不得分
	2 2.1 2.2 2.3 2.4	处理 引风机B喘振，造成引风机B无出力，如此时引风机无闭锁"关"信号，则适当减少燃料量；同时关小引风机B动叶，直到引风机B喘振消失，调节引风机A/B出力平衡后投入自动 当引风机B喘振，造成炉膛压力高，引风机动叶"关"闭锁，则迅速停一台磨煤机，RB动作；待引风机B喘振消失后，调节两侧出力平衡 高负荷时因引风机B喘振，造成炉膛压力"极高"，炉MFT，则按炉MFT处理 机组跳闸后，查明引风机喘振原因并处理后重新启动，并启动机组	按运行规程规定处理 处理完毕，及时汇报，并作记录	10	

行业：电力工程　　　　工种：锅炉运行值班员　　　　等级：中

编　　号	C04A056	行为领域		e	鉴定范围	1
考核时限	30min	题　　型		A	题　　分	20分
试题正文	空气预热器堵灰的处理					
其他需要说明的问题和要求	1. 要求单独进行操作处理 2. 在仿真机上操作，按仿真机运行规程考核 3. 现场就地操作演示，不得触动运行设备 4. 万一遇生产事故，立即停止考核，退出现场					
工具、材料、设备、场地	现场实际设备					

	序号	项 目 名 称	质量要求	满分	得分与扣分
评 分 标 准	1 1.1 1.2 1.3	现象 空气预热器烟气/空气侧差压增大 送风机、引风机、一次风机电流增大、排烟温度升高	分析准确，处理正确、迅速	5	1. 操作顺序颠倒，扣1～4分。如因操作颠倒导致无法继续的，该题不得分 2. 操作漏项扣1～4分。如因漏项使操作必须重新开始，但不导致不良后果的，扣该题总分的50%；如导致不良后果的，该题不得分 3. 每项操作后必须检查操作结果，再开始下一步操作，否则，扣1～4分 4. 因误操作致使过程延误，但不造成不良后果的，扣该题总分的50%；造成不良后果的，该题不得分 5. 操作结束后，应有汇报、记录，否则，该题扣1～4分 6. 故障分析判断错误，该题不得分。如故障分析不全面、不准确，但不影响事故处理，扣1～4分；如因故障分析不全面、不准确而导致事故扩大的，该题不得分 7. 对操作过程中违反安全规程及运行规程的，不得分
	2 2.1 2.2 2.3 2.4	原因 空气预热器冲洗后未完全烘干 锅炉启动初期（油枪燃烧阶段）未投入空气预热器连续吹灰 空气预热器吹灰不及时 煤粉细度不好，燃烧不充分	按运行规程规定处理	5	
	3 3.1 3.2 3.3 3.4	处理 开大引风机动叶，维持炉膛负压在正常值 开大送风机动叶，维持预热器出口压力 投入空气预热器吹灰器，当两台引风机动叶全开，维持不了炉膛负压时，应减少锅炉负荷 吹灰无效时，通知检修，给予确认，在停炉时处理	处理完毕，及时汇报，并作记录	10	

行业：电力工程　　　　工种：锅炉运行值班员　　　　等级：中

编　号	C04A057	行为领域	e	鉴定范围	5
考核时限	30min	题　型	A	题　分	20分

| 试题正文 | 紧急停运磨煤机的原因及操作 | | |

| 其他需要
说明的问
题和要求 | 1. 要求单独进行操作处理
2. 在仿真机上操作，按仿真机运行规程考核
3. 现场就地操作演示，不得触动运行设备
4. 需要助手协助时，可口头向考评员说明
5. 万一遇生产事故，立即停止考核，退出现场 |

| 工具、材料、
设备、场地 | 相应机组的仿真机或现场实际设备 |

	序号	项 目 名 称	质量要求	满分	得分与扣分
评 分 标 准	1 1.1 1.2 1.3 1.4 1.5 1.6 1.7	原因 制粉系统爆炸 钢球磨煤机大瓦温度超过规定值，回油温度超过规定值 润滑油中断 振动超过规定值 磨煤机内发生强烈的撞击声，钢球磨煤机钢瓦脱落 危及设备人身安全 电动机冒烟，电流不正常超过规定值	严格执行 运行规程规定 操作程序 不准颠倒或 漏项	10	1. 操作顺序颠倒，扣1～5分。如因操作颠倒导致无法继续的，该题不得分 2. 操作漏项扣1～5分。如因漏项使操作必须重新开始，但不导致不良后果的，扣该题总分的50%；如导致不良后果的，该题不得分 3. 每项操作后必须检查操作结果，再开始下一步操作，否则，扣1～5分 4. 因误操作致使过程延误，但不造成不良后果的，扣该题总分的50%；造成不良后果的，该题不得分 5. 操作结束后，应有汇报、记录，否则，该题扣1～5分 6. 对操作过程中违反安全规程及运行规程的，不得分
	2 2.1 2.2 2.3 2.4 2.5	操作 拉开磨煤机开关，使给煤机跳闸 检查保护动作情况，如动作漏项应手动补完善 在制粉系统抽粉阶段，密切监视磨煤机出口温度，使其不超过规定值 制粉系统内煤粉抽净后，停止排粉机运行 关闭排粉机入口风门，开三次风冷却风门 说明：制粉系统爆炸时，应立即停止制粉系统，强关闭该系统各风门挡板、开启三次热风门，冷却三次风箱	操 作 完 毕，应向上 级汇报并记 录	10	

4.2.2 多项操作

行业：电力工程　　　　工种：锅炉运行值班员　　　　　　等级：中

编　　号	C04B058	行为领域	e	鉴定范围	2
考核时限	30min	题　　型	B	题　　分	30 分
试题正文	锅炉燃油系统并列前检查及并列操作				
其他需要说明的问题和要求	1. 要求单独进行操作处理 2. 在仿真机上操作，按仿真机运行规程考核 3. 现场就地操作演示，不得触动运行设备 4. 万一遇生产事故，立即停止考核，退出现场				
工具、材料、设备、场地	相应机组的仿真机或现场实际设备				

	序号	项 目 名 称	质量要求	满分	得分与扣分
评分标准	1	并列前的检查	严格执行运行规程规定	2	1. 操作顺序颠倒，扣1~6分。如因操作颠倒导致无法继续的，该题不得分。 2. 操作漏项扣1~6分。如因漏项使操作必须重新开始，但不导致不良后果的，扣该题总分的50%；如导致不良后果的，该题不得分。 3. 每项操作后必须检查操作结果，再开始下一步操作，否则，扣1~6分
	1.1	锅炉各角油枪的进油手动门、旁路门、电磁速断门应严密关闭			
	1.2	锅炉各角油枪蒸汽吹扫手动门及电动门应严密关闭，炉前燃油系统的蒸汽吹扫门应严密关闭		2	
	1.3	燃油系统的压力表、温度表、流量变送器及油压调节装置齐全完好，并投入运行		2	
	1.4	燃油系统各部保温完整，并备有足够的消防器材		2	

	序号	项 目 名 称	质量要求	满分	得分与扣分
评分标准	2	燃油系统的并列	操作程序不准颠倒或漏项	4	4. 因误操作致使过程延误，但不造成不良后果的，扣该题总分的50%；造成不良后果的，该题不得分
	2.1	通知值长，本机组准备并列油系统，值长应通知各机组注意燃油系统运行情况，以便及时做出调整，保证全厂燃油系统运行稳定			5. 操作结束后，应有汇报、记录、否则，该题扣1～6分
	2.2	开进油手动总门，开供油流量表前后手动门，开燃油速断前后手动门，缓慢开启燃油速断门的旁路门，燃油系统压力逐渐上升，关回油旁路手动门	操作完毕，应向上级汇报并记录	6	6. 对操作过程中违反安全规程及运行规程的，不得分
	2.3	开回油调节门前后手动门，开回油流量表前后手动门或旁路门，开回油手动总门，用回油自动调节阀调节油循环量，维持油压正常，在炉前进行燃油大循环		6	
	2.4	燃油系统并列后，应对锅炉燃油系统进行全面检查，确认各部位无泄漏，油循环系统运行正常		6	

行业：电力工程　　　　工种：锅炉运行值班员　　　　等级：中

编　　号	C04B059	行为领域	e	鉴定范围	2
考核时限	30min	题　　型	B	题　　分	30分
试题正文	锅炉燃油系统的解列操作				
其他需要说明的问题和要求	1. 要求单独进行操作处理 2. 在仿真机上操作，按仿真机运行规程考核 3. 现场就地操作演示，不得触动运行设备 4. 万一遇生产事故，立即停止考核，退出现场				
工具、材料、设备、场地	相应机组的仿真机或现场实际设备				

评分标准	序号	项 目 名 称	质量要求	满分	得分与扣分
	1	燃油系统的解列：	严格执行运行规程规定	8	1. 操作顺序颠倒，扣1～8分。如因操作颠倒导致无法继续的，该题不得分 2. 操作漏项扣1～8分。如因漏项使操作必须重新开始，但不导致不良后果的，扣该题总分的50%；如导致不良后果的，该题不得分 3. 每项操作后必须检查操作结果，再开始下一步操作，否则，扣1～6分 4. 因误操作致使过程延误，但不造成不良后果的，扣该题总分的50%；造成不良后果的，该题不得分 5. 操作结束后，应有汇报、记录、否则，该题扣1～6分 6. 对操作过程中违反安全规程及运行规程的，不得分
	1.1	通知值长，本机组准备解列燃油系统，值长应通知各机组注意燃油系统运行情况，以便及时做出调整，保证全厂燃油系统运行稳定			
	1.2	关进油手动总门，关进油流量表前后手动门，关燃油速断阀前后手动门及旁路门	操作程序不准颠倒或漏项	8	
	1.3	关回油调节门前后手动门，关回油流量表前后手动门及旁路门		8	
	1.4	关回油手动总门	操作完毕，应向上级汇报并记录	6	

361

行业：电力工程　　　　工种：锅炉运行值班员　　　　等级：中/高

编　　号	C43B060	行为领域	e	鉴定范围	1
考核时限	30min	题　型	B	题　　分	30分
试题正文	备用风机（或辅机油泵）低风压（或低油压）联启试验				
其他需要说明的问题和要求	1. 要求单独进行操作处理 2. 在仿真机上操作，按仿真机运行规程考核 3. 现场就地操作演示，不得触动运行设备 4. 万一遇生产事故，立即停止考核，退出现场				
工具、材料、设备、场地	相应机组的仿真机或现场实际设备				

	序号	项 目 名 称	质量要求	满分	得分与扣分
评分标准	1	互联动试验结束后，进行低风压（或低油压）联启试验	严格执行运行规程规定	6	1. 操作顺序颠倒，扣1～6分。如因操作颠倒导致无法继续的，该题不得分 2. 操作漏项扣1～6分。如因漏项使操作必须重新开始，但不导致不良后果的，扣该题总分的50%；如导致不良后果的，该题不得分 3. 每项操作后必须检查操作结果，再开始下一步操作，否则，扣1～6分 4. 因误操作致使过程延误，但不造成不良后果的，扣该题总分的50%；造成不良后果的，该题不得分 5. 操作结束后，应有汇报、记录，否则，该题扣1～6分 6. 对操作过程中违反安全规程及运行规程的，不得分
	2	按正常启动操作启动一台辅机，检查备用辅机具备启动条件		6	
	3	投入低风压（或低油压）保护，现场调整风压（或油压），当风压（或油压）低于设定值时，备用风机（或辅机油泵）应自启动	操作程序不准颠倒或漏项	6	
	4	不具备现场调整风压（或油压）的保护，应由热工维护人员在就地做模拟信号，使保护动作		6	
	5	同样方法试验其他风机或辅机油泵	操作完毕，应向上级汇报并记录	6	

362

编　　号	C43B061	行为领域	e	鉴定范围	1
考核时限	30min	题　　型	B	题　　分	30分

试题正文	辅机的主要保护试验				
其他需要说明的问题和要求	1. 要求单独进行操作处理 2. 在仿真机上操作，按仿真机运行规程考核 3. 现场就地操作演示，不得触动运行设备 4. 万一遇生产事故，立即停止考核，退出现场				
工具、材料、设备、场地	相应机组的仿真机或现场实际设备				

	序号	项　目　名　称	质量要求	满分	得分与扣分
评分标准	1	辅机的主要保护项目是辅机或电动机轴承温度、低油压、润滑油泵自启动系统保护。作保护试验时，由热工专责维护人员进行就地发模拟信号时，使设备掉闸，并发报警信号	严格执行运行规程规定 操作程序不准颠倒或漏项	15	1. 操作顺序颠倒，扣1～6分。如因操作颠倒导致无法继续的，该题不得分 2. 操作漏项扣1～6分。如因漏项使操作必须重新开始，但不导致不良后果的，扣该题总分的50%；如导致不良后果的，该题不得分 3. 每项操作后必须检查操作结果，再开始下一步操作，否则，扣1～6分 4. 因误操作致使过程延误，但不造成不良后果的，扣该题总分的50%；造成不良后果的，该题不得分 5. 操作结束后，应有汇报、记录、否则，该题扣1～6分 6. 对操作过程中违反安全规程及运行规程的，不得分
	2	高压6000V的设备作保护试验时，应将开关置于试验位置，做保护跳闸试验	操作完毕，应向上级汇报并记录	15	

行业：电力工程　　　工种：锅炉运行值班员　　　等级：技师/高技

编　　号	C43B062	行为领域	e	鉴定范围	1
考核时限	30min	题　　型	B	题　　分	30 分

试题正文	锅炉主保护试验				
其他需要说明的问题和要求	1. 要求单独进行操作处理 2. 在仿真机上操作，按仿真机运行规程考核 3. 现场就地操作演示，不得触动运行设备 4. 万一遇生产事故，立即停止考核，退出现场				
工具、材料、设备、场地	相应机组的仿真机或现场实际设备				

	序号	项目名称	质量要求	满分	得分与扣分
评分标准	1	锅炉主保护试验应在静态传动和辅机连锁、保护传动合格基础上进行	严格执行运行规程规定	5	1. 操作顺序颠倒，扣 1～5 分。如因操作颠倒导致无法继续的，该题不得分 2. 操作漏项扣 1～5 分。如因漏项使操作必须重新开始，但不导致不良后果的，扣该题总分的 50%；如导致不良后果的，该题不得分 3. 每项操作后必须检查操作结果，再开始下一步操作，否则，扣 1～5 分 4. 因误操作致使过程延误，但不造成不良后果的，扣该题总分的 50%；造成不良后果的，该题不得分 5. 操作结束后，应有汇报、记录，否则，该题扣 1～5 分 6. 对操作过程中违反安全规程及运行规程的，不得分
	2	手动 MFT、汽包水位保护。炉膛负压保护应在锅炉启动前进行实际传动试验	操作程序不准颠倒或漏项	5	
	3	双引风机、送风机、一次风机跳闸保护及失去探头冷却风保护，应在做辅机总连锁试验中进行		5	
	4	其他保护，由热工配合，发模拟信号使保护动作		5	
	5	最后做一次 MFT 动作联跳相关设备试验	操作完毕，应向上级汇报并记录	5	
	6	机、电、炉连锁试验，在汽轮机冲转前进行		5	

编　　号	C43B063	行为领域	e	鉴定范围	1
考核时限	30min	题　　型	B	题　　分	30分
试题正文	辅机设备的试运转操作				
其他需要说明的问题和要求	1. 要求单独进行操作 2. 在仿真机上操作，按仿真机运行规程考核 3. 现场就地操作演示，不得触动运行设备 4. 万一遇生产事故，立即停止考核，退出现场 5. 注意安全，文明操作演示				
工具、材料、设备、场地	相应机组的仿真机或现场实际设备				

	序号	项 目 名 称	质量要求	满分	得分与扣分
评分标准	1	锅炉空气预热器、风机、磨煤机、给煤机等转动设备大小修后应进行试运转，试运转验收合格后，方可正式投入运行	严格执行运行规程规定	5	1. 操作顺序颠倒，扣1～5分。因操作颠倒导致无法继续的，该题不得分 2. 操作漏项扣1～5分。如因漏项使操作必须重新开始，但不导致不良后果的，扣该题总分的50%；如导致不良后果的，该题不得分 3. 每项操作后必须检查操作结果，再开始下一步操作，否则，扣1～5分
	2	辅机试运转前，应检查该辅机及其相关系统工作结束，盘动转子无卡涩，压回检修工作票或有检修单位提出的试运转申请单		5	
	3	试运转前，该转机的启停控制回路、主要热工保护、事故按钮、电气保护应传动合格		5	

	序号	项 目 名 称	质量要求	满分	得分与扣分
评分标准	4	风机试运转时，应进行最大负荷试验	操作程序不准颠倒或漏项	5	4. 因误操作致使过程延误，但不造成不良后果的，扣该题总分的50%；造成不良后果的，该题不得分 5. 操作结束后，应有汇报、记录、否则，该题扣1～5分 6. 对操作过程中违反安全规程及运行规程的，不得分
	5	试运转时，检修负责人应在场，运行人员按设备正常启动规定进行检查和启停操作，启动时注意启动电流及启动电流返回时间		5	
	6	辅机试运行时主要检查项目： （1）转机转向是否正确 （2）转机运行应平稳，空载电流正常，转机有无异声、摩擦和撞击 （3）轴承温度和轴承振动符合运行要求 （4）检查各处有无漏风、漏油、漏水现象 （5）风机带负荷运转时，注意检查风机风量、风压、电流等主要参数是否正常	操作完毕，应向上级汇报并记录	5	

366

行业：电力工程　　　工种：锅炉运行值班员　　　等级：初/中

编　号	C54B064	行为领域	e	鉴定范围	1
考核时限	30min	题　型	B	题　分	30分
试题正文	锅炉暖风器投入和停用操作				
其他需要说明的问题和要求	1. 要求单独进行操作 2. 现场就地操作演示，不得触动运行设备 3. 万一遇生产事故，立即停止考核，退出现场				
工具、材料、设备、场地	现场实际设备				

	序号	项　目　名　称	质量要求	满分	得分与扣分
评分标准	1	暖风器投入前检查	严格执行运行规程规定	6	1. 操作顺序颠倒，扣1～6分。因操作颠倒导致无法继续的，该题不得分。 2. 操作漏项扣1～6分。如因漏项使操作必须重新开始，但不导致不良后果的，扣该题总分的50%；如导致不良后果的，该题不得分。 3. 每项操作后必须检查操作结果，再开始下一步操作，否则，扣1～6分
	1.1	辅助蒸汽联箱压力正常，各表计齐全，指示正确，暖风器出口风温和疏水箱水位调节装置在手动位置			
	1.2	检查暖风器、疏水箱正常，各阀门位置符合检查卡的要求	操作程序不准颠倒或漏项		
	2	暖风器投运前管道疏水暖管		8	
	2.1	检查确认辅汽联到A、B暖风器管道各疏水门开			
	2.2	确认A、B暖风器压力调节器前隔离门开			
	2.3	联系热工投入A、B暖风器温度调节装置自动			
	2.4	微开汽轮机辅汽联箱到暖风器隔离门，暖管1h			
	2.5	暖管结束后关各疏水门			
	2.6	缓慢开大隔离门，直至全开，注意调节阀动作情况			
	3	暖风器投运		8	
	3.1	确认A、B暖风器疏水门全开			

	序号	项 目 名 称	质量要求	满分	得分与扣分
评分标准	3.2	确认 A、B 暖风器疏水箱顶部空气门全开	操作完毕，应向上级汇报并记录		4. 因误操作致使过程延误，但不造成不良后果的，扣该题总分的 50%；造成不良后果的，该题不得分
	3.3	确认暖风器疏水箱至地沟的疏水门全开			5. 操作结束后，应有汇报、记录、否则，该题扣 1~6 分
	3.4	微开 A、B 侧暖风器进汽门，疏水暖管，并逐渐开大进汽门，注意不要发生水冲击，直至全开			6. 对操作过程中违反安全规程及运行规程的，不得分
	3.5	系统中空气放净后，关 A、B 暖风器疏水箱顶部空气门			
	3.6	疏水经疏水箱排至地沟，待化学化验疏水品质合格后，启动 A、B 暖风器疏水泵各一台，将疏水送至除氧器，投入疏水泵自动，关闭去地沟疏水门			
	4	暖风器停运		8	
	4.1	关闭辅汽联箱至暖风器总门			
	4.2	开疏水箱至地沟的疏水门，关闭疏水泵出口门，停止疏水泵并停电			
	4.3	将 A、B 暖风器出口风温调节切换为手动，关闭前截门			
	4.4	开启暖风器入口蒸汽 A、B 联箱的疏水门，关闭暖风器进汽门			
	4.5	开启 A、B 暖风器疏水箱顶部空气门，将疏水箱及系统管道内的存水放净后，关闭所有空气门、疏水门			

编　号	C05B065	行为领域	e	鉴定范围	1
考核时限	30min	题　型	B	题　分	30分

试题正文	锅炉压缩空气系统启动前的检查、运行和停止操作

其他需要说明的问题和要求	1. 要求单独进行操作 2. 现场就地操作演示，不得触动运行设备 3. 万一遇生产事故，立即停止考核，退出现场

工具、材料、设备、场地	现场实际设备

	序号	项 目 名 称	质量要求	满分	得分与扣分
评 分 标 准	1	启动前的检查	严格执行运行规程规定	8	1. 操作顺序颠倒，扣1～6分。如因操作颠倒导致无法继续的，该题不得分 2. 操作漏项扣1～6分。如因漏项使操作必须重新开始，但不导致不良后果的，扣该题总分的50%；如导致不良后果的，该题不得分
	1.1	空气压缩机检修工作结束，工作票已注销			
	1.2	空气压缩机电源正常，电动机接地线良好，并可靠接地，地脚螺栓无松动及对轮的防护罩牢固			
	1.3	空气压缩机的油池油位正常，无泄漏现象，放油门关闭			
	1.4	空气压缩机各压力表、温度表完好并投入			
	1.5	投入空气压缩机的冷却水入口水温小于32℃，水压正常（应小于0.4MPa）			
	1.6	开启各冷却器自动排水器前截门			
	2	空气压缩机的启动		8	
	2.1	在控制室辅助盘上将空气压缩机的控制开关置"启动"位，红灯亮			
	2.2	就地控制盘上检查电压正常，电流为零			

	序号	项 目 名 称	质量要求	满分	得分与扣分
评分标准	2.3	按下"ON"按钮,空气压缩机开始运转。电流表瞬间到最大值后迅速返回工作电流	操作程序不准颠倒或漏项		3. 每项操作后必须检查操作结果,再开始下一步操作,否则,扣1～6分
	2.4	检查仪表及指示灯正常,空气压缩机润滑油压应符合制造厂要求值,空气压缩机出口压力逐渐达到正常工作压力			4. 因误操作致使过程延误,但不造成不良后果的,扣该题总分的50%;造成不良后果的,该题不得分
	2.5	调整冷却水阀使排汽温度控制在制造厂规定范围	操作完毕,应向上级汇报并记录		5. 操作结束后,应有汇报、记录、否则,该题扣1～6分
	2.6	检查冷却器的自动排水器的工作情况			6. 对操作过程中违反安全规程及运行规程的,不得分
	3	空气压缩机的停止		8	
	3.1	按下"OFF"按钮后,排入阀自动排汽,10～15s 计时继电器动作,电动机才会予以停止			
	3.2	空气压缩机是保证全厂控制用气和杂项用气的关键设备,必须保证供汽压力的安全范围,否则必须确认在全厂范围内具备停止空气压缩机的条件,才允许停止空气压缩机的运行			
	3.3	如果检修,应办理检修工作票			
	4	空气压缩机的紧急停止		6	
	4.1	当运转中有异声及不正常振动			
	4.2	油位太低			
	4.3	排汽温度达到跳闸值而未跳闸时			
	4.4	电动机冒烟			

行业：电力工程　　　工种：锅炉运行值班员　　　等级：初/中

编　号	C54B066	行为领域	e	鉴定范围	1
考核时限	45min	题　型	B	题　分	30分
试题正文	锅炉除灰系统的启动和停止操作				
其他需要说明的问题和要求	1. 要求单独进行操作处理 2. 在仿真机上操作，按仿真机运行规程考核 3. 现场就地操作演示，不得触动运行设备 4. 万一遇生产事故，立即停止考核，退出现场				
工具、材料、设备、场地	相应机组的仿真机或现场实际设备				

	序号	项目名称	质量要求	满分	得分与扣分
评分标准	1	除灰系统的运行	严格执行运行规程规定	4	1. 操作顺序颠倒，扣1~6分。如因操作颠倒导致无法继续的，该题不得分 2. 操作漏项扣1~6分。如因漏项使操作必须重新开始，但不导致不良后果的，扣该题总分的50%；如导致不良后果的，该题不得分 3. 每项操作后必须检查操作结果，再开始下一步操作，否则，扣1~6分 4. 因误操作致使过程延误，但不造成不良后果的，扣该题总分的50%；造成不良后果的，该题不得分 5. 操作结束后，应有汇报、记录，否则，该题扣1~6分 6. 对操作过程中违反安全规程及运行规程的，不得分
	1.1	锅炉运行时，除灰系统要保持运行状态			
	1.2	启动： （1）锅炉点火前，向捞渣机水槽内注水至正常水位 （2）通知泵房："锅炉除灰系统准备投入运行" （3）启动搅拌器运行 （4）启动渣浆泵运行 （5）启动碎渣机运行 （6）启动捞渣机运行	操作程序不准颠倒或漏项	13	
	1.3	停止： （1）锅炉停炉后，须将灰斗内灰渣捞净后，方可停止运行 （2）停止捞渣机运行 （3）停止碎渣机运行 （4）待渣浆池内灰渣明显减少后停止渣浆泵运行 （5）停止搅拌器运行 （6）通知泵房："锅炉除灰系统已停止运行"	操作完毕，应向上级汇报并记录	13	

行业：电力工程　　　　工种：锅炉运行值班员　　　　等级：中/高

编　　号	C43B067	行为领域		e	鉴定范围		4
考核时限	30min	题　　型		B	题　　分		30分
试题正文	锅炉燃烧调整的方法						
其他需要说明的问题和要求	1. 要求单独进行 2. 在仿真机上操作，按仿真机运行规程考核 3. 现场就地操作演示，不得触动运行设备 4. 万一遇生产事故，立即停止考核，退出现场						
工具、材料、设备、场地	相应机组的仿真机或现场实际设备						

	序号	项　目　名　称	质量要求	满分	得分与扣分
评分标准	1	燃料量的调节 中间储仓式制粉系统，当汽轮机负荷变动不大时，一般通过调节给粉机的转速改变燃料量；当负荷变动较大时，可以通过改变给粉机运行台数改变燃料量 直吹式制粉系统当负荷变动不大时一般通过调节给煤机的煤量来改变燃料量，当负荷变动较大时，可以通过启动或停止制粉系统来改变燃料量	严格执行运行规程规定 操作程序不准颠倒或漏项	15	1. 操作顺序颠倒，扣1~6分。如因操作颠倒导致无法继续的，该题不得分 2. 操作漏项扣1~6分。如因漏项使操作必须重新开始，但不导致不良后果的，扣该题总分的50%；如导致不良后果的，该题不得分 3. 每项操作后必须检查操作结果，再开始下一步操作，否则，扣1~6分
	2	风量调节，一般通过送风机入口挡板开度调节供给炉内的总风量，根据炉内燃烧工况需要调节分风门开度，满足各燃烧器之间风量分配 当负荷增加时，应先增风量，后增加燃料；负荷减少时，应先减燃料，再减风量，但在低负荷时，因炉内过剩氧量较多，故在增加负荷时，应先增加燃料，后增风量；减负荷时，则应先减风量，后减燃料 运行时应保持炉膛负压为正常值，在加负荷时原则上应先增加引风量，而后应及时增加送风量和燃料量；在减负荷时应先减燃料量和送风量，再减引风量	操作完毕，应向上级汇报并记录	15	4. 因误操作致使过程延误，但不造成不良后果的，扣该题总分的50%；造成不良后果的，该题不得分 5. 操作结束后，应有汇报、记录，否则，该题扣1~6分 6. 对操作过程中违反安全规程及运行规程的，不得分

372

编　号	C43B068	行为领域	e	鉴定范围	3
考核时限	30min	题　型	B	题　分	30分

试题正文	锅炉正常停炉后冷却的操作

其他需要说明的问题和要求	1. 要求单独进行 2. 在仿真机上操作，按仿真机运行规程考核 3. 现场就地操作演示，不得触动运行设备 4. 万一遇生产事故，立即停止考核，退出现场

工具、材料、设备、场地	相应机组的仿真机或现场实际设备

	序号	项 目 名 称	质量要求	满分	得分与扣分
评分标准	1	对于汽包、联箱有裂纹的锅炉，停炉 6h 开启烟道挡板进行缓慢的自然通风，停炉 8h 开启烟道的燃烧室的人孔、看火孔、打焦孔等增强自然通风，停炉 24h 后，锅水温度低于规定温度方可放水	严格执行运行规程规定	5	1. 操作顺序颠倒，扣 1～5 分。如因操作颠倒导致无法继续的，该题不得分 2. 操作漏项扣 1～5 分。如因漏项使操作必须重新开始，但不导致不良后果的，扣该题总分的 50%；如导致不良后果的，该题不得分 3. 每项操作后必须检查操作结果，再开始下一步操作，否则扣 1～5 分 4. 因误操作致使过程延误，但不造成不良后果的，扣该题总分的 50%；造成不良后果的，该题不得分 5. 操作结束后，应有汇报、记录，否则，该题扣 1～5 分 6. 对操作过程中违反安全规程及运行规程的，不得分
	2	紧急冷却时，只允许在停炉 8～10h 向锅炉上水和放水，锅炉水温达规定值可将锅水放净	操作程序不准颠倒或漏项	5	
	3	锅炉停炉后进行检修，停炉 4～6h 内，应紧闭所有孔门和烟道，制粉系统有关风门挡板，以免锅炉急剧冷却 经 4～6h 后，打开烟道挡板逐渐通风，并进行必要的上水和放水 经 8～10h，锅炉再上水、放水 如有加速冷却之必要时，可启动引风机（微正压锅炉启动送风机）适当增加放水和上水的次数 当锅炉压力降至 0.5～0.8MPa，方可进行锅炉带压放水		5	
	4	中压锅炉需要紧急冷却时，则允许关闭主汽门 4～6h，启动引风机（微正压锅炉启动送风机）加强通风，并增加锅炉放水和上水的次数	操作完毕，应向上级汇报并记录	5	
	5	液态排渣锅炉在熔渣池底未冷却前锅炉不得放水，以免炉底管过热损坏		5	
	6	主汽门关闭后，开启过热器出口联箱疏水门，对空排汽门 30～50min，以冷却过热器		5	

行业：电力工程　　　　工种：锅炉运行值班员　　　　等级：中/高

编　　号	C43B069	行为领域	e	鉴定范围	3
考核时限	45min	题　　型	B	题　　分	30分

试题正文	锅炉强制循环泵故障及处理
其他需要说明的问题和要求	1. 要求单独进行操作 2. 现场就地操作演示，不得触动运行设备 3. 万一遇生产事故，立即停止考核，退出现场
工具、材料、设备、场地	相应机组的仿真机或现场实际设备

	序号	项　目　名　称	质量要求	满分	得分与扣分
评 分 标 准	1	报警条件： （1）电动机循环水温度达54℃ （2）6 号过滤器差压达0.17MPa	严格执行运行规程规定	2	1. 操作顺序颠倒，扣1～6分。如因操作颠倒导致无法继续的，该题不得分 2. 操作漏项扣 1～6 分。如因漏项使操作必须重新开始，但不导致不良后果的，扣该题总分的 50%；如导致不良后果的，该题不得分 3. 每项操作后必须检查操作结果，再开始下一步操作，否则，扣1～6分 4. 因误操作致使过程延误，但不造成不良后果的，扣该题总分的 50%；造成不良后果的，该题不得分 5. 操作结束后，应有汇报、记录、否则，该题扣1～6分 6. 对操作过程中违反安全规程及运行规程的，不得分
	2	发生下列任何一种情况，必须停止炉水泵运行： （1）两出口阀全关（自动跳闸，现已解除） （2）汽包水位低于最低水位 （3）泵壳体与炉水间温差大于 56℃ （4）电动机电流突然上升或者发生短路（自动跳泵） （5）电动机腔内温度高于60℃（自动跳泵） （6）炉水泵的低压冷却水中断 （7）在高压回路中发生无法控制的泄漏 （8）振动值达 12.7～15.24丝 （9）炉水泵自动跳闸保护应动而未动作时		9	

	序号	项 目 名 称	质量要求	满分	得分与扣分
评 分 标 准	3	电动机温度升高的处理： 　如果电动机温度达 55℃，或电动机温度出现突然升高必须立即查明原因并使温度降低 　（1）检查低压冷却水系统的温度、流量和可能发生的泄漏情况，并加以纠正 　（2）检查高压系统的任何泄漏，并加以纠正 　（3）检查循环泵过滤器内有无阻塞，必要时将过滤器旁通 　有可能时补充以下附加措施： 　（4）除正常要求外，再增加通过高压冷却器和热屏的低压冷却水量 　（5）投入低压冷却水系统 　若原因找不出或情况已纠正，而温度继续升高，则立即停止该泵，否则在60℃泵就自动跳闸	操作程序 不准颠倒或 漏项	5	
	4	水动力的考虑：		4	
	4.1	如果 NPSH 下跌到低于循环泵必需的 NPSH，则将会使性能降低，并由于汽蚀现象而导致泵的潜在损坏			
	4.2	出口压头和流量的降低，按下列内容查明其内在的原因，并加以纠正 　（1）出口阀可能没全开 　（2）阀门有泄漏 　（3）NPSH 降低 　（4）由于泵的过度磨损而使泵的效率降低，应对泵装置进行一次检查			

	序号	项 目 名 称	质量要求	满分	得分与扣分
评 分 标 准	5	低压冷却水系统的切换。	操作完毕，应向上级汇报并记录	4	
	5.1	如果低压冷却水中断，流量减少至 75%或水温升高，则必须投入辅助冷却水系统；如果紧急冷却水的水量有限，则停止炉水泵运行，并仅对热屏供以低压冷却水			
	5.2	如果电机在运转而供冷却的低压水中断 5min 以上或泵处于热备用而供热屏的低压冷却水中断30min以上，则对电动机线圈会产生严重损坏，应立即停止该泵			
	6	高压冷却水系统泄漏 　　在高压循环系统中有任何泄漏，炉水就会渗透到电动机组件中，损坏泵组 　　若炉水温度大于 93℃下存在泄漏，则立即采取下列措施： 　　（1）将泄漏处隔离 　　（2）若步骤（1）无效则停止该泵，停炉消压放水 　　（3）若有可能，当高压系统微量泄漏时，可利用充水和清洗水来作临时补偿，并尽快安排停炉处理		3	
	7	流经过滤器的压差增加的处理： 　　如果差压指示开关报警动作且电机温度继续升高，就证明过滤器有阻塞，打开旁路阀，隔绝 6 号过滤器处理		3	

编　号	C21B070	行为领域	e	鉴定范围	3
考核时限	45min	题　型	B	题　分	30 分
试题正文	一次风机喘振处理				
其他需要说明的问题和要求	1. 要求单独进行操作处理 2. 在仿真机上操作，按仿真机运行规程考核 3. 现场就地操作演示，不得触动运行设备 4. 万一遇生产事故，立即停止考核，退出现场				
工具、材料、设备、场地	现场实际设备				

	序号	项　目　名　称	质量要求	满分	得分与扣分
评分标准	1	现象	分析准确，处理正确、迅速	6	1. 操作顺序颠倒，扣 1～6 分。如因操作颠倒导致无法继续的，该题不得分 　2. 操作漏项扣 1～6 分。如因漏项使操作必须重新开始，但不导致不良后果的，扣该题总分的 50%；如导致不良后果的，该题不得分 　3. 每项操作后必须检查操作结果，再开始下一步操作，否则，扣 1～6 分
	1.1	一次风机喘振报警发出			
	1.2	炉膛负压或风量大幅度波动，风机动叶投自动时，另一侧风机动叶自动调节频繁，一次风母管压力波动大，炉内燃烧不稳。			
	1.3	喘振风机电流大幅度晃动，就地检查异声严重	严格按运行规程规定处理		
	2	原因		6	
	2.1	受热面、空气预热器严重积灰或烟气系统挡板误关，引起系统阻力增大，造成风机动叶开度与进入的风量不相适应，使风机进入失速区。			
	2.2	操作风机动叶时，幅度过大使风机进入失速区。			
	2.3	风机动叶调节特性变差，使并列运行的二台风机发生"抢风"或自动控制失灵使其中一台风机进入失速区。			

	序号	项 目 名 称	质量要求	满分	得分与扣分
评分标准	2.4	机组在高负荷时,煤质差、磨煤机煤量过高,风机出力过大	处理完毕,及时汇报,并作记录	6	4. 因误操作致使过程延误,但不造成不良后果的,扣该题总分的50%;造成不良后果的,该题不得分
	3	处理		18	5. 操作结束后,应有汇报、记录、否则,该题扣1~6分
	3.1	如自动调节不正常时立即将风机动叶控制置于手动方式,关小另一台未失速风机的动叶,适当关小失速风机的动叶,同时协调调节引风机、送风机,维持炉膛负压在允许范围内			6. 故障分析判断错误,该题不得分。如故障分析不全面、不准确,但不影响事故处理,扣该题总分的50%;如因故障分析不全面、不准确而导致事故扩大的,该题不得分
	3.2	若风机并列操作中发生喘振,应停止并列,尽快关小失速风机动叶,查明原因消除后,再进行并列操作			7. 对操作过程中违反安全规程及运行规程的,不得分
	3.3	若因风烟系统的风门、挡板被误关引起风机喘振,应立即打开,同时调整动叶开度。若风门、挡板故障,立即降低锅炉负荷			
	3.4	若因煤质差、磨煤机煤量过高,风机出力过大引起,快速降低机组负荷			
	3.5	经上述处理喘振消失,则稳定运行工况,进一步查找原因并采取相应的措施后,方可逐步增加风机的负荷;经上述处理后无效或已严重威胁设备的安全时,应立即停止该风机运行			

编　号	C43B071	行为领域	e	鉴定范围	3
考核时限	30min	题　型	B	题　分	30 分
试题正文	直流锅炉停炉后的冷却操作				
其他需要说明的问题和要求	1. 要求单独进行操作 2. 现场就地操作演示，不得触动运行设备 3. 万一遇生产事故，立即停止考核，退出现场				
工具、材料、设备、场地	相应机组的仿真机或现场实际设备				

	序号	项　目　名　称	质量要求	满分	得分与扣分
评 分 标 准	1	自然冷却	严格执行运行规程规定	5	1. 操作顺序颠倒，扣 1～6 分。如因操作颠倒导致无法继续的，该题不得分 　2. 操作漏项扣 1～6 分。如因漏项使操作必须重新开始，但不导致不良后果的，扣该题总分的 50%；如导致不良后果的，该题不得分 　3. 每项操作后必须检查操作结果，再开始下一步操作，否则，扣 1～6 分 　4. 因误操作致使过程延误，但不造成不良后果的，扣该题总分的 50%；造成不良后果的，该题不得分 　5. 操作结束后，应有汇报、记录，否则，该题扣 1～6 分 　6. 对操作过程中违反安全规程及运行规程的，不得分
	1.1	直流锅炉停炉后一般采用自然冷却方式，并严格监视包覆过热器和水冷壁的降温、降压速率		5	
	1.2	停炉后立即开启过热器及再热器有关疏水阀，以规定速率降低过热器和再热蒸汽压力至规定值，然后用过热器、再热器向空排汽阀将余压泄放	操作程序不准颠倒或漏项	5	
	1.3	停炉 4h 后，开启有关的烟、风挡板进行自然通风冷却，同时调整锅炉本体有关疏水阀，以规定速率降低包覆过热器压力至规定值，开炉本体空气门，将余压泄除	操作完毕，应向上级汇报并记录	5	
	1.4	停炉 6h 后，根据需要可启动一台引风机进行通风冷却，当一级混合器工质温度达到要求时，进行省煤器、水冷壁、包覆过热器管子和低温过热器放水，放水时停止通风冷却，放水结束 1h 后，方可继续通风冷却		5	
	2	快速冷却		5	
	2.1	直流锅炉停炉后如需要快速冷却时，则将给水流量减少至规定流量进行循环冷却			
	2.2	快速冷却时，应装有监视表计，严格控制包覆过热器、水冷壁管屏之间的温差小于 40℃，若降温降压速率超过上述数值，应立即调整通风量和进水量，若调整无效时，应立即停止快速冷却，当工质温度降至需要温度时，停止进水循环，停用启动分离器		5	

行业：电力工程　　　　工种：锅炉运行值班员　　　　等级：中/高

编　号	C43B072	行为领域	e	鉴定范围	5
考核时限	30min	题　　型	A	题　　分	30分

试题正文	水冷壁结焦处理
其他需要 说明的问 题和要求	1. 要求单独进行处理 2. 在仿真机上操作，按仿真机运行规程考核 3. 现场就地操作演示，不得触动运行设备 4. 需要助手协助时，可口头向考评员说明 5. 万一遇生产事故，立即停止考核，退出现场
工具、材料、 设备、场地	相应机组的仿真机或现场实际设备

	序号	项　目　名　称	质量要求	满分	得分与扣分
评 分 标 准	1	现象	分析准确、 处理正确、迅 速	10	1. 操作顺序颠倒，扣 1～6 分。如因操作颠倒导致无法继续的，该题不得分 2. 操作漏项扣 1～6 分。如因漏项使操作必须重新开始，但不导致不良后果的，扣该题总分的 50%；如导致不良后果的，该题不得分 3. 每项操作后必须检查操作结果，再开始下一步操作，否则，扣 1～6 分 4. 因误操作致使过程延误，但不造成不良后果的，扣该题总分的 50%；造成不良后果的，该题不得分 5. 操作结束后，应有汇报、记录，否则，该题扣 1～6 分 6. 故障分析判断错误，该题不得分。如故障分析不全面、不准确，但不影响事故处理，扣该题总分的 50%；如因故障分析不全面、不准确而导致事故扩大的，该题不得分 7. 对操作过程中违反安全规程及运行规程的，不得分
	1.1	炉膛结焦时，看火孔可看见火焰白亮刺眼，有焦块			
	1.2	炉膛温度及排烟温度升高	严格按运 行规程规定 处理		
	1.3	主蒸汽、再热蒸汽温度升高			
	1.4	主蒸汽压力下降，严重时带不上负荷	处理完毕， 及时汇报，并 作记录		
	1.5	热风温度升高			
	2	处理		20	
	2.1	适当调整火焰中心位置			
	2.2	加强对锅炉水冷壁吹灰，及时清除结焦			
	2.3	加强锅炉气温、汽压的控制			
	2.4	处理无效时，请示值长减负荷处理			
	2.5	必要时请示停炉处理			
	2.6	结焦如是由于燃料变化引起的，应通知燃料分场加强燃粉配比			

行业：电力工程　　　工种：锅炉运行值班员　　　等级：技师/高技

编　号	C43B073	行为领域		e	鉴定范围		3
考核时限	30min	题　型		B	题　分		30分
试题正文	汽泵甲前置泵故障跳，电泵无法启动的处理						
其他需要说明的问题和要求	1. 要求单独进行 2. 在仿真机上操作，按仿真机运行规程考核 3. 现场就地操作演示，不得触动运行设备 4. 万一遇生产事故，立即停止考核，退出现场						
工具、材料、设备、场地	相应机组的仿真机或现场实际设备						

	序号	项　目　名　称	质量要求	满分	得分与扣分
评分标准	1	现象	严格执行运行规程规定	10	1. 操作顺序颠倒，扣1～6分。如因操作颠倒导致无法继续的，该题不得分 2. 操作漏项扣1～6分。如因漏项使操作必须重新开始，但不导致不良后果的，扣该题总分的50%；如导致不良后果的，该题不得分 3. 每项操作后必须检查操作结果，再开始下一步操作，否则，扣1～6分 4. 因误操作致使过程延误，但不造成不良后果的，扣该题总分的50%；造成不良后果的，该题不得分 5. 操作结束后，应有汇报、记录，否则，该题扣1～6分 6. 对操作过程中违反安全规程及运行规程的，不得分
	1.1	给水压力、流量下降			
	1.2	汽包水位下降			
	1.3	给水调整门自动开大			
	2	处理	操作程序不准颠倒或漏项	20	
	2.1	及时发现汽泵跳闸，检查电泵是否连锁启动			
	2.2	汽动泵跳闸后电泵不联启时，联系汽轮机手动启动电泵，密切监视汽包水位			
	2.3	电动泵无法启动，RB未动时，联系汽轮机提高运行汽泵转速，维持汽机调门不动			
	2.4	快速减少燃料量，投入油枪助燃，降负荷到规程要求值，并最终稳定运行			
	2.5	整个降负荷过程中应采取各种可能措施维持汽包水位，不能因水位低发生MFT	操作完毕，应向上级汇报并记录		
	2.6	控制好主汽温度、再热汽温度。维持炉膛负压，控制氧量			

行业：电力工程　　　工种：锅炉运行值班员　　　等级：中/高

编　号	C43B074	行为领域	e	鉴定范围	3
考核时限	45min	题　型	B	题　分	30 分
试题正文	锅炉单侧辅机故障防止停机的措施				
其他需要说明的问题和要求	1. 要求单独进行 2. 在仿真机上操作，按仿真机运行规程考核 3. 现场就地操作演示，不得触动运行设备 4. 万一遇生产事故，立即停止考核，退出现场				
工具、材料、设备、场地	相应机组的仿真机或现场实际设备				

	序号	项 目 名 称	质量要求	满分	得分与扣分
评 分 标 准	1	单侧送风机、引风机、一次风机故障跳闸后应发生RB。FSSS 自动进行燃料的选择切断，只保留最下两层当时运行的磨煤机，如自动不进行上述处理，应手动干预	严格执行运行规程规定	8	1. 操作顺序颠倒，扣 1～6 分。因操作颠倒导致无法继续的，该题不得分 2. 操作漏项扣 1～6 分。如因漏项使操作必须重新开始，但不导致不良后果的，扣该题总分的 50%；如导致不良后果的，该题不得分 3. 每项操作后必须检查操作结果，再开始下一步操作，否则，扣 1～6 分 4. 因误操作致使过程延误，但不造成不良后果的，扣该题总分的 50%；造成不良后果的，该题不得分 5. 操作结束后，应有汇报、记录、否则，该题扣 1～6 分 6. 对操作过程中违反安全规程及运行规程的，不得分
	2	尽快将锅炉燃烧率降至与风量相匹配，如单侧一次风机故障跳闸时应立即投油，尽最大可能防止"燃料丧失"发出 MFT 指令		8	
	3	单侧送风机、引风机故障后如煤层火检闪动可投油助燃	操作程序不准颠倒或漏项	6	
	4	单侧风机故障跳闸后应自动隔离，否则立即手动隔离，根据两侧排烟温度适当关闭停运侧的空气预热器入口烟气挡板，严防误关运行侧挡板，注意监视两侧一二次风压力、温度、两侧烟温的变化，如有异常及时检查处理	操作完毕，应向上级汇报并记录	8	

382

行业：电力工程　　　工种：锅炉运行值班员　　　等级：中/高

编　　号	C43B075	行为领域	e	鉴定范围	3
考核时限	30min	题　　型	B	题　　分	30 分
试题正文	如何调整汽包水位				
其他需要说明的问题和要求	1. 要求单独进行 2. 在仿真机上操作，按仿真机运行规程考核 3. 现场就地操作演示，不得触动运行设备 4. 万一遇生产事故，立即停止考核，退出现场				
工具、材料、设备、场地	相应机组的仿真机或现场实际设备				

	序号	项 目 名 称	质量要求	满分	得分与扣分
评 分 标 准	1	水位调整的目的和基本要求	严格执行运行规程规定	5	1. 操作顺序颠倒，扣 1~6 分。如因操作颠倒导致无法继续的，该题不得分 2. 操作漏项扣 1~6 分。如因漏项使操作必须重新开始，但不导致不良后果的，扣该题总分的 50%；如导致不良后果的，该题不得分
	1.1	锅炉水位是保证机组安全稳定运行的重要环节。在各种负荷下必须连续均匀向锅炉进水，保持汽包水位在允许范围内变化。正常运行中汽包水位应控制在正常水位±50mm 范围内，并尽量减少水位波动			
	1.2	若锅炉汽压汽温正常而汽包水位超过±50mm 时，应立即检查校对各水位计是否正确，并对锅炉汽水系统查找原因予以消除	操作程序不准颠倒或漏项		
	2	正常运行中，水位以就地水位计为准。控制室至少要保持两只指示正确的水位计监视水位。锅炉启停时电接点水位计可作调整水位的参考。每班要校对上、下水位计一次		5	

	序号	项 目 名 称	质量要求	满分	得分与扣分
评 分 标 准	3	两台汽动给水泵和一台电动给水泵均可按 CCS 系统指令自动调节水位，但汽动给水泵和电动给水泵不可同时投入自动。当两台汽动给水泵运行时，应尽量保持转速一致，符合平衡	操作完毕，应向上级汇报并记录	5	3. 每项操作后必须检查操作结果，再开始下一步操作，否则，扣 1～6 分 4. 因误操作致使过程延误，但不造成不良后果的，扣该题总分的 50%；造成不良后果的，该题不得分 5. 操作结束后，应有汇报、记录、否则，该题扣 1～6 分 6. 对操作过程中违反安全规程及运行规程的，不得分
	4	锅炉负荷小于 30%（25%）MCR 采用单冲量调节，负荷大于 30%（25%）MCR 采用三冲量调节。给水旁路调节阀作为给水泵在最低转速时的给水调节手段 给水自动投入时，必须监视给水泵转速、给水流量、汽包水位的变化。当自动失灵应立即切为手动控制，维持水位在正常范围，值班员应迅速报告机长或值长，联系热工尽快处理		5	
	5	当水位由于调整不当或负荷变化过大，造成水位上升时，可开启定期排污门调整水位		5	
	6	锅炉运行中应保持两台水位计完整、指示正确、清晰、照明充足。当水位计不清晰时，应进行冲洗。冲洗时不要面对水位计，操作要缓慢。并对照另一侧水位计。水位计损坏时要联系检修处理		5	

编　　号	C43B076		行为领域	e		鉴定范围	5
考核时限	30min		题　　型	B		题　　分	30分
试题正文	锅炉满水事故的现象及处理						
其他需要说明的问题和要求	1. 要求单独进行操作处理 2. 在仿真机上操作，按仿真机运行规程考核 3. 现场就地操作演示，不得触动运行设备 4. 需要助手协助时，可口头向考评员说明 5. 万一遇生产事故，立即停止考核，退出现场						
工具、材料、设备、场地	相应机组的仿真机或现场实际设备						

	序号	项　目　名　称	质量要求	满分	得分与扣分
评 分 标 准	1	现象	分析准确，处理正确、迅速	6	1. 操作顺序颠倒，扣 1～6 分。如因操作颠倒导致无法继续的，该题不得分 2. 操作漏项扣 1～6 分。如因漏项使操作必须重新开始，但不导致不良后果的，扣该题总分的 50%；如导致不良后果的，该题不得分 3. 每项操作后必须检查操作结果，再开始下一步操作，否则，扣 1～6 分
	1.1	汽包水位高光字牌信号出现，音响报警			
	1.2	所有水位计指示高于正常水位			
	1.3	满水时水位表（计）正值增大，给水流量不正常地大于蒸汽流量，严重时过热蒸汽温度急剧下降，蒸汽管道内发生水冲击，蒸汽含盐量增加	严格按运行规程规定处理		
	2	原因		6	
	2.1	给水自动调节机构失灵，给水调节阀、给水泵调速装置故障			
	2.2	二次水位计失灵，指示偏低，使运行人员误判断而导致误操作			
	2.3	给水压力突然升高			
	2.4	负荷突然减小，未及时调整水位			

	序号	项 目 名 称	质量要求	满分	得分与扣分
评 分 标 准	3	处理:	处理完毕，及时汇报，并作记录	6	4. 因误操作致使过程延误，但不造成不良后果的，扣该题总分的50%；造成不良后果的，该题不得分 5. 操作结束后，应有汇报、记录，否则，该题扣1～6分 6. 故障分析判断错误，该题不得分。如故障分析不全面、不准确，但不影响事故处理，扣该题总分的50%；如因故障分析不全面、不准确而导致事故扩大的，该题不得分 7. 对操作过程中违反安全规程及运行规程的，不得分
	3.1	汽包水位高报警时，应立即采取降低给水流量、开连排、定排等措施降低汽包水位 （1）若水位继续上升，若预计汽包水位达不到跳闸值，可继续采取降低给水泵转速，开连排、定排等措施降低水位；否则，应停止给水泵运行 （2）若机组原在汽动给水泵运行，调节系统控制失灵等原因造成手动和自动均无法降低给水流量时，可手动脱扣汽动泵，使电动泵自启动来控制给水流量 （3）当采取以上措施汽包水位仍继续上升，当汽包水位高至跳闸值时应延时自动MFT，否则手动MFT			
	3.2	运行中若给水流量、蒸汽流量、汽包水位等信号故障，应立即切CCS给水自动控制为手动，必要时切MEH手动，通过控制给水泵转速、给水泵出口流量等措施调整汽包水位；并注意给水泵再循环阀的动作情况 当主控室所有汽包水位表计损坏，无法监视汽包水位时，应手动紧急停炉		6	
	3.3	汽包水位高停炉后，要调整电动给水泵转速及定排、连排放水降低汽包水位；水位过高时应将电动给水泵停运，待汽包水位恢复正常后再启动电动给水泵		6	

行业：电力工程　　　工种：锅炉运行值班员　　　等级：中/高

编　号	C43B077	行为领域	e	鉴定范围	5
考核时限	30min	题　型	B	题　分	30分
试题正文	锅炉缺水事故的处理				
其他需要说明的问题和要求	1. 要求单独进行操作处理 2. 在仿真机上操作，按仿真机运行规程考核 3. 现场就地操作演示，不得触动运行设备 4. 需要助手协助时，可口头向考评员说明 5. 万一遇生产事故，立即停止考核，退出现场				
工具、材料、设备、场地	相应机组的仿真机或现场实际设备				

<table>
<thead>
<tr><th rowspan="2">评
分
标
准</th><th>序号</th><th>项　目　名　称</th><th>质量要求</th><th>满分</th><th>得分与扣分</th></tr>
</thead>
<tbody>
<tr><td>1</td><td>现象</td><td rowspan="5">分析准确，处理正确、迅速</td><td>4</td><td rowspan="9">1. 操作顺序颠倒，扣1～6分。如因操作颠倒导致无法继续的，该题不得分
2. 操作漏项扣1～6分。如因漏项使操作必须重新开始，但不导致不良后果的，扣该题总分的50%；如导致不良后果的，该题不得分
3. 每项操作后必须检查操作结果，再开始下一步操作，否则，扣1～6分</td></tr>
<tr><td>1.1</td><td>汽包水位低光字牌信号出现，音响报警</td><td></td></tr>
<tr><td>1.2</td><td>所有水位计低于正常水位</td><td></td></tr>
<tr><td>1.3</td><td>给水流量不正常地小于蒸汽流量</td><td></td></tr>
<tr><td>1.4</td><td>严重时过热蒸汽温度升高，过热蒸汽温度自动调节投入时，减温水流量增大</td><td></td></tr>
<tr><td>2</td><td>原因</td><td rowspan="4">严格按运行规程规定处理</td><td>6</td></tr>
<tr><td>2.1</td><td>给水自动调节器动作失灵，给水调整装置故障（自关）</td><td></td></tr>
<tr><td>2.2</td><td>低置水位计失灵，使运行人员误判断而误操作</td><td></td></tr>
<tr><td>2.3</td><td>负荷突然增大，未及时调整水位</td><td></td></tr>
</tbody>
</table>

	序号	项　目　名　称	质量要求	满分	得分与扣分
评分标准	2.4	给水压力低及给水系统故障，高压加热器跳闸旁路阀开启速度慢或未开启；运行的给水泵故障停运，备用泵未联动，给水泵再循环阀失控自开等	处理完毕，及时汇报，并作记录	6	4. 因误操作致使过程延误，但不造成不良后果的，扣该题总分的50%；造成不良后果的，该题不得分 5. 操作结束后，应有汇报、记录，否则，该题扣1～6分 6. 故障分析判断错误，该题不得分。如故障分析不全面、不准确，但不影响事故处理，扣该题总分的50%；如因故障分析不全面、不准确而导致事故扩大的，该题不得分 7. 对操作过程中违反安全规程及运行规程的，不得分
	2.5	排污管道、阀门泄漏或操作不当			
	2.6	水冷壁、省煤器、过热器、漏泄、爆管			
	3	处理		4	
	3.1	发现汽包水位低，水位异常时，应对照汽、水流量校对汽包水位计指示是否正确			
	3.2	将给水自动调节切手动调节，开大给水调节阀或调节给水泵转数，增加锅炉进水量，若正在排污，应立即停止		4	
	3.3	若给水压力低时，应提高给水压力或启动备用给水泵		4	
	3.4	若汽包水位降低至极限，应紧急停炉		4	
	3.5	查出原因，消除故障后，保证正常汽包水位，重新点火恢复运行		4	

行业：电力工程　　　工种：锅炉运行值班员　　　等级：中/高

编　　号	C43B078	行为领域	e	鉴定范围	5
考核时限	30min	题　　型	B	题　　分	30 分
试题正文	锅炉灭火事故的处理				
其他需要说明的问题和要求	1. 要求单独进行操作处理 2. 在仿真机上操作，按仿真机运行规程考核 3. 现场就地操作演示，不得触动运行设备 4. 需要助手协助时，可口头向考评员说明 5. 万一遇生产事故，立即停止考核，退出现场				
工具、材料、设备、场地	相应机组的仿真机或现场实际设备				

评分标准	序号	项　目　名　称	质量要求	满分	得分与扣分
	1	现象	分析准确、处理正确、迅速	4	1. 操作顺序颠倒，扣 1～6 分。因操作颠倒导致无法继续的，该题不得分 2. 操作漏项扣 1～6 分。如因漏项使操作必须重新开始，但不导致不良后果的，扣该题总分的 50%；如导致不良后果的，该题不得分 3. 每项操作后必须检查操作结果，再开始下一步操作，否则，扣 1～6 分
	1.1	MFT 自动动作，声光报警，火焰监视器中火焰丧失			
	1.2	炉膛负压突然增大，一、二次风压突然减小			
	1.3	汽压汽温下降，蒸汽流量瞬间增大，而后下降			
	1.4	汽包水位先下降后上升			
	2	原因	严格按运行规程规定处理	6	
	2.1	引风机、送风机、一次风机、给粉机全部或部分跳闸			
	2.2	炉膛负压增大，一次风速过高，来粉不均，一次风管堵塞			
	2.3	锅炉低负荷运行时，吹灰打焦控制不当，进入大量冷空气，燃烧不稳，未及时投油助燃，或已投入的第一对油枪油量太低，再投入第二对油枪时，油压波动造成锅炉灭火			
	2.4	煤质变劣，挥发分低，水分过大，煤粉过粗，锅炉燃烧恶化			
	2.5	负荷变动大，风量调整不及时，给粉机转速过低，或运行方式不合理			

	序号	项 目 名 称	质量要求	满分	得分与扣分
评 分 标 准	2.6	水冷壁管爆破，制粉系统爆炸		6	4. 因误操作致使过程延误，但不造成不良后果的，扣该题总分的 50%；造成不良后果的，该题不得分 5. 操作结束后，应有汇报、记录，否则，该题扣 1～6 分 6. 故障分析判断错误，该题不得分。如故障分析不全面、不准确，但不影响事故处理，扣该题总分的 50%；如因故障分析不全面、不准确而导致事故扩大的，该题不得分 7. 对操作过程中违反安全规程及运行规程的，不得分
	2.7	启停制粉系统时操作不当			
	2.8	送风机、引风机高低速切换中操作不当			
	2.9	当锅炉燃油时油压和油温低，油中带水			
	3	处理	处理完毕，及时汇报，并作记录	4	
	3.1	按连锁程序将全部给煤机和制粉系统停运，当排粉机及以下未跳闸转机手动停止。检查所有跳闸转机开关复归到停止位置			
	3.2	锅炉投油时，自动或手动关闭燃油速断阀，油枪自动（或手动）退出，禁止向炉内供给燃料将自动改手动操作，解列减温器，及时控制汽温、汽包水位		4	
	3.3	调整炉膛负压-10～-30Pa，风量>30%额定风量，炉膛吹扫不少于 5min，重新点火带负荷，检查炉膛吹扫条件，待吹扫条件均满足后"吹扫允许"信号出现，按下吹扫按钮，吹扫开始"正在吹扫"信号出现，吹扫计时 5min，"吹扫完成"信号出现，MFT 及灭火首次跳闸原因自动复归		4	
	3.4	检查炉前燃油循环系统，开启燃油速断阀"油跳闸"信号消失，同时"启动允许"信号出现，调整油压及雾化蒸汽压力正常		4	
	3.5	按机组热态启动操作程序进行点火带负荷 当锅炉灭火后，锅炉灭火保护不动作，应立即同时按下两个 MFT 按钮，除引风机、送风机外，排粉机及以下按连锁顺序跳闸，燃油速断阀自动关闭		4	

行业：电力工程　　　　工种：锅炉运行值班员　　　　等级：中/高

编　　号	C43B079	行为领域	e	鉴定范围	4
考核时限	30min	题　　型	B	题　　分	30 分

试题正文	锅炉蒸汽温度过高处理
其他需要说明的问题和要求	1. 要求单独进行操作处理 2. 在仿真机上操作，按仿真机运行规程考核 3. 现场就地操作演示，不得触动运行设备 4. 需要助手协助时，可口头向考评员说明 5. 万一遇生产事故，立即停止考核，退出现场
工具、材料、设备、场地	相应机组的仿真机或现场实际设备

	序号	项　目　名　称	质量要求	满分	得分与扣分
评分标准	1	原因	分析准确，处理正确、迅速	10	1. 操作顺序颠倒，扣 1~6 分。如因操作颠倒导致无法继续的，该题不得分 2. 操作漏项扣 1~6 分。如因漏项使操作必须重新开始，但不导致不良后果的，扣该题总分的 50%；如导致不良后果的，该题不得分 3. 每项操作后必须检查操作结果，再开始下一步操作，否则，扣 1~6 分
	1.1	减温水系统或蒸汽温度自动调节装置故障，给水压力低等造成减温水量减少。烟气调温挡板开度不当			
	1.2	锅炉燃烧调整不当，上组煤粉燃烧器负荷过大，或锅炉增加负荷过快。旋风分离器堵塞，三次风带粉过多，炉膛火焰中心上移，直流锅炉煤、水、风比例失调			
	1.3	炉底部水封破坏或炉膛不严密，漏风严重			
	1.4	汽包锅炉给水温度降低，直流锅炉给水温度升高			
	1.5	炉膛内结焦严重			
	1.6	送风量过大；煤质过差；煤粉过粗			
	1.7	制粉系统故障，造成燃料量不正常增加			

	序号	项 目 名 称	质量要求	满分	得分与扣分
评 分 标 准	1.8	直流锅炉过热器进口侧发生泄漏或爆破，低温过热器进口安全阀起座	严格按运行规程规定处理		4. 因误操作致使过程延误，但不造成不良后果的，扣该题总分的 50%；造成不良后果的，该题不得分
	1.9	再热器进口安全阀起座			5. 操作结束后，应有汇报、记录、否则，该题扣 1~6 分
	2	处理		5	6. 故障分析判断错误，该题不得分。如故障分析不全面、不准确，但不影响事故处理，扣该题总分的 50%；因故障分析不全面、不准确而导致事故扩大的，该题不得分
	2.1	将蒸汽温度自动切至手动，增加减温水量或调整摆动燃烧器向下倾斜，降低炉膛火焰中心		5	7. 对操作过程中违反安全规程及运行规程的，不得分
	2.2	再热蒸汽温度过高时可以调节烟气再循环风机入口挡板或投入事故喷水	处理完毕，及时汇报，并作记录	5	
	2.3	根据煤种调整燃烧工况，保持合格的煤粉细度；堵塞漏风，保持炉底部水封槽水位；加强炉膛打焦和吹灰。保持高压加热器正常投入 上述调整无效时，降低锅炉负荷		5	
	2.4	蒸汽温度超限造成汽轮机事故停机时 （1）汽包锅炉压力高时，应投入旁路系统，视情况打开向空排汽阀，迅速降低锅炉热负荷，投油维持运行，消除故障后，重新启动汽轮机 （2）直流锅炉应紧急停炉，查明原因并消除后，重新启动		5	

行业：电力工程　　　　工种：锅炉运行值班员　　　　等级：中/高

编　　号	C43B080	行为领域	e	鉴定范围	4
考核时限	30min	题　　型	B	题　　分	30分
试题正文	锅炉蒸汽温度过低事故的处理				
其他需要说明的问题和要求	1. 要求单独进行操作处理 2. 在仿真机上操作，按仿真机运行规程考核 3. 现场就地操作演示，不得触动运行设备 4. 需要助手协助时，可口头向考评员说明 5. 万一遇生产事故，立即停止考核，退出现场				
工具、材料、设备、场地	相应机组的仿真机或现场实际设备				

评分标准	序号	项目名称	质量要求	满分	得分与扣分
	1	原因	分析准确，处理正确、迅速	10	1. 操作顺序颠倒，扣1～6分。如因操作颠倒导致无法继续的，该题不得分
	1.1	减温水系统或蒸汽温度自动调节装置故障使减温水量增加。直流锅炉给水系统故障使给水流量不正常的增大			2. 操作漏项扣1～6分。如因漏项使操作必须重新开始，但不导致不良后果的，扣该题总分的50%；如导致不良后果的，该题不得分
	1.2	燃烧调整不当，造成锅炉热负荷降低，火焰中心下移，直流锅炉煤、水、风比例失调			3. 每项操作后必须检查操作结果，再开始下一步操作，否则，扣1～6分
	1.3	制粉系统故障使燃料量不正常的减少，煤粉燃烧器摆角过低			
	1.4	汽包锅炉给水温度升高，直流锅炉给水温度降低			
	1.5	蒸汽压力大幅度下降，过热器、再热器严重结渣或积灰			

	序号	项 目 名 称	质量要求	满分	得分与扣分
评 分 标 准	1.6	负荷增加过快或安全门误动	严格按运行规程规定处理		4. 因误操作致使过程延误，但不造成不良后果的，扣该题总分的 50%；造成不良后果的，该题不得分 5. 操作结束后，应有汇报、记录、否则，该题扣 1～6 分 6. 故障分析判断错误，该题不得分。如故障分析不全面、不准确，但不影响事故处理，扣该题总分的 50%；如因故障分析不全面、不准确而导致事故扩大的，该题不得分 7. 对操作过程中违反安全规程及运行规程的，不得分
	1.7	汽包水位过高，汽水共腾，汽水分离器装置不正常蒸汽带水			
	2	处理		5	
	2.1	将自动调节改为手动调节，关小减温水，调整烟气挡板	处理完毕，及时汇报，并作记录		
	2.2	调整燃烧，设法提高火焰中心（摆动燃烧器向上倾斜，开大烟气再循环风机入口挡板）。直流锅炉调整煤、水、风比例正常，必要时开启过（再）热器有关疏水阀，加强过（再）热器吹灰		5	
	2.3	进行过热器吹灰		5	
	2.4	保持正常水位，如汽水共腾，按汽水共腾处理		5	
	2.5	蒸汽温度低至限额，造成汽轮机事故停机时 ① 汽包锅炉压力高时，应投入旁路系统，视情况打开向空排汽阀，迅速降低锅炉热负荷，投油维持运行，消除故障后，重新启动汽轮机 ② 直流锅炉应紧急停炉，查明原因并消除后，重新启动		5	

394

行业：电力工程　　　工种：锅炉运行值班员　　　等级：中/高

编　　号	C43B081	行为领域	e	鉴定范围	5
考核时限	30min	题　　型	B	题　　分	30分
试题正文	锅炉水冷壁损坏事故的处理				
其他需要说明的问题和要求	1. 要求单独进行操作处理 2. 在仿真机上操作，按仿真机运行规程考核 3. 现场就地操作演示，不得触动运行设备 4. 需要助手协助时，可口头向考评员说明 5. 万一遇生产事故，立即停止考核，退出现场				
工具、材料、设备、场地	相应机组的仿真机或现场实际设备				

	序号	项 目 名 称	质量要求	满分	得分与扣分
评分标准	1	现象	分析准确，处理正确、迅速	5	1. 操作顺序颠倒，扣1～6分。如因操作颠倒导致无法继续的，该题不得分 2. 操作漏项 1～6 分。如因漏项使操作必须重新开始，但不导致不良后果的，扣该题总分的 50%；如导致不良后果的，该题不得分 3. 每项操作后必须检查操作结果，再开始下一步操作，否则，扣1～6分
	1.1	水冷壁泄漏初期，在锅炉减漏处可听到轻微泄漏声。随着锅炉泄漏点扩大，泄漏声逐渐加大，严重时汽包水位急剧下降，给水流量不正常地大于蒸汽流量			
	1.2	炉膛负压变正，从看火孔、人孔、炉墙不严密处向外喷烟气和水蒸气			
	1.3	燃烧不稳，火焰发暗，严重时锅炉灭火			
	1.4	各段烟气及排烟温度下降，蒸汽流量、蒸汽压力下降，引风机电流增大			
	1.5	水冷壁泄漏的判断 ① 将锅炉吹灰减压站蒸汽总门关闭，锅炉周围仍有泄漏声，可以判断锅炉四管有泄漏存在（排除吹灰器阀不严、蒸汽漏入炉膛内蒸汽声音）			

	序号	项 目 名 称	质量要求	满分	得分与扣分
评 分 标 准	1.5	② 水冷壁管具体泄漏部位的判断。如果有锅炉泄漏噪声监测设备，根据报警情况确认报警区域泄漏部位，是否误报警。如果没有锅炉泄漏噪声监测设备，首先投入锅炉助燃油枪，降低机组负荷，直至停止全部燃煤燃烧器，根据实际燃油量带电负荷，然后从看火孔清楚的观察到水冷壁泄漏部位	严格按运行规程规定处理		4. 因误操作致使过程延误，但不造成不良后果的，扣该题总分的50%；造成不良后果的，该题不得分
	2	原因		5	5. 操作结束后，应有汇报、记录、否则，该题扣1～6分
	2.1	给水及锅水品质不合格，使管内壁结垢、腐蚀	处理完毕，及时汇报，并作记录		6. 故障分析判断错误，该题不得分。如故障分析不全面、不准确，但不影响事故处理，扣该题总分的50%；如因故障分析不全面、不准确而导致事故扩大的，该题不得分
	2.2	运行操作不当，燃烧方式不合理，长期低负荷运行，排污阀泄漏，锅炉结焦，水冷壁长时间受热不均，造成水循环不良，引起管子局部过热爆破			7. 对操作过程中违反安全规程及运行规程的，不得分
	2.3	管内或联箱内有杂物堵塞，烧坏管子			
	2.4	焊接质量不佳（有咬边、气孔夹渣、未焊透等），管材不合格（错用钢材），制造安装工艺不良			
	2.5	个别管子被飞灰和煤粉长时间冲刷，吹灰系统疏水不畅，吹灰器投入时汽水混合物吹损水冷壁，或吹灰器卡在炉内。运行人员发现不及时，发现吹损水冷壁，使管壁局部变薄而爆破			

	序号	项 目 名 称	质量要求	满分	得分与扣分
评 分 标 准	2.6	大焦块脱落，砸坏水冷壁管子			
	2.7	锅炉严重缺水后，又强行上水，或严重缺水使管子过热爆破			
	2.8	由于燃煤含硫量高，致使炉膛内高温区产生高温腐蚀，使管壁减薄而爆破			
	2.9	停炉期间防腐措施不落实管壁腐蚀，最终导致水冷壁管爆破			
	3	处理		4	
	3.1	如水冷壁损坏不严重，则维持正常水位和燃烧，不致很快扩大事故，可以降压降负荷，短时间运行，请示停炉			
	3.2	如不能维持正常水位，或燃烧急剧恶化，应紧急停炉		4	
	3.3	停炉后，留一台引风机运行，维持炉膛负压，同时在条件许可的情况下，可继续上水维持水位，但上水时间不宜太长，以免引起汽包上、下壁温差大		4	
	3.4	如炉管的漏水量很大，停炉后无法保持汽包水位，应立即停止上水，并严禁开启省煤再循环门，引风机应在炉内蒸汽全部排出后停止		4	
	3.5	停止静电除尘器运行		4	

编　　号	C43B082	行为领域	e	鉴定范围	5
考核时限	30min	题　型	B	题　分	30分
试题正文	锅炉过热器损坏事故的处理				
其他需要说明的问题和要求	1. 要求单独进行操作处理 2. 在仿真机上操作，按仿真机运行规程考核 3. 现场就地操作演示，不得触动运行设备 4. 需要助手协助时，可口头向考评员说明 5. 万一遇生产事故，立即停止考核，退出现场				
工具、材料、设备、场地	相应机组的仿真机或现场实际设备				

	序号	项　目　名　称	质量要求	满分	得分与扣分
评分标准	1	现象	分析准确，处理正确、迅速	4	1. 操作顺序颠倒，扣1～6分。如因操作颠倒导致无法继续的，该题不得分 2. 操作漏项扣1～6分。如因漏项使操作必须重新开始，但不导致不良后果的，扣该题总分的50%；如导致不良后果的，该题不得分 3. 每项操作后必须检查操作结果，再开始下一步操作，否则，扣1～6分
	1.1	过热器爆口附近有泄漏声，严重时炉膛负压变正，从孔门处向外喷烟气或蒸汽			
	1.2	过热蒸汽流量不正常地小于给水流量			
	1.3	爆管侧蒸汽压力下降			
	1.4	过热器爆管侧烟气温度下降，如爆管在低温段将造成过热蒸汽温度升高			
	2	原因		6	
	2.1	蒸汽品质，给水品质不良，使过热器管内结垢			
	2.2	锅炉点火初期操作不当，过热器内蒸汽流速低、升温快，引起管壁超温			
	2.3	锅炉燃烧调整不当，局部烟温偏斜，个别管壁超温			

	序号	项 目 名 称	质量要求	满分	得分与扣分
评分标准	2.4	焊接质量不佳（焊口有咬边、夹渣、气孔、未焊透等），错用钢材，或制造工艺不良	严格按运行规程规定处理		4. 因误操作致使过程延误，但不造成不良后果的，扣该题总分的50%；造成不良后果的，该题不得分
	2.5	管内或联箱内有杂物堵塞			5. 操作结束后，应有汇报、记录，否则，该题扣1～6分
	2.6	低负荷运行时，投入减温或喷水头损坏，造成管内水塞，局部过热			6. 故障分析判断错误，该题不得分。如故障分析不全面、不准确，但不影响事故处理，扣该题总分的50%；如因故障分析不全面、不准确而导致事故扩大的，该题不得分
	2.7	过热器管排变形，产生烟气走廊导致飞灰磨损，使管子变薄			
	2.8	过热器设计不合理，过热器长期超温运行	处理完毕，及时汇报，并作记录		7. 对操作过程中违反安全规程及运行规程的，不得分
	2.9	吹灰器安装位置不当或吹灰系统疏水不畅，吹灰蒸汽带水，使过热器管被吹薄或脆裂损坏			
	2.10	停炉保养不当，造成腐蚀或运行中燃料在炉膛内有还原性气体产生高温腐蚀			
	3	处理		10	
	3.1	过热器泄漏不严重时，应降压运行，加强监视并请示停炉			
	3.2	如损坏严重（大量蒸汽向外喷出），不能维持运行，应立即停炉，防止吹坏邻近管排。停炉后保留一台引风机维持炉膛负压，并保持汽包水位，严防汽包上下壁温差大于40℃		10	

编　　号	C43B083	行为领域	e	鉴定范围	5
考核时限	30min	题　　型	B	题　　分	30分
试题正文	锅炉再热器损坏故障的处理				
其他需要说明的问题和要求	1. 要求单独进行操作处理 2. 在仿真机上操作，按仿真机运行规程考核 3. 现场就地操作演示，不得触动运行设备 4. 需要助手协助时，可口头向考评员说明 5. 万一遇生产事故，立即停止考核，退出现场				
工具、材料、设备、场地	相应机组的仿真机或现场实际设备				

评分标准	序号	项目名称	质量要求	满分	得分与扣分
	1	现象	分析准确，处理正确、迅速	4	1. 操作顺序颠倒，扣1～6分。如因操作颠倒导致无法继续的，该题不得分 2. 操作漏项扣1～6分。如因漏项使操作必须重新开始，但不导致不良后果的，扣该题总分的50%；如导致不良后果的，该题不得分 3. 每项操作后必须检查操作结果，再开始下一步操作，否则，扣1～6分
	1.1	爆管侧附近有泄漏汽流声，严重时炉膛负压变正，向外冒烟、灰、汽			
	1.2	爆管侧烟温、热风温度、排烟温度下降			
	1.3	爆管侧烟道负压变小，严重时变正，引风机电流增大			
	1.4	爆管侧再热器出口蒸汽压力下降，出入口压差增大，如再热器低温段爆管，将造成再热器出口蒸汽温度升高			
	2	原因		6	
	2.1	停炉保养不当，管束中长期积水，造成内部腐蚀			

	序号	项 目 名 称	质量要求	满分	得分与扣分
评 分 标 准	2.2	吹灰器安装调试不当或吹灰器卡在炉内，将再热器管吹薄	严格按运行规程规定处理		4. 因误操作致使过程延误，但不造成不良后果的，扣该题总分的 50%；造成不良后果的，该题不得分
	2.3	再热器处有烟气走廊，飞灰磨损使管子变薄			5. 操作结束后，应有汇报、记录、否则，该题扣 1～6 分
	2.4	蒸汽品质、给水品质不合格，使管内结垢			6. 故障分析判断错误，该题不得分。如故障分析不全面、不准确，但不影响事故处理，扣该题总分的 50%；如因故障分析不全面、不准确而导致事故扩大的，该题不得分
	2.5	锅炉升火、停炉、甩负荷过程中，再热器没有得到很好的保护，使再热器管子过热			
	2.6	联箱管内有异物堵塞	处理完毕，及时汇报，并作记录		
	2.7	焊接质量（咬边、气孔、夹渣、未焊透），错用钢材，制造、安装工艺不良			7. 对操作过程中违反安全规程及运行规程的，不得分
	2.8	燃烧调整不当，引起管壁超温			
	3	处理		5	
	3.1	加强对泄漏处的检查监视，作好停炉准备			
	3.2	若损坏不严重，则应适当减少负荷维持短时间运行，并请示停炉		5	
	3.3	汽包锅炉维持正常水位		5	
	3.4	损坏严重无法维持正常汽温，再热汽温超限时，应立即停炉，保留风机运行维持炉膛负压，待蒸汽消失无压力后停引风机		5	

行业：电力工程　　　　工种：锅炉运行值班员　　　　等级：中/高

编　号	C43B084	行为领域		e	鉴定范围	5
考核时限	30min	题　型		B	题　分	30分
试题正文	锅炉省煤器损坏事故的处理					
其他需要说明的问题和要求	1. 要求单独进行操作处理 2. 在仿真机上操作，按仿真机运行规程考核 3. 现场就地操作演示，不得触动运行设备 4. 需要助手协助时，可口头向考评员说明 5. 万一遇生产事故，立即停止考核，退出现场					
工具、材料、设备、场地	相应机组的仿真机或现场实际设备					

	序号	项 目 名 称	质量要求	满分	得分与扣分
评分标准	1	现象	分析准确，处理正确、迅速	4	1. 操作顺序颠倒，扣1～6分。如因操作颠倒导致无法继续的，该题不得分 2. 操作漏项扣1～6分。如因漏项使操作必须重新开始，但不导致不良后果的，扣该题总分的50%；如导致不良后果的，该题不得分 3. 每项操作后必须检查操作结果，再开始下一步操作，否则，扣1～6分
	1.1	给水流量不正常地大于蒸汽流量，严重时水位下降			
	1.2	省煤器泄漏附近有异常响声			
	1.3	严重时从炉墙不严密处往外漏水、冒汽，尾部烟道下部向外流水			
	1.4	省煤器后烟气两侧烟温差增大，泄漏侧热风温度，排烟温度下降，炉膛负压变小，引风机入口负压增大			
	2	原因		6	
	2.1	除氧器除氧效果差，给水含氧量超标，造成省煤器入口端氧腐蚀			

	序号	项 目 名 称	质量要求	满分	得分与扣分
评 分 标 准	2.2	给水品质不合格，使管内结垢	严格按运行规程规定处理		4. 因误操作致使过程延误，但不造成不良后果的，扣该题总分的50%；造成不良后果的，该题不得分 5. 操作结束后，应有汇报、记录、否则，该题扣1～6分 6. 故障分析判断错误，该题不得分。如故障分析不全面、不准确，但不影响事故处理，扣该题总分的50%；如因故障分析不全面、不准确而导致事故扩大的，该题不得分 7. 对操作过程中违反安全规程及运行规程的，不得分
	2.3	焊接质量不佳（咬边、气孔、夹渣、未焊透），错用钢材、制造、安装工艺不良			
	2.4	管壁被飞灰磨薄或管内被异物堵塞，局部过热			
	2.5	启、停炉过程中，省煤器再循环使用不正确，对省煤器没有保护好，或烟道二次燃烧造成省煤器过热			
	2.6	停炉后锅炉保养效果不好，造成腐蚀			
	3	处理	处理完毕，及时汇报，并作记录	5	
	3.1	损坏不严重时，锅炉降压降负荷，维持水位运行，加强监视请示停炉			
	3.2	损坏严重时，无法维持汽包水位或燃烧时应立即停炉		5	
	3.3	停炉后加强上水，维持水位并关闭所有排污阀、放水阀，维持不了水位应停止上水，停炉		5	
	3.4	停止进水后，严禁开启省煤器再循环门，保留一台引风机运行		5	

行业：电力工程　　　　工种：锅炉运行值班员　　　　等级：中/高

编　号	C43B085	行为领域	e	鉴定范围	5
考核时限	30min	题　　型	B	题　分	30 分
试题正文	锅炉蒸汽管道的损坏事故的处理				
其他需要说明的问题和要求	1. 要求单独进行操作处理 2. 在仿真机上操作，按仿真机运行规程考核 3. 现场就地操作演示，不得触动运行设备 4. 需要助手协助时，可口头向考评员说明 5. 万一遇生产事故，立即停止考核，退出现场				
工具、材料、设备、场地	相应机组的仿真机或现场实际设备				

	序号	项 目 名 称	质量要求	满分	得分与扣分
评分标准	1	现象	分析准确，处理正确、迅速	6	1. 操作顺序颠倒，扣 1～6 分。如因操作颠倒导致无法继续的，该题不得分。 　2. 操作漏项扣 1～6 分。如因漏项使操作必须重新开始，但不导致不良后果的，扣该题总分的 50%；如导致不良后果的，该题不得分。 　3. 每项操作后必须检查操作结果，再开始下一步操作，否则，扣 1～6 分
	1.1	管道爆破后有很大的响声，损坏处保温材料潮湿、漏汽			
	1.2	蒸汽压力下降，汽包水位上升			
	1.3	爆破点在流量表测点前，蒸汽流量指示下降，反之指示上升			
	2	原因		7	

404

	序号	项 目 名 称	质量要求	满分	得分与扣分
评分标准	2.1	错用钢材、焊接质量不良（气孔、夹渣、裂纹、未焊透等），制造安装有缺陷	严格按运行规程规定处理		4. 因误操作致使过程延误，但不造成不良后果的，扣该题总分的50%；造成不良后果的，该题不得分
	2.2	支吊架固定位置不合理			5. 操作结束后，应有汇报、记录、否则，该题扣1~6分
	2.3	管道腐蚀，保温脱落，风雨侵袭造成管道应力过大			6. 故障分析判断错误，该题不得分。如故障分析不全面、不准确，但不影响事故处理，扣该题总分的50%；如因故障分析不全面、不准确而导致事故扩大的，该题不得分
	2.4	启停过程中，升温、冷却速度过快，造成管道剧烈振动或发生水击			
	2.5	管道壁腐蚀速度超过允许值，未及时监督和未采取相应对策	处理完毕，及时汇报，并作记录		7. 对操作过程中违反安全规程及运行规程的，不得分
	2.6	超过使用年限			
	2.7	长期超温运行			
	3	处理		8	
	3.1	如轻微泄漏，监视运行，采用带压堵漏或请示停炉			
	3.2	如严重爆破，应立即停炉，停炉后，保持较高水位，汽包锅炉严防汽包温差大于40℃		9	

行业：电力工程　　　　工种：锅炉运行值班员　　　　等级：中/高

编　　号	C43B086	行为领域	e	鉴定范围	5
考核时限	30min	题　　型	B	题　　分	30分

试题正文	锅炉给水管道损坏事故的处理

其他需要说明的问题和要求	1. 要求单独进行操作处理 2. 在仿真机上操作，按仿真机运行规程考核 3. 现场就地操作演示，不得触动运行设备 4. 需要助手协助时，可口头向考评员说明 5. 万一遇生产事故，立即停止考核，退出现场

工具、材料、设备、场地	相应机组的仿真机或现场实际设备

	序号	项　目　名　称	质量要求	满分	得分与扣分
评分标准	1	现象	分析准确，处理正确、迅速	4	1. 操作顺序颠倒，扣1～6分。如因操作颠倒导致无法继续的，该题不得分 2. 操作漏项扣1～6分。如因漏项使操作必须重新开始，但不导致不良后果的，扣该题总分的50%；如导致不良后果的，该题不得分 3. 每项操作后必须检查操作结果，再开始下一步操作，否则，扣1～6分
	1.1	管道爆破后有很大的响声，损坏处保温材料潮湿，有渗水漏水现象			
	1.2	炉给水水压力下降，水位下降			
	1.3	爆破点在给水流量测温前，给水流量指示下降，反之则上水			
	1.4	减温水流量下降，过热蒸汽温度升高			

	序号	项目名称	质量要求	满分	得分与扣分
评分标准	2	原因	严格按运行规程规定处理	6	4. 因误操作致使过程延误，但不造成不良后果的，扣该题总分的50%；造成不良后果的，该题不得分
	2.1	错用钢材，焊接质量不佳（气泡、夹渣、未焊透、焊缝裂纹等）制造、安装缺陷			5. 操作结束后，应有汇报、记录、否则，该题扣1~6分
	2.2	支吊架位置不合理			6. 故障分析判断错误，该题不得分。如故障分析不全面、不准确，但不影响事故处理，扣该题总分的50%；如因故障分析不全面、不准确而导致事故扩大的，该题不得分
	2.3	管道腐蚀			
	2.4	上水运行中，水温变化过大（高压加热器频繁跳闸），造成剧烈振动			
	2.5	管子蠕胀速度超过允许值，未及时采取相应对策	处理完毕，及时汇报，并作记录		7. 对操作过程中违反安全规程及运行规程的，不得分
	2.6	超过使用年限			
	3	处理		6	
	3.1	如轻微泄漏能维持正常水位，如能切断系统倒备用系统，可以采用带压堵漏处理			
	3.2	如不能切断系统进行处理，轻微泄漏，能维持锅炉正常水位，采用带压堵漏或请示停炉		7	
	3.3	如严重爆破，不能维持汽包水位或严重威胁人身、设备安全时，应立即停炉，停止给水泵及锅炉供水		7	

行业：电力工程　　　　工种：锅炉运行值班员　　　等级：技师/高技

编　　号	C43B087	行为领域	e	鉴定范围	5
考核时限	30min	题　型	B	题　　分	30分

试题正文	锅炉汽水共腾事故的处理
其他需要说明的问题和要求	1. 要求单独进行操作处理 2. 在仿真机上操作，按仿真机运行规程考核 3. 现场就地操作演示，不得触动运行设备 4. 需要助手协助时，可口头向考评员说明 5. 万一遇生产事故，立即停止考核，退出现场
工具、材料、设备、场地	相应机组的仿真机或现场实际设备

	序号	项　目　名　称	质量要求	满分	得分与扣分
评分标准	1	现象	分析准确，处理正确、迅速	5	1. 操作顺序颠倒，扣1~6分。如因操作颠倒导致无法继续的，该题不得分 2. 操作漏项扣1~6分。如因漏项使操作必须重新开始，但不导致不良后果的，扣该题总分的50%；如导致不良后果的，该题不得分 3. 每项操作后必须检查操作结果，再开始下一步操作，否则，扣1~6分 4. 因误操作致使过程延误，但不造成不良后果的，扣该题总分的50%；造成不良后果的，该题不得分 5. 操作结束后，应有汇报、记录，否则，该题扣1~6分 6. 故障分析判断错误，该题不得分。如故障分析不全面、不准确，但不影响事故处理，扣该题总分的50%；如因故障分析不全面、不准确而导致事故扩大的，该题不得分 7. 对操作过程中违反安全规程及运行规程的，不得分
	1.1	水位波动大，水位计中看不清水位			
	1.2	过热蒸汽温度急剧下降			
	1.3	饱和蒸汽含盐量大			
	1.4	严重时，主蒸汽管内发生水冲击			
	2	原因	严格按运行规程规定处理	5	
	2.1	锅水品质不合格			
	2.2	未按规定进行排污			
	2.3	锅炉加药过多			
	2.4	锅炉负荷增加太快			
	2.5	汽包内汽水分离装置发生故障（旋风器顶部百叶窗脱落，汇流箱与汽包内壁焊缝裂开等）	处理完毕，及时汇报，并作记录		
	3	处理		4	
	3.1	适当降低锅炉负荷，维持汽包水位在 0~-50mm 运行，保持燃烧稳定			
	3.2	关闭锅炉加药门，全开连续排污，自然循环锅炉可以加强上水和底部放水		4	
	3.3	影响蒸汽温度时，应关小、停用减温水并开启辐射过热器疏水和汽轮机主汽门前疏水门		4	
	3.4	化学加强监督汽水品质		4	
	3.5	在汽水品质合格前，禁止增加负荷		4	

行业：电力工程　　　工种：锅炉运行值班员　　　等级：技师/高技

编　　号	C43B088	行为领域		e	鉴定范围		5
考核时限	30min	题　　型		B	题　　分		30 分
试题正文	锅炉给水流量骤降或中断事故的处理						
其他需要说明的问题和要求	1. 要求单独进行操作处理 2. 在仿真机上操作，按仿真机运行规程考核 3. 现场就地操作演示，不得触动运行设备 4. 需要助手协助时，可口头向考评员说明 5. 万一遇生产事故，立即停止考核，退出现场						
工具、材料、设备、场地	相应机组的仿真机或现场实际设备						

	序号	项目名称	质量要求	满分	得分与扣分
评分标准	1	现象	分析准确，处理正确、迅速	5	1. 操作顺序颠倒，扣 1～6 分。如因操作颠倒导致无法继续的，该题不得分 2. 操作漏项扣 1～6 分。如因漏项使操作必须重新开始，但不导致不良后果的，扣该题总分的 50%；如导致不良后果的，该题不得分 3. 每项操作后必须检查操作结果，再开始下一步操作，否则，扣 1～6 分
	1.1	给水压力下降			
	1.2	给水流量下降，流量低、压力低信号报警			
	1.3	汽包水位下降			
	1.4	过热蒸汽温度升高			
	1.5	蒸汽压力下降			
	1.6	蒸汽流量下降			
	2	原因		5	
	2.1	给水泵故障跳闸，备用给水泵自启动失灵			
	2.2	除氧器水位过低或除氧器压力突然下降，使给水泵汽化			

	序号	项目名称	质量要求	满分	得分与扣分
评分标准	2.3	给水管路破裂	严格按运行规程规定处理		4. 因误操作致使过程延误，但不造成不良后果的，扣该题总分的50%；造成不良后果的，该题不得分
	2.4	给水泵出口阀故障或给水泵的自动再循环开启			5. 操作结束后，应有汇报、记录、否则，该题扣1～6分
	2.5	高压加热器故障跳闸，给水旁路门未开启			6. 故障分析判断错误，该题不得分。如故障分析不全面、不准确，但不影响事故处理，扣该题总分的50%；如因故障分析不全面、不准确而导致事故扩大的，该题不得分
	2.6	汽动给水泵在机组负荷骤降时，出力下降			
	3	处理		5	7. 对操作过程中违反安全规程及运行规程的，不得分
	3.1	若因给水自动调节失灵，应立即将给水自动切至手动，开大给水调节阀，维持正常给水流量	处理完毕，及时汇报，并作记录		
	3.2	直流锅炉当给水流量小于300t/h时，应紧急减少燃料量，维持煤、水、风的比例正常，保持各参数稳定，要求提高并恢复正常给水压力 汽包锅炉当给水流量骤降或中断，造成汽包水位下降时，应立即减少燃料量，降低过热蒸汽压力和机组负荷，维持炉内燃烧稳定，要求迅速提高并恢复正常给水压力		10	
	3.3	给水流量骤降或中断，直流锅炉达到紧急停炉条件时，锅炉汽包水位低至极限时应紧急停炉		5	

410

行业：电力工程　　　工种：锅炉运行值班员　　等级：技师/高技

编　　号	C43B089	行为领域	e	鉴定范围	5
考核时限	30min	题　　型	B	题　　分	30分
试题正文	直流锅炉汽水分离器温度高的处理				
其他需要说明的问题和要求	1. 要求单独进行操作处理 2. 在仿真机上操作，按仿真机运行规程考核 3. 现场就地操作演示，不得触动运行设备 4. 需要助手协助时，可口头向考评员说明 5. 万一遇生产事故，立即停止考核，退出现场				
工具、材料、设备、场地	相应机组的仿真机或现场实际设备				

	序号	项目名称	质量要求	满分	得分与扣分
评分标准	1	现象	分析准确，处理正确、迅速	5	1. 操作顺序颠倒，扣1～6分。如因操作颠倒导致无法继续的，该题不得分 2. 操作漏项扣1～6分。如因漏项使操作必须重新开始，但不导致不良后果的，扣该题总分的50%；如导致不良后果的，该题不得分 3. 每项操作后必须检查操作结果，再开始下一步操作，否则，扣1～6分
	1.1	锅炉汽水分离器温度高			
	1.2	汽水分离器温度高于报警值来报警信号			
	1.3	汽水分离器温度高于保护动作值 MFT 保护动作			
	2	原因		5	
	2.1	机组协调方式下运行不正常，值班员手动调整不及时造成煤—水比严重失调			
	2.2	给水泵跳闸或其他原因造成 RUN BACK，控制系统自动跟踪不好或手动调整不好造成煤—水比严重失调			
	2.3	机组升、降负荷速度过快，协调跟踪不良或手动调整不好			
	2.4	投入油枪数量过多、过快；磨煤机堵塞后吹通或给煤机失速而大量进煤			
	2.5	炉膛严重结焦、积灰、煤质严重偏离设计值、燃烧系统非正常工况运行			

	序号	项 目 名 称	质量要求	满分	得分与扣分
评 分 标 准	3 3.1	处理 机组协调故障造成煤—水比失调应立即解除协调,根据汽水分离器温度上升速度和当前需求负荷,迅速降低燃料量或增加给水量。为防止加剧系统扰动,当煤—水比失调后应尽量避免煤和水同时调整,当煤—水比调整相对稳定后再进一步调整负荷	严格按运行规程规定处理 处理完毕,及时汇报,并作记录	4	4. 因误操作致使过程延误,但不造成不良后果的,扣该题总分的50%;造成不良后果的,该题不得分 5. 操作结束后,应有汇报、记录、否则,该题扣1~6分 6. 故障分析判断错误,该题不得分。如故障分析不全面、不准确,但不影响事故处理,扣该题总分的50%;如因故障分析不全面、不准确而导致事故扩大的,该题不得分 7. 对操作过程中违反安全规程及运行规程的,不得分
	3.2	给水泵跳闸或其他原因造成RUN BACK,控制系统工作在协调状态工作不正常,造成分离器温度高应立即解除协调,迅速将燃料量降低至RUN BACK要求值,待分离器温度开始降低时再逐渐减少给水流量至燃料对应值		4	
	3.3	机组升、降负荷速度过快应适当将升、降负荷速度降低。手动升、降负荷时,为防止汽水分离器温度高,应注意监视汽水分离器温度变化,并控制燃料投入和降低速度。负荷大范围升、降时,当一阶段调整结束后,受热面和分离器温度相对稳定,再进行下一步调整		4	
	3.4	当锅炉启动过程中或制粉系统跳闸等原因需要投入油枪时应注意油枪投入的速度不能过快,防止分离器温度高		4	
	3.5	当炉膛严重结焦、积灰、煤质严重偏离设计值、燃烧系统非正常工况运行等原因,造成炉膛辐射传热和对流传热比例发生变化,超出协调系统设计适应范围,可对给水控制系统的中间点温度进行修正或将给水控制切为手动控制。及早清理炉膛和受热面的结焦和积灰,当燃煤发生变化时要提前制定相应的燃烧调整措施,及早恢复制粉系统正常工况运行		4	

编　　号	C43B090	行为领域	e	鉴定范围	5
考核时限	30min	题　　型	B	题　　分	30分
试题正文	锅炉制粉系统的自燃与爆炸事故的处理				
其他需要说明的问题和要求	1. 要求单独进行操作处理 2. 在仿真机上操作，按仿真机运行规程考核 3. 现场就地操作演示，不得触动运行设备 4. 需要助手协助时，可口头向考评员说明 5. 万一遇生产事故，立即停止考核，退出现场				
工具、材料、设备、场地	相应机组的仿真机或现场实际设备				

	序号	项　目　名　称	质量要求	满分	得分与扣分
评分标准	1	现象	分析准确，处理正确、迅速	5	1. 操作顺序颠倒，扣1~6分。如因操作颠倒导致无法继续的，该题不得分 2. 操作漏项扣1~6分。如因漏项使操作必须重新开始，但不导致不良后果的，扣该题总分的50%；如导致不良后果的，该题不得分 3. 每项操作后必须检查操作结果，再开始下一步操作，否则，扣1~6分
	1.1	系统负压不稳，剧烈波动，检查孔冒火星			
	1.2	自燃处管壁温度不正常升高，煤粉温度升高			
	1.3	爆炸时有响声，系统负压变正，从不严处向外冒粉、冒煤、冒火，防爆门鼓起破裂			
	1.4	排粉机电流增大，振动增加，严重时叶片损坏			
	2	原因		5	
	2.1	制粉系统内有存粉、积煤、温度高而引起自燃			
	2.2	煤粉过细，水分过低			
	2.3	启动制粉系统时，有火源未及时消除			

	序号	项 目 名 称	质量要求	满分	得分与扣分
评分标准	2.4	在正常运行中断煤，磨煤机出口温度过高	严格按运行规程规定处理		4. 因误操作致使过程延误，但不造成不良后果的，扣该题总分的50%；造成不良后果的，该题不得分
	2.5	停磨煤机后，热风门未关严			5. 操作结束后，应有汇报、记录，否则，该题扣1～6分
	2.6	外部火源易燃易爆物进入磨煤机			6. 故障分析判断错误，该题不得分。如故障分析不全面、不准确，但不影响事故处理，扣该题总分的50%；如因故障分析不全面、不准确而导致事故扩大的，该题不得分
	2.7	系统在运行或检修时，未作好防范措施，明火作业			
	3	处理		4	7. 对操作过程中违反安全规程及运行规程的，不得分
	3.1	发现磨煤机入口有火源时，应加大给煤量或浇水	处理完毕，及时汇报，并作记录		
	3.2	发现制粉系统自燃或爆炸时，应紧急停止制粉系统，关闭各风门，禁止开自然风门，严禁系统通风		4	
	3.3	关闭吸潮管挡板，必要时投入蒸汽消防灭火		4	
	3.4	蒸汽灭火后，打开各人孔门，检查孔进行系统内部检查，检查各部温度、爆破及设备损坏程度，确认无异常后，积粉清理干净，可重新启动制粉系统		4	
	3.5	启动时，需加强通风干燥，并敲打粗粉分离器回粉管和细粉分离器下粉管，以防堵管		4	

编　　号	C43B091	行为领域	e	鉴定范围	5
考核时限	30min	题　型	B	题　分	30分
试题正文	锅炉煤粉仓自燃与爆炸事故的预防及处理				
其他需要说明的问题和要求	1. 要求单独进行操作处理 2. 现场就地操作演示，不得触动运行设备 3. 需要助手协助时，可口头向考评员说明 4. 万一遇生产事故，立即停止考核，退出现场				
工具、材料、设备、场地	现场实际设备				

	序号	项　目　名　称	质量要求	满分	得分与扣分
评分标准	1	现象	分析准确，处理正确、迅速	5	1. 操作顺序颠倒，扣1～6分。如因操作颠倒导致无法继续的，该题不得分 2. 操作漏项扣1～6分。如因漏项使操作必须重新开始，但不导致不良后果的，扣该题总分的50%；如导致不良后果的，该题不得分 3. 每项操作后必须检查操作结果，再开始下一步操作，否则，扣1～6分
	1.1	煤粉仓内温度不正常地升高			
	1.2	粉仓内有烟或火星，并能嗅到烟气味			
	1.3	严重时可能导致粉仓爆炸，爆炸时有巨大的响声，防爆门破裂			
	1.4	煤粉自燃后结成焦炭或粉仓内壁材料裂纹脱落，使给粉机下粉不均或不下粉，严重时给煤机卡涩，造成燃烧不稳甚至锅炉灭火			
	2	原因		5	
	2.1	磨煤机出口温度高，粉仓温度超过规定值			
	2.2	煤粉过细，挥发分高，水分低			
	2.3	未执行粉仓降粉制度，粉仓内负压维持不够，吸潮管堵塞			

	序号	项 目 名 称	质量要求	满分	得分与扣分
评 分 标 准	2.4	停炉时粉仓内余粉过多，未能严密封闭粉仓，又没有采取防范措施	严格按运行规程规定处理		4. 因误操作致使过程延误，但不造成不良后果的，扣该题总分的50%；造成不良后果的，该题不得分
	2.5	粉仓严重漏风及有外来火源，或在粉仓附近明火作业			
	3	预防		5	5. 操作结束后，应有汇报、记录、否则，该题扣1～6分
	3.1	经常检查粉仓吸潮管无堵塞			6. 故障分析判断错误，该题不得分。如故障分析不全面、不准确，但不影响事故处理，扣该题总分的50%；如因故障分析不全面、不准确而导致事故扩大的，该题不得分
	3.2	控制磨煤机出口温度在规定范围内	处理完毕，及时汇报，并作记录		
	3.3	防止外来火源			
	3.4	停炉时间超过3天时，将粉仓内煤粉烧尽			
	3.5	消除粉仓漏风			7. 对操作过程中违反安全规程及运行规程的，不得分
	3.6	粉仓温度超过规定值，应立即降粉			
	4	处理		5	
	4.1	如粉仓内温度超过110℃，停止制粉系统运行，关闭吸潮管挡板，加大锅炉负荷，迅速降低粉仓粉位，或加大制粉系统出力，迅速补粉，淹熄自燃的煤粉		5	
	4.2	经降粉后，如粉仓内煤粉温度仍继续上升，可使用灭火装置（CO_2消防），同时监视给粉机来粉情况，必要时投入油枪助燃		5	
	4.3	确认灭火后，方可重新启动制粉系统		5	

行业：电力工程　　　工种：锅炉运行值班员　　　等级：中/高

编　号	C43B092	行为领域	e	鉴定范围	5
考核时限	30min	题　型	B	题　分	30分
试题正文	紧急停止制粉系统的原因及操作				
其他需要说明的问题和要求	1. 要求单独进行操作处理 2. 在仿真机上操作，按仿真机运行规程考核 3. 现场就地操作演示，不得触动运行设备 4. 需要助手协助时，可口头向考评员说明 5. 万一遇生产事故，立即停止考核，退出现场				
工具、材料、设备、场地	相应机组的仿真机或现场实际设备				

	序号	项 目 名 称	质量要求	满分	得分与扣分
评分标准	1	原因	严格执行运行规程规定	10	1. 操作顺序颠倒，扣1～6分。如因操作颠倒导致无法继续的，该题不得分 2. 操作漏项扣1～6分。如因漏项使操作必须重新开始，但不导致不良后果的，扣该题总分的50%；如导致不良后果的，该题不得分 3. 每项操作后必须检查操作结果，再开始下一步操作，否则，扣1～6分 4. 因误操作致使过程延误，但不造成不良后果的，扣该题总分的50%；造成不良后果的，该题不得分 5. 操作结束后，应有汇报、记录，否则，该题扣1～6分 6. 对操作过程中违反安全规程及运行规程的，不得分
	1.1	锅炉灭火			
	1.2	制粉系统爆炸			
	1.3	危及人身及设备安全			
	1.4	制粉系统着火	操作程序不准颠倒或漏项		
	1.5	轴承温度上升很快，超过规定值			
	1.6	轴承润滑油中断			
	1.7	电流不正常地升高，超过额定值			
	1.8	电气设备故障需停止			
	1.9	中储式制粉系统或半直吹式制粉系统细粉分离器发生堵塞	操作完毕，应向上级汇报并记录		
	2	操作		10	
	2.1	拉掉排粉机开关，使磨煤机、给煤机掉闸，并将其掉闸开关复位			
	2.2	检查保护动作情况，如有保护未动应手动停止		5	
	2.3	中储式制粉系统应开启三次风冷却风门		5	

417

编　号	C43B093	行为领域	e	鉴定范围	5
考核时限	30min	题　型	B	题　分	30分
试题正文	锅炉掉焦后水封漏风故障的处理				
其他需要说明的问题和要求	1. 要求单独进行操作处理 2. 在仿真机上操作，按仿真机运行规程考核 3. 现场就地操作演示，不得触动运行设备 4. 需要助手协助时，可口头向考评员说明 5. 万一遇生产事故，立即停止考核，退出现场				
工具、材料、设备、场地	相应机组的仿真机或现场实际设备				

	序号	项　目　名　称	质量要求	满分	得分与扣分
评分标准	1	现象	分析准确，处理正确、迅速	6	1. 操作顺序颠倒，扣1~6分。如因操作颠倒导致无法继续的，该题不得分 2. 操作漏项扣1~6分。如因漏项使操作必须重新开始，但不导致不良后果的，扣该题总分的50%；如导致不良后果的，该题不得分 3. 每项操作后必须检查操作结果，再开始下一步操作，否则，扣1~6分
	1.1	炉膛出口、烟道各处烟温上升，主、再热汽温升高，减温水流量增大			
	1.2	吹灰后各处烟温下降，掉焦过程中炉膛负压剧烈波动			
	1.3	水冷壁泄漏后炉膛负压变正，引风机电流增大			
	2	原因 炉膛结焦，吹灰后掉大焦，炉底水封漏风		4	
	3	处理		3	
	3.1	发现燃料主控煤量自动大量增加，及时将炉主控解手动，并将煤量减至正常值，防止结焦加剧，并根据各参数变化情况作好减负荷准备立即投入炉膛吹灰			

	序号	项目名称	质量要求	满分	得分与扣分
评分标准	3.2	及时投入油枪稳定燃烧，监视炉膛火焰情况，调整炉膛负压	严格按运行规程规定处理	3	4. 因误操作致使过程延误，但不造成不良后果的，扣该题总分50%；造成不良后果的，该题不得分
	3.3	减少上层燃料量，增加下层燃料量，降低炉膛火焰中心，以稳定燃烧		2	5. 操作结束后，应有汇报、记录、否则，该题扣1～6分
	3.4	若水封短时间无法恢复运行，调节引风机挡板开度防止风机过负荷，调整炉膛微正压运行，减少漏风量，保持烟气含氧量在正常值范围内。自动调节跟不上则切手动调节		3	6. 故障分析判断错误，该题不得分。如故障分析不全面、不准确，但不影响事故处理，扣该题总分的50%；如因故障分析不全面、不准确而导致事故扩大的，该题不得分
	3.5	调整一、二级减温水调门以及烟气挡板。调整主、再热汽温度正常。自动调节跟不上则切手动调节	处理完毕，及时汇报，并作记录	2	7. 对操作过程中违反安全规程及运行规程的，不得分
	3.6	检查给水自动调整维持汽包水位正常，否则切手动控制，恢复机组其他参数正常		2	
	3.7	查找炉膛漏风原因，恢复炉底水封，减少炉膛漏风		2	
	3.8	若锅炉已灭火或锅炉有灭火的可能而运行人员判断不清时应立即手动MFT，按锅炉熄火处理		3	

编　　号	C43B094	行为领域		e	鉴定范围	5
考核时限	30min	题　　型		B	题　　分	30分
试题正文	蒸汽压力异常的处理					
其他需要说明的问题和要求	1. 要求单独进行操作处理 2. 在仿真机上操作，按仿真机运行规程考核 3. 现场就地操作演示，不得触动运行设备 4. 需要助手协助时，可口头向考评员说明 5. 万一遇生产事故，立即停止考核，退出现场					
工具、材料、设备、场地	相应机组的仿真机或现场实际设备					

	序号	项　目　名　称	质量要求	满分	得分与扣分
评分标准	1	现象	分析准确，处理正确、迅速	5	1. 操作顺序颠倒，扣1～6分。如因操作颠倒导致无法继续的，该题不得分 2. 操作漏项扣1～6分。如因漏项使操作必须重新开始，但不导致不良后果的，扣该题总分的50%；如导致不良后果的，该题不得分 3. 每项操作后必须检查操作结果，再开始下一步操作，否则，扣1～6分
	1.1	操作屏（CRT）、有关表计、记录仪、压力趋势曲线显示突变			
	1.2	操作屏（CRT）和光字牌报警			
	1.3	各主、再热蒸汽压力过高或过低			
	1.4	机组负荷有变化			
	1.5	主机轴向位移、差胀等有变化			
	1.6	锅炉超压至PCV阀动作压力，PCV阀开启			
	1.7	锅炉超压达安全阀动作压力，安全阀起座			

	序号	项 目 名 称	质量要求	满分	得分与扣分
评 分 标 准	2	原因	严格按运 行规程规定 处理	5	4. 因误操作致使 过程延误，但不造成 不良后果的，扣该题 总分的 50%；造成不 良后果的，该题不得 分 5. 操作结束后，应 有汇报、记录，否则， 该题扣 1~6 分 6. 故障分析判断 错误，该题不得分。 如故障分析不全面、 不准确，但不影响事 故处理，扣该题总分 的 50%；如因故障分 析不全面、不准确而 导致事故扩大的，该 题不得分 7. 对操作过程中 违反安全规程及运行 规程的，不得分
	2.1	负荷变化剧烈，机组负荷 控制失灵，汽轮机调节汽门 异常动作			
	2.2	启停制粉系统或给煤机、磨 煤机，燃烧器工作不正常时			
	2.3	燃烧不稳			
	2.4	自动控制系统失灵，给水 自动控制失灵			
	2.5	煤质变化	处理完毕， 及时汇报，并 作记录		
	2.6	过热器、主蒸汽管疏水开关			
	2.7	减温水流量变化			
	3	处理		5	
	3.1	如果汽压异常是由于自 动控制或给水自动造成，解 除有关自动，手动调节			
	3.2	当汽压急剧升高，来不及 调节时，可开启过热器疏水 门或 PCV 阀，以尽快降压		5	
	3.3	锅炉压力升高至安全阀动 作压力时，安全阀动作。如果 压力降至安全阀回座压力，安 全阀回座，锅炉可以继续运 行；如果锅炉安全阀动作后无 法使其回座或压力超限至安 全阀动作压力，所有安全阀拒 动时，应紧急停炉		5	
	3.4	压力异常变化时，要分析 原因，针对性地进行处理		5	

行业：电力工程　　　　工种：锅炉运行值班员　　　　　等级：中

编　　号	C04B095	行为领域	e	鉴定范围	4
考核时限	45min	题　　型	B	题　　分	30分

试题正文	给水管道水冲击事故的处理

其他需要说明的问题和要求	1. 要求单独进行操作处理 2. 在仿真机上操作，按仿真机运行规程考核 3. 现场就地操作演示，不得触动运行设备 4. 需要助手协助时，可口头向考评员说明 5. 万一遇生产事故，立即停止考核，退出现场

工具、材料、设备、场地	相应机组的仿真机或现场实际设备

	序号	项目名称	质量要求	满分	得分与扣分
评分标准	1	现象	分析准确，处理正确、迅速	4	1. 操作顺序颠倒，扣1～6分。如因操作颠倒导致无法继续的，该题不得分 2. 操作漏项扣1～6分。如因漏项使操作必须重新开始，但不导致不良后果的，扣该题总分的50%；如导致不良后果的，该题不得分 3. 每项操作后必须检查操作结果，再开始下一步操作，否则，扣1～6分 4. 因误操作致使过程延误，但不造成不良后果的，扣该题总分的50%；造成不良后果的，该题不得分 5. 操作结束后，应有汇报、记录、否则，该题扣1～6分 6. 故障分析判断错误，该题不得分。如故障分析不全面、不准确，但不影响事故处理，扣该题总分的50%；如因故障分析不全面、不准确而导致事故扩大的，该题不得分 7. 对操作过程中违反安全规程及运行规程的，不得分
	1.1	管道有振动或冲击声			
	1.2	给水压力摆动大			
	2	原因		6	
	2.1	上水前未彻底排除空气			
	2.2	给水泵故障，给水压力剧变			
	2.3	给水管支架固定不好			
	2.4	给水流量剧烈变化			
	2.5	省煤器再循环使用不当	严格按运行规程规定处理		
	3	处理		7	
	3.1	上水时全开空气门，应缓慢充水把管内空气排尽（满管流水时再关空气门）			
	3.2	将给水管固定好	处理完毕，及时汇报，并作记录	6	
	3.3	保持给水流量，压力稳定		7	

编　　　号	C04B096	行为领域	e	鉴定范围	5
考核时限	45min	题　　型	B	题　　分	30分
试题正文	蒸汽管道水冲击事故的处理				
其他需要说明的问题和要求	1. 要求单独进行操作处理 2. 在仿真机上操作，按仿真机运行规程考核 3. 现场就地操作演示，不得触动运行设备 4. 需要助手协助时，可口头向考评员说明 5. 万一遇生产事故，立即停止考核，退出现场				
工具、材料、设备、场地	相应机组的仿真机或现场实际设备				

	序号	项　目　名　称	质量要求	满分	得分与扣分
评 分 标 准	1	现象	分析准确，处理正确、迅速	4	1. 操作顺序颠倒，扣1~6分。如因操作颠倒导致无法继续的，该题不得分 2. 操作漏项扣1~6分。如因漏项使操作必须重新开始，但不导致不良后果的，扣该题总分的50%；如导致不良后果的，该题不得分 3. 每项操作后必须检查操作结果，再开始下一步操作，否则，扣1~6分 4. 因误操作致使过程延误，但不造成不良后果的，扣该题总分的50%；造成不良后果的，该题不得分 5. 操作结束后，应有汇报、记录、否则，该题扣1~6分 6. 故障分析判断错误，该题不得分。如故障分析不全面、不准确，但不影响事故处理，扣该题总分的50%；如因故障分析不全面、不准确而导致事故扩大的，该题不得分 7. 对操作过程中违反安全规程及运行规程的，不得分
	1.1	蒸汽管道振动或有冲击声			
	1.2	蒸汽压力摆动大			
	2	原因		6	
	2.1	进汽前未进行暖管和疏水			
	2.2	有水或低温蒸汽进入高温管道内	严格按运行规程规定处理		
	2.3	蒸汽管道设计不合理，（水平管道倾斜度），疏水管位置不合理，无法疏水			
	3	处理		5	
	3.1	延长暖管时间			
	3.2	开启过热器各疏水门，以及汽轮机主汽门前疏水门，必要时开启对空排汽	处理完毕，及时汇报，并作记录	5	
	3.3	根据汽温情况，特别是锅炉启动过程中，尽可能在并网以后才投入减温器，必须投入减温器时应采用减温器调节阀前，控制减温水流量，并调整燃烧，恢复正常温度		5	
	3.4	水冲击消除后，检查各支、吊架情况，发现缺陷立即消除		5	

行业：电力工程　　　　工种：锅炉运行值班员　　　等级：技师/高技

编　号	C43B097	行为领域		e	鉴定范围		5
考核时限	30min	题　型		A	题　分		30分
试题正文	锅炉尾部烟道再燃烧事故的处理						
其他需要说明的问题和要求	1. 要求单独进行操作处理 2. 在仿真机上操作，按仿真机运行规程考核 3. 现场就地操作演示，不得触动运行设备 4. 需要助手协助时，可口头向考评员说明 5. 万一遇生产事故，立即停止考核，退出现场						
工具、材料、设备、场地	相应机组的仿真机或现场实际设备						

	序号	项　目　名　称	质量要求	满分	得分与扣分
评 分 标 准	1	现象	分析准确，处理正确、迅速	5	1. 操作顺序颠倒，扣 1～6 分。如因操作颠倒导致无法继续的，该题不得分 2. 操作漏项扣 1～6 分。如因漏项使操作必须重新开始，但不导致不良后果的，扣该题总分的 50%；如导致不良后果的，该题不得分 3. 每项操作后必须检查操作结果，再开始下一步操作，否则，扣 1～6 分
	1.1	尾部烟道烟气温度不正常升高，空气预热器出口热风温度升高			
	1.2	炉膛、烟道负压急剧变化			
	1.3	从烟道不严处和引风机轴封向外冒烟雾或喷出火星			
	1.4	烟囱冒黑烟，再热汽温升高			
	1.5	回转空气预热器电流增大且大幅摆动			
	2	原因		5	
	2.1	锅炉冷炉点火初期，燃油温度低，油燃烧器雾化不良，大量油气在空气预热器受热面上凝结			
	2.2	锅炉点火初期投粉过早，部分煤粉未燃尽，沉（黏）积在尾部受热面上			

	序号	项 目 名 称	质量要求	满分	得分与扣分
评 分 标 准	2.3	启停过程中或在低负荷运行时，炉膛温度过低、风、煤、油配比不当，风速过低，使可燃物积存在烟道内	严格按运行规程规定处理		4. 因误操作致使过程延误，但不造成不良后果的，扣该题总分的50%；造成不良后果的，该题不得分
	2.4	燃烧调整不当，煤粉过粗，使未燃烧的煤粉积存在尾部烟道内			5. 操作结束后，应有汇报、记录，否则，该题扣1～6分
	3	处理		5	6. 故障分析判断错误，该题不得分。如故障分析不全面、不准确，但不影响事故处理，扣该题总分的50%；如因故障分析不全面、不准确而导致事故扩大的，该题不得分
	3.1	当发现锅炉尾部烟道和排烟温度异常升高时，应进行受热面吹灰	处理完毕，及时汇报，并作记录		
	3.2	当确认烟道发生二次燃烧时，应紧急停炉、停止送风机，关闭入口挡板，一、二次风挡板，人孔、检查孔等。严禁通风，若锅炉采用回转式空气预热器时，应立即关闭空气预热器入口烟气挡板和空气预热器出口空气挡板，维持回转式空气预热器运行，停止暖风器运行。利用吹灰汽管或专用消防蒸汽将烟道充满蒸汽及时投入消防水进行灭火（或进行空气预热器水清洗） 待烟道内各部烟温显著下降，检查烟道各部证实火已经熄灭，关闭吹扫蒸汽、消防水		5	7. 对操作过程中违反安全规程及运行规程的，不得分
	3.3	打开检查孔、检查设备损坏情况，同时对着火侧和未着火侧回转空气预热器进行彻底检查、清理		5	
	3.4	启动引风机、送风机，逐渐开启入口挡板，通风5～10min后，锅炉按点火程序重新点火		5	

行业：电力工程　　　　工种：锅炉运行值班员　　　　等级：中/高

编　号	C43B098	行为领域	e	鉴定范围	5
考核时限	30min	题　型	A	题　分	30 分
试题正文	锅炉启动过程中如何控制汽包壁温差				
其他需要说明的问题和要求	1. 要求单独进行操作处理 2. 在仿真机上操作，按仿真机运行规程考核 3. 现场就地操作演示，不得触动运行设备 4. 需要助手协助时，可口头向考评员说明 5. 万一遇生产事故，立即停止考核，退出现场				
工具、材料、设备、场地	相应机组的仿真机或现场实际设备				

	序号	项　目　名　称	质量要求	满分	得分与扣分
评 分 标 准	1	启动前投入辅汽供除氧器加热给水	分析准确，处理正确、迅速	4	1. 操作顺序颠倒，扣 1~6 分。如因操作颠倒导致无法继续的，该题不得分 2. 操作漏项扣 1~6 分。如因漏项使操作必须重新开始，但不导致不良后果的，扣该题总分的 50%；如导致不良后果的，该题不得分 3. 每项操作后必须检查操作结果，再开始下一步操作，否则，扣 1~6 分 4. 因误操作而使过程延误，但不造成不良后果的，扣该题总分的 50%；造成不良后果的，该题不得分 5. 操作结束后，应有汇报、记录、否则，该题扣 1~6 分 6. 故障分析判断错误，该题不得分。如故障分析不全面、不准确，但不影响事故处理，扣该题总分的 50%；如因故障分析不全面、不准确而导致事故扩大的，该题不得分 7. 对操作过程中违反安全规程及运行规程的，不得分
	2	严格控制升温升压速度，尤其是低压阶段升压速度应严格按锅炉厂要求执行	严格按运行规程规定处理	5	
	3	升压过程中发现汽包壁温差较大时应减缓升温升压速度或停止升压		5	
	4	加强水冷壁下联箱放水		4	
	5	维持燃烧稳定和均匀，对称投油枪并定期切换		4	
	6	升温升压初期，汽压上升应平稳，尽量避免汽压波动过大	处理完毕，及时汇报，并作记录	4	
	7	尽量保证较高的给水温度		4	

行业：电力工程　　　　工种：锅炉运行值班员　　　　等级：中/高

编　号	C43B99	行为领域	e	鉴定范围	5
考核时限	30min	题　型	A	题　分	30分

试题正文	RUN BACK 动作后的处理

其他需要 说明的问 题和要求	1. 要求单独进行操作处理 2. 在仿真机上操作，按仿真运行规程考核 3. 现场就地操作演示，不得触动运行设备 4. 需要助手协助时，可口头向考评员说明 5. 万一遇生产事故，立即停止考核，退出现场

工具、材料、 设备、场地	相应机组的仿真机或现场实际设备

<table>
<tr><td rowspan="13">评
分
标
准</td><td>序号</td><td>项　目　名　称</td><td>质量要求</td><td>满分</td><td>得分与扣分</td></tr>
<tr><td>1</td><td>原因</td><td rowspan="6">分析准确，
处理正确、迅
速</td><td>5</td><td rowspan="6">1. 操作顺序颠倒，
扣 1～6 分。如因操作
颠倒导致无法继续
的，该题不得分
　2. 操作漏项扣 1～
6 分。如因漏项使操
作必须重新开始，但
不导致不良后果，
扣该题总分的 50%；
如导致不良后果的，
该题不得分
　3. 每项操作后必
须检查操作结果，再
开始下一步操作，否
则，扣 1～6 分</td></tr>
<tr><td>1.1</td><td>两台送风机运行，其中一
台跳闸</td><td></td></tr>
<tr><td>1.2</td><td>两台引风机运行，其中一
台跳闸</td><td></td></tr>
<tr><td>1.3</td><td>两台一次风机运行，其中
一台跳闸</td><td></td></tr>
<tr><td>1.4</td><td>汽动给水泵跳闸，且电泵
自启动</td><td></td></tr>
<tr><td>1.5</td><td>两台 BWCP 运行其中一
台跳闸或三台 BWCP 运行
其中两台跳闸</td><td></td></tr>
<tr><td>2</td><td>处理</td><td></td><td>8</td><td></td></tr>
<tr><td>2.1</td><td>RB 动作时应自动进行下
列处理
（1）FSSS 自动进行燃料的
选择切断（除一次风机引起
RB 外，保留最下面三层当
时运行着的磨煤机；一次风
机引起 RB 保留最下面两层
当时运行着的磨煤机）
（2）当实际指令小于 RB
指令时，确认 RB 原因自动
恢复</td><td></td><td></td><td></td></tr>
</table>

	序号	项 目 名 称	质量要求	满分	得分与扣分
评分标准	2.2	RB 动作后的手动处理： （1）锅炉燃烧率必须快速地减到相应的负荷率 （2）查明 RB 动作原因 （3）监视机组负荷降至 RB 设定负荷 （4）检查除氧器、轴封母管压力正常，检查凝汽器真空正常 （5）检查低压缸排汽温度小于 79.4℃ （6）检查监视汽轮机润滑油温、轴承回油温度、轴向位移、差胀、振动变化情况，均应在正常范围内 （7）如果是引风机、送风机跳闸发生 RB 时，按锅炉单侧风机运行规定处理 （8）若锅炉燃烧不稳，火检频闪，可投油助燃	严格按运行规程规定处理 处理完毕，及时汇报，并作记录	8	4. 因误操作致使过程延误，但不造成不良后果的，扣该题总分的 50%；造成不良后果的，该题不得分 5. 操作结束后，应有汇报、记录、否则，该题扣 1～6 分 6. 故障分析判断错误，该题不得分。如故障分析不全面、不准确，但不影响事故处理，扣该题总分的 50%；如因故障分析不全面、不准确而导致事故扩大的，该题不得分 7. 对操作过程中违反安全规程及运行规程的，不得分
	3	遇有下列情况，应请示值长降低锅炉负荷：		9	
	3.1	汽轮机高压加热器故障，给水温度下降，使汽温无法维持正常时，应适当降低机组负荷以便维持汽温			
	3.2	锅炉堵灰、结焦严重，短时间不能消除时应降低锅炉负荷			
	3.3	给水、蒸汽管道泄漏			
	3.4	水冷壁管、省煤器管泄漏			
	3.5	一次风机出口压力达 11kPa 时			
	3.6	煤质差、制粉系统故障，带不上负荷时			

编　　号	C43B100	行为领域	e	鉴定范围	5
考核时限	30min	题　型	A	题　分	30 分
试题正文	油燃烧不良的事故处理				
其他需要 说明的问 题和要求	1. 要求单独进行操作处理 2. 在仿真机上操作，按仿真机运行规程考核 3. 现场就地操作演示，不得触动运行设备 4. 需要助手协助时，可口头向考评员说明 5. 万一遇生产事故，立即停止考核，退出现场				
工具、材料、 设备、场地	相应机组的仿真机或现场实际设备				

	序号	项　目　名　称	质量要求	满分	得分与扣分
评 分 标 准	1	油燃烧不良的现象	分析准确， 处理正确、迅 速	6	1. 操作顺序颠倒，扣 1～6 分。如因操作颠倒导致无法继续的，该题不得分 2. 操作漏项扣 1～6 分。如因漏项使操作必须重新开始，但不导致不良后果的，扣该题总分的 50%；如导致不良后果的，该题不得分 3. 每项操作后必须检查操作结果，再开始下一步操作，否则，扣 1～6 分 4. 因误操作致使过程延误，但不造成不良后果的，扣该题总分的 50%；造成不良后果的，该题不得分 5. 操作结束后，应有汇报、记录、否则，该题扣 1～6 分 6. 故障分析判断错误，该题不得分。如故障分析不全面、不准确，但不影响事故处理，扣该题总分的 50%；因故障分析不全面、不准确而导致事故扩大的，该题不得分 7. 对操作过程中违反安全规程及运行规程的，不得分
	1.1	油着火不稳定			
	1.2	火焰上有烟尾巴			
	1.3	火焰不明亮			
	1.4	有未燃炭形成的火星			
	1.5	火焰形状不规则	严格按运 行规程规定 处理		
	1.6	炉膛出口有明显的烟雾			
	2	油燃烧不良的原因		6	
	2.1	油温不正常			
	2.2	油压或雾化压缩空气压 力不适当，造成雾化不良	处理完毕， 及时汇报，并 作记录		
	2.3	由于燃油风室挡板未处 于最佳位置，造成二次风分 配不当			
	3	油燃烧不良的处理		6	
	3.1	检查油温、 油压和雾化 压缩空气压力是否正常，如 有异常，查明原因及时处理			
	3.2	检查各二次风挡板位置 是否处于最佳位置，如有异 常，立即联系处理		6	
	3.3	燃烧严重不良时，应停止 该油枪		6	

行业：电力工程　　　　工种：锅炉运行值班员　　　等级：技师/高技

编　号	C32B101	行为领域		e	鉴定范围		2
考核时限	30min	题　型		A	题　分		30分
试题正文	根据本厂锅炉设备实际，制订请示停炉条件						
其他需要说明的问题和要求	1. 要求单独进行操作处理 2. 现场就地操作演示，不得触动运行设备 3. 万一遇生产事故，立即停止考核，退出现场						
工具、材料、设备、场地	现场实际设备						

评分标准	序号	项　目　名　称	质量要求	满分	得分与扣分
	1	锅炉给水、锅水、蒸汽品质严重恶化，经多方处理无效	严格执行锅炉运行规程规定	3	1. 分析、判断故障准确无误，得15分 2. 及时向领导汇报故障性质，得5分 3. 处理正确、迅速、果断，得10分 4. 违反锅炉运行规程的规定，不得分
	2	锅炉承压部件（水冷壁、省煤器、过热器、再热器）泄漏无法消除	分析、判断故障准确 不停炉不能处理的故障	3	
	3	锅炉安全阀有缺陷，不能正常动作，动作后无法使其回座		3	
	4	锅炉受热面严重结渣、堵灰、无法维持正常运行		3	
	5	蒸汽温度超过允许值，过热器、再热器、金属壁温严重超温，经多方调整无效		3	
	6	汽包二次水位计全部损坏		3	
	7	炉顶支吊架发生变形或有断裂危险时		3	
	8	炉膛裂缝有倒塌危险，锅炉梁、架烧红时		3	
	9	锅炉两侧排烟温度偏差大于100℃，不停炉不能恢复正常时		3	
	10	与烟气接触的联箱绝热材料脱落，使联箱壁温超过许可温度		3	

430

行业：电力工程　　　工种：锅炉运行值班员　　　等级：技师/高技

编　　号	C32B102	行为领域	e	鉴定范围	2
考核时限	30min	题　型	A	题　　分	30分

试题正文	根据本厂锅炉设备实际制订紧急停炉条件

其他需要说明的问题和要求	1. 要求单独进行操作处理 2. 现场就地操作演示，不得触动运行设备 3. 万一遇生产事故，立即停止考核，退出现场

工具、材料、设备、场地	现场实际设备

	序号	项　目　名　称	质量要求	满分	得分与扣分
评 分 标 准	1	锅炉主保护具备跳闸条件而拒动	严格执行锅炉运行规程规定	2	1. 分析、判断故障准确无误，得15分 2. 及时向领导汇报故障性质，得5分 3. 处理正确、迅速、果断，得10分 4. 违反锅炉运行规程的规定，不得分
	2	锅炉严重满水或严重缺水，汽包水位正、负数值达到制造厂家规定的紧急停炉的数值		2	
	3	锅炉所有水位表（计）损坏		2	
	4	所有引风机、送风机、一次风机或回转空气预热器停止运行		2	
	5	锅炉尾部受热面(空预器)发生再燃烧		2	
	6	汽水管道发生爆破，威胁人身设备安全		2	
	7	锅炉压力升高到安全阀启座压力，而所有安全阀拒动，当锅炉上所有安全阀均开时，锅炉的超压幅度在任何情况下，均不得大于锅炉设计压力的6%		2	

序号	项 目 名 称	质量要求	满分	得分与扣分
8	炉膛或烟道内发生爆炸（炉膛冒顶、炉墙塌落、火焰外冒），使设备遭到严重损坏	分析、判断故障准确	2	
9	锅炉灭火		2	
10	再热蒸汽中断（没有再热器流量保护的）		2	
11	锅炉受热面（省煤器、水冷壁）爆破不能维持正常汽包水位	不停炉不能处理的故障	2	
12	锅炉机组范围内发生火灾，直接威胁锅炉安全		2	
13	热工仪表电源中断，不能立即恢复，运行人员无法监视水位、汽温、汽压时		2	
14	锅炉强制循环泵全停或出入口差压低于制造厂家的规定值		2	
15	直流锅炉给水中断或给水流量在一定时间内小于规定值		1	
16	直流锅炉安全阀动作后不回座，蒸汽压力下降，蒸汽温度或各段工质温度变化到不允许运行		1	

评分标准

432

4.2.3 综合操作

行业：电力工程　　　工种：锅炉运行值班员　　　等级：中/高

编　号	C43C0103	行为领域	e	鉴定范围	2
考核时限	60min	题　型	C	题　分	50分

试题正文	锅炉点火操作
其他需要 说明的问 题和要求	1. 要求单独进行操作处理 2. 在仿真机上操作，按仿真机运行规程考核 3. 现场就地操作演示，不得触动运行设备 4. 万一遇生产事故，立即停止考核，退出现场
工具、材料、 设备、场地	相应机组的仿真机或现场实际设备

	序号	项　目　名　称	质量要求	满分	得分与扣分
评 分 标 准	1	锅炉点火前投入灭火保护和锅炉联动装置，依次启动预热器引风机和送风机，保持炉膛负压在正常范围内	严格执行运行规程规定	6	1. 操作顺序颠倒，扣 1～10 分。如因操作颠倒导致无法继续的，该题不得分 2. 操作漏项扣 1～10 分。如因漏项使操作必须重新开始，但不导致不良后果的，扣该题总分的 50%；如导致不良后果的，该题不得分 3. 每项操作后必须检查操作结果，再开始下一步操作，否则，扣 1～10 分
	2	炉膛和烟道进行吹扫，清除炉膛内积存的可燃物。对于燃煤锅炉吹扫风量大于 25%的额定风量，吹扫时间不少于 5min		6	
	3	投入暖风器或热风再循环		6	
	4	锅炉点火时，按对称、先下层后上层的原则投入油燃烧器，此时应密切监视燃油雾化及燃烧工况，并及时调整，确保充分燃烧		6	

	序号	项 目 名 称	质量要求	满分	得分与扣分
评分标准	5	锅炉采用自动点火方式。锅炉采用直流式或旋流式燃烧器，油枪和高能点火器均按燃烧管理系统程序自动伸入炉膛内部，高能点火器投入，雾化蒸汽（压缩空气）阀和燃油阀自动开启，向油枪内供油，10s 内炉膛内部建立火焰	操作程序不准颠倒或漏项	6	4. 因误操作致使过程延误，但不造成不良后果的，扣该题总分的 50%；造成不良后果的，该题不得分 5. 操作结束后，应有汇报、记录、否则，该题扣 1～10 分 6. 对操作过程中违反安全规程及运行规程的，不得分
	6	锅炉采用手动点火方式 采用手动火把点火方式：将火把点燃伸入炉膛内部，手动开启雾化蒸汽（压缩空气）阀门和燃油阀门，向油枪内供油，炉膛内建立火焰 采用高能点火器点燃液化气，然后再点燃蒸汽雾化(压缩空气)油枪，炉膛内部建立火焰	操作完毕，应向上级汇报并记录	6	
	7	点火器正常投入后，油燃烧器投入应在 10s 内建立火焰。若不能建立火焰，应立即切断燃油，待查明原因消除后，可再次投油燃烧器。如风量一直维持在吹扫风量，则可不必再进行炉膛烟道吹扫。但应等待 1min 后才能再次投油燃烧器		7	
	8	炉膛突然灭火时，必须立即切断燃料，将炉膛吹扫 5min，再继续点火		7	

行业：电力工程　　　工种：锅炉运行值班员　　　等级：中/高

编　号	C43C0104	行为领域	e	鉴定范围	2
考核时限	60min	题　型	C	题　分	50分
试题正文	锅炉启动点火应具备的条件				
其他需要说明的问题和要求	1. 要求单独进行操作 2. 在仿真机上操作，按仿真机运行规程考核 3. 现场就地操作演示，不得触动运行设备 4. 万一遇生产事故，立即停止考核，退出现场				
工具、材料、设备、场地	相应机组的仿真机或现场实际设备				

	序号	项 目 名 称	质量要求	满分	得分与扣分
评 分 标 准	1	锅炉启动前，与启动有关的检修工作结束，有关工作票必须全部注销	严格执行运行规程规定	7	1. 操作顺序颠倒，扣1～10分。如因操作颠倒导致无法继续的，该题不得分 2. 操作漏项扣1～10分。如因漏项使操作必须重新开始，但不导致不良后果的，扣该题总分的50%；如导致不良后果的，该题不得分 3. 每项操作后必须检查操作结果，再开始下一步操作，否则，扣1～10分 4. 因误操作致使过程延误，但不造成不良后果的，扣该题总分的50%；造成不良后果的，该题不得分 5. 操作结束后，应有汇报、记录，否则，该题扣1～10分 6. 对操作过程中违反安全规程及运行规程的，不得分
	2	机组公用系统应正常投入运行	操作程序不准颠倒或漏项 操作完毕，应向上级汇报并记录	8	
	2.1	循环水系统			
	2.2	冷却水系统			
	2.3	辅助蒸汽系统			
	2.4	压缩空气系统——仪用和杂用空气系统			
	2.5	化学除盐水系统，锅炉充水系统			
	3	电动给水泵能正常投入		7	
	4	锅炉转动机械电动机、电动阀门、电动机绝缘合格，润滑油油质、油位正常，具备送电投入条件		7	
	5	锅炉连锁保护试验合格，并能正确投入		7	
	6	锅炉自动系统（BAS），燃烧管理系统（BMS），锅炉控制系统（BCS），锅炉应力监视系统（BSE），锅炉报警系统（AS），锅炉吹灰系统（SAS）必须投入功能正常		7	
	7	热工仪表，MCS显示，DCS、DLS站及记录表必须投入功能正常，操作及指示正确		7	

行业：电力工程　　　　工种：锅炉运行值班员　　　等级：高/技师

编　　号	C32C105	行为领域	e	鉴定范围	2
考核时限	60min	题　　型	C	题　　分	50 分
试题正文	锅炉安全门检验				
其他需要说明的问题和要求	1. 要求单独进行操作处理 2. 现场就地操作演示，不得触动运行设备 3. 万一遇生产事故，立即停止考核，退出现场				
工具、材料、设备、场地	现场实际设备				

	序号	项 目 名 称	质量要求	满分	得分与扣分
评 分 标 准	1	安全门检修后，必须在热态下进行校对，以保证安全门的正确动作	严格执行运行规程规定	3	1. 操作顺序颠倒，扣 1～10 分。如因操作颠倒导致无法继续的，该题不得分 2. 操作漏项扣 1～10 分。如因漏项使操作必须重新开始，但不导致不良后果的，扣该题总分的 50%；如导致不良后果的，该题不得分 3. 每项操作后必须检查操作结果，再开始下一步操作，否则，扣 1～10 分
	2	安全门检修后，经过校对后，锅炉方可投入运行		3	
	3	校对安全门时，运行、检修专责工程师、安监负责人应在场		3	
	4	安全门的调整动作压力		5	
	4.1	所有安全门的调整，均应根据就地压力表进行			
	4.2	控制安全门动作值为工作压力的 1.05 倍，工作安全门动作值为工作压力的 1.08 倍，再热器安全门为工作压力 1.1 倍			
	5	调整安全门前的准备工作：		6	
	5.1	点火前，安全门经过详细检查			
	5.2	在汽包、过热器出口联箱就地安装标准压力表各一只			
	5.3	安全门的调整工作，由检修专业组织进行，燃烧调整由单元长、司炉负责，热工人员亦应在场			
	6	不带负荷安全门校验：		3	
	6.1	锅炉点火前，将脉冲安全门来汽门全开			

436

	序号	项 目 名 称	质量要求	满分	得分与扣分
评 分 标 准	6.2	按正常操作进行锅炉点火，当压力升至 0.2MPa 时，关闭所有空气门、疏水门	操作程序不准颠倒或漏项	3	4. 因误操作致使过程延误，但不造成不良后果的，扣该题总分的 50%；造成不良后果的，该题不得分
	6.3	锅炉升压按规程规定速度进行		3	
	6.4	压力升至 10MPa 时，开始由炉顶监表人员报压力数值，并对照上下压力表		3	5. 操作结束后，应有汇报、记录、否则，该题扣 1～10 分
	6.5	压力升至安全门动作值时，进行安全门整定工作	操作完毕，应向上级汇报并记录	3	6. 对操作过程中违反安全规程及运行规程的，不得分
	6.6	安全门动作合格后，检修应将缓冲门轮取下，挂上禁止开关的警告牌		3	
	6.7	安全门机械部分调整完毕后，将压力降至 10MPa，由热工人员进行压力继电器调整工作		3	
	6.8	安全门调整完毕后，将安全门调整的实际动作压力，回座压力作出详细记录		3	
	6.9	调整安全门的注意事项： （1）锅炉升压按规程进行 （2）在校对安全门时，发生一切事故，按事故处理规定处理 （3）在校对安全门时，压力的调整，采用调整点火控制一、二级旁路 （4）在调整安全门时，要特别注意水位的变化，在未动作前，水位应保持−50～−20 （5）调整安全门时，压力应稳定上升和下降 （6）安全门排汽管、疏水管周围，不得有人停留 （7）安全门泄漏较大时，应停止校验 （8）调整时，应听从指挥人员的一切指挥，其他人员不得乱指挥；无关人员一律不得进入现场		5	

行业：电力工程　　　工种：锅炉运行值班员　　　　等级：中/高

编　　号	C43C106	行为领域	e	鉴定范围	1
考核时限	60min	题　　型	C	题　　分	50分
试题正文	汽包锅炉水压试验				
其他需要说明的问题和要求	1. 要求单独进行 2. 在仿真机上操作，按仿真机运行规程考核 3. 现场就地操作演示，不得触动运行设备 4. 万一遇生产事故，立即停止考核，退出现场				
工具、材料、设备、场地	现场实际设备				

	序号	项　目　名　称	质量要求	满分	得分与扣分
评分标准	1	锅炉大小修后或局部受热面检修后，必须进行常规水压试验，一次汽系统试验压力应等于汽包工作压力	严格执行运行规程规定	3	1. 操作顺序颠倒，扣1~10分。因操作颠倒导致无法继续的，该题不得分 2. 操作漏项扣1~10分。如因漏项使操作必须重新开始，但不导致不良后果的，扣该题总分的50%；如导致不良后果的，该题不得分 3. 每项操作后必须检查操作结果，再开始下一步操作，否则，扣1~10分
	2	检查与锅炉水压试验有关的汽水系统，其检修工作必须结束，热力检修工作票已注销，炉膛和锅炉尾部无人工作		3	
	3	联系化学车间和汽轮机运行准备充足除盐水、除氧水或凝结水。转动机械冷却水已投入运行，给水泵具备启动条件		3	
	4	联系配合热工仪表将汽包、过热器、再热器、给水压力表和电接点水位计投入		3	
	5	在进行锅炉超压试验之前，由检修人员将汽包、过热器安全阀压死，运行人员将锅炉水位计隔绝		3	

	序号	项 目 名 称	质量要求	满分	得分与扣分
评分标准	6	按锅炉实际系统检查各阀门、位置应正确。对串联二只或二只以上的阀门，水压试验时的主要检查其一次门的严密性。同时在水压试验时必须做好快速泄压的措施，以防超压	操作程序不准颠倒或漏项	3	4. 因误操作致使过程延误，但不造成不良后果的，扣该题总分的 50%；造成不良后果的，该题不得分
	7	重点检查项目		6	5. 操作结束后，应有汇报、记录、否则，该题扣 1～10 分
	7.1	汽包压力表投入			6. 对操作过程中违反安全规程及运行规程的，不得分
	7.2	再热器压力表投入，若进行再热器水压试验时，必须采取隔绝措施			
	7.3	锅炉事故放水门电源接通，水位保护解除；开关灵活，放水管畅通			
	7.4	锅炉主汽门、旁路阀以及自用蒸汽阀等确已隔绝			
	8	锅炉上水，对已放空的给水系统应开启，空气阀进行充水排汽，排汽后关闭，进水温度应在 30～70℃，给水温度与汽包壁温度的差值不应超过 40℃。锅炉水压试验环境温度一般应在 5℃ 以上，否则应有可靠的防冻措施。自进水到进满水，冬季不少于 4h，其余季节不少于 2～3h		3	
	9	锅炉进水后应记录锅炉受热面膨胀指示器，并检查其指示器是否正常		3	

	序号	项 目 名 称	质量要求	满分	得分与扣分
评分标准	10	当锅炉汽包水位达最高可见水位时，用过热器反冲洗进水，待汽包各空气门有水急速喷出时，逐只将其关闭	操作完毕，应向上级汇报并记录	4	
	11	检查汽包壁上、下温度差未超过制造厂规定时，可继续升压，升压速度0.3MPa/min 至锅炉工作压力，关闭 5min，记录压力下降值，然后再微开进水阀，保持工作压力，进行锅炉全面检查无泄漏和异常情况		4	
	12	若进行锅炉超压试验，再升至超压试验压力，在超压试验压力下维持 5min，降至工作压力，再进行全面检查，检查期间压力应维持不变		4	
	13	水压试验的合格标准		4	
	13.1	在承压元件金属壁和焊缝上没有任何水珠和水雾			
	13.2	受压元件没有明显的残余变形			
	14	当水压试验结束后，利用连续排污进行泄压，待压力降至 0.2MPa 时，开汽包空气门和对空排汽阀，压力降至零时进行锅炉放水		4	

编　号	C43C107	行为领域	e	鉴定范围	1
考核时限	60min	题　型	C	题　分	50分
试题正文	锅炉辅机设备连锁试验				
其他需要说明的问题和要求	1. 要求单独进行 2. 在仿真机上操作，按仿真机运行规程考核 3. 现场就地操作演示，不得触动运行设备 4. 万一遇生产事故，立即停止考核，退出现场				
工具、材料、设备、场地	现场实际设备				

	序号	项　目　名　称	质量要求	满分	得分与扣分
评分标准	1	通则	严格执行运行规程规定	10	1. 操作顺序颠倒，扣1～10分。如因操作颠倒导致无法继续的，该题不得分 2. 操作漏项扣1～10分。如因漏项使操作必须重新开始，但不导致不良后果的，扣该题总分的50%；如导致不良后果的，该题不得分 3. 每项操作后必须检查操作结果，再开始下一步操作，否则，扣1～10分
	1.1	机组检修后或连锁装置检修后，为保证其可靠和准确，均应作一次鉴定性试验			
	1.2	试验时要求电气、热控人员一同参加，试验前各辅机电源开关送至试验位置，各风门和调节装置送操作控制电源			
	1.3	辅机静态试验是检验其保护回路是否工作正常的，确有必要时才进行辅机的动态试验，并且不宜多次或反复进行			
	1.4	连锁试验应先局部后整体分阶段进行，最后作事故按钮停止辅机试验			
	2	试验的原则性要求	操作程序不准颠倒或漏项	10	
	2.1	按启动条件，在缺少任一条件的情况下不能启动			

	序号	项 目 名 称	质量要求	满分	得分与扣分
评 分 标 准	2.2	在全部条件具备的条件下应能启动	操作完毕,应向上级汇报并记录		4. 因误操作致使过程延误,但不造成不良后果的,扣该题总分的50%;造成不良后果的,该题不得分
	2.3	按跳闸条件进行逐一试验时,该辅机应能跳闸			5. 操作结束后,应有汇报、记录、否则,该题扣1～10分
	3	连锁试验项目 运行人员要配合热工人员作各程序启停的模拟试验,证实启停正确,步序完好		3	6. 对操作过程中违反安全规程及运行规程的,不得分
	3.1	送风机及其油系统启动闭锁、跳闸、联动试验			
	3.2	引风机及其冷却风系统启动闭锁、跳闸、联动试验		3	
	3.3	一次风机及其油系统启动闭锁、跳闸、联动试验		3	
	3.4	磨煤机及其油系统启动闭锁、跳闸、联动试验		3	
	3.5	锅炉保护跳闸试验		3	
	3.6	空气预热器启动闭锁、跳闸、联动试验 运行人员要配合热工人员进行锅炉保护值模拟试验和负荷能力连锁、火检连锁试验		3	
	3.7	火检风机连锁试验		3	
	3.8	密封风机连锁试验		3	
	3.9	锅炉循环泵、启动系统调节阀及隔离阀的连锁试验		3	
	3.10	锅炉燃油系统连锁试验		3	

编　　号	C43C108	行为领域	e	鉴定范围	1
考核时限	60min	题　型	C	题　　分	50分
试题正文	锅炉电动门、风门、调节门及挡板试验				
其他需要说明的问题和要求	1. 要求单独进行 2. 在仿真机上操作，按仿真机运行规程考核 3. 现场就地操作演示，不得触动运行设备 4. 万一遇生产事故，立即停止考核，退出现场				
工具、材料、设备、场地	现场实际设备				

	序号	项　目　名　称	质量要求	满分	得分与扣分
评 分 标 准	1	试验注意事项	严格执行运行规程规定	5	1. 操作顺序颠倒，扣 1～10 分。如因操作颠倒导致无法继续的，该题不得分 2. 操作漏项扣 1～10 分。如因漏项使操作必须重新开始，但不导致不良后果的，扣该题总分的 50%；如导致不良后果的，该题不得分 3. 每项操作后必须检查操作结果，再开始下一步操作，否则，扣 1～10 分
	1.1	已投入运行的系统及承受压力的电动门、调节门不进行试验			
	1.2	有就地、远控的设备，对就地、远控都要试验。试验时，就地、远控均应有人监视，电动门应记录开关全程时间、圈数（关闭后，如有手动操作的一般不大于 1/2 圈）	操作程序不准颠倒或漏项	5	
	1.3	电动机、伺服机构良好、无摩擦和异常声音，各连杆和销子牢固可靠，无松动及弯曲现象		5	

	序号	项 目 名 称	质量要求	满分	得分与扣分
评 分 标 准	2	试验方法	操作完毕，应向上级汇报并记录	5	4. 因误操作致使过程延误，但不造成不良后果的，扣该题总分的 50%；造成不良后果的，该题不得分 5. 操作结束后，应有汇报、记录、否则，该题扣 1～10 分 6. 对操作过程中违反安全规程及运行规程的，不得分
	2.1	联系热工人员送上各电动门、调节门、风门及挡板伺服机构电源，并参加试验			
	2.2	检查各阀门、挡板伺服切换把手所在位置（手动或电动）		5	
	2.3	对所有电动门、调节门进行开关试验，开度指示与实际开度应相符，红、绿灯指示正确		5	
	2.4	近控、手动操作应开关灵活		5	
	2.5	远控试验时，限位开关应动作正常，有"停"按钮的阀门、风门还应试验停止正常		5	
	2.6	气动装置应动作灵活，进汽压力正常，无泄漏及其他异常现象，带"三断自锁"的还应做"三断自锁"试验，且试验良好		10	

编　　　号	C43C109	行为领域	e	鉴定范围	2
考核时限	60min	题　　型	C	题　　分	50 分
试题正文	汽包锅炉冷态启动的升温升压操作				
其他需要说明的问题和要求	1. 要求单独进行 2. 在仿真机上操作，按仿真机运行规程考核 3. 现场就地操作演示，不得触动运行设备 4. 万一遇生产事故，立即停止考核，退出现场				
工具、材料、设备、场地	相应机组的仿真机或现场实际设备				

	序号	项 目 名 称	质量要求	满分	得分与扣分
评分标准	1	锅炉点火后，为保护再热器，应投入一、二级蒸汽旁路系统，并随蒸汽压力的上升，一、二级蒸汽旁路阀逐渐开大，旁路投入后应及时关闭过热器向空排汽阀	严格执行运行规程规定 操作程序不准颠倒或漏项	6	1. 操作顺序颠倒，扣 1～10 分。如因操作颠倒导致无法继续的，该题不得分 2. 操作漏项扣 1～10 分。如漏项操作必须重新开始，但不导致不良后果的，扣该题总分的 50%；如导致不良后果的，该题不得分 3. 每项操作后必须检查操作结果，再开始下一步操作，否则，扣 1～10 分
	2	再热器无蒸汽通过时，炉膛出口烟气温度按制造厂规定控制，制造厂无规定时，应不超过 540℃		5	
	3	自然循环汽包锅炉点火后，应控制锅水饱和温度升温速度符合制造厂要求，一般不应超过 1.5℃/min		6	
	4	控制汽包任意两点间壁温差不超过制造厂家限制，厂家无规定可控制在不大于 50℃的范围		6	

445

	序号	项 目 名 称	质量要求	满分	得分与扣分
评 分 标 准	5	自然循环锅炉当锅炉上水时，省煤器再循环阀应关闭；停止上水时，省煤器再循环阀应开启，防止给水短路进入汽包，以保护省煤器	操作完毕，应向上级汇报并记录	6	4. 因误操作致使过程延误，但不造成不良后果的，扣该题总分的50%；造成不良后果的，该题不得分 5. 操作结束后，应有汇报、记录、否则，该题扣1～10分 6. 对操作过程中违反安全规程及运行规程的，不得分
	6	当锅炉蒸发量低于10%额定值时，必须控制过热器管壁温度不超过允许值，尽量避免用喷水减温，以防止喷水不能全部蒸发而积在过热器中		6	
	7	检修后的锅炉，允许在升压过程中热紧法兰、人孔、手孔等处的螺栓，但热紧时锅炉汽压不准超过规定数值		5	
	8	当汽轮机达到冲转参数后可以进行冲转		5	
	9	在锅炉运行中，不准带压对承压部件进行焊接、检修、紧螺栓等工作		5	

行业：电力工程　　　工种：锅炉运行值班员　　　等级：中/高

编　　号	C43C110	行为领域	e	鉴定范围	4
考核时限	60min	题　　型	C	题　　分	50 分
试题正文	锅炉运行的主要任务及运行中监控的主要参数				
其他需要说明的问题和要求	1. 要求单独进行 2. 在仿真机上操作，按仿真机运行规程考核 3. 现场就地操作演示，不得触动运行设备 4. 万一遇生产事故，立即停止考核，退出现场				
工具、材料、设备、场地	相应机组的仿真机或现场实际设备				

	序号	项　目　名　称	质量要求	满分	得分与扣分
评 分 标 准	1	锅炉运行的主要任务	严格执行运行规程规定 操作程序不准颠倒或漏项	3	1. 操作顺序颠倒，扣 1～10 分。如因操作颠倒导致无法继续的，该题不得分 2. 操作漏项扣 1～10 分。如因漏项使操作必须重新开始，但不导致不良后果的，扣该题总分的 50%；如导致不良后果的，该题不得分 3. 每项操作后必须检查操作结果，再开始下一步操作，否则，扣 1～10 分
	1.1	保持锅炉蒸发量在额定值内，并满足发电机组负荷的要求			
	1.2	保持正常的汽温、汽压		3	
	1.3	均匀给水，维持汽包正常水位		3	
	1.4	保持锅水和蒸汽品质合格		3	
	1.5	保持燃烧良好，减少热损失，提高锅炉热效率		4	
	1.6	及时调整锅炉工况，尽可能维持在最佳工况下运行		4	

	序号	项目名称	质量要求	满分	得分与扣分
评分标准	2	锅炉运行中监控的主要参数	操作完毕，应向上级汇报并记录	3	4. 因误操作致使过程延误，但不造成不良后果的，扣该题总分的50%；造成不良后果的，该题不得分
	2.1	锅炉蒸发量不准超过额定值		3	5. 操作结束后，应有汇报、记录，否则，该题扣1～10分
	2.2	过热器出口蒸汽温度、压力应保持规定值		3	6. 对操作过程中违反安全规程及运行规程的，不得分
	2.3	再热器出口蒸汽温度、压力应保持规定值		3	
	2.4	两侧蒸汽温差不大于20℃，两侧烟温差不大于40℃		3	
	2.5	排烟温度应达到设计值		3	
	2.6	受热面管壁最高温度不得超过金属材料允许最高温度		3	
	2.7	保持适当的炉膛负压，以炉膛上部不向外冒烟为准		3	
	2.8	在额定负荷时空气预热器入、出口烟（风）温度应达到设计值		3	
	2.9	炉膛出口氧量保持最佳值		3	
	2.10	燃油压力、油温、吹扫伴热蒸汽压力、温度应达到设计值		3	

行业：电力工程　　　　工种：锅炉运行值班员　　　　等级：中/高

编　　号	C43C111	行为领域		e	鉴定范围	3
考核时限	60min	题　　型		C	题　　分	50分
试题正文	汽包锅炉的滑参数停炉操作					
其他需要说明的问题和要求	1. 要求单独进行 2. 在仿真机上操作，按仿真机运行规程考核 3. 现场就地操作演示，不得触动运行设备 4. 万一遇生产事故，立即停止考核，退出现场					
工具、材料、设备、场地	相应机组的仿真机或现场实际设备					

	序号	项 目 名 称	质量要求	满分	得分与扣分
评分标准	1	汽包锅炉的滑参数停炉，应根据制造厂提供的滑参数停炉曲线严格控制降温、降压速率。保证主蒸汽和再热蒸汽温度高于饱和温度50℃以上过热度	严格执行运行规程规定 操作程序不准颠倒或漏项	6	1. 操作顺序颠倒，扣 1～10 分。如因操作颠倒导致无法继续的，该题不得分 2. 操作漏项扣 1～10 分。如因漏项使操作必须重新开始，但不导致不良后果的，扣该题总分的 50%；如导致不良后果的，该题不得分 3. 每项操作后必须检查操作结果，再开始下一步操作，否则，扣 1～10 分
	2	随锅炉负荷降低，及时调节送风机、引风机风量，保证一、二、三次风的协调配合，保持燃烧稳定，根据负荷及燃烧情况，将有关自动控制系统退出运行或进行重新设定，适时投油、稳定燃烧 在停炉过程中，煤油混烧时，当排烟温度降低至100℃时，逐个停止电除尘器各电场，锅炉全燃油时所有电场必须停止，停运的电场应改投连续振打方式 引风机停止后，振打装置连续运行 2～3h 后停止，并将灰斗积灰放净，停止各加热装置		6	
	3	配中间储仓式制粉系统的锅炉，应根据煤仓煤位和粉仓粉位情况，适时停用磨煤机；根据负荷情况，停用部分给粉机。停用磨煤机前，应将该制粉系统余粉抽净，停用给粉机后将一次风		6	

	序号	项 目 名 称	质量要求	满分	得分与扣分
评 分 标 准	3	系统吹扫干净，然后停用排粉机或一次风机 　　配直吹式制粉系统的锅炉根据负荷需要适时停用部分制粉系统，且吹扫干净，停用后的煤粉燃烧器应将相应的二次风门关小，停炉后关闭	操作完毕，应向上级汇报并记录	6	4. 因误操作致使过程延误，但不造成不良后果的，扣该题总分的50%；造成不良后果的，该题不得分 5. 操作结束后，应有汇报、记录、否则，该题扣1～10分 6. 对操作过程中违反安全规程及运行规程的，不得分
	4	根据蒸汽温度情况，及时调整或解列减温器，汽轮机停机后，再热器无蒸汽通过时，控制炉膛出口烟温不大于540℃		6	
	5	锅炉蒸汽压力、蒸汽温度降至停机参数，电负荷降至汽轮机允许的最低负荷时，汽轮机停机，锅炉切除全部燃料灭火，停炉后的油枪应从炉膛内拔出，吹扫干净，不得向灭火的燃烧室内吹扫油		7	
	6	锅炉灭火后，维持正常的炉膛压力及30%以上额定负荷的风量，进行炉膛通风、吹扫不少于5min。停止送风机、引风机、暖风器、关闭烟风系统的有关挡板，保持回转式空气预热器及点火火焰检测装置的冷却风机运行，待温度符合要求时，停止其运行		7	
	7	在整个滑参数停炉过程中，严格监视汽包壁温度，任意两点间的温差不允许超过制造厂家的规定，严格监视汽包水位，及时调整确保汽包水位正常		6	
	8	停炉过程中，按规定记录各部膨胀值，冬季停炉应做好防冻措施		6	

编　　号	C43C112	行为领域	e	鉴定范围	3
考核时限	60min	题　　型	C	题　　分	50分
试题正文	汽包锅炉的定参数停炉操作				
其他需要说明的问题和要求	1. 要求单独进行 2. 在仿真机上操作，按仿真运行规程考核 3. 现场就地操作演示，不得触动运行设备 4. 万一遇生产事故，立即停止考核，退出现场				
工具、材料、设备、场地	相应机组的仿真机或现场实际设备				

	序号	项目名称	质量要求	满分	得分与扣分
评分标准	1	定参数停炉时，应尽量维持较高的锅炉过热蒸汽压力和温度，减少各种热损失，降负荷速率按汽轮机要求进行。降负荷过程中，逐渐关小汽轮机调速汽阀，随锅炉热负荷的降低，蒸汽温度逐渐下降，但应保持过热蒸汽温度符合制造厂及汽轮机要求，否则应当降低过热蒸汽压力	严格执行运行规程规定 操作程序不准颠倒或漏项 操作完毕，应向上级汇报并记录	30	1. 操作顺序颠倒，扣1~10分。如因操作颠倒导致无法继续的，该题不得分。 2. 操作漏项扣1~10分。如因漏项使操作必须重新开始，但不导致不良后果的，扣该题总分的50%；如导致不良后果的，该题不得分。 3. 每项操作后必须检查操作结果，再开始下一步操作，否则，扣1~10分 4. 因误操作致使过程延误，但不造成不良后果的，扣该题总分的50%；造成不良后果的，该题不得分 5. 操作结束后，应有汇报、记录，否则，该题扣1~10分 6. 对操作过程中违反安全规程及运行规程的，不得分
	2	停炉后适当开启高低压旁路或过热器、再热器出口疏水阀约30min，以保证过热器、再热器有适当的冷却		20	

行业：电力工程　　　　工种：锅炉运行值班员　　　　等级：中/高

编　号	C43C113	行为领域	e	鉴定范围	2
考核时限	60min	题　型	C	题　分	50分

试题正文	亚临界直流锅炉的投入操作

其他需要说明的问题和要求	1. 要求单独进行 2. 在仿真机上操作，按仿真机运行规程考核 3. 现场就地操作演示，不得触动运行设备 4. 万一遇生产事故，立即停止考核，退出现场

工具、材料、设备、场地	相应机组的仿真机或现场实际设备

	序号	项目名称	质量要求	满分	得分与扣分
评 分 标 准	1	清洗给水泵前的低压系统	严格执行运行规程规定	5	1. 操作顺序颠倒，扣 1~10 分。如因操作颠倒导致无法继续的，该题不得分 2. 操作漏项扣 1~10 分。如因漏项使操作必须重新开始，但不导致不良后果的，扣该题总分的 50%；如导致不良后果的，该题不得分
	2	当冷态清洗结束，炉前给水含铁量达规定值时，方可向锅炉上水，上水流量一般不大于 200t/h。当锅炉本体满水后，按规定的升压速率将包覆过热器出口压力升至 7MPa，调整给水流量至 300t/h。当包覆过热器出口含铁量小于或等于 1000mg/L 时，转入大循环清洗，并进行工质回收。当省煤器入口含铁量小于或等于 50mg/L，电导率小于 1mS/cm，启动分离器，出口含铁量小于 100mg/L 时，清洗结束		5	
	3	给水温度大于 104℃时，建立启动压力、启动流量，升压速率一般不大于 0.6MPa/min		5	

序号	项 目 名 称	质量要求	满分	得分与扣分
4	开启高压旁路蒸汽阀和低压旁路蒸汽阀,对过热器、再热器真空干燥,锅炉点火	操作程序不准颠倒或漏项	4	3. 每项操作后必须检查操作结果,再开始下一步操作,否则,扣 1～10 分 4. 因误操作致使过程延误,但不造成不良后果的,扣该题总分的 50%;造成不良后果的,该题不得分
5	锅炉点火后,严格控制水冷壁的温升率(20℃/min)及各管屏出口介质温度的偏差小于 40℃。当包覆过热器出口温度达到 200℃,将包覆过热器出口压力升至 15.8MPa,维持给水流量不变 锅炉升温升压过程中,控制高温过热器后烟温不大于 450℃,两侧偏差不大于 50℃。当启动分离器压力达到 1.6MPa,且水位正常时,可向过热器、再热器送汽		4	
6	当包覆过热器出口温度上升至 260℃之后,调整燃料量,控制其温度为 260～290℃,进行锅炉热态清洗。一般包覆过热器出口含铁量小于 100mg/L,二氧化硅含量小于 40mg/L,热态清洗合格		4	
7	当蒸汽参数符合汽轮机冲转要求时,汽轮机冲转,发电机并网前,高温过热器后烟温不大于 540℃		4	

评分标准

	序号	项 目 名 称	质量要求	满分	得分与扣分
评分标准	8	膨胀开始后，注意调整包覆过热器出口压力正常，防止包覆过热器，启动分离器超压，保持启动分离器水位正常，防止满水	操作完毕，应向上级汇报并记录	4	5. 操作结束后，应有汇报、记录、否则，该题扣1～10分 6. 对操作过程中违反安全规程及运行规程的，不得分
	9	切除启动分离器时，应采用"等焓切换"方式，切除启动分离器时，配有自动切除装置的应采用自动方式进行，在切除启动分离器过程中，燃料量的增减应用燃油量控制，以防止蒸汽温度的大幅度波动		5	
	10	过热器升压过程中，升压速率不大于0.4MPa/min。当无旁路、无调速汽阀升压时，注意蒸汽温度的变化情况，给水流量维持300t/h。当低温过热器出口隔绝阀前后压差小于1MPa时，开启低温过热器出口隔绝阀		5	
	11	机组升负荷过程中，当负荷在100～240MW范围内运行时，一般情况下机组负荷不做停留，升负荷速率一般控制在每分钟1%额定负荷。当过热器升压结束后，高压加热器应及时投入，升负荷过程中，逐渐增加燃煤量的同时，适当减少燃油量		5	

编　　号	C43C114	行为领域	e	鉴定范围	4
考核时限	60min	题　　型	C	题　　分	50 分
试题正文	直流锅炉从初负荷到满负荷的运行调整				
其他需要说明的问题和要求	1. 要求单独进行 2. 在仿真机上操作，按仿真机运行规程考核 3. 现场就地操作演示，不得触动运行设备 4. 万一遇生产事故，立即停止考核，退出现场				
工具、材料、设备、场地	相应机组的仿真机或现场实际设备				

	序号	项目名称	质量要求	满分	得分与扣分
评分标准	1	直流锅炉蒸汽压力的调整	严格执行运行规程规定 操作程序不准颠倒或漏项 操作完毕，应向上级汇报并记录	25	1. 操作顺序颠倒，扣 1～10 分。因操作颠倒导致无法继续的，该题不得分 2. 操作漏项扣 1～10 分。如因漏项使操作必须重新开始，但不导致不良后果的，扣该题总分的 50%；如导致不良后果的，该题不得分 3. 每项操作后必须检查操作结果，再开始下一步操作，否则，扣 1～10 分 4. 因误操作致使过程延误，但不造成不良后果的，扣该题总分的 50%；造成不良后果的，该题不得分 5. 操作结束后，应有汇报、记录，否则，该题扣 1～10 分 6. 对操作过程中违反安全规程及运行规程的，不得分
	1.1	直流锅炉采用定压运行时，根据机组负荷的需要相应调整锅炉蒸发量，维持汽轮机在额定压力运行			
	1.2	直流锅炉蒸汽压力及蒸发量的调整是在增减给水量的同时，相应按比例增减燃料量，微调同步器，以保持过热蒸汽压力稳定，并使锅炉蒸发量的变化与机组负荷所需要的变动量相适应			
	2	直流锅炉过热蒸汽温度的调整 通过合理的燃料与给水比例控制包覆过热器出口温度作为基本调节，喷水减温作为辅助调节，在运行中应控制中间点温度小于规定值，尽量减少一、二级减温水的投入量。当用减温水调节过热蒸汽温度时，以一级喷水减温为主，二级喷水减温为辅		25	

行业：电力工程　　　　工种：锅炉运行值班员　　　　等级：中/高

编　　号	C43C115	行为领域	e	鉴定范围	3
考核时限	60min	题　　型	C	题　　分	50 分
试题正文	锅炉停炉后的保养				
其他需要说明的问题和要求	1. 要求单独进行 2. 在仿真机上操作，按仿真机运行规程考核 3. 现场就地操作演示，不得触动运行设备 4. 万一遇生产事故，立即停止考核，退出现场				
工具、材料、设备、场地	相应机组的仿真机或现场实际设备				

	序号	项 目 名 称	质量要求	满分	得分与扣分
评分标准	1	锅炉充氮或充气相缓蚀剂防腐	严格执行运行规程规定 操作程序不准颠倒或漏项	14	1. 操作顺序颠倒，扣 1～10 分。如因操作颠倒导致无法继续的，该题不得分 2. 操作漏项扣 1～10 分。如因漏项使操作必须重新开始，但不导致不良后果的，扣该题总分的 50%；如导致不良后果的，该题不得分 3. 每项操作后必须检查操作结果，再开始下一步操作，否则，扣 1～10 分
	1.1	锅炉在保养前必须对锅炉的保养条件进行一次全面检查，特别要检查各阀门的严密性			
	1.2	向锅炉内充入氮气或气相缓蚀剂，将氧从锅炉受热面内驱赶出来，使金属表面保持干燥与空气隔绝，从而达到防止金属腐蚀的目的			
	1.3	充氮防腐时，氮气压力一般保持 0.02～0.049MPa（表压）左右，使用的氮气纯度大于 99.9%			
	1.4	锅炉充氮或充气相缓蚀剂期间，应经常监视压力的变化和定期进行取样分析，并及时进行补充			

	序号	项 目 名 称	质量要求	满分	得分与扣分
评分标准	2	压力防腐	操作完毕，应向上级汇报并记录	18	4. 因误操作致使过程延误，但不造成不良后果的，扣该题总分的 50%；造成不良后果的，该题不得分
	2.1	锅炉停炉后，汽包压力大于 0.3MPa，以防止空气进入锅炉，达到防腐目的			5. 操作结束后，应有汇报、记录、否则，该题扣 1～10 分
	2.2	汽包压力降至 0.3MPa 时，点火升压或投入水冷壁下联箱蒸汽加热，在整个保养期间保证锅炉水品质合格			6. 对操作过程中违反安全规程及运行规程的，不得分
	2.3	控制循环锅炉应保持一台锅水循环泵运行			
	3	余热烘干防腐		18	
	3.1	自然循环锅炉正常停炉后，待汽包压力降至 0.8～0.5MPa 时，开启放水阀进行锅炉带压放水。压力降至 0.2～0.15MPa 时，全开空气门，向空排汽阀、疏水阀，对锅炉进行余热烘干			
	3.2	直流锅炉采用导热烘干防腐时，应在消压以后进行			
	3.3	在烘干过程中，禁止启动引风机、送风机通风冷却			

编　　号	C43C116	行为领域	e	鉴定范围	2
考核时限	60min	题　　型	C	题　　分	50分
试题正文	锅炉启动注意事项				
其他需要说明的问题和要求	1. 要求单独进行 2. 在仿真机上操作，按仿真机运行规程考核 3. 现场就地操作演示，不得触动运行设备 4. 万一遇生产事故，立即停止考核，退出现场				
工具、材料、设备、场地	相应机组的仿真机或现场实际设备				

	序号	项 目 名 称	质量要求	满分	得分与扣分
评分标准	1	监视汽包水位，使水位波动范围控制在正常水位的±50mm 范围内	严格执行运行规程规定 操作程序不准颠倒或漏项	4	1. 操作顺序颠倒，扣 1～10 分。因操作颠倒导致无法继续的，该题不得分 2. 操作漏项扣 1～10 分。如因漏项使操作必须重新开始，但不导致不良后果的，扣该题总分的 50%；如导致不良后果的，该题不得分 3. 每项操作后必须检查操作结果，再开始下一步操作，否则，扣 1～10 分
	2	控制循环锅炉应监视炉水泵的运行情况： 1）炉水泵差压>0.173MPa 2）炉水泵电动机电流正常 3）炉水泵电动机腔室出口温度<55℃ 4）泵壳与炉水的温度<56℃		4	
	3	启动期间，饱和温度温升率应控制在规定范围内		3	
	4	在升压过程中要随时观察炉水的含硅量，及时调节连排门的开度和升压速度		4	
	5	升压期间，要经常检查各受热元件的膨胀情况及吊杆支吊状况		3	

	序号	项 目 名 称	质量要求	满分	得分与扣分
评分标准	6	机组并网前严格控制炉膛出口烟温在规定值以下	操作完毕，应向上级汇报并记录	4	4. 因误操作致使过程延误，但不造成不良后果的，扣该题总分的 50%；造成不良后果的，该题不得分 5. 操作结束后，应有汇报、记录、否则，该题扣 1～10 分 6. 对操作过程中违反安全规程及运行规程的，不得分
	7	在启动期间，严格监视过热器和再热器炉外壁温小于报警值		4	
	8	启动期间，锅炉旁路疏水阀全开，过热蒸汽压力由疏水阀控制，当机组并网后关闭疏水阀		4	
	9	省煤器再循环阀在锅炉建立连续给水前一直开启		4	
	10	点火前，所有再热器的疏水阀排气阀打开，通向大气的排气，疏水阀在冷凝器建立真空前必须关闭，高低温再热器管至冷凝器的疏水阀都开启，直至机组升负荷时，方能关闭		4	
	11	监视空预器的出口温度，以防二次燃烧		4	
	12	观察燃烧情况，防止燃烧不稳引起的汽温和烟温急剧变化		4	
	13	注意各自动调节装置的运行情况，当发生故障或调节不良时，应手动控制，并联系热工处理		4	

行业：电力工程　　　工种：锅炉运行值班员　　　　等级：中/高

编　　号	C43C117	行为领域	e	鉴定范围	3
考核时限	60min	题　　型	C	题　　分	50分
试题正文	直流锅炉正常停炉操作				
其他需要说明的问题和要求	1. 要求单独进行 2. 在仿真机上操作，按仿真机运行规程考核 3. 现场就地操作演示，不得触动运行设备 4. 万一遇生产事故，立即停止考核，退出现场				
工具、材料、设备、场地	相应机组的仿真机或现场实际设备				

	序号	项　目　名　称	质量要求	满分	得分与扣分
评分标准	1	直流锅炉的正常停炉应根据制造厂提供的正常停炉曲线，进行参数控制和相应操作	严格执行运行规程规定	6	1. 操作顺序颠倒，扣1～10分。如因操作颠倒导致无法继续的，该题不得分 2. 操作漏项扣1～10分。如因漏项使操作必须重新开始，但不导致不良后果的，扣该题总分的50%；如导致不良后果的，该题不得分
	2	正常停炉投入启动分离器，按下列程序进行		6	
	2.1	定压降负荷至规定值			
	2.2	过热器降压及投入启动分离器			
	2.3	发电机解列和汽轮机停机			
	2.4	锅炉灭火			

序号	项 目 名 称	质量要求	满分	得分与扣分
3	随着锅炉负荷降低，及时调整送风机风量、引风机风量，保证一、二、三次风的协调配合，保持燃烧稳定。根据负荷及燃烧情况，将有关自动控制系统退出运行或进行重新设定，适时投油，稳定燃烧 在停炉过程中，煤油混烧时，当排烟温度降至100℃时，逐个停止各电场、锅炉100%燃煤时，所有电场必须停止，停运的电场应改投连续振打方式 引风机停止后，振打装置连续运行2~3h左右停止，并将灰斗积灰放净，停止各加热装置	操作程序不准颠倒或漏项	6	3. 每项操作后必须检查操作结果，再开始下一步操作，否则，扣1~10分 4. 因误操作致使过程延误，但不造成不良后果的，扣该题总分的50%；造成不良后果的，该题不得分
4	配有中间储仓式制粉系统的锅炉，应根据煤仓煤位和粉仓粉位情况，适当停用部分磨煤机，根据负荷情况，停用部分给粉机。停用磨煤机前，应将该制粉系统余粉抽净，停用给粉机后，将一次风系统吹扫干净，然后停用排粉机或一次风机 配有直吹式制粉系统的锅炉，根据锅炉负荷需要，适时停用部分制粉系统，且吹扫干净。停用后的煤粉燃烧器应将相应的二次风门关小，停炉后关闭		5	
5	定压降负荷过程中，维持过热器压力不变，锅炉本体压力随负荷降低逐渐降低，通过逐步减少燃料量与给水流量以及关小汽轮机调速阀进行降负荷，根据包覆过热器与低温过热器出口、工质温度调整燃料与给水比例，辅以减温水，保证蒸汽温度		6	

评分标准

序号	项 目 名 称	质量要求	满分	得分与扣分
5	满足汽轮机要求。机组降负荷过程应呈阶梯型，降负荷速率为1%/min额定负荷，从70%额定负荷至发电机解列应控制在3~4h	操作完毕，应向上级汇报并记录		5. 操作结束后，应有汇报、记录、否则，该题扣1~10分 6. 对操作过程中违反安全规程及运行规程的，不得分
6	降负荷过程中，给水流量必须保证大于或等于启动流量的最低限度，直至锅炉灭火，以确保水动力工况稳定		6	
7	过热器降压为投入启动分离器做准备，此阶段仍处于直流运行方式，降压速率不大于0.2~0.3MPa/min；同时要保持包覆过热器压力的稳定，必须保持合理的燃料与给水之比，各项操作应协调配合，以免造成蒸汽温度、蒸汽压力、给水流量的较大波动。当启动分离器达到投入条件，且低温过热器出口蒸汽温度，过热蒸汽压力符合要求时，投入启动分离器运行		8	
8	启动分离器投入后，保持其压力、水位正常，包覆过热器出口压力在规定值。继续减弱燃烧，机组负荷降至最低允许值时，发电机解列、汽轮机停机、锅炉灭火 　锅炉熄火后，维持正常的炉膛压力及30%以上额定负荷的风量，进行炉膛通风，吹扫5~10min后停止送风机、引风机、暖风器、关闭烟风系统的有关挡板，保持回转式空气预热器、点火器、火焰检测装置冷却风机运行，待温度符合制造厂要求后，停止其运行 　关闭各减温水阀，解除启动旁路，停止锅炉进水		7	

评分标准

行业：电力工程　　　工种：锅炉运行值班员　　等级：技师/高技

编　　号	C21C118	行为领域	e	鉴定范围	5
考核时限	60min	题　型	C	题　　分	50分
试题正文	甩负荷故障的处理				
其他需要说明的问题和要求	1. 要求单独进行操作处理 2. 在仿真机上操作，按仿真机运行规程考核 3. 现场就地操作演示，不得触动运行设备 4. 需要助手协助时，可口头向考评员说明 5. 万一遇生产事故，立即停止考核，退出现场				
工具、材料、设备、场地	相应机组的仿真机或现场实际设备				

	序号	项 目 名 称	质量要求	满分	得分与扣分
评 分 标 准	1	现象	分析准确，处理正确、迅速	10	1. 操作顺序颠倒，扣 1～10 分。如因操作颠倒导致无法继续的，该题不得分。 2. 操作漏项扣 1～10 分。如因漏项使操作必须重新开始，但不导致不良后果的，扣该题总分的 50%；如导致不良后果的，该题不得分 3. 每项操作后必须检查操作结果，再开始下一步操作，否则，扣1～10分
	1.1	锅炉汽压急剧升高，汽温升高，光示牌亮，报警响，严重时锅炉安全阀动作			
	1.2	汽包水位先低后高，蒸汽流量骤降	严格按运行规程规定处理		
	1.3	机组负荷表指示到零，机组声音突变			
	1.4	锅炉跳闸（MFT）			

	序号	项 目 名 称	质量要求	满分	得分与扣分
评分标准	2	原因	处理完毕，及时汇报，并作记录	10	4. 因误操作致使过程延误，但不造成不良后果的，扣该题总分的50%；造成不良后果的，该题不得分
	2.1	电力系统发生故障			5. 操作结束后，应有汇报、记录、否则，该题扣1～10分
	2.2	汽轮机或发电机发生故障			6. 故障分析判断错误，该题不得分。如故障分析不全面、不准确，但不影响事故处理，扣该题总分的50%；如因故障分析不全面、不准确而导致事故扩大的，该题不得分
	3	处理		30	
	3.1	根据机组负荷情况，将自动切手动，立即切断部分燃烧器，防止超压，燃烧不稳时可投油助燃。直流锅炉应保持煤、水、风比例正常，及时调整、稳定燃烧，保持汽温水位等参数正常			7. 对操作过程中违反安全规程及运行规程的，不得分
	3.2	蒸汽压力过高，投入高、低压旁路系统，或打开对空排汽阀，防止锅炉超压			
	3.3	对配直流锅炉的机组，若汽轮机、发电机故障跳闸时，锅炉应保持最低负荷运行，作好汽轮机冲转准备			

编　　号	C21C119	行为领域	e	鉴定范围	5
考核时限	60min	题　　型	C	题　　分	50分
试题正文	厂用电中断故障的处理				
其他需要说明的问题和要求	1. 要求单独进行操作处理 2. 在仿真机上操作，按仿真机运行规程考核 3. 现场就地操作演示，不得触动运行设备 4. 需要助手协助时，可口头向考评员说明 5. 万一遇生产事故，立即停止考核，退出现场				
工具、材料、设备、场地	相应机组的仿真机或现场实际设备				

评分标准	序号	项 目 名 称	质量要求	满分	得分与扣分
	1	现象	分析准确，处理正确、迅速	10	1. 操作顺序颠倒，扣 1～10 分。如因操作颠倒导致无法继续的，该题不得分 2. 操作漏项扣 1～10 分。如因漏项使操作必须重新开始，但不导致不良后果的，扣该题总分的 50%；如导致不良后果的，该题不得分 3. 每项操作后必须检查操作结果，再开始下一步操作，否则，扣 1～10 分
	1.1	所有在相应电源段运行中的电动机均停止转动，无运转声；电压表、电流表指示回零			
	1.2	各转动电动机的电气信号闪光，事故音响警报，红灯与绿灯均灭	严格按运行规程规定处理		
	1.3	若锅炉灭火，炉膛发暗，一次风压回零			
	1.4	若锅炉灭火，汽温、汽压、水位及蒸汽流量下降			
	2	原因		10	
	2.1	电力系统发生故障			

465

	序号	项 目 名 称	质量要求	满分	得分与扣分
评 分 标 准	2.2	发电机故障	处理完毕，及时汇报，并作记录		4. 因误操作致使过程延误，但不造成不良后果的，扣该题总分的 50%；造成不良后果的，该题不得分
	2.3	厂用工作电源故障			5. 操作结束后，应有汇报、记录，否则，该题扣 1~10 分
	2.4	备用电源未能投入			6. 故障分析判断错误，该题不得分。如故障分析不全面、不准确，但不影响事故处理，扣该题总分的 50%；如因故障分析不全面、不准确而导致事故扩大的，该题不得分
	3	处理		30	
	3.1	立即将各电动机的开关拉向停止位置，并报告值长			
	3.2	自动改为手动调整，注意监视参数			7. 对操作过程中违反安全规程及运行规程的，不得分
	3.3	如全厂性电源中断，给水压力急剧下降，立即紧急启动备用泵，并将锅炉所有放水门关闭，保持水位			
	3.4	准备好点火装置，保持可以立即恢复运行状态			
	3.5	检查各转动机械，做好启动前的准备工作			
	3.6	如电源恢复，锅炉应立即点火投入运行			
	3.7	若电源长时间不能恢复，锅炉可按停炉处理			

行业：电力工程　　　　工种：锅炉运行值班员　　　　等级：技师/高技

编　号	C43C120	行为领域	e	鉴定范围	4
考核时限	60min	题　型	C	题　分	50分

试题正文	机组大连锁试验

其他需要说明的问题和要求	1. 要求单独进行操作处理 2. 在仿真机上操作，按仿真机运行规程考核 3. 现场就地操作演示，不得触动运行设备 4. 需要助手协助时，可口头向考评员说明 5. 万一遇生产事故，立即停止考核，退出现场

工具、材料、设备、场地	相应机组的仿真机或现场实际设备

<table>
<tr><th rowspan="10">评分标准</th><th>序号</th><th>项　目　名　称</th><th>质量要求</th><th>满分</th><th>得分与扣分</th></tr>
<tr><td>1</td><td>试验具备的条件：
DEH、ETS、DCS 调试完投用，发电机—变压器组保护具备投用条件</td><td rowspan="7">分析准确、处理正确、迅速</td><td>5</td><td rowspan="7">1. 操作顺序颠倒，扣 1～10 分。如因操作颠倒导致无法继续的，该题不得分
2. 操作漏项扣 1～10 分。如因漏项使操作必须重新开始，但不导致不良后果的，扣该题总分的 50%；如导致不良后果的，该题不得分</td></tr>
<tr><td>2</td><td>试验准备步骤</td><td>20</td></tr>
<tr><td>2.1</td><td>模拟发电机并网运行</td><td></td></tr>
<tr><td>2.2</td><td>风烟系统各挡板、执行器联调试验结束，动作正常</td><td></td></tr>
<tr><td>2.3</td><td>所有磨煤机 6kV 开关在试验位置</td><td></td></tr>
<tr><td>2.4</td><td>所有给煤机就地控制开关柜送电</td><td></td></tr>
</table>

	序号	项 目 名 称	质量要求	满分	得分与扣分
评 分 标 准	2.5	至少一侧送风机、引风机6kV开关在试验位置	严格按运行规程规定处理		3. 每项操作后必须检查操作结果，再开始下一步操作，否则，扣1～10分 4. 因误操作致使过程延误，但不造成不良后果的，扣该题总分的50%；造成不良后果的，该题不得分
	2.6	两台一次风机6kV开关在试验位置			
	2.7	仪控在工程师站内模拟下述条件： （1）汽包水位合适 （2）模拟两台空气预热器运行 （3）解除火检冷却风丧失信号 （4）解除燃料丧失信号 （5）解除炉水循环不良信号 （6）模拟风量大于30% （7）具备辅助风挡板投自动条件 （8）解除一台制粉系统运行MFT连锁信号 运行人员确认： （1）暖炉油阀关闭，跳闸阀关闭 （2）热风门处于关闭状态 （3）主机润滑油系统、EH油系统运行			
	2.8	仪控短接低真空跳机条件			
	2.9	解除发电机断水保护压板			

468

	序号	项 目 名 称	质量要求	满分	得分与扣分
评分标准	3	试验项目	处理完毕，及时汇报，并作记录	25	5. 操作结束后，应有汇报、记录，否则，该题扣1~10分 6. 故障分析判断错误，该题不得分。如故障分析不全面、不准确，但不影响事故处理，扣该题总分的50%；如因故障分析不全面、不准确而导致事故扩大的，该题不得分 7. 对操作过程中违反安全规程及运行规程的，不得分
	3.1	发电机事故跳闸联跳汽轮机、锅炉试验 （1）炉膛吹扫完成； （2）汽轮机挂闸； （3）电气在发电机—变压器保护A柜上模拟发电机差动动作，验证大连锁动作如下： （1）"发电机差动动作"、"发电机出线断路器事故跳闸"、"磁场开关跳闸"等报警光字牌亮 （2）汽轮机跳闸，汽轮机跳闸2s后，FSSS动作、锅炉MFT首次亮出条件为："汽轮机跳闸" 确认试验动作正确后，复归跳闸信号，按（2.1~2.8项）恢复试验条件，转入下一步试验			
	3.2	锅炉跳闸联跳汽轮机、发电机试验 （1）炉膛吹扫完成； （2）汽轮机挂闸； （3）手按BTG盘上FSSS盘的两手动跳闸按钮，检查验证联动如下： 1）锅炉MFT首次跳闸条件为"EMERGENCY TRIP" 2）汽轮机跳闸，"远方停机报警" 3）发电机跳闸： "发电机出线断路器事故跳闸"、"磁场开关跳闸"、"热工保护动作"报警光字牌亮 上述试验动作正确，则试验完成			

行业：电力工程　　　工种：锅炉运行值班员　　等级：技师/高技

编　号	C21C121	行为领域	e	鉴定范围	4
考核时限	60min	题　型	C	题　分	50 分
试题正文	DCS 系统电源失去的处理				
其他需要说明的问题和要求	1. 要求单独进行操作处理 2. 在仿真机上操作，按仿真机运行规程考核 3. 现场就地操作演示，不得触动运行设备 4. 需要助手协助时，可口头向考评员说明 5. 万一遇生产事故，立即停止考核，退出现场				
工具、材料、设备、场地	相应机组的仿真机或现场实际设备				

	序号	项 目 名 称	质量要求	满分	得分与扣分
评分标准	1	现象：	分析准确，处理正确、迅速	10	1. 操作顺序颠倒，扣 1～10 分。如因操作颠倒导致无法继续的，该题不得分 2. 操作漏项扣 1～10 分。如因漏项使操作必须重新开始，但不导致不良后果的，扣该题总分的 50%；如导致不良后果的，该题不得分 3. 每项操作后必须检查操作结果，再开始下一步操作，否则，扣 1～10 分 4. 因误操作致使过程延误，但不造成不良后果的，扣该题总分的 50%；造成不良后果的，该题不得分
	1.1	DCS 系统失电，机组保护动作跳闸，锅炉 MFT 动作，汽轮发电机跳闸			
	1.2	DCS 系统发故障报警			
	1.3	LCD 画面上所有设备、测点均显示故障状态	严格按运行规程规定处理		
	1.4	所有设备、阀门、挡板均不能控制			
	2	原因 UPS 系统故障，造成 DCS 系统失电		5	
	3	处理		25	
	3.1	机组自动跳闸，应立即使用事故按钮进行打闸停机			

470

	序号	项 目 名 称	质量要求	满分	得分与扣分
评分标准	3.2	机组跳闸后,注意汽轮机轴系的监视;发电机密封系统的监视	处理完毕,及时汇报,并作记录		5. 操作结束后,应有汇报、记录、否则,该题扣1~10分 6. 故障分析判断错误,该题不得分。如故障分析不全面、不准确,但不影响事故处理,扣该题总分的50%;如因故障分析不全面、不准确而导致事故扩大的,该题不得分 7. 对操作过程中违反安全规程及运行规程的,不得分
	3.3	机组跳闸后不能停止的设备,立即派人到 6kV、400V 室开关上就地停止			
	3.4	派人到保安段,作好投入润滑油泵,顶轴油泵等准备			
	3.5	派人监视 NCS 系统及 DEH 系统,防止电气系统故障,防止汽轮机超速			
	3.6	派人到汽轮机热力配电盘,准备破坏真空,作好切断除氧器加热,辅汽供汽阀准备			
	3.7	派人员到汽轮机机头打闸汽轮机,看转速,听声音,看油压,看给水泵汽轮机是否跳闸,否则打闸			
	3.8	在转子到零时检查就地启动盘车			
	3.9	在 DCS 恢复后,及时启动引风机、送风机,进行锅炉吹扫			
	4	全部试验结束后,由电气、仪控人员恢复为大连锁试验解除或短接的条件,并对运行进行交待		5	
	5	运行恢复到大连锁前的运行方式		5	

编　号	C21C122	行为领域	e	鉴定范围	4
考核时限	60min	题　型	C	题　分	50分
试题正文	仅用压缩空气失去事故的处理				
其他需要说明的问题和要求	1. 要求单独进行操作处理 2. 在仿真机上操作，按仿真机运行规程考核 3. 现场就地操作演示，不得触动运行设备 4. 需要助手协助时，可口头向考评员说明 5. 万一遇生产事故，立即停止考核，退出现场				
工具、材料、设备、场地	相应机组的仿真机或现场实际设备				

	序号	项　目　名　称	质量要求	满分	得分与扣分
评分标准	1	现象：	分析准确、处理正确、迅速	10	1. 操作顺序颠倒，扣1～10分。如因操作颠倒导致无法继续的，该题不得分 2. 操作漏项扣1～10分。如因漏项使操作必须重新开始，但不导致不良后果的，扣该题总分的50%；如导致不良后果的，该题不得分 3. 每项操作后必须检查操作结果，再开始下一步操作，否则，扣1～10分
	1.1	"压缩空气压力低"报警			
	1.2	就地表计显示控制气压下降			
	1.3	气动执行器开关不动或不灵活			
	1.4	锅炉火焰工业电视冷却空气压力低报警，工业电视监视器退出			
	1.5	当压力低于极限时，"压缩空气压力低低"报警，锅炉MFT动作			
	2	原因：		10	
	2.1	空气压缩机本身缺油及其他机械故障，均不能正常工作			
	2.2	空气压缩机动力电源故障及热工控制回路故障，均不能正常工作			
	2.3	空气压缩机自启、停装置失灵			

	序号	项 目 名 称	质量要求	满分	得分与扣分
评 分 标 准	2.4	仪用压缩空气系统管路大量漏泄	严格按运行规程规定处理		4. 因误操作致使过程延误，但不造成不良后果的，扣该题总分的 50%；造成不良后果的，该题不得分
	2.5	过滤器严重堵塞			
	2.6	空气压缩机冷却水中断，空气压缩机无法正常工作			
	3	处理：		30	5. 操作结束后，应有汇报、记录、否则，该题扣 1～10 分
	3.1	正常运行中应做好定期检查及维护工作，保证空气压缩机处于良好的备用状态			
	3.2	当仪用压缩空气压力下降至 0.6 MPa 报警，检查启动备用空气压缩机，并立即查明原因，予以消除			
	3.3	当备用空气压缩机已经全部投入运行时，仪用母管压力仍低，应停止向杂用气罐供气			
	3.4	气压恢复前，就地手动调整一些重要调阀或旁路手动阀，保证除氧器、凝汽器水位、主机润滑油温等重要参数正常			
	3.5	确认该机组控制气源完全失去后，应立即手动打闸，进行紧急停炉，争取时间确保机组停运过程中各气动装置正确动作			
	3.6	确认锅炉 MFT 后，立即停运两台引风机，确认整个风、烟组（包括送风机、一次风机等）跳闸，风烟组跳闸后，确认各风、烟挡板开启（否则必须到就地人工开启），锅炉进行自然通风。15min 后，关闭所有风、烟挡板进行闷炉，按锅炉跳闸进行处理			

	序号	项 目 名 称	质量要求	满分	得分与扣分
评分标准	3.7	机组跳闸后，立即停运凝汽器真空泵，开启真空破坏阀	处理完毕，及时汇报，并作记录		6. 故障分析判断错误，该题不得分。如故障分析不全面、不准确，但不影响事故处理，扣该题总分的 50%；如因故障分析不全面、不准确而导致事故扩大的，该题不得分 7. 对操作过程中违反安全规程及运行规程的，不得分
	3.8	机组跳闸后，必须到就地手动调节主机润滑油、定子冷却水及密封油温度，防止温度调节阀失气时主机润滑油温度大幅上升、发电机定子冷却水及密封油温度大幅下降			
	3.9	机组跳闸后应关闭主、再热蒸汽管道疏水手动阀，防止凝汽器及本体疏水扩容器超温			
	3.10	机组停运后，应将过热器喷水各手动隔离阀关闭、再热器喷水各手动隔离阀关闭后方可启动电动给水泵上水,启动时注意其再循环阀、出口流量调节阀、润滑油及工作油冷却水回水阀失气后的状态			
	3.11	控制气源失去后，应注意补水箱压力和水箱水位、凝汽器水位，以及各自补水阀失气后动作情况，必要时用旁路阀手动调节。检查炉水泵闭式冷却水流量正常、凝汽器水幕喷水及汽轮机低压缸喷水压力正常			
	3.12	通知化学、灰控脱硫值班员检查控制气源失去后各气动阀动作情况			
	3.13	机组其他处理参照锅炉 MFT 后处理方法			

编　号	C43C123	行为领域	e	鉴定范围	4
考核时限	60min	题　型	C	题　分	50分
试题正文	水汽质量异常的处理				
其他需要说明的问题和要求	1. 要求单独进行操作处理 2. 在仿真机上操作，按仿真机运行规程考核 3. 现场就地操作演示，不得触动运行设备 4. 需要助手协助时，可口头向考评员说明 5. 万一遇生产事故，立即停止考核，退出现场				
工具、材料、设备、场地	相应机组的仿真机或现场实际设备				

	序号	项　目　名　称	质量要求	满分	得分与扣分
评分标准	1	当水、汽质量劣化时，应迅速检查取样是否有代表性，检测和化验结果是否正确，并综合分析系统中水、汽质量的变化，确认判断无误后，应立即向领导汇报，提出建议。领导应责成有关部门采取措施，使水、汽质量在容许的时间内恢复到标准，若不能恢复，继续恶化，按下列"三级处理"	分析准确，处理正确、迅速 严格按运行规程规定处理	10	1. 操作顺序颠倒，扣 1～10 分。如因操作颠倒导致无法继续的，该题不得分 2. 操作漏项扣 1～10 分。如因漏项使操作必须重新开始，但不导致不良后果的，扣该题总分的 50%；如导致不良后果的，该题不得分 3. 每项操作后必须检查操作结果，再开始下一步操作，否则，扣 1～10 分 4. 因误操作致使过程延误，但不造成不良后果的，扣该题总分的 50%；造成不良后果的，该题不得分
	2	处理原则：		10	
	2.1	一级处理：有因杂质造成腐蚀的可能性，应在 72h 内恢复至标准值			

	序号	项 目 名 称	质量要求	满分	得分与扣分
评 分 标 准	2.2	二级处理：肯定有因杂质造成腐蚀的可能性，应在24h内恢复至标准值	处理完毕，及时汇报，并作记录		5. 操作结束后，应有汇报、记录、否则，该题扣1~10分 6. 故障分析判断错误，该题不得分。如故障分析不全面、不准确，但不影响事故处理，扣该题总分的50%；如因故障分析不全面、不准确而导致事故扩大的，该题不得分 7. 对操作过程中违反安全规程及运行规程的，不得分
	2.3	三级处理：正在进行快速腐蚀，如水质不好转，应在4h内停炉			
	2.4	在异常处理的每一级中，如果在规定的时间内尚不能恢复正常，则应采用更高一级的处理方法			
	3	处理要求：		30	
	3.1	凝结水水质异常时，发现凝汽器泄漏，应立即进行查漏、堵漏工作，并加强精处理系统的再生工作，保持精处理不失效			
	3.2	锅炉给水水质异常时，应立即组织力量查找原因并消除			

试卷样例

高级锅炉运行技师知识要求试卷

题号	一、选择题	二、判断题	三、简答题	四、计算题	五、论述题	六、绘图题	总分
题分	25	30	20	10	5	10	100
得分							

一、选择题（每题 1 分，共 25 分）

下列每题中只有一个正确答案，选择正确的答案题号，填在括号内。

1. 煤粉/空气混合物浓度达到多少 kg/m^3，即形成爆炸性的混合物（　　）。

（A）0.05；（B）0.1；（C）0.3；（D）0.6。

2. 协调控制系统运行方式中，最为完善、功能最强的方式是（　　）。

（A）机炉独立控制方式；（B）协调控制方式；（C）汽轮机跟随锅炉控制方式；（D）锅炉跟随汽轮机控制方式。

3. 下列哪种情况不是造成锅炉部件寿命损耗的主要因素？（　　）。

（A）疲劳；（B）机械损伤；（C）蠕变；（D）磨损。

4. 下列哪种情况不是热能工程上常见的基本热力过程（　　）？

（A）定容过程；（B）定焓过程；（C）定压过程；（D）定温过程。

5. 再热蒸汽不宜用喷水减温器来调节汽温的主要原因

（　　）。

（A）相对减少汽轮机高压缸做功比例、使机组效率下降；（B）再热蒸汽焓增量大于过热蒸汽，使锅炉效率下降；（C）再热蒸汽焓增量小于过热蒸汽，使锅炉效率下降；（D）再热蒸汽易带水。

6. 锅炉受热面工质侧的腐蚀，由于锅炉汽水品质问题，哪个不是受热面内部腐蚀？（　　）。

（A）垢下腐蚀；（B）低温腐蚀；（C）氧腐蚀；（D）应力腐蚀。

7. 炉内过量空气系数过大时（　　）。

（A）q_2增大；（B）q_4增大；（C）q_2、q_3增大；（D）q_2、q_3、q_4增大。

8. 物料分离器是循环流化床锅炉中非常重要的一个设备，其分离效率是决定（　　）。

（A）锅炉热效率、降低炉膛温度；（B）锅炉热效率、流化效果和减轻对流受热面磨损；（C）减小飞灰可燃物含量，降低炉膛出口温度；（D）降低炉膛温度，减小燃烧产物对大气的污染。

9. 离心式风机产生的压头大小与哪些因素有关？（　　）。

（A）与风机进风方式有关；（B）与风机的集流器大小有关；（C）与转速、叶轮直径和流体密度有关；（D）与集流器导向叶片有关。

10. 当炉膛火焰中心位置降低时，炉内（　　）。

（A）辐射吸热量减少，过热汽温升高；（B）辐射吸热量增加，过热汽温降低；（C）辐射吸热量减少，过热汽温降低；（D）辐射吸热量与对流吸热量均不会发生变化。

11. 在煤粉炉中，对燃烧器负荷分配调整的原则主要是（　　）。

（A）前后墙布置的燃烧器一般应保持燃烧器负荷基本相等；四角布置的燃烧器，一般应单层四台同时调整；（B）对前后墙布置的燃烧器可单台逐步调整；对四角布置的燃烧器一般应对角两台同时调整；（C）前后墙布置的燃烧器一般保持中间负荷相对较大，两侧负荷相对较低；四角布置的燃烧器，一般应对角两台同时调整或单层四台同时调整；（D）对前后墙布置的燃烧器一般保持中间负荷相对较小，两侧负荷相对较大；对四角布置的燃烧器，一般应对角两台同时调整或单台进行调整。

12. 汽包水位的三冲量调节系统中，防止由于虚假水位引起调节器误动作的前馈信号是（　　）。

（A）汽包水位；（B）给水流量；（C）主蒸汽流量；（D）主蒸汽压力。

13. 新安装和改造后的回转式空气预热器试转运行不少于（　　）。

（A）4h；（B）8h；（C）24h；（D）48h。

14. 锅炉汽包水位高、低保护应采用独立测量的下列哪种的逻辑判断方式？（　　）。

（A）一取一；（B）二取一；（C）三取二；（D）四取三。

15. 锅炉设计中下列对流受热面中传热面积最大的是（　　）。

（A）过热器；（B）再热器；（C）省煤器；（D）空气预热器。

16. 2004 年 1 月 1 日起通过审批新投产的燃煤锅炉，燃煤 $10\% \leqslant V_{daf} \leqslant 20\%$ 时氮氧化物最高允许排放浓度是（　　）。

（A）$650mg/m^3$；（B）$500mg/m^3$；（C）$450mg/m^3$；（D）$400mg/m^3$。

17. 水压试验中，达到试验压力后停止上水，系统压降应不大于（　　）。

（A）0.25MPa；（B）0.5MPa；（C）0.8MPa；（D）1.0MPa。

18. 在燃烧室内禁止带电移动何种电压临时电灯？（　　）。

（A）24V；（B）26V；（C）12V；（D）110 或 220V。

19. 停炉过程中的降压速度每分钟不超过（　　）。

（A）0.05MPa；（B）0.1MPa；（C）0.15MPa；（D）0.2MPa。

20. 发电机组的联合控制方式的机跟炉运行方式、炉跟机运行方式、手动调节方式由运行人员根据什么来选择？（　　　）。

（A）随意；（B）机炉设备故障情况；（C）领导决定；（D）电网调度要求。

21. 直流锅炉启动时，在水温（　　　）℃要进行热态水清洗。

（A）150～260；（B）260～290；（C）290～320；（D）320～350。

22. 锅炉负荷调节对锅炉效率有何影响？（　　　）。

（A）当锅炉负荷达到经济负荷以上时，锅炉效率最高；（B）当锅炉负荷在经济负荷以下时，锅炉效率最高；（C）当锅炉负荷在经济负荷范围内时，锅炉效率最高；（D）当锅炉负荷在经济负荷至额定负荷范围内时，锅炉效率最高。

23. 检修工作未能按期完成，由工作负责人可以办理延期的工作票是什么工作票？（　　　）。

（A）一级动火；（B）热力机械；（C）二级动火；（D）电气两种。

24. 在梯子上工作时，梯子与地面的倾斜度为（　　　）左右。

（A）30°；（B）45°；（C）60°；（D）75°。

25.（　　　）容量及以上等级机组的锅炉应装设锅炉灭火保护装置。

（A）10MW；（B）50MW；（C）120MW；（D）200MW。

二、判断题（每题 1 分，共 30 分）

正确的打"√"，错误的打"×"，填在括号内。

1. 汽轮机的甩负荷试验，一般按甩额定负荷 1/2、3/4 及全部负荷三个等级进行。　　　　　　　　　　　　　　（　　　）

2. 火力发电厂防止大气污染的主要措施是安装脱硫装置。
　　　　　　　　　　　　　　　　　　　　　　　　　（　　　）

3. 锅炉总燃料跳闸，经过 5min 炉膛吹扫后，在主燃料尚未点火前，炉膛压力高或低至制造厂的规定限值，则分别跳闸送风机、引风机。　　　　　　　　　　（　　　）

4. 垢下腐蚀多发生在水冷壁向火侧的内壁。　（　　　）

5. 炉膛吹灰器吹灰顺序应按照烟气介质的流动方向进行。
　　　　　　　　　　　　　　　　　　　　（　　　）

6. 分级控制系统一般分为三级：① 最高一级是综合命令级；② 中间一级是功能控制级；③ 最低一级是执行级。
　　　　　　　　　　　　　　　　　　　　（　　　）

7. 火力发电厂热力过程自动化一般由下列部分组成：① 热工检测；② 自动调节；③ 程序控制；④ 自动保护；⑤ 控制计算。　　　　　　　　　　　　　　　　　　　（　　　）

8. 在选择使用压力表时，为使压力表能安全可靠地工作，压力表的量程应选得比被测压力高 1/3。　　（　　　）

9. 有一测温仪表，精度等级为 0.5 级，测量范围为 400～600℃，该表的允许基本误差为（600–400）×0.5%=200×0.5%=±1℃。　　　　　　　　　　　　　　　　　（　　　）

10. 锅炉受热面高温腐蚀一般有两种类型，即硫酸型高温腐蚀和钒腐蚀。　　　　　　　　　　　　　（　　　）

11. "锅炉安全监控系统"（FSSS）包括"炉膛安全系统"（FSS）和"燃烧器控制系统"（BCS）两个部分。
　　　　　　　　　　　　　　　　　　　　（　　　）

12. 术语"MFT"的含义为"总燃料跳闸"。　（　　　）

13. 锅炉在升压时，循环回路中的介质运行压头会下降，循环速度也相应地降低。　　　　　　　　　（　　　）

14. 二氧化碳灭火器的作用是冷却燃烧物和冲淡燃烧层空气中的氧，从而使燃烧停止。　　　　　　　（　　　）

15. 安全色规定为红、蓝、黄、绿四种颜色，其中黄色是禁止和必须遵守的规定。　　　　　　　　　（　　　）

16. 防火重点部位的动火作业分为两种：一级动火和二级动火。　　　　　　　　　　　　　　　　　（　　　）

17. 连排扩容器运行中应保持一定的水位。　　　　　（　　）

18. 中速磨煤机电流减小，排粉机电流增大，系统负压减小，说明磨煤机内煤量减少或断煤。　　　　　　（　　）

19. 锅炉的定排工作是指将水冷壁下联箱及集中下降管底部的排污门依次打开，使积聚在锅炉底部的水渣和沉淀物排出，以提高炉水品质。　　　　　　　　　　　　（　　）

20. 在锅炉运行中应经常检查锅炉承压部件有无泄漏现象。　　　　　　　　　　　　　　　　　　（　　）

21. 吹灰器有缺陷，锅炉燃烧不稳定或有炉烟与炉灰从炉内喷出时，仍可以吹灰。　　　　　　　　　（　　）

22. 汽轮机热态启动时，由于汽缸、转子的温度场是均匀的，所以启动时间短，热应力小。　　　　　（　　）

23. 机组热态启动时，调节级出口的蒸汽温度与金属温度之间出现一定程度的负温差是允许的。　　　（　　）

24. 锅炉运行时，当不能保证两种类型汽包水位计正常运行时，必须停炉。　　　　　　　　　　　（　　）

25. 炉膛吹灰器吹灰顺序应按照烟气介质的流动方向进行。　　　　　　　　　　　　　　　　　（　　）

26. 生产厂房内外的电缆，在进入控制室电缆夹层、控制柜、开关柜等处的电缆孔洞时，允许暂时不封闭。（　　）

27. 应尽可能避免靠近和长时间地停留在可能受到烫伤的地方，例如汽、水、燃油管道的法兰盘、阀门，煤粉系统和锅炉烟道的人孔门、检查孔、防爆门、安全阀、除氧器、热交换器、汽包水位计等处。　　　　　　　　　（　　）

28. 对氢气、瓦斯、天然气及油系统等易燃、易爆或可能引起人员中毒的系统进行检修时，凡属于电动截止门的，应将电动截止门的电源切断，热机控制设备执行元件的操作电源也应被可靠地切断。　　　　　　　　　　（　　）

29. 对汽、水、烟、风系统，公用排污、疏水系统进行检修时，必须将应关闭的截止门、闸板、挡板关严加锁，挂警告

牌。如截止门不严，必须采取关严前一道截止门并加锁，挂警告牌或采取车间主任批准的其他安全措施。　　　　（　　　）

30. 根据发电机组停运的紧迫程度，非计划停运分为第一类、第二类、第三类、第四类和第五类。　　　　（　　　）

三、简答题（每题 4 分，共 20 分）

1. 什么是煤的堆积密度？它的测量原理是什么？

2. 风量如何与燃料量配合？

3. Lb1C5064 锅炉负荷如何调配？

4. 通常如何进行降低飞灰可燃物的调整？

5. 影响四角燃烧器一次风煤粉气流偏斜的因素有哪些？

四、计算题（每题 5 分，共 10 分）

1. 有一减缩喷管，喷管进口处过热蒸汽压力为 3.0MPa，温度为 400℃，若蒸汽流经喷管后膨胀到 0.1MPa，试求蒸汽流出时的速度为多少？（进口蒸汽比焓 h_1=3228kJ/kg，出口蒸汽比 h_2=3060kJ/kg）。

2. 已知锅炉燃烧产物飞灰可燃物 C_{fh} = 4%，燃煤收到基灰分 A_{ar} = 23%，燃煤低位发热量 $Q_{net,ar}$ = 21000kJ/kg，飞灰占燃烧总灰分的份额 a_{fh} = 0.9〔锅炉效率每下降 1%，煤耗增加 3.5g/（kWh）〕。求飞灰可燃物对煤耗的影响。

五、绘图题（每题 5 分，共 10 分）

1. 背画最佳过量空气系数确定关系曲线图。

2. 背画 DG3000/26.15—Ⅱ1 型锅炉过热器、再热器蒸汽流程图，并标出各设备名称。

六、论述题（每题 5 分，共 5 分）

论述运行中如何提高锅炉燃用劣质煤稳定性。

高级锅炉运行技师技能要求试卷

一、紧急停运磨煤机的原因及操作（20 分）

二、锅炉尾部烟道再燃烧事故的处理（30 分）

三、机组大连锁试验（50 分）

高级锅炉运行技师知识试卷答案

一、选择题

1.（A）；2.（B）；3.（B）；4.（B）；5.（A）；6.（B）；7.（A）；
8.（B）；9.（C）；10.（B）；11.（C）；12.（C）；13.（D）；14.（C）；
15.（D）；16.（A）；17.（B）；18.（D）；19.（A）；20.（B）；21.（B）；
22.（C）；23.（B）；24.（C）；25.（C）。

二、判断题

1.（√）；2.（×）；3.（√）；4.（√）；5.（√）；6.（√）；
7.（√）；8.（√）；9.（√）；10.（√）；11.（√）；12.（√）；
13.（√）；14.（√）；15.（×）；16.（√）；17.（√）；18.（√）；
19.（×）；20.（√）；21.（×）；22.（√）；23.（√）；24.（√）；
25（√）；26（×）；27（√）；28（√）；29（√）；30（√）。

三、简答题

1. 答：在规定条件下，单位体积煤的质量称为煤的堆积密度（单位为 t/m^3）。它的测量原理是：煤试样从一定高度自由落到一个已知体积的容器中，然后称好质量，依据质量和体积计算出堆积密度。

2. 答：风量过大或过小都会给锅炉安全经济运行带来不良影响。

（1）锅炉的送风量是经过送风机进口挡板（或者是调整动叶开度）进行调节的。

（2）经调节后的送风机送出风量，经过一、二次风的配合调节才能更好地满足燃烧的需要，一、二次风的风量分配应根据它们所起的作用进行调节。

（3）一次风应满足进入炉膛风粉混合物挥发分燃烧及固体焦炭质点的氧化需要。

（4）二次风量不仅要满足燃烧的需要，而且应补充一次风末段空气量的不足，更重要的是二次风能与刚刚进入炉膛的可燃物混合。这就需要较高的二次风速，以便在高温火焰中起到搅拌混合作用，混合越好，则燃烧得越快、越完全。

3. 答：锅炉负荷调配有按比例调配、按机组效率调配和按燃料消耗微增率相等的原则调配等方法。

锅炉调配负荷时，先让燃料消耗微增率最小的锅炉带负荷，直至燃料消耗微增率（Δb）增大到等于另一台炉的最小Δb。如总负荷继续增加，则应按燃料消耗微增率相等的原则，由其他炉分担总负荷的增加部分，直到额定蒸发量。

锅炉负荷调配除了考虑上述方法外，还必须注意到锅炉稳定的最低值，为保证锅炉运行的可靠性，变动工况下负荷调配，应使锅炉在不低于最低负荷值之下工作。

4. 答：（1）提高空气预热器出口热风温度。

（2）加强燃烧器的维护工作。

（3）加强运行控制调整，及时掌握入炉煤种的变化，根据煤质分析报告，相应调整好制粉系统的运行，保证经济煤粉细度。

（4）应经常观察煤粉的着火情况，控制煤粉的着火距离，根据煤粉着火、回火情况及时调整一次风门的开度。

（5）在高低负荷工况时，都应调整好炉内燃烧，调整好一次风、二次风的配比，保证炉膛火焰不偏斜，确保煤粉、空气的良好混合。

（6）保持炉内较高的温度，使煤粉在炉内充分完全燃烧。

5. 答：（1）临角气流的横向推力。

（2）假想切圆直径。

（3）燃烧器结构特性。

（4）炉膛截面尺寸。

四、计算题

1. 解：根据喷口出口流速计算公式：

$$v = \sqrt{\frac{2g}{A}(\Delta h)} = \sqrt{2 \times 9.806 \times 102 \times (3228 - 3060)}$$

$$= 44.73\sqrt{168} = 579.72 (\text{m/s})$$

式中　g——重力加速度；

　　　A——功的热当量，值为 $\frac{1}{102}$ kJ/（kg·m）。

答：蒸汽流出时的速度为 579.72m/s。

2. 解：机械未完全燃烧热损失中，飞灰中碳未参加燃烧造成热损失的计算公式：

$$q_4 = \frac{337.27 A_{ar} a_{fh} C_{fh}}{Q_{net,ar}(100 - C_{fh})} \times 100\%$$

根据已知条件得：

$$q_4 = \frac{337.27 \times 23 \times 0.9 \times 4 \times 100\%}{21000 \times (100 - 4)} = \frac{33.245 \times 4}{100 - 4}\% = 1.3852\%$$

设飞灰可燃物 C_{fh} 增大至 5%时

$$q_4' = \frac{337.27 \times 23 \times 0.9 \times 5 \times 100\%}{21000 \times (100 - 5)} - 1.3852\% = 0.3463\%$$

答：飞灰可燃物对煤耗的影响如下。根据上述条件，飞灰可燃物每升高 1%时，锅炉效率降低 0.3463%，发电煤耗增加 $= 0.3463 \times 3.5 = 1.212$ 〔g/（kWh）〕。

五、论述题

1. 答：劣质煤主要指无烟煤，高灰分（>40%）、低热值（低位发热量<16.7MJ/kg）的烟煤（包括洗煤），高水分（>30%）、高灰分（>40%）和低热值的褐煤等。为了保证锅炉的安全运行，必须首先确保锅炉的燃烧稳定性。

提高运行中锅炉燃用劣质煤的稳定性，可以从以下几个方面进行：

（1）保持适当的一次风率。燃用劣质煤应适当降低一次风率，对于高挥发的劣质煤，一次风率应在 25%～30%；对于低挥发的劣质煤，一次风率应在 20%～25%。

（2）保持合理一次风速。燃烧劣质煤时，一次风速一般选取 24～28m/s。

（3）适当降低三次风量。一般燃用劣质烟煤时，三次风率控制在小于或等于 30%，三次风速小于或等于 60m/s，以 50～55m/s 为宜。当燃用高水分的烟煤时，运行的三次风速高于此值。

（4）保持合适的煤粉细度。从经济性考虑，煤粉细度应维持在最佳值。但对于劣质煤而言，煤粉细度的控制还要考虑锅炉运行的安全可靠性。对高灰分的劣质煤，煤粉细度可按照下式确定：

$R_{90}=V_{ar}（1+n）$ 或 $R_{90}=2+1.1V_{daf}$（V_{ar}＞18%时 $n=0.2$；V_{ar}＜18%时 $n=0.15$）；对于无烟煤的煤粉细度 R_{90} 应小于 10%。

六、绘图题

1. 答：如图一所示。

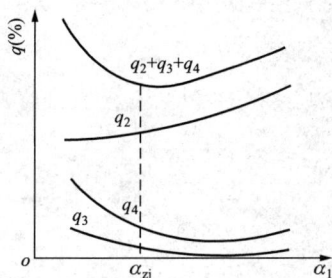

图一

q_2—排烟损失；q_3—化学损失；q_4—机械损失；

α_{zj}—最佳过量空气系数

2. 答：如图二所示。

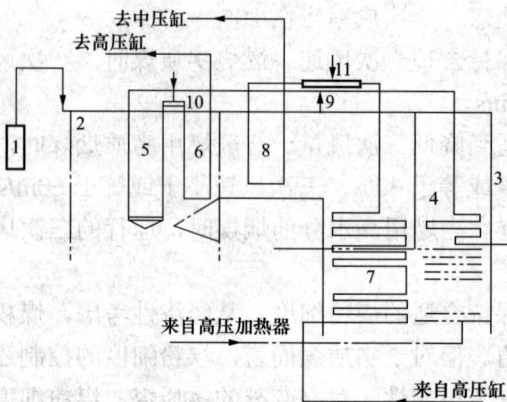

图二

1—汽水分离器；2—顶棚过热器；3—包墙过热器；4—低温过热器；5—屏式过热器；

6—末级过热器；7—低温再热器；8—高温再热器；9—过热Ⅰ级减温器；

10—过热器Ⅱ级减温器；11—再热器事故减温器

高级锅炉运行技师技能要求试卷答案

一、答案如下：
技 能 要 求 试 题

行业：电力工程　　　　工种：锅炉运行值班员　　　　等级：中

编　号	C04A057	行为领域	e	鉴定范围	5
考核时限	30min	题　型	A	题　分	20分
试题正文	紧急停运磨煤机的原因及操作				
其他需要说明的问题和要求	1. 要求单独进行操作处理 2. 在仿真机上操作，按仿真机运行规程考核 3. 现场就地操作演示，不得触动运行设备 4. 需要助手协助时，可口头向考评员说明 5. 万一遇生产事故，立即停止考核，退出现场				
工具、材料、设备、场地	相应机组的仿真机或现场实际设备				

	序号	项目名称	质量要求	满分	得分与扣分
评 分 标 准	1	原因	严格执行运行规程规定	10	1. 操作顺序颠倒，扣1～5分。如因操作颠倒导致无法继续的，该题不得分 2. 操作漏项扣1～5分。如因漏项使操作必须重新开始，但不导致不良后果的，扣该题总分的50%；如导致不良后果的，该题不得分 3. 每项操作后必须检查操作结果，再开始下一步操作，否则，扣1～5分 4. 因误操作致使过程延误，但不造成不良后果的，扣该题总分的50%；造成不良后果的，该题不得分 5. 操作结束后，应有汇报、记录，否则，该题扣1～5分 6. 对操作过程中违反安全规程及运行规程的，不得分
	1.1	制粉系统爆炸			
	1.2	钢球磨煤机大瓦温度超过规定值，回油温度超过规定值			
	1.3	润滑油中断			
	1.4	振动超过规定值	操作程序不准颠倒或漏项		
	1.5	磨煤机内发生强烈的撞击声，钢球磨煤机钢瓦脱落			
	1.6	危及设备人身安全			
	1.7	电动机冒烟，电流不正常超过规定值			
	2	操作		10	
	2.1	拉开磨煤机开关，使给煤机掉闸	操作完毕，应向上级汇报并记录		
	2.2	检查保护动作情况，如动作漏项应手动补完善			
	2.3	在制粉系统抽粉阶段，密切监视磨煤机出口温度，使其不超过规定值			
	2.4	制粉系统内煤粉抽净后，停止排粉机运行			
	2.5	关闭排粉机入口风门，开三次风冷却风门			

说明：制粉系统爆炸时，应立即制止制粉系统，强关闭该系统各风门挡板、开启三次热风门、冷却三次风箱。

二、答案如下：

技 能 要 求 试 题

行业：电力工程　　工种：锅炉运行值班员　　等级：技师/高技

编　号	C43B097	行为领域	e	鉴定范围	5
考核时限	30min	题　型	A	题　分	30分
试题正文	锅炉尾部烟道再燃烧事故的处理				
其他需要说明的问题和要求	1. 要求单独进行操作处理 2. 在仿真机上操作，按仿真机运行规程考核 3. 现场就地操作演示，不得触动运行设备 4. 需要助手协助时，可口头向考评员说明 5. 万一遇生产事故，立即停止考核，退出现场				
工具、材料、设备、场地	相应机组的仿真机或现场实际设备				

	序号	项 目 名 称	质量要求	满分	得分与扣分
评 分 标 准	1	现象	分析准确，处理正确、迅速 　严格按运行规程规定处理 　处理完毕，及时汇报，并作记录	5	1. 操作顺序颠倒，扣1～6分。因操作颠倒导致无法继续的，该题不得分 2. 操作漏项扣1～6分。如因漏项使操作必须重新开始，但不导致不良后果的，扣该题总分的50%；如导致不良后果的，该题不得分 3. 每项操作后必须检查操作结果，再开始下一步操作，否则，扣1～6分
	1.1	尾部烟道烟气温度不正常升高，空气预热器出口热风温度升高			
	1.2	炉膛、烟道负压急剧变化			
	1.3	从烟道不严处和引风机轴封向外冒烟雾或喷出火星			
	1.4	烟囱冒黑烟，再热汽温升高			
	1.5	回转空气预热器电流增大且大幅摆动			
	2	原因		5	
	2.1	锅炉冷炉点火初期，燃油温度低，油燃烧器雾化不良，大量油气在空气预热器受热面上凝结			
	2.2	锅炉点火初期投粉过早，部分煤粉未燃尽，沉（黏）积在尾部受热面上			

	序号	项目名称	质量要求	满分	得分与扣分
评分标准	2.3	启停过程中或在低负荷运行时，炉膛温度过低，风、煤、油配比不当，风速过低，使可燃物积存在烟道内		5	4. 因误操作致使过程延误，但不造成不良后果的，扣该题总分的50%；造成不良后果的，该题不得分
	2.4	燃烧调整不当，煤粉过粗，使未燃烧的煤粉积存在尾部烟道内			5. 操作结束后，应有汇报、记录，否则，该题扣1～6分
	3	处理		5	6. 故障分析判断错误，该题不得分。如故障分析不全面、不准确，但不影响事故处理，扣该题总分的50%；如因故障分析不全面、不准确而导致事故扩大的，该题不得分
	3.1	当发现锅炉尾部烟道和排烟温度异常升高时，应进行受热面吹灰		5	
	3.2	当确认烟道发生二次燃烧时，应紧急停炉、停止送风机，关闭入口挡板，一、二次风挡板，人孔、检查孔等。严禁通风，若锅炉采用回转式空气预热器时，应立即关闭空气预热器入口烟气挡板和空气预热器出口空气挡板，维持回转式空气预热器运行，停止暖风器运行。利用吹灰汽管或专用消防蒸汽将烟道充满蒸汽及时投入消防水进行灭火（或进行空气预热器水清洗）待烟道内各部烟温显著下降，检查烟道各部证实火已经熄灭，关闭吹扫蒸汽、消防水		5	7. 对操作过程中违反安全规程及运行规程的，不得分
	3.3	打开检查孔、检查设备损坏情况，同时对着火侧和未着火侧回转空气预热器进行彻底检查、清理		5	
	3.4	启动引风机、送风机，逐渐开启入口挡板，通风5～10min后，锅炉按点火程序重新点火		5	

三、答案如下：

技 能 要 求 试 题

行业：电力工程　　　工种：锅炉运行值班员　　　等级：技师/高技

编　号	C43C120	行为领域	e	鉴定范围	4
考核时限	60min	题　型	C	题　分	50分
试题正文	机组大连锁试验				
其他需要说明的问题和要求	1. 要求单独进行操作处理 2. 在仿真机上操作，按仿真机运行规程考核 3. 现场就地操作演示，不得触动运行设备 4. 需要助手协助时，可口头向考评员说明 5. 万一遇生产事故，立即停止考核，退出现场				
工具、材料、设备、场地	相应机组的仿真机或现场实际设备				

	序号	项 目 名 称	质量要求	满分	得分与扣分
评 分 标 准	1	试验具备的条件： DEH、ETS、DCS 调试完投用，发电机—变压器组保护具备投用条件	分析准确，处理正确、迅速 　严格按运行规程规定处理 处理完毕，及时汇报，并作记录	5	1. 操作顺序颠倒，扣 1～10 分。因操作颠倒导致无法继续的，该题不得分 2.操作漏项扣 1～10 分。如因漏项使操作必须重新开始，但不导致不良后果的，扣该题总分的 50%；如导致不良后果的，该题不得分 3. 每项操作后必须检查操作结果，再开始下一步操作，否则，扣 1～10 分 4. 因误操作致使过程延误，但不造成不良后果的，扣该题总分的 50%；造成不良后果的，该题不得分 5. 操作结束后，应有汇报、记录，否则，该题扣 1～10 分
	2	试验准备步骤		20	
	2.1	模拟发电机并网运行			
	2.2	风烟系统各挡板、执行器联调试验结束，动作正常			
	2.3	所有磨煤机 6kV 开关在试验位置			
	2.4	所有给煤机就地控制开关柜送电			
	2.5	至少一侧送风机、引风机 6kV 开关在试验位置			
	2.6	两台一次风机 6kV 开关在试验位置			
	2.7	仪控在工程师站内模拟下述条件： 　a. 汽包水位合适 　b. 模拟两台空气预热器运行 　c. 解除火检冷却风丧失信号 　d. 解除燃料丧失信号 　e. 解除炉水循环不良信号 　f. 模拟风量大于30% 　g. 具备辅助风挡板投自动条件 　h. 解除一台制粉系统运行 MFT 连锁信号			

	序号	项目名称	质量要求	满分	得分与扣分
评分标准	2.8	运行人员确认： a. 暖炉油阀关闭，跳闸阀关闭 b. 热风门处于关闭状态 c. 主机润滑油系统、EH油系统运行			6. 故障分析判断错误，该题不得分。如故障分析不全面、不准确，但不影响事故处理，扣该题总分的 50%；如因故障分析不全面、不准确而导致事故扩大的，该题不得分规程的，不得分
	2.9	仪控短接低真空跳机条件			
	2.10	解除发电机断水保护压板			
	3	试验项目		25	7. 对操作过程中违反安全规程及运行规程的，不得分
	3.1	发电机事故跳闸联跳汽轮机、锅炉试验 （1）炉膛吹扫完成； （2）汽轮机挂闸； （3）电气在发电机—变压器保护 A 柜上模拟发电机差动动作，验证大连锁动作如下： a. "发电机差动动作"、"发电机出线断路器事故跳闸"、"磁场开关跳闸"等报警光字牌亮 b. 汽轮机跳闸，汽轮机跳闸 2s 后，FSSS 动作、锅炉 MFT 首次亮出条件为："汽轮机跳闸" 确认试验动作正确后，复归跳闸信号，按（2.1～2.8项）恢复试验条件，转入下一步试验 锅炉跳闸联跳汽轮机、发电机试验			
	3.2	（1）炉膛吹扫完成； （2）汽轮机挂闸； （3）手按 BTG 盘上 FSSS盘的两手动跳闸按钮，检查验证联动如下： a. 锅炉 MFT 首次跳闸条件为 "EMERGENCY TRIP" b. 汽轮机跳闸，"远方停机报警" c. 发电机跳闸： "发电机出线断路器事故跳闸"、"磁场开关跳闸"、"热工保护动作"报警光字牌亮 上述试验动作正确，则试验完成			

493

6 ▽ 组卷方案

6.1 理论知识考试组卷方案

技能鉴定理论知识试卷每卷不应少于五种题型，其题量不少于 50 题，每题分值不超过 5 分。试卷的题型与题量分配见下表：

试卷的题型与题量分配表

题　型	鉴定工种等级		配　分	
	初、中级工	高级工、技师	初、中级工	高级工、技师
选择题	25～30 题（1 分/题）	25 题（1 分/题）	25～30	25
判断题	25～30 题（1 分/题）	25 题（1 分/题）	25～30	25
简答题	6～4 题（5 分/题）	4 题（5 分/题）	30～20	20
计算题	2 题（5 分/题）	2 题（5 分/题）	10	10
识绘图	2 题（5 分/题）	2 题（5 分/题）	10	10
论述题		2 题（5 分/题）		10
总　计	50～68	50	100	100

高级技师组卷参照技师试卷命题，但要加大难度，以综合性、论述性内容为主。

6.2 技能操作考核方案

对于技能操作试卷，库内每一个工种的各技术等级下，应最少保证有 5 套试卷（考核方案），每套试卷应由 2～3 项典型操作或标准化作业组成，其选项内容互为补充，不得重复。

技能操作考核由实际操作与口试或技术答辩两项内容组成，初、中级工实际操作加口试进行，技术答辩一般只在高级工、技师、高级技师中进行，并根据实际情况确定其组织方式和答辩内容。